技工院校电工类专业通用教材（中级技能层级）
中等职业学校电工类专业通用教材

可编程序控制器及其应用（三菱）

（第四版）

主编　杨杰忠

中国劳动社会保障出版社

简介

本书主要内容包括可编程序控制器基础知识、基本指令应用、顺序控制设计法及顺序控制指令应用、功能指令应用和 PLC 综合应用技术等。

本书由杨杰忠任主编，韦日祯、邹火军任副主编，潘协龙、黄波、李仁芝、韦玉秋、汪新巧参与编写；肖俊任主审。

图书在版编目（CIP）数据

可编程序控制器及其应用：三菱 / 杨杰忠主编．
4 版．-- 北京：中国劳动社会保障出版社，2025.
（技工院校电工类专业通用教材）（中等职业学校电工类专业通用教材）．-- ISBN 978-7-5167-6915-7

Ⅰ．TM571.6

中国国家版本馆 CIP 数据核字第 2025WX9917 号

可编程序控制器及其应用（三菱）（第四版）

KEBIAN CHENGXU KONGZHIQI JI QI YINGYONG（SANLING）

中国劳动社会保障出版社出版发行

（北京市惠新东街 1 号　邮政编码：100029）

*

北京市鑫霸印务有限公司印刷装订　　新华书店经销

787 毫米 ×1092 毫米　16 开本　23 印张　437 千字

2025 年 10 月第 4 版　　2026 年 1 月第 2 次印刷

定价：44.00 元

营销中心电话：400-606-6496

出版社网址：https://www.class.com.cn

https://jg.class.com.cn

前言

为了更好地适应全国技工院校电工类专业的教学要求，全面提升教学质量，我们组织有关学校的一线教师和行业、企业专家，在充分调研企业生产和学校教学情况、广泛听取教师使用反馈意见的基础上，吸收和借鉴各地技工院校教学改革的成功经验，对现有电工类专业通用教材进行了修订（新编）。

本次教材修订（新编）工作的重点主要体现在以下几个方面。

更新教材内容

◆ 根据企业岗位需求变化和教学实践，确定学生应具备的知识与能力结构，调整部分教材内容，增补开发教材，使教材的深度、难度、广度与实际需求相匹配。

◆ 根据相关专业领域的最新技术发展，推陈出新，补充新知识、新技术、新设备、新材料等方面的内容。

◆ 根据最新的国家标准、行业标准编写教材，保证教材的科学性和规范性。

◆ 根据一体化教学理念，提高实践性教学内容的比重，进一步强化理论知识与技能训练的有机结合，体现“做中学、学中做”的教学理念。

优化呈现形式

◆ 创新教材的呈现形式，尽可能使用图片、实物照片和表格等形式将知识点生动地展示出来，提高学生的学习兴趣，提升教学效果。

◆ 部分教材将传统黑白印刷升级为双色印刷和彩色印刷，提升学生的阅读体验。例如，《电工基础》（第六版）和《电子技术基础》（第六版）采用双色设计，使电路图、波形图的内涵清晰明了；《安全用电》（第六版）将图片进行彩色重绘，符合学生的认知习惯。

提升教学服务

为方便教师教学和学生学习，除全面配套开发习题册外，还提供二维码资源、电子教案、电子课件、习题参考答案等多种数字化教学资源。

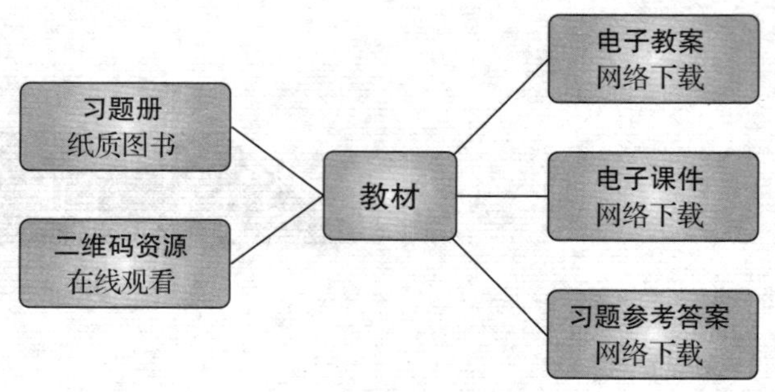

二维码资源——在部分教材中，针对重点、难点内容制作微视频，针对拓展学习内容制作电子阅读材料，使用移动设备扫描即可在线观看、阅读。

电子教案——结合教材内容编写教案，体现教学设计意图，为教师备课提供参考。

电子课件——依据教材内容制作电子课件，为教师教学提供帮助。

习题参考答案——提供教材中习题及配套习题册的参考答案，为教师指导学生练习提供方便。

电子教案、电子课件、习题参考答案均可通过技工教育网（https://jg.class.com.cn）下载使用。

编者

2024 年 9 月

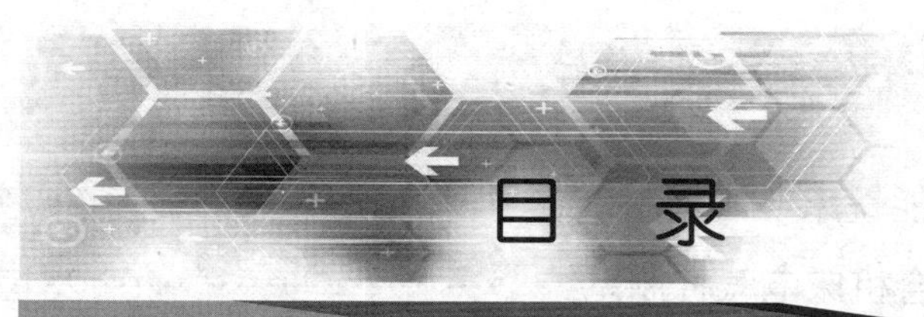

目 录

课题一 可编程序控制器基础知识

课题二 基本指令应用

课题三 顺序控制设计法及顺序控制指令应用

课题四 功能指令应用

课题五　PLC 综合应用技术

附录　编程元件和指令索引

课题一
可编程序控制器基础知识

任务 1 初识可编程序控制器

学习目标

1. 了解 PLC 的特点、性能指标、分类及其应用领域。
2. 熟悉三菱 FX_{3U} 系列 PLC 的型号含义。
3. 掌握 PLC 的选型原则，能根据控制要求进行 PLC 的选型。

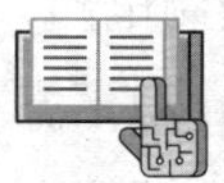

任务引入

可编程序（逻辑）控制器 [programmable (logic) controller，PLC] 是一种以微处理器为基础，综合了计算机技术、自动控制技术和通信技术发展起来的通用工业自动控制装置。目前，PLC 技术已广泛应用于自动化控制的各个领域。本任务的主要内容是通过现场参观工厂或观看 PLC 应用视频等形式，直观了解 PLC 在实际生产或生活中的应用以及常用 PLC 品牌和实物外形，并根据某电气控制设备的 PLC 控制要求完成 PLC 的选型。

实施本任务所需要的实训设备见表 1–1–1。

表 1–1–1 实训设备

序号	分类	名称	型号 / 规格	数量	单位
1	设备	可编程序控制器	西门子 S7–1200、S7–1500 系列	各 1	台

续表

序号	分类	名称	型号 / 规格	数量	单位
2	设备	可编程序控制器	三菱 FX 系列	若干	台
3			欧姆龙 CPM2A、CP1H 系列	各 1	台
4			台达、汇川等国产系列	若干	台

相关知识

PLC 是一种数字运算操作的电子系统，专为在工业环境下应用而设计。它采用可编程的存储器，用来在其内部存储执行逻辑运算、顺序控制、定时、计数和算术运算等操作的指令，并通过数字式或模拟式的输入和输出，控制各种类型的机械或生产过程。PLC 及其相关设备，都应按易于与工业控制系统形成一个整体，易于扩展其功能的原则设计。

一、PLC 的应用领域

PLC 的应用非常广泛，如电梯自动控制、防盗系统自动控制、交通信号灯自动控制、楼宇供水系统自动控制、消防系统自动控制、供电系统自动控制、喷泉自动控制及各种生产流水线的自动控制等，其应用情况大致可归纳为如下几类。

1. 开关量控制

开关量控制是 PLC 最基本、最广泛的应用领域，可取代传统的继电器控制电路，实现逻辑控制、顺序控制，既可用于单台设备的控制，也可用于多机群控及自动化流水线。例如，注塑机、印刷机、订书机械、组合机床、磨床、包装生产线、电镀流水线等。

2. 模拟量控制

PLC 利用比例积分微分（proportional integral differential，PID）控制算法可实现闭环控制功能。例如，温度、液位、压力及流量等模拟量的控制。

3. 运动控制

PLC 可用于圆周运动或直线运动的定位控制。近年来许多 PLC 制造商在自己的产品中增加了脉冲输出功能，配合原有的高速计数器功能，使 PLC 的定位控制能力大大增强。此外，许多 PLC 品牌还具有位置控制模块，可驱动步进电动机或伺服电动机的单轴或多轴位置控制模块，使 PLC 广泛地用于各种机床、机器人、电梯等的控制。

4. 数据处理

PLC 具有算术运算、数据传送、数据转换、排序、查表、位操作等功能，可以完成数据采集、分析及处理。这些数据除可以与存储在存储器中的参考值比较，从而完成一定的控制操作外，还可以通过通信功能传送到其他智能设备，或打印成表格。数据处理一般用于大型控制系统，如无人控制的柔性制造系统；也可用于过程控制系统，如造纸、冶金、食品工业中的一些过程控制系统。

5．通信及联网

PLC 通信包含 PLC 间的通信及 PLC 与其他智能设备之间的通信。随着计算机控制技术的发展，工业控制网络技术发展很快，各 PLC 制造商都十分重视 PLC 的通信功能，纷纷推出各自的网络系统。新近生产的 PLC 无论是网络接入能力还是通信技术指标都得到了显著提升，这使 PLC 在远程及大型控制系统中的应用能力明显增强。

二、PLC 的特点、性能指标及分类

1．PLC 的特点

（1）高可靠性

高可靠性是 PLC 最突出的特点之一。由于工业生产过程是昼夜连续的，因此对用于工业生产过程的控制器提出了高可靠性的要求。PLC 的平均故障间隔时间为 30 000 ~ 50 000 h。

（2）灵活性

以往电气工程师必须为每套设备配置专用控制装置，有了 PLC 以后，硬件设备采用相同的 PLC，只需编写不同应用程序即可满足不同的控制要求，且可以用一台 PLC 控制几台操作方式完全不同的设备。

（3）便于改进和修正

相对于传统的控制电路，PLC 为改进和修订原设计提供了极其方便的手段。以前的设计工作也许要花费几周时间，而改用 PLC 只用几分钟就可以完成。

（4）触点利用率较高

传统继电器控制电路中一个继电器只能提供几个触点用于控制，而在 PLC 控制电路中一个输入的开关量或程序中的一个“线圈”可提供任意多个触点供用户编程使用。也就是说，只要符合编程原则，触点在程序中可不受限制地使用。

（5）具有丰富的输入 / 输出接口

PLC 除了具有计算机的基本部分（如 CPU、存储器等）外，还有丰富的输入 / 输出接口。对不同的现场信号都有相应的输入 / 输出接口与现场器件或设备连接。

（6）可进行模拟调试

PLC 能在实验室内对所控功能进行模拟调试，缩短现场的调试时间；而传统继电器控制电路是无法在实验室进行调试的，只能在现场花费大量时间。

（7）可对现场进行微观监视

在 PLC 系统中，操作人员能通过显示器观测每个触点的运行情况，随时监视事故发生点。

（8）动作快速

传统继电器触点的响应时间一般需要几百毫秒，而 PLC 的触点反应很快，内部是微秒级的，外部是毫秒级的。

（9）梯形图与逻辑图并用

PLC 的程序编制可采用电气技术人员熟悉的梯形图方式，也可采用程序员熟悉的逻辑图方式。

（10）体积小、质量轻、功耗低

由于 PLC 内部采用半导体集成电路，与传统控制系统相比，其体积小、质量轻、功耗低。

（11）编程简单、使用方便

目前的 PLC 大多数采用梯形图编程方式，这种方式继承了传统控制电路清晰、直观的特点，很容易被电气技术人员所接受。

2. PLC 的性能指标

（1）硬件指标

PLC 的硬件指标主要包括一般指标、输入特性和输出特性。

1）一般指标主要涵盖环境温度、环境湿度、抗振、抗冲击力、抗噪声干扰、耐压、接地和使用环境等方面的要求。由于 PLC 是专门为适应恶劣的工业环境而设计的，因此 PLC 一般都能满足以上要求。例如，PLC 的工作温度为 0～55 ℃，湿度小于 80%。

2）输入特性主要体现在输入电路的隔离程度、输入灵敏度、响应时间和所需电源上。

3）输出特性则涉及电路组成、电路隔离、响应时间和外部电源等性能。

（2）软件指标

PLC 的软件指标通常从以下几个方面进行描述。

1）编程语言。不同机型的 PLC 具有不同的编程语言。常用的编程语言有梯形图、指令表和顺序功能图三种。

2）用户存储器的容量和类型。用户存储器用来存储用户通过编程器输入的程序。其存储容量通常以字或步为单位计算，例如，FX_{3U} 系列 PLC 的存储容量为 64 KB。常用的用户存储器类型有 RAM、EEPROM（电擦除可编程只读存储器）和 EPROM（可擦可编程只读存储器）三种。

3）输入 / 输出（input/output，I/O）总点数。PLC 有开关量和模拟量两种输入、输出类型。对开关量 I/O 总点数，通常用最大 I/O 点数表示；对模拟量 I/O 总点数，通常用最大 I/O 通道数表示。I/O 点数是选择 PLC 的重要依据之一。当系统的 I/O 点数不够时，可通过 PLC 的 I/O 扩展接口对系统进行扩展。

4）指令数。一般情况下，PLC 的指令数越多，其功能就越强，即处理能力和控制能力就越强。

5）软元件的种类。PLC 的编程软元件有输入继电器、输出继电器、辅助继电器、定时器、计数器、状态继电器、数据寄存器和各种特殊继电器等。

6）扫描速度。即 PLC 执行程序的速度，以 μs/ 步为单位。例如，0.48 μs/ 步表示扫描一步用户程序所需要的时间为 0.48 μs。PLC 的扫描速度越快，其输出对输入的响应越快。

7）其他指标。如 PLC 的运行方式、输入 / 输出方式、自诊断功能、通信联网功能等。

3. PLC 的分类

（1）按 I/O 点数和存储容量分类

按 I/O 点数和存储容量不同，PLC 大致可分为小型、中型、大型三种。

1）小型 PLC。小型 PLC 的 I/O 点数在 256 点以下，单 CPU，8 位或 16 位处理器，用户程序存储容量在 4KB 以下。

2）中型 PLC。中型 PLC 的 I/O 点数为 256 ~ 2 048 点，双 CPU，用户程序存储容量一般为 2 ~ 10 KB。

3）大型 PLC。大型 PLC 的 I/O 点数在 2 048 点以上，多 CPU，16 位或 32 位处理器，用户程序存储容量在 10 KB 以上。

（2）按结构形式分类

PLC 按结构形式不同可分为整体式和模块式两种。

1）整体式 PLC。整体式 PLC 是将其电源、中央处理器（CPU）、输入 / 输出部件等集中配置在一起，有的甚至全部安装在一块印制电路板上。整体式 PLC 结构紧凑、体积小、质量轻、价格低、I/O 点数固定、使用不灵活。小型 PLC 常使用这种结构。

2）模块式 PLC。模块式 PLC 是把 PLC 的各部分按功能做成独立模块，如电源模块、CPU 模块、输入模块、输出模块等，然后安装在同一底板或框架上。其特点是配置灵活、装配方便、便于扩展。一般中型和大型 PLC 常采用这种结构。

（3）按功能分类

按 PLC 功能的强弱来分，PLC 一般可分为低档机、中档机和高档机三种。

1）低档机具有逻辑运算、定时、计数等功能。有的还增设了模拟量处理、算术运算、数据传送等功能。

2）中档机除具有低档机的功能外，还具有较强的模拟量输入 / 输出、算术运算、数据传送等功能，可完成既有开关量又有模拟量控制的任务。

3）高档机除具有中档机的功能外，还增设了带符号算术运算及矩阵运算等功能，使运算能力更强。此外，还具有模拟调节、联网通信、监视、记录和打印等功能。

三、FX_{3U} 系列 PLC 的型号含义

FX_{3U} 系列 PLC 的型号含义如图 1–1–1 所示。基本单元输入 / 输出合计点数主要有 16 点、32 点、48 点、64 点、80 点和 128 点，输入 / 输出点数各占合计点数的一半。

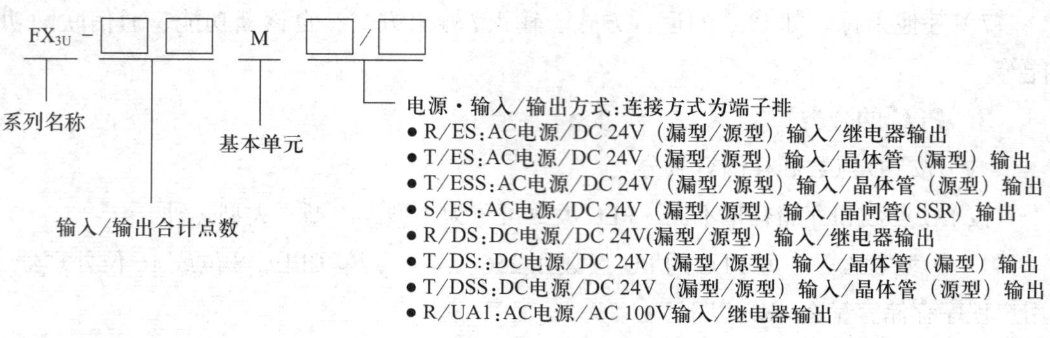

图 1–1–1　FX_{3U} 系列 PLC 的型号含义

提示

采用继电器输出方式的 PLC 可以直接驱动 2 A 以内的负载，一般控制电磁阀、继电器都用继电器输出方式。当电磁阀线圈的负载电流超过 2 A 时，可通过中间继电器进行过渡控制。采用晶体管输出方式的 PLC 一般只能驱动 0.5 A 以内的负载，但是其响应速度快，常用来输出高速脉冲，可以控制高速电磁阀、步进及伺服驱动器等。

例如：型号“FX_{3U}–64MR/DS”表示该 PLC 为 FX_{3U} 系列、I/O 总点数为 64、DC 电源、DC 24 V（漏型 / 源型）输入的基本单元，继电器输出方式。

●型号“FX_{3U}–48MT/ESS”表示该 PLC 为 FX_{3U} 系列、I/O 总点数为 48、AC 电源、DC 24 V（漏型 / 源型）输入的基本单元，晶体管（源型）输出方式。

四、PLC 的选型原则

自从 PLC 技术在工业领域中得到广泛应用以来，PLC 产品的种类越来越多，而且功能也日趋完善。当前工业领域中应用的 PLC 既有从美国、日本、德国等国家进口

的，也有国内厂家组装或开发的，已达几十个系列、上百种型号。由于 PLC 品种繁多，其结构形式、性能、容量、指令系统、编程方式、价格和适用场合等各有不同。因此，合理选择 PLC，对于提高 PLC 控制系统的经济技术指标有着重要意义。下面主要从 PLC 机型、容量、I/O 接口（I/O 模块）、电源模块等方面的选择来介绍小型 PLC 选型的一般原则。

1. PLC 机型的选择

选择 PLC 机型的基本原则是在能满足控制要求及保证运行可靠、维护方便的前提下，力争达到最佳的性价比。选择时主要应考虑以下几点：

（1）结构形式

在系统工艺过程较为固定的小型自动化控制系统中，常采用价格较便宜的整体式 PLC；在较复杂系统和环境差（维修量大）的场合，常采用模块式 PLC，因为模块式 PLC 扩展灵活方便，I/O 点数、输入点数与输出点数的比例、I/O 模块的种类等方面选择余地大，并且在维修时只需要更换模块，判断故障的范围也很方便。

（2）安装方式

根据 PLC 安装方式的不同，控制系统可分为集中式、远程 I/O 式和多台 PLC 联网构成的分布式。集中式控制系统具有反应快、成本低的特点，且无须设置硬件驱动远程 I/O。远程 I/O 式控制系统适用于大型控制系统，因为远程 I/O 模块可以分别安装在被控对象附近，I/O 连线比集中式短，控制系统的装置分布范围很大，但需要增设驱动器和远程 I/O 电源。多台 PLC 联网构成的分布式控制系统可以选用小型 PLC，但必须附加通信模块，适用于多台设备分别独立控制且又存在相互联系的控制系统。

（3）相应的功能要求

1）对于只有开关量控制的设备，具有逻辑运算、定时、计数等功能的一般小型（低档）PLC 即可满足其控制要求。

2）对于以开关量控制为主、带少量模拟量控制的系统，可以选择带模数（A/D）和数模（D/A）转换模块，支持算术运算和数据传送的增强型低档 PLC。

3）对于控制较复杂，要求具有 PID 运算、闭环控制、通信联网等功能的系统，可以根据控制规模大小及复杂程度，选用中档或高档 PLC，但价格一般较贵。

（4）响应速度的要求

PLC 的扫描工作方式引起的响应延迟可达 2 ~ 3 个扫描周期。在一般应用场合中，PLC 的响应速度都可以满足要求。但对于某些特殊场合，则要求考虑 PLC 的响应速度。可以选用扫描速度高的 PLC，或选用具有高速 I/O 处理功能指令的 PLC，或选用具有快速响应模块和中断输入模块的 PLC 等，来减少 PLC 的 I/O 响应的延迟时间。

（5）系统可靠性的要求

对于一般的系统，PLC 的可靠性均能满足要求。对可靠性要求很高的系统，应考虑采用冗余控制系统。

（6）机型统一要求

同一企业应尽可能使用机型统一的 PLC。这是从以下三方面进行考虑的。

1）使用同一机型的 PLC，其模块可互相备用，便于备品、备件的采购和管理。

2）同一机型的 PLC 功能和编程方法相同，有利于技术人员的培训和技术水平的提高。

3）同一机型的 PLC，其外围设备通用，资源可共享，易于联网通信，配置上位计算机后易于形成一个多级分布式控制系统。

2. PLC 容量的选择

PLC 容量的选择包括 I/O 点数和用户程序存储容量两方面参数的选择。

（1）I/O 点数的选择

由于 PLC 的硬件成本随 I/O 点数量的增加而提高，因此，应该在满足控制要求和留有一定备用量的前提下力争少使用 I/O 点。一般情况下，I/O 点数是根据被控对象的输入、输出信号的实际个数，再加上 10%～15% 的备用量来确定的。在不同机型的 PLC 中，输入与输出点数的比例不同，在选择时应保证输入、输出点都够用，且不过度冗余。因此，往往选择较少点数的主机加扩展模块，比直接选择较多点数的主机更经济。

（2）用户程序存储容量的选择

用户程序存储容量是指 PLC 用于存储用户程序的存储器容量。用户程序存储容量一般可按下式进行估算，再按实际需要留适当的余量（20%～30%）来选择：

存储容量（字节）= 开关量 I/O 点数 ×10+ 模拟量 I/O 通道数 ×100

提示

绝大部分 PLC 均能满足上式要求。但要注意：当控制较复杂、数据处理量大时，可能出现存储容量不够的问题，这时应特殊对待。

3. I/O 模块的选择

一般情况下，I/O 模块的价格占 PLC 价格的一半以上。不同的 I/O 模块，其电路及功能不同，所以 I/O 模块将直接影响 PLC 的应用范围和价格。在此仅介绍有关开关量 I/O 模块的选择。

（1）开关量输入模块的选择

PLC 输入模块的作用是检测、接收现场输入设备的信号，并将输入的信号转换为 PLC 内部可处理的数字逻辑信号。

1）输入模块类型的选择。根据输入信号类型的不同，常用开关量输入模块可分为三类：直流输入模块、交流输入模块和交流 / 直流输入模块，选择时应根据现场的输入信号类型和周围环境来考虑。直流输入模块的延迟时间短，可以直接与接近开关、光电开关等电子输入设备连接；交流输入模块接触可靠，适用于有油雾、粉尘的恶劣环境；交流 / 直流输入模块则结合了前两者的优点，为复杂多变的现场应用提供了更灵活多样的选择。

2）输入模块电压等级的选择。PLC 的开关量输入模块支持多种电压等级的输入信号。例如，直流 5 V、12 V、24 V、48 V、60 V 等，交流 110 V、220 V 等。在选择时应根据现场输入设备与输入模块之间的距离来考虑。一般 5 V、12 V、24 V 用于传输距离较近的场合，距离较远的应选择输入信号电压等级较高的模块。

3）输入接线方式的选择。PLC 的开关量输入模块的接线方式有汇点式输入和分组式输入两种，如图 1–1–2 所示。汇点式输入模块的所有输入点使用一个公共端（COM）；而分组式输入模块是将输入点分成若干组，每一组使用一个公共端（COM1、COM2），各组之间是分开的。分组式输入模块每点的平均价格比汇点式输入的高，并且还要考虑同时接通的输入点个数。对于选用高密度的输入模块（如 32 点、48 点等），还应考虑该模块同时接通的点数一般不要超过输入点数的 60%。

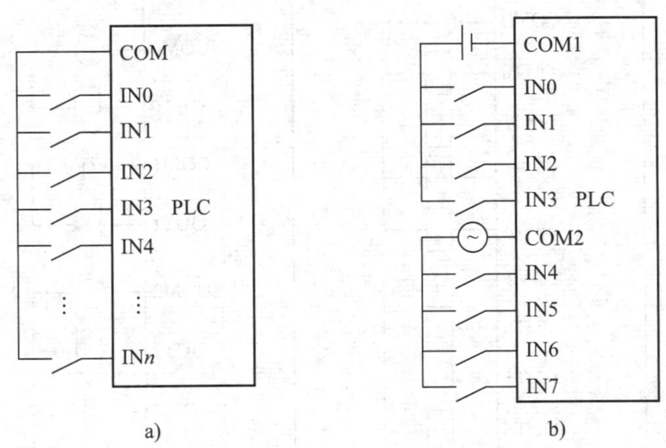

图 1–1–2 PLC 的开关量输入模块的接线方式
a）汇点式输入 b）分组式输入

4）输入门槛电平高低的选择。从提高系统可靠性的角度来看，必须考虑输入门槛电平的高低。门槛电平越高，抗干扰能力越强，传输距离也越远。

提示

对于三菱 PLC 而言，图 1–1–2 中的输入点一般采用 X 来表示，如图中的 IN0 对应的是 X0，IN1 对应的是 X1，其他输入点也一样。

（2）开关量输出模块的选择

输出模块的作用是将PLC内部的数字逻辑信号转换成外部输出设备所需的驱动信号。在进行选择时，应主要考虑负载电压的种类和大小、系统对延迟时间的要求、负载状态变化是否频繁等。

1）输出方式的选择。开关量输出模块的输出方式有继电器输出、晶闸管输出和晶体管输出三种。继电器输出的价格便宜，既可驱动交流负载又可驱动直流负载，适用的电压范围较宽，导通压降小，承受瞬时过电压和过电流的能力较强。但它属于有触点元件，动作速度较慢，使用寿命较短，可靠性较差，因此只适用于不频繁通断的场合。用于驱动感性负载时，其触点的动作频率不得超过1 Hz。晶闸管输出或晶体管输出适用于频繁通断的负载，它们属于无触点元件。晶闸管输出只能用于交流负载，而晶体管输出主要用于直流负载，也可用于交流负载。

2）输出接线方式的选择。PLC的开关量输出模块的接线方式一般有分组式输出和分隔式输出两种，如图1-1-3所示。分组式输出模块是几个输出点为一组，使用一个公共端并且各组之间是分开的，可以分别使用不同的电源。分隔式输出模块的每一个输出点有一个公共端，各输出点之间相互隔离，每个输出点可使用不同的电源。选择时，主要根据系统负载的电源种类而定。一般整体式PLC既有分组式输出，也有分隔式输出。

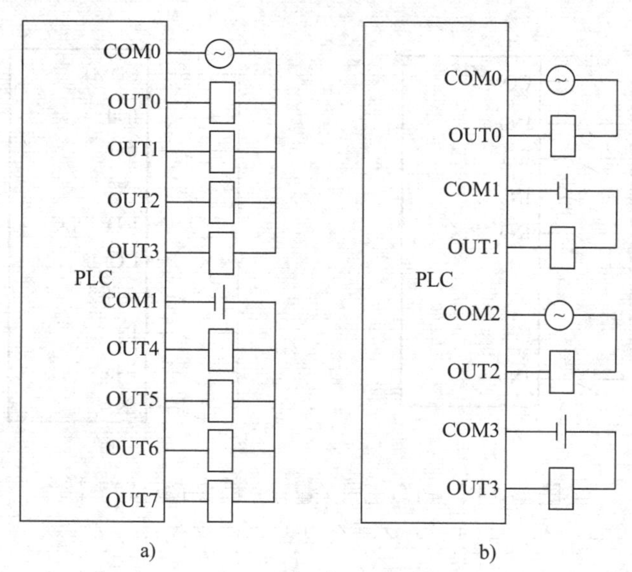

图1-1-3　PLC的开关量输出模块的接线方式

a）分组式输出　b）分隔式输出

提示

对于三菱PLC而言，图1-1-3中的输出点一般采用Y来表示，如图中的OUT0对应的是Y0，OUT1对应的是Y1，其他输出点也一样。

3）输出电流的选择。输出模块的输出电流（驱动能力）必须大于负载的额定电流。用户应根据实际负载电流的大小选择输出模块的输出电流。如果实际负载电流较大，输出模块无法直接驱动，可增加中间放大环节。

4. 电源模块和编程器的选择

（1）电源模块的选择

电源模块的选择较为简单，只需考虑电源的额定输出电流。电源模块的额定输出电流必须大于基本单元模块、I/O 模块及其他模块的总消耗电流。电源模块的选择主要针对模块式 PLC 而言，对于整体式 PLC 则一般不涉及电源模块的选择问题。

（2）编程器的选择

简易编程器适用于小型控制系统或不需要在线编程的系统。功能强、编程方便的智能编程器适用于由中、高档 PLC 构成的复杂系统或需要在线编程的 PLC 系统，其价格较贵。此外，在计算机上安装 PLC 编程软件也可以实现编程器的功能。

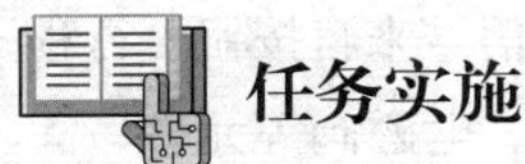

任务实施

一、观看 PLC 在工厂自动化生产中的应用视频

记录 PLC 的品牌及型号，并查阅相关资料，了解 PLC 的主要技术指标及特点，填写于表 1–1–2 中。

表 1–1–2 观看 PLC 在工厂自动化生产中的应用视频记录表

序号	品牌及型号	主要技术指标	特点
1			
2			
3			

二、参观工厂、实训室

记录 PLC 的品牌及型号，并查阅相关资料，了解 PLC 的主要技术指标及特点，填写于表 1–1–3 中。

表 1-1-3　参观工厂、实训室记录表

序号	品牌及型号	主要技术指标	特点
1			
2			
3			

三、PLC 的选型训练

现有一套电气控制设备，要求用三菱 PLC 控制，已知其控制信号来自按钮、行程开关、接近开关、光电开关等元件，被控对象为继电器、接触器、电磁阀等元件，无其他特殊功能要求。经统计，输入信号有 18 个，输出信号有 20 个，请根据要求选择性价比较高的三菱 PLC。

1. 分析控制要求进行选型

分析控制要求可知，本控制系统只需简单的开关量控制，并且输入信号和输出信号较少，因此三菱 FX 系列的 PLC 都能满足其控制要求。所以，可从性价比较高的 FX_{2N} 系列开始选型。

2. 分析 I/O 点数进行选型

根据控制要求，该设备所需的 I/O 点数为 38 点，超过了 30 点。查阅相关资料可知，FX_{2N}、FX_{3U}、FX_{5U} 系列 PLC 的最大 I/O 点数为 256 或以上，均可满足控制需要。

3. 分析价格进行选型

由于 FX_{2N} 系列的 PLC 已停产，而 FX_{5U} 系列的 PLC 价格较贵，因此选择 FX_{3U} 系列的 PLC 性价比较高。

4. 确定 PLC 的型号 / 规格

从 FX_{3U} 系列的 PLC 来看，FX_{3U}–48MR/DS 型号的 PLC 可满足使用需求。FX_{3U}–48MR/DS 型号 PLC 的输入点数为 24 点，还可满足以后设备改造时增加点数的需要。

任务测评

对任务实施的完成情况进行检查，并将结果填入表 1–1–4 内。

表 1–1–4 任务测评表

<table>
<tr><th>序号</th><th>考核内容</th><th>考核要求</th><th>评分标准</th><th>配分</th><th>扣分</th><th>得分</th></tr>
<tr><td>1</td><td>观看视频</td><td rowspan="2">（1）正确记录 PLC 的品牌及型号
（2）正确描述 PLC 的主要技术指标及特点</td><td rowspan="2">（1）记录 PLC 的品牌、型号有错误或遗漏，每处扣 2 分
（2）描述 PLC 的主要技术指标及特点有错误或遗漏，每处扣 2 分</td><td>20</td><td></td><td></td></tr>
<tr><td>2</td><td>参观工厂</td><td>20</td><td></td><td></td></tr>
<tr><td>3</td><td>PLC 的选型</td><td>（1）能分析控制要求进行选型
（2）能分析 I/O 点数进行选型
（3）能分析性价比进行选型
（4）能确定 PLC 的型号 / 规格</td><td>（1）不能通过分析控制要求正确选型，扣 20 分
（2）不能通过分析 I/O 点数正确选型，扣 20 分
（3）不能通过分析性价比正确选型，扣 10 分
（4）不能正确确定 PLC 的型号 / 规格，扣 50 分</td><td>50</td><td></td><td></td></tr>
<tr><td>4</td><td>安全文明生产</td><td>劳动保护用品穿戴整齐；遵守操作规程；讲文明礼貌；操作结束要清理现场</td><td>操作中，违反安全文明生产考核要求的任何一项扣 5 分，扣完为止</td><td>10</td><td></td><td></td></tr>
<tr><td colspan="3">开始时间：</td><td>结束时间：</td><td colspan="2">成绩</td><td></td></tr>
</table>

扫描右侧二维码，可了解西门子、欧姆龙、松下、台达、信捷、汇川等国内外常用 PLC 产品的介绍。

任务 2　可编程序控制器硬件安装及接线

学习目标

1. 掌握 PLC 的硬件和软件组成及工作原理。
2. 理解 PLC 控制系统与继电器控制系统的区别。
3. 掌握 PLC 的外部特征、安装方法和安装注意事项。
4. 掌握 PLC 输入、输出端子的接线方法及注意事项。

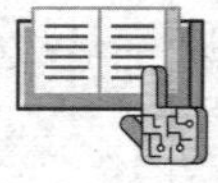

任务引入

虽然 PLC 的种类繁多、性能各异，但在硬件组成上基本相同或类似。本任务的主要内容是以 FX_{3U} 系列 PLC 为例，首先对照实物认识 PLC 的外部特征，进行 PLC 硬件的安装，熟悉 FX_{3U} 系列 PLC 的硬件组成、输入 / 输出端子；然后按照工艺要求进行 FX_{3U} 系列 PLC 的接线练习，掌握三菱 PLC 输入 / 输出端子的接线方法及注意事项。

实施本任务所需要的实训设备及工具材料见表 1–2–1。

表 1–2–1　实训设备及工具材料

序号	分类	名称	型号 / 规格	数量	单位
1	工具	电工常用工具		1	套
2	仪表	万用表	型号自定	1	块
3	设备器材	计算机		1	台
4		接口单元①		1	套
5		通信电缆②		1	条
6		可编程序控制器	FX_{3U}–48MR/ES、FX_{3U}–48MT/ES	各 1	台
7		编程软件	GX Works2	1	套
8		模拟配线板	600 mm × 900 mm	1	块
9		导轨	C45	0.3	m

续表

序号	分类	名称	型号 / 规格	数量	单位
10	设备器材	低压断路器	Multi9 C65N D20，三极	1	个
11		熔断器	RT28-32	1	个
12		按钮	LA4-3H	1	个
13		红色指示灯	DC 24 V	2	个
14		黄色指示灯	DC 24 V	2	个
15		绿色指示灯	DC 24 V	2	个
16		接线端子	TB-1520，20 位	1	条
17	消耗材料	导线	BV-1.5（主电路）	10	m
			BV-1.0（控制电路）	15	m
			BVR-7 × 0.75	10	m
18		紧固件	M4 × 20 螺钉	若干	个
			M4 × 12 螺钉	若干	个
			ϕ4 mm 平垫圈	若干	个
			ϕ4 mm 弹簧垫圈及 M4 螺母	若干	个
19		号码管		若干	m
20		记号笔		1	支

注：①接口单元可采用 FX-232AWC 型 RS-232C/RS-422 转换器或 FX-USB-AW 型 USB/RS-422 转换器，以及其他指定的转换器。

②通信电缆可采用 FX-422CAB0 型 RS-422 电缆（用于 FX_2、FX_{2C}、FX_{2N}、FX_{3U} 型 PLC）或其他指定的电缆。

相关知识

PLC 是计算机技术和控制技术相结合的产物，是一种以微处理器为核心的用于自动化控制的特殊计算机，因此 PLC 的基本组成和一般的计算机系统类似，都是由硬件和软件两大部分组成。

一、PLC 的硬件组成

PLC 的硬件主要由 CPU、存储器、输入 / 输出接口、通信接口、扩展接口、编程装置及电源等组成。其中，CPU 是 PLC 的核心，输入 / 输出接口是连接现场输入 / 输出设备与 CPU 的接口电路，通信接口用于与编程器、上位计算机等外围设备连接。

对于整体式 PLC，所有的部件都装在同一机壳内，其组成框图如图 1-2-1 所示。而对于模块式 PLC，它的各部件独立封装成模块，各模块通过总线连接，安装在机架或导轨上，其组成框图如图 1-2-2 所示。无论是哪种结构类型的 PLC，都可根据用户需要进行配置与组合。

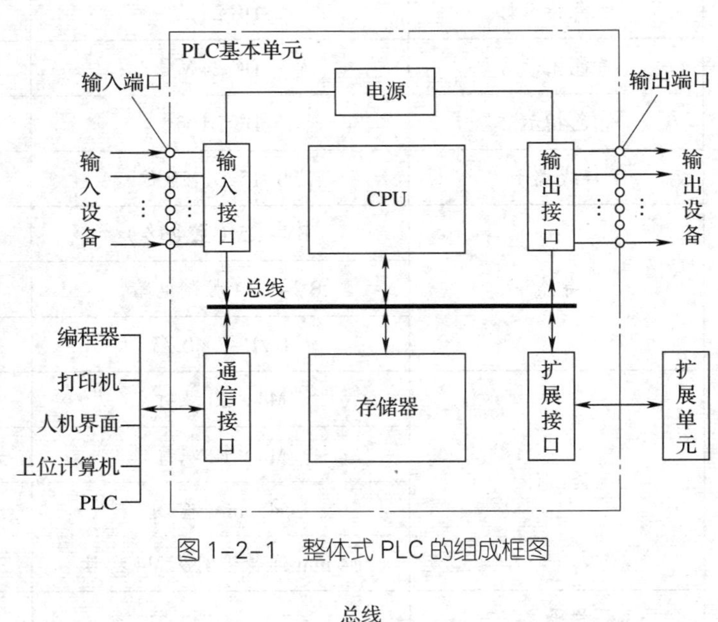

图 1-2-1　整体式 PLC 的组成框图

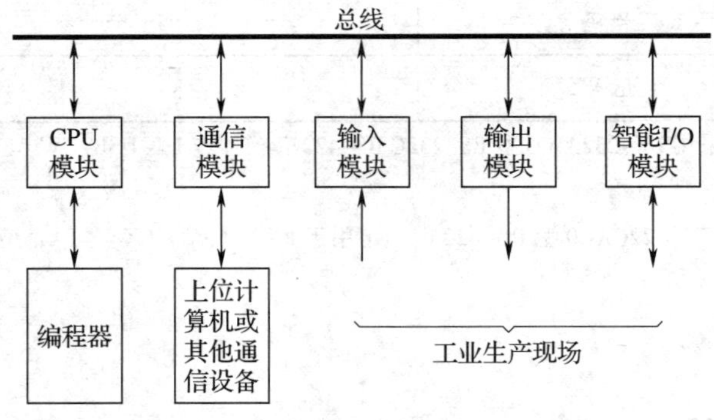

图 1-2-2　模块式 PLC 的组成框图

提示

尽管整体式 PLC 与模块式 PLC 的结构不同，但它们各部分的功能基本相同。

1. CPU

CPU 是 PLC 的核心，在 PLC 中所配置的 CPU 随机型不同而不同。常用的 CPU 主要有三类：通用微处理器（如 8086、80286 等）、单片机（如 8031、8051 等）和位片式处理器（如 AMD 2900 系列等）。小型 PLC 大多采用 8 位通用微处理器或单片机，中型 PLC 大多采用 16 位通用微处理器或单片机，大型 PLC 大多采用高速位片式处理器。

对于双 CPU 系统，一般一个为字处理器，多采用 8 位或 16 位处理器；另一个为位处理器，采用由各厂家设计制造的专用芯片。字处理器为主处理器，用于执行编程器接口功能，监视内部定时器，监视扫描周期，处理字节指令以及对系统总线和位处理器进行控制等。位处理器为从处理器，主要用于处理位操作指令和实现 PLC 编程语言向机器语言的转换。采用位处理器可提高 PLC 的速度，使 PLC 更好地满足实时控制要求。

总之，在 PLC 中 CPU 按系统程序赋予的功能，指挥 PLC 有条不紊地工作。归纳起来，主要包括以下几方面：

（1）接收编程装置输入的用户程序和数据。

（2）诊断电源、PLC 内部电路的工作故障和编程中的语法错误等。

（3）通过输入接口接收现场的状态信息或数据，并存入输入映像寄存器或数据寄存器中。

（4）从存储器逐条读取用户程序，经过解释后执行。

（5）根据执行的结果，更新有关标志位和输出映像寄存器的内容，通过输出接口实现输出控制。另外，有些 PLC 还具有制表打印或数据通信等功能。

2. 存储器

在 PLC 中，存储器主要用于存放系统程序、用户程序及工作数据。PLC 的存储器主要有两种：一种是随机存储器 RAM，另一种是只读存储器 ROM、EPROM 和 EEPROM 等。

3. 输入 / 输出接口

输入 / 输出接口通常也称为 I/O 接口或 I/O 模块，是 PLC 与工业生产现场设备之间的连接部件。PLC 通过输入接口可以检测被控对象的各种数据，以这些数据作为 PLC 对被控制对象进行控制的依据；同时，PLC 又通过输出接口将处理结果送给被控制对象，以实现控制目的。

由于外部输入设备和输出设备所需的信号电平是多种多样的，而 PLC 内部 CPU 处理的信号只能是标准电平，所以 I/O 接口要实现这种转换。I/O 接口一般都具有光电隔离和滤波功能，以提高 PLC 的抗干扰能力。另外，I/O 接口上通常还有状态指示，工作状况直观，便于维护。

PLC 提供了多种操作电平和驱动能力的 I/O 接口，有各种各样功能的 I/O 接口供用户选择。I/O 接口的主要类型有数字量（开关量）输入、数字量（开关量）输出、模拟量输入、模拟量输出等。本任务主要介绍开关量输入接口和开关量输出接口。

（1）开关量输入接口

常用的开关量输入接口按其使用的电源不同分为三种类型：直流输入接口型、交流输入接口型和交流 / 直流输入接口型。其基本原理电路如图 1-2-3 所示。

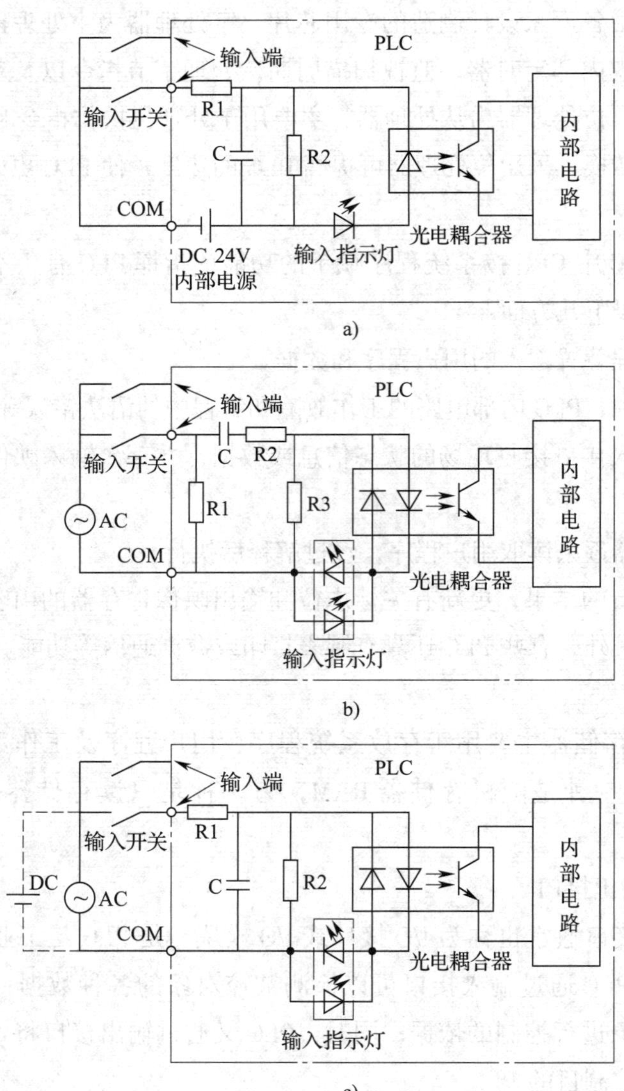

图 1-2-3　开关量输入接口基本原理电路

a）直流输入接口型　b）交流输入接口型　c）交流 / 直流输入接口型

（2）开关量输出接口

常用的开关量输出接口按输出开关器件不同分为三种类型：继电器输出型、晶体管输出型和晶闸管输出型。其基本原理电路如图 1-2-4 所示。

4．通信接口

PLC 配有各种通信接口，这些接口一般都带有通信处理器。PLC 可通过这些通信

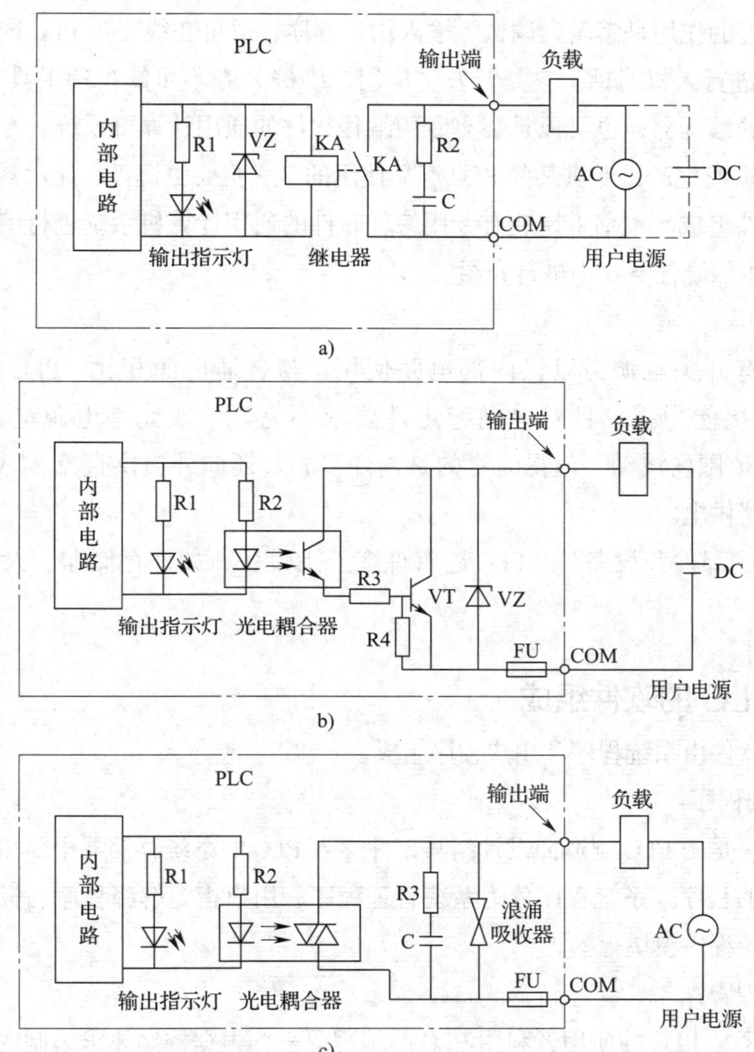

图 1-2-4 开关量输出接口基本原理电路

a）继电器输出型 b）晶体管输出型 c）晶闸管输出型

接口与监视器、打印机、其他 PLC、计算机等设备实现通信。如 PLC 与打印机连接，可将过程信息、系统参数等输出打印；与监视器连接，可将控制过程图像显示出来；与其他 PLC 连接，可组成多机系统或连成网络，实现更大规模的控制；与计算机连接，可组成多级分布式控制系统，实现控制与管理相结合。

5. 扩展接口

扩展接口用来扩展 PLC 的 I/O 点数，当用户需要的 I/O 点数超过 PLC 基本单元的 I/O 点数时，可通过此接口将 I/O 扩展模块与 PLC 基本单元相连接，以增加 PLC 的 I/O 点数，从而适应控制系统的要求。此外，其他的特殊功能模块也可通过该接口与 PLC 基本单元相连。

6. 编程装置

编程装置的作用是编辑、调试、输入用户程序，也可在线监控 PLC 内部状态和参数，与 PLC 进行人机对话。它是开发、应用、维护 PLC 不可缺少的工具。编程装置可以是专用的编程器，也可以是装有专用编程软件的通用计算机系统。专用的编程器是由 PLC 制造商生产，专供某些 PLC 产品使用的，它主要由键盘、显示器和外存储器接插件等部件组成。本书采用装有专用编程软件的通用计算机系统进行编程，具体使用方法将在本课题任务 3 中进行介绍。

7. 电源

PLC 配有开关电源，以供内部电路使用。与普通电源相比，PLC 电源的稳定性好、抗干扰能力强，且对电网稳定性要求不高。一般允许电源电压在其额定值 ±15% 的范围内波动。值得注意的是，许多 PLC 还向外提供直流 24 V 稳压电源，用于给传感器供电。

除了上述部件和设备外，PLC 还有许多外围设备，如外存储器、人机接口装置等。

二、PLC 的软件组成

PLC 的软件由系统程序和用户程序组成。

1. 系统程序

系统程序是由 PLC 制造商设计编写，并存入 PLC 的系统存储器中，用户不能直接读写、更改的程序。系统程序分为系统管理程序、用户指令解释程序、标准程序模块和系统调用子程序模块等。

2. 用户程序

用户程序是 PLC 的使用者利用 PLC 的编程语言，根据控制要求编制的程序。用户程序可用多种编程语言编写，例如梯形图、指令表、顺序功能图（SFC）等。下面简要介绍几种常见的 PLC 编程语言，详细内容将在后续课题任务中介绍。

（1）梯形图

梯形图基本上沿用电气控制图的形式，采用的符号也大致相同。如图 1–2–5a 所示，梯形图的两侧平行竖线为母线，其间由触点和线圈组成逻辑行。应用梯形图进行编程时，只要将梯形图逻辑行顺序输入 PLC 编程软件中，PLC 编程软件就可自动将梯形图转换成 PLC 能接收的机器语言，存入 PLC，并由 PLC 执行。

表 1–2–2 所列为 PLC 内部各类软继电器的线圈和触点与常规继电器线圈和触点图形符号的比较，其软继电器的动作原理与常规继电器的动作原理完全一致。

用 PLC 内部各类软继电器线圈和触点的图形符号，按照规定的编程原则而构成的图形称为梯形图。

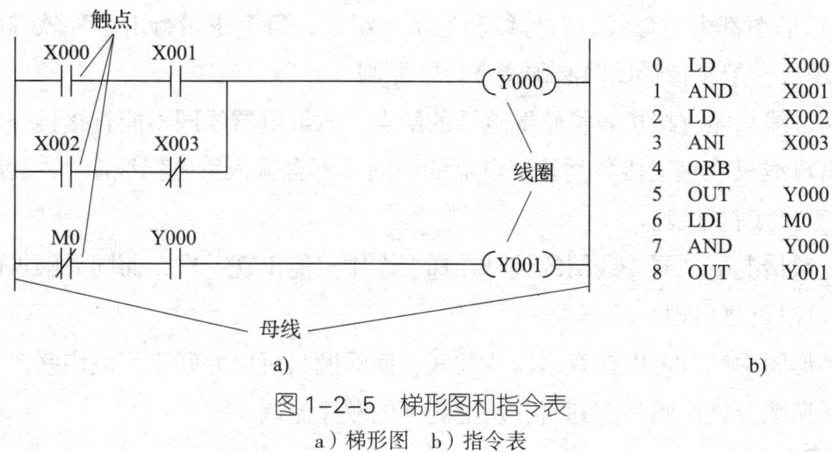

图 1-2-5 梯形图和指令表

a）梯形图 b）指令表

表 1-2-2 PLC 内部各类软继电器的线圈和触点与常规继电器线圈和触点的图形符号

控制系统	元件		
	线圈	动合（常开）触点	动断（常闭）触点
PLC 控制系统	—( )—	─┤├─	─┤/├─
继电器控制系统	[线圈符号]	[动合触点符号]	[动断触点符号]

从表 1-2-2 中可以看出梯形图其实是从继电器控制电路图变化过来的，因此梯形图在形式上与继电器控制电路图相似。梯形图是用图形符号在图中的相互关系来表示控制逻辑的编程语言，并且梯形图通过连线，将许多功能强大的 PLC 指令的图形符号连在一起，以表达所调用的 PLC 指令及其前后顺序关系，是目前最常用的一种可编程序控制器程序设计语言。

图 1-2-6 所示是传统的继电器控制电路及其对应的 PLC 梯形图。

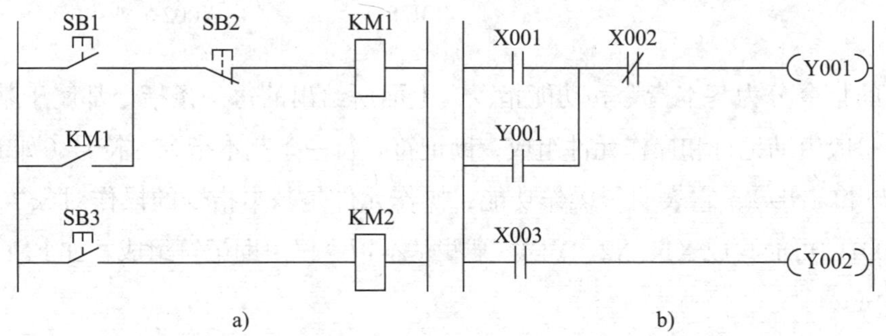

图 1-2-6 传统的继电器控制电路及其对应的 PLC 梯形图

a）继电器控制电路图 b）PLC 梯形图

从图中可看出，两种图所表达的思想是一致的，但具体的表达方式有一定的区别。PLC 梯形图使用的内部继电器，如定时器、计数器等，都是由软件来实现的，使用方便，修改灵活，是继电器控制系统硬接线所无法比拟的。

所有梯形图都由左母线、右母线和逻辑行组成，每个逻辑行由各种软继电器的触点和线圈组成。绘制梯形图时必须遵守以下原则：

1）左母线只能直接接各类软继电器的触点，软继电器线圈不能直接接左母线。

2）右母线只能直接接各类软继电器的线圈（不含输入继电器线圈），软继电器的触点不能直接接右母线。

3）一般情况下，同一线圈的编号在梯形图中只能出现一次，而同一触点的编号在梯形图中可以重复出现。

4）梯形图中触点可以任意串联或并联，而线圈只可以并联不可以串联。

5）梯形图应该按照从左到右、从上到下的顺序绘制。

（2）指令表

指令表类似于计算机汇编语言的形式，是用指令的助记符进行编程。指令表的助记符比较直观易懂，编程也简单，便于工程人员掌握，因此得到了广泛应用。但要注意，不同厂家制造的 PLC 所使用的指令助记符有所不同，即对同一梯形图来说，用指令助记符写成的语句表也不同。图 1–2–5a 所示梯形图对应的指令表如图 1–2–5b 所示。

语句是指令表编程语言的基本单元，每个控制功能由一个或多个语句组成的程序来执行。指令表和梯形图之间存在唯一对应关系，图 1–2–6b 所示梯形图对应的指令表如下。

步序	助记符	操作元件
0	LD	X001
1	OR	Y001
2	ANI	X002
3	OUT	Y001
4	LD	X003
5	OUT	Y002

PLC 的指令分为基本指令和功能指令，上面所给出的每一条指令都属于基本指令。基本指令一般由助记符和操作元件组成，助记符是每一条基本指令的符号（如 LD、OR、ANI、OUT 和 END），它表明了操作功能；操作元件是基本指令的操作对象（如 X001、X002、Y001，可简写成 X1、X2、Y1）。某些基本指令仅由助记符组成，如 END 指令。

（3）SFC

SFC 是根据机械的动作流程设计的顺序控制编程语言，适用于处理步骤明确的编程任务。

三、PLC 的工作原理

PLC 用户程序的执行采用的是循环扫描工作方式。即 PLC 对用户程序进行逐条、顺序执行，直至程序结束，然后再从头开始扫描，周而复始，直至停止执行用户程序。PLC 有两种工作模式，即停止（STOP）模式和运行（RUN）模式，如图 1-2-7 所示。

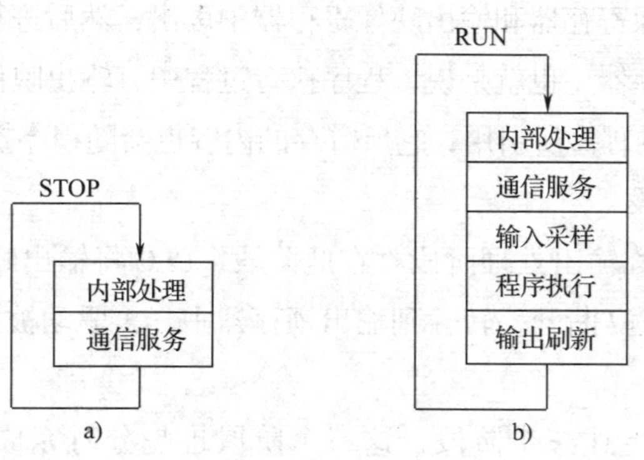

图 1-2-7 PLC 的基本工作模式
a）停止模式 b）运行模式

1. 停止模式

在停止模式下，PLC 只进行内部处理和通信服务工作。在内部处理阶段，PLC 检查 CPU 模块内部的硬件是否正常，进行监控定时器复位等工作。在通信服务阶段，PLC 与其他带 CPU 的智能设备通信。

2. 运行模式

在运行模式下，PLC 执行用户程序的过程一般分为三个阶段，即输入采样阶段、程序执行阶段和输出刷新阶段，如图 1-2-8 所示。

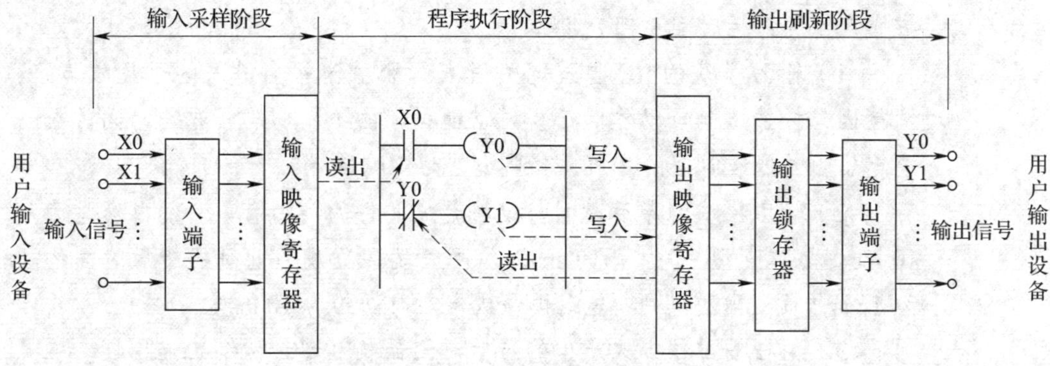

图 1-2-8 PLC 执行用户程序的过程

（1）输入采样阶段

PLC 在此阶段，以扫描方式顺序读入所有输入端子的状态，即接通 / 断开（ON/OFF），并将其状态存入输入映像寄存器。接着转入程序执行阶段，在程序执行期间，即使输入状态发生变化，输入映像寄存器内容也不会变化，输入状态的变化只能在下一个扫描周期的输入采样阶段被读入刷新。

（2）程序执行阶段

在程序执行阶段，PLC 按顺序对程序进行扫描。如果程序用梯形图表示，则总是按先上后下、从左向右的顺序进行扫描。每扫描一条指令时，所需的输入状态或其他元件的状态分别由输入映像寄存器和输出映像寄存器中读出，然后进行逻辑运算，并将运算结果写入输出映像寄存器。也就是说，程序执行过程中，输出映像寄存器内元件的状态可以被后面将要执行的程序所引用，它所寄存的内容也会随程序执行的进程而变化。

（3）输出刷新阶段

输出刷新阶段又称输出处理阶段。在此阶段，PLC 将输出映像寄存器中所有输出继电器的状态，即接通 / 断开，转存到输出锁存器中，再驱动被控对象（负载），这就是 PLC 的实际输出。

PLC 重复地执行上述三个阶段，这三个阶段也是分时完成的。为了连续地完成 PLC 所承担的工作，系统必须周而复始地依一定的顺序完成这一系列的具体工作。这种工作方式称为循环扫描工作方式。PLC 执行一次扫描操作所需的时间称为扫描周期，其典型值为 1 ~ 100 ms。一般来说，一个扫描过程中执行指令的时间占绝大部分。

提示

由于 PLC 采用循环扫描工作方式，即对信息采用串行处理方式，这必然带来输入 / 输出的响应滞后问题。

输入 / 输出滞后时间又称为系统响应时间，是指从 PLC 外部输入信号发生变化的时刻起至它控制的有关外部输出信号发生变化的时刻止的时间间隔。它由输入模块的滤波时间、输出模块的滞后时间和扫描工作方式产生的滞后时间三部分组成。

（1）输入模块的 RC 滤波电路用来滤除由输入端引入的干扰噪声，消除因外接输入触点动作时产生抖动而引起的不良影响。滤波时间常数决定了输入滤波时间的长短，其典型值为 10 ms。

（2）输出模块的滞后时间与模块开关元件的类型有关。继电器型为 10 ms；晶体管型一般小于 1 ms；晶闸管型在负载通电时的滞后时间约为 1 ms，负载由通电到断电时的最大滞后时间约为 10 ms。

（3）由扫描工作方式产生的滞后时间最长可超过两个扫描周期。扫描周期与用户程序的长短、指令的种类和 CPU 执行指令的速度有关，典型值为 1 ~ 100 ms。

对于一般工业设备，输入 / 输出滞后时间是完全允许的；但对于某些需要对输入做出快速响应的工业设备，则需要采用快速响应模块、高速计数器模块以及中断处理等措施来尽量减少输入 / 输出滞后时间。

四、PLC 控制系统与继电器控制系统的比较

1. 组成器件不同

继电器控制系统是由许多硬件继电器和接触器组成的，而 PLC 控制系统则是由许多软继电器组成的。传统的继电器控制系统有很强的抗干扰能力，但其用了大量的机械触点，受物理性能疲劳、尘埃积聚及电弧的影响，系统可靠性大大降低。例如，图 1–2–9 所示实现电动机单方向连续运行的继电器控制系统，就是通过接触器 KM 的一副辅助常开触点实现自锁的，一旦触点变形或受尘埃积聚及电弧的影响，造成接触不良，将会影响电动机的正常运行。而 PLC 控制系统采用无机械触点的微电子逻辑运算技术，复杂的控制由 PLC 内部运算器完成，故使用寿命长、可靠性高。

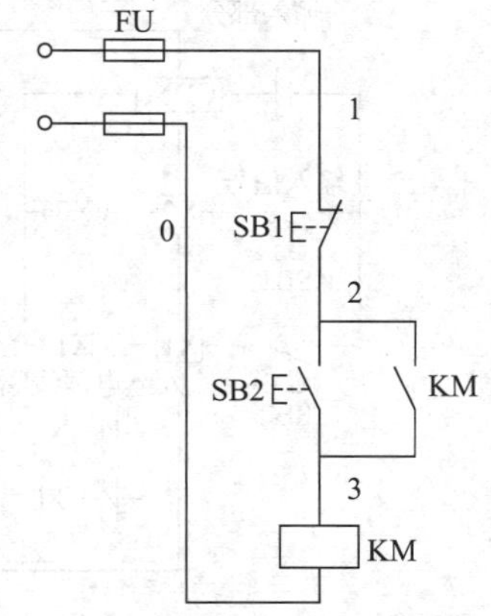

图 1–2–9　实现电动机单方向连续运行的继电器控制系统

2. 触点数量不同

继电器和接触器的触点数较少，一般只有 4 ~ 8 对，而 PLC 内部的软继电器可供编程的触点数有无限对。

3. 控制方式不同

从图 1–2–9 中可知，其控制系统是通过元件之间的硬件接线来实现的。当按下启动按钮 SB2 时，SB2 的常开触点闭合，使接触器 KM 线圈得电，铁芯吸合，KM 辅助常开触点闭合；松开启动按钮 SB2，接触器 KM 线圈通过自己的辅助常开触点实现自锁。当按下停止按钮 SB1 时，SB1 常闭触点切断接触器 KM 线圈回路，接触器 KM 线圈失电，铁芯释放，KM 辅助常开触点复位断开；松开停止按钮 SB1，接触器 KM 线圈处于断电状态。从整个控制过程可以看到，接触器 KM 的控制功能就固定在线路中。在这种控制系统中，要实现不同的控制要求必须改变控制电路的接线方式。例如，想将本线路的控制功能改成断续（点动）控制，必须将 KM 辅助常开触点和与其连接的 2 号线、3 号线拆除，才可实现。

PLC 控制系统与继电器控制系统有着本质的区别，它通过软件编程来实现控制功能，即将输入端子接收的外部输入信号，接入内部输入继电器；内部输出继电器的触点接到 PLC 的输出端子上，由预先编好的程序（梯形图）驱动，通过内部输出继电器触点的通断，实现对负载的功能控制。

图 1–2–10 所示是与图 1–2–9 对应的实现电动机单方向连续运行的 PLC 控制系统框图。从图中可以看出，当按下启动按钮 SB2 时，输入继电器 X1 的等效线圈接通（ON），梯形图中 X1 的常开触点接通（ON），驱动输出继电器 Y0 工作，与输出端子

Y0 相连的常开触点接通（ON），使与输出端子 Y0 相连的接触器 KM 线圈得电动作；与此同时，梯形图中的 Y0 常开触点接通（ON）；松开启动按钮 SB2 后，输入继电器 X1 的等效线圈失电（OFF），输出继电器 Y0 通过自己的常开触点保持得电，保证接触器 KM 线圈继续保持得电，起到类似接触器自锁的作用。

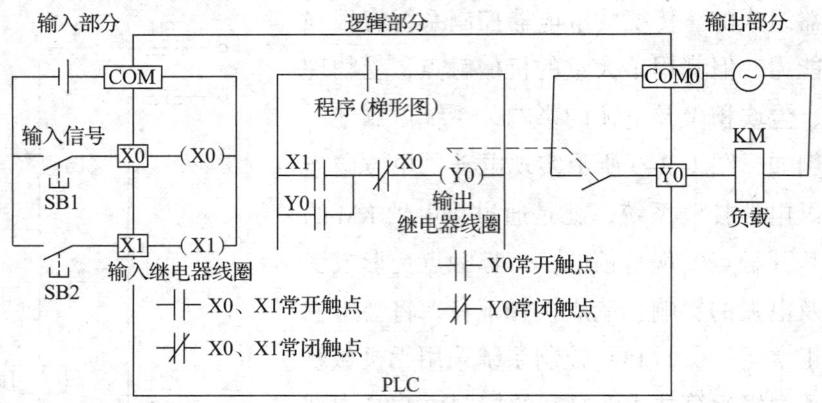

图 1-2-10　实现电动机单方向连续运行的 PLC 控制系统框图

需要停止时，按下停止按钮 SB1，输入继电器 X0 的等效线圈接通（ON），梯形图中 X0 的常闭触点断开（ON），输出继电器 Y0 停止工作，与输出端子 Y0 相连的常开触点断开（OFF），使与输出端子 Y0 相连的接触器 KM 失电；与此同时，梯形图中的 Y0 常开触点断开（OFF）；松开停止按钮 SB1 后，输入继电器 X0 的等效线圈失电（OFF），X0 的常闭触点复位（OFF）。

从上述控制过程中可以看到，PLC 控制系统实现电动机单方向连续运行，主要是通过 PLC 的梯形图来驱动，如想将本线路的控制功能改成断续（点动）控制，只需修改原来的程序，如去掉原梯形图中并联的 Y0 常开触点程序（OR Y0），不用改变外部接线。因此，PLC 控制系统具有只要改变控制程序，就可改变控制功能的灵活特点。

4. 工作方式不同

在继电器控制系统中，当电源接通时，线路中各继电器都处于受制约状态。在 PLC 控制系统中，各软继电器都处于周期性循环扫描接通中，每个软继电器受制约接通的时间是短暂的。

任务实施

一、认识 FX_{3U} 系列 PLC 的外部特征

1. 正面

FX_{3U} 系列 PLC 出厂时（标准）的正面如图 1-2-11 所示，打开端子排盖板时的正

面如图 1-2-12 所示，安装显示模块（FX_{3U}-7DM）时的正面如图 1-2-13 所示。其各部位名称及功能见表 1-2-3。

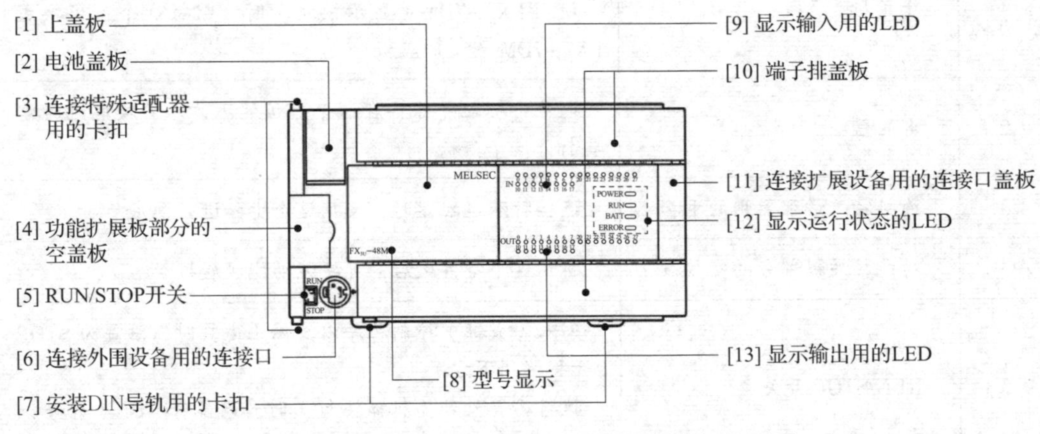

图 1-2-11　FX_{3U} 系列 PLC 出厂时（标准）的正面

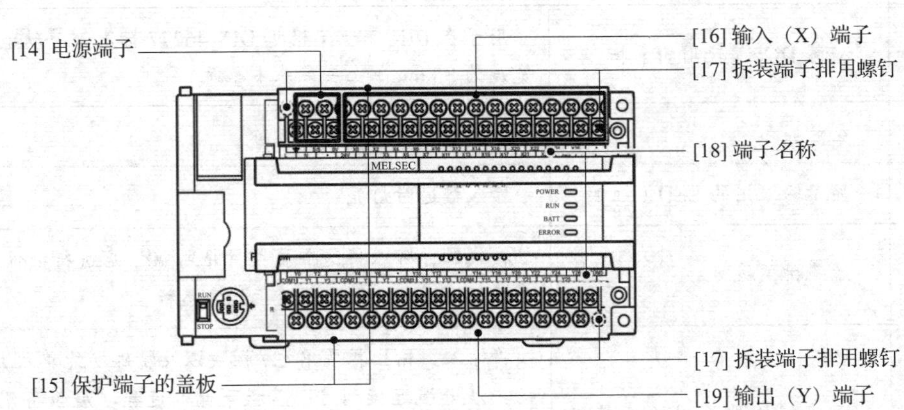

图 1-2-12　FX_{3U} 系列 PLC 打开端子排盖板时的正面

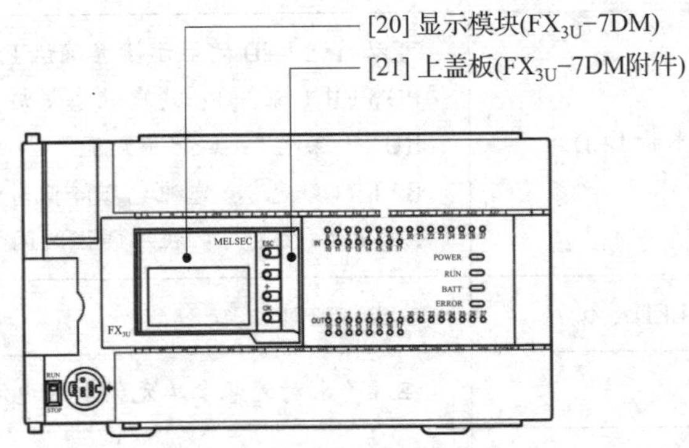

图 1-2-13　FX_{3U} 系列 PLC 安装显示模块（FX_{3U}-7DM）时的正面

表 1-2-3　FX_{3U} 系列 PLC 正面各部位名称及功能

序号	名称	功能说明
[1]	上盖板	存储器盒安装在这个盖板的下方 使用 FX_{3U}-7DM（显示模块）时，需将这个盖板换成 FX_{3U}-7DM 附带的盖板
[2]	电池盖板	电池（标配）保存在这个盖板的下方。更换电池时需要打开这个盖板
[3]	连接特殊适配器用的卡扣	连接特殊适配器时，使用这个卡扣进行固定
[4]	功能扩展板部分的空盖板	拆下这个空盖板后，可安装功能扩展板
[5]	RUN/STOP 开关	写入（成批）控制程序以及停止运算时，设置为 STOP（开关拨到下方） 执行运算处理（机械运行）时，设置在 RUN（开关拨到上方）
[6]	连接外围设备用的连接口	用于连接编程工具执行控制程序
[7]	安装 DIN 导轨用的卡扣	用于在 DIN 导轨（根据 DIN 46277 标准，导轨的标准宽度为 35 mm）上安装基本单元
[8]	型号显示	显示基本单元的型号名称
[9]	显示输入用的 LED（红）	输入接通时灯亮
[10]	端子排盖板	接线时，可以将这个盖板打开到 90° 后进行操作 运行（通电）时，须关上这个盖板
[11]	连接扩展设备用的连接口盖板	将输入、输出扩展单元 / 模块以及特殊功能单元 / 模块的扩展电缆连接到这个盖板下面的连接扩展设备用的连接口上 可连接 FX_{3U} 系列扩展设备、FX_{2N} 系列扩展设备、FX_{0N} 系列扩展设备
[12]	显示运行状态的 LED	可以通过 LED 的显示情况确认 PLC 的运行状态： POWER（绿色）：通电状态下灯亮 RUN（绿色）：运行中灯亮 BATT（红色）：电池电压降低时灯亮 ERROR（红色）：程序错误时闪烁，CPU 错误时灯亮
[13]	显示输出用 LED（红）	输出接通时灯亮
[14]	电源端子	在端子上对给基本单元供电的电源进行接线
[15]	保护端子的盖板	在端子排的下层，安装有保护端子的盖板

续表

序号	名称	功能说明
[16]	输入（X）端子	在端子上对传感器及开关等进行接线
[17]	拆装端子排用螺钉	需要更换基本单元时，松开这个螺钉后，端子排上方会脱开（FX_{3U}-16M□不能拆装）
[18]	端子名称	记载了电源、输入、输出端子的信号名称 ⏚是功能接地端子
[19]	输出（Y）端子	在端子上对要驱动的负载（接触器、电磁阀等）进行接线
[20]	显示模块（FX_{3U}-7DM）	可以安装显示模块（选件产品）
[21]	上盖板（FX_{3U}-7DM 附件）	为了能看见显示模块，在对应位置开有观察孔 与出厂时的上盖板交换后使用

2. 侧面

FX_{3U} 系列 PLC 侧面如图 1-2-14 所示，其各部位名称及功能见表 1-2-4。

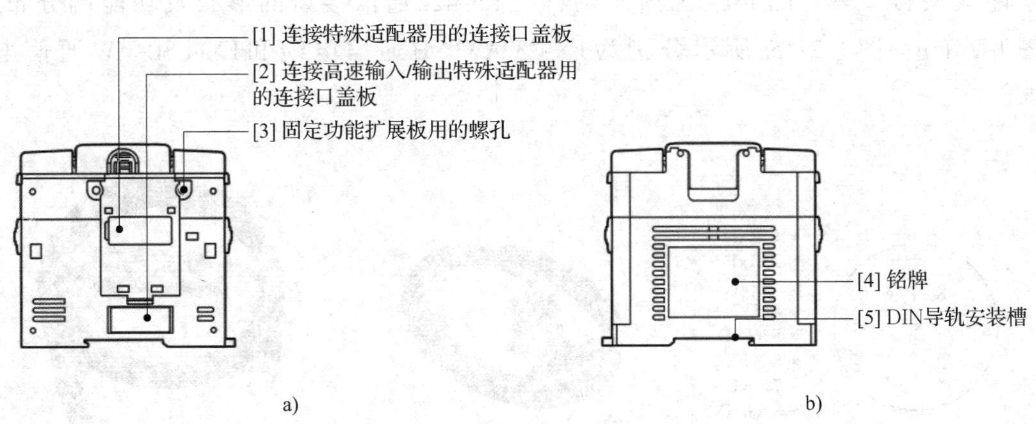

图 1-2-14　FX_{3U} 系列 PLC 侧面
a）左侧面　b) 右侧面

表 1-2-4　FX_{3U} 系列 PLC 侧面各部位名称及功能

序号	名称	功能说明
[1]	连接特殊适配器用的连接口盖板	拆下这个盖板后，将第 1 台特殊适配器连接到连接口（安装功能扩展板连接口盖板时）上 未安装功能扩展板时，没有连接口

续表

序号	名称	功能说明
[2]	连接高速输入/输出特殊适配器用的连接口盖板	拆下这个盖板后，将第1台高速输入特殊适配器（FX_{3U}-4HSX-ADP），或是高速输出特殊适配器（FX_{3U}-2HSY-ADP）连接到连接口上 不能用于连接通信/模拟量/CF卡（紧凑型闪存卡）特殊适配器
[3]	固定功能扩展板用的螺孔	是使用螺钉（功能扩展板产品中附带）固定功能扩展板所需的孔。由于出厂时安装了功能扩展板的空盖板，所以需拆下盖板后进行安装
[4]	铭牌	记载了产品型号名称、管理号、电源规格等 ⚠表示应使用具备适当温度等级（80 ℃或更高）的电线进行配线
[5]	DIN 导轨安装槽	可以安装在DIN导轨（宽度为35 mm）上

3. 接口部分

接口部分主要有标准RS-422通信接口、存储器接口、扩展通信板接口及特殊功能模块接口等。图1-2-15a所示为标准RS-422通信接口的形状及功能端分布，图1-2-15b、图1-2-15c所示分别为FX-232AWC-H通信电缆和FX-USB-AW通信电缆。

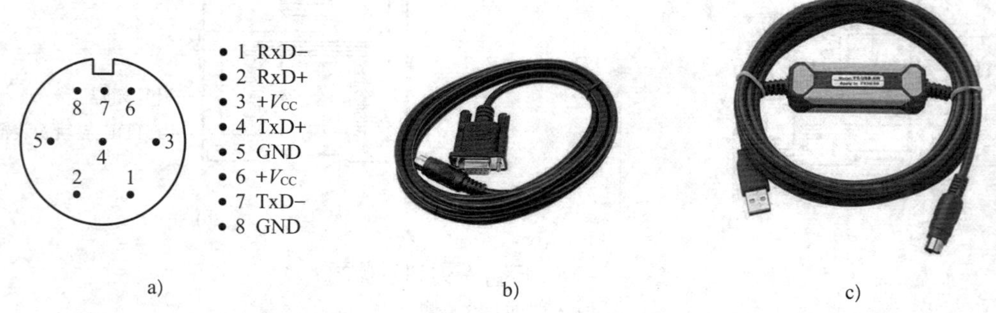

图1-2-15 标准RS-422通信接口及通信电缆

a）标准RS-422通信接口的形状及功能端分布 b）FX-232AWC-H通信电缆 c）FX-USB-AW通信电缆

三菱FX系列PLC均配有RS-422通信接口，常称为编程器接口，通过该通信接口可实现手持式编程器、计算机及人机界面等设备的通信。存储器接口、扩展通信板接口及特殊功能模块接口是为了满足用户控制需要进行设备扩展而设置的。

常用外围设备与PLC的连接：除手持式编程器通过专用的FX-20P-CAB0编程电缆直接与RS-422通信接口直接相连外，其他常见RS-232设备（如计算机、人机界面）需要通过FX-232AWC-H（含RS-232C/RS-422转换器）通信电缆进行连接。对于具有USB接口的设备（如计算机）的连接可通过FX-USB-AW（含USB/RS-422转换器）通信电缆进行连接。设备连接时，要特别注意PLC设备上RS-422通信接口的插头方向、计算机或其他设备的RS-232串口形式。

随着USB通信接口的普及，传输速度快、使用方便的USB通信接口更易于被用户接受，且市面上绝大部分计算机已不再配置RS-232通信接口，采用USB通信接口标准的FX-USB-AW通信电缆必将取代FX-232AWC-H通信电缆。FX-USB -AW通信电缆的连接如图1-2-16所示。（需注意的是采用FX-USB-AW通信电缆需要安装设备驱动程序并设置相应的通信接口，相关方法与要求可参阅设备说明书。）

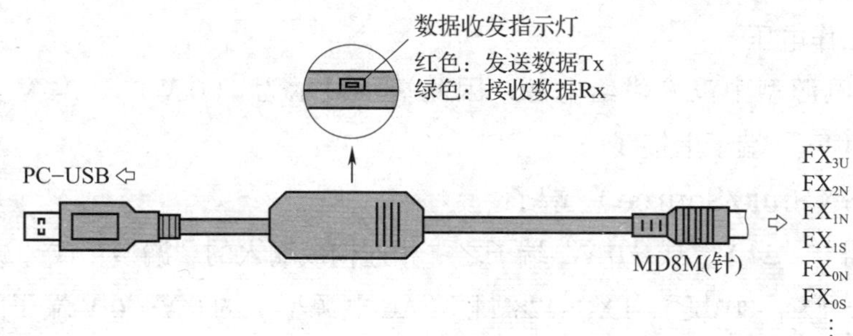

图1-2-16　FX-USB-AW通信电缆的连接

二、PLC外围设备接线端子的识读

PLC用于与外围设备、电源连接的接线端子分布于设备上、下两侧，排列规律如图1-2-17所示，正确识别接线端子的类别、作用并进行连接才能保障设备的正常运行。

1. 电源端子

（1）AC电源型端子L、N

面向我国的三菱PLC大多采用220 V市电供电。对于供电电源部分，一般要求外部设置短路、过电流保护装置，常采用额定电流为5 A的低压断路器实现。电源引入后经低压断路器分别与输入端侧的“L”“N”相连，同时“⏚”要与接地线进行可靠连接。

（2）DC电源型端子

DC电源型端子为⊕、⊖。

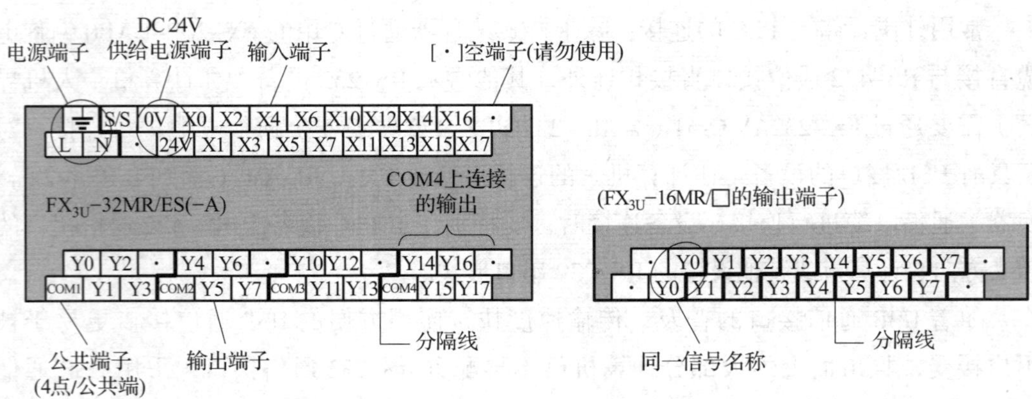

图 1-2-17　常见的 FX_{3U} 系列 PLC 接线端子的排列规律

2. DC 24 V 供给电源端子

（1）AC 电源型为“0 V”“24 V”端子。输入端侧的“0 V”“24 V”端子可向外提供 24 V 的直流电源，该直流电源只能向输入端所接的检测性器件（如电磁开关、传感器等）提供工作电压。

（2）DC 电源型中没有供给电源，因此端子显示为“(0 V)”“(24 V)”，不必在“(0 V)”“(24 V)”端子上接线。

3. “S/S（Sink/Source）”端子

使用时需与“24 V”或“0 V”端子之一相连构成输入的“漏型”或“源型”接法。FX_{3U}-64M □、FX_{3U}-80M □、FX_{3U}-128M □（AC 电源型）的 0 V—0 V 端子间及 24 V—24 V 端子间为内部连接，无须在外部实施短路。

4. 输入端子“X”

AC 电源型、DC 电源型的输入端子显示相同，但输入的外部接线不同，用于连接外围控制设备，如按钮、行程开关及各类检测开关等。

5. 输出端子“Y”

（1）连接在公共端（COM □）上的输出显示：输出是由 1 点、4 点、8 点中的某一个单位共用 1 个公共端构成的。公共端上连接的输出编号（Y）就是用分隔线框出的范围。晶体管（源型）输出型的 COM □端子为“+V”端子。

（2）FX_{3U}-16MR/ □的输出端子（图 1-2-17）：输出没有公共端，每个输出继电器触点的两端，以同一信号名称命名。

（3）输出端用于连接外围的受控执行设备（如接触器、继电器等），利用输出端子的开关信号控制对应端所接执行设备动作，也可直接控制一些低电压、小功率电器（如指示灯、小继电器）等。

6. 常见的 FX_{3U} 系列 PLC 外围设备接线端子分布

以本书应用较多的 FX_{3U}-48M □ PLC 为例，其外围设备接线端子分布如图 1-2-18 所示。

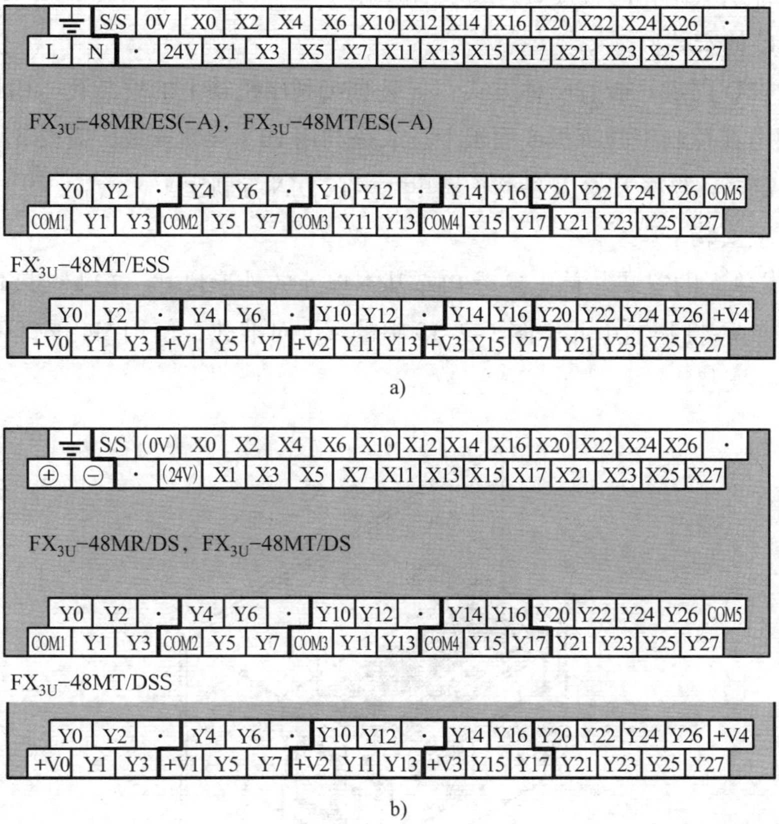

⏚ S/S 0V X0 X2 X4 X6 X10 X12 X14 X16 X20 X22 X24 X26 ·
L N · 24V X1 X3 X5 X7 X11 X13 X15 X17 X21 X23 X25 X27

FX_{3U}-48MR/ES(-A)，FX_{3U}-48MT/ES(-A)

Y0 Y2 · Y4 Y6 · Y10 Y12 · Y14 Y16 Y20 Y22 Y24 Y26 COM5
COM1 Y1 Y3 COM2 Y5 Y7 COM3 Y11 Y13 COM4 Y15 Y17 Y21 Y23 Y25 Y27

FX_{3U}-48MT/ESS

Y0 Y2 · Y4 Y6 · Y10 Y12 · Y14 Y16 Y20 Y22 Y24 Y26 +V4
+V0 Y1 Y3 +V1 Y5 Y7 +V2 Y11 Y13 +V3 Y15 Y17 Y21 Y23 Y25 Y27

a)

⏚ S/S (0V) X0 X2 X4 X6 X10 X12 X14 X16 X20 X22 X24 X26 ·
⊕ ⊖ · (24V) X1 X3 X5 X7 X11 X13 X15 X17 X21 X23 X25 X27

FX_{3U}-48MR/DS，FX_{3U}-48MT/DS

Y0 Y2 · Y4 Y6 · Y10 Y12 · Y14 Y16 Y20 Y22 Y24 Y26 COM5
COM1 Y1 Y3 COM2 Y5 Y7 COM3 Y11 Y13 COM4 Y15 Y17 Y21 Y23 Y25 Y27

FX_{3U}-48MT/DSS

Y0 Y2 · Y4 Y6 · Y10 Y12 · Y14 Y16 Y20 Y22 Y24 Y26 +V4
+V0 Y1 Y3 +V1 Y5 Y7 +V2 Y11 Y13 +V3 Y15 Y17 Y21 Y23 Y25 Y27

b)

图 1-2-18 FX_{3U}-48M □ PLC 外围设备接线端子分布

a）AC 电源 /DC 输入型 b）DC 电源 /DC 输入型

三、FX_{3U} 系列 PLC 的安装

PLC 在设计制造时采取了多项措施，使其能够很好地适应工业环境。但是由于工业生产现场的工作环境较为恶劣，所以为确保可编程序控制器控制系统的稳定可靠，还应当尽量使可编程序控制器有良好的工作环境，并采取必要的抗干扰措施。

1．安装环境

为保证 PLC 工作的可靠性，尽可能地延长其使用寿命，在安装时一定要注意周围的环境，其安装场合应满足以下要求：

（1）环境温度在 0 ~ 55 ℃范围内。

（2）环境相对湿度应在 35% ~ 85% 范围内。

（3）周围无易燃和腐蚀性气体。

（4）周围无过量的灰尘和金属微粒。

（5）避免过度的振动和冲击。

（6）不能受太阳光的直接照射或水的溅射。

2. PLC 的安装

PLC 的安装固定一般有两种方式：一是直接利用机箱上的安装孔，用螺钉将机箱固定在控制柜的背板或面板上；二是利用 DIN 导轨安装，需要先将 DIN 导轨固定好，再将 PLC 及各种扩展单元卡在 DIN 导轨上。

（1）直接安装

1）基本单元的安装。首先参考 PLC 基本单元的外形尺寸，在安装表面进行安装孔的加工。然后将基本单元（图 1–2–19 中的 A）对准孔，使用 M4 螺钉（图 1–2–19 中的 B）进行安装。

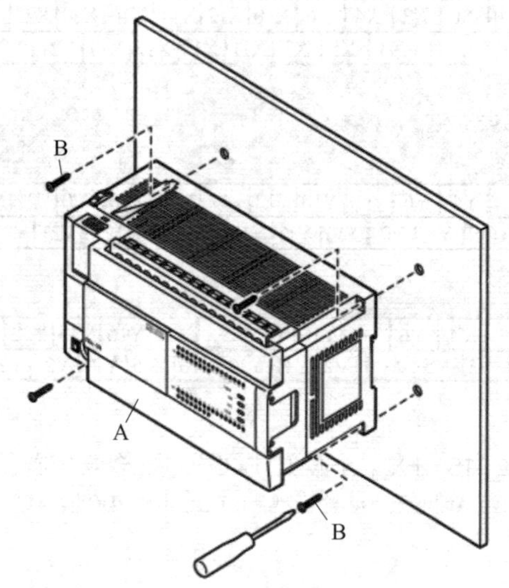

图 1–2–19　FX_{3U} 系列 PLC 基本单元的直接安装

2）输入 / 输出扩展模块、特殊功能模块的安装

①参考 PLC 输入 / 输出扩展模块、特殊功能模块的外形尺寸，在安装表面进行安装孔的加工。

②压入输入 / 输出扩展模块、特殊功能模块的 DIN 导轨安装用卡扣（图 1–2–20 中的 A）。如果 DIN 导轨安装用卡扣没有被塞进去，螺孔就会被堵住，不能安装。

③将输入 / 输出扩展模块、特殊功能模块（图 1–2–20 中的 B）对准安装孔，使用 M4 螺钉（图 1–2–20 中的 C）进行安装。

（2）在 DIN 导轨上的安装

1）基本单元的安装

①推出所有的 DIN 导轨安装用卡扣，如图 1–2–21 中 A 所示。

②将 DIN 导轨安装槽的上侧（图 1–2–21 中的 B）对准 DIN 导轨后挂上。

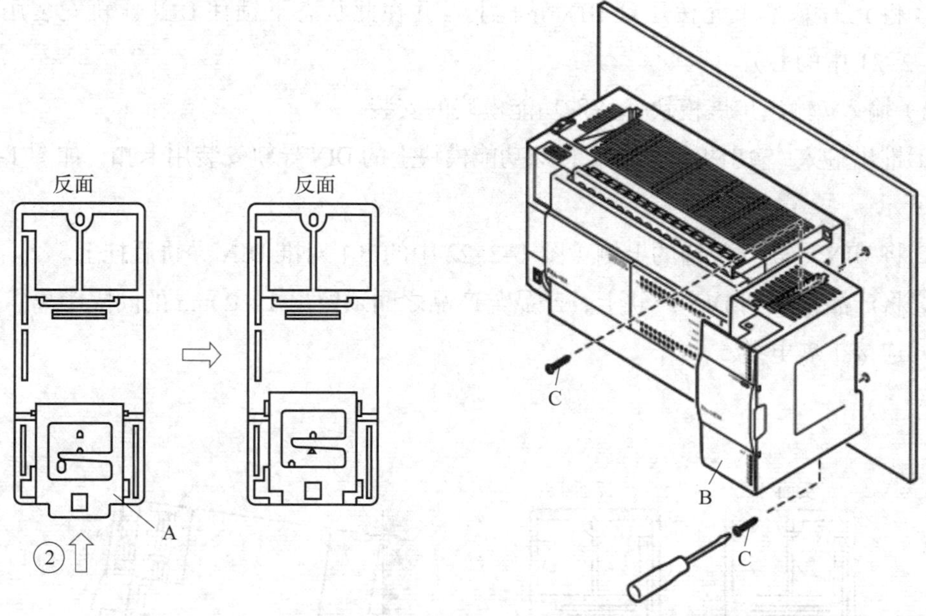

图 1-2-20 FX$_{3U}$ 系列 PLC 输入 / 输出扩展模块、特殊功能模块的直接安装

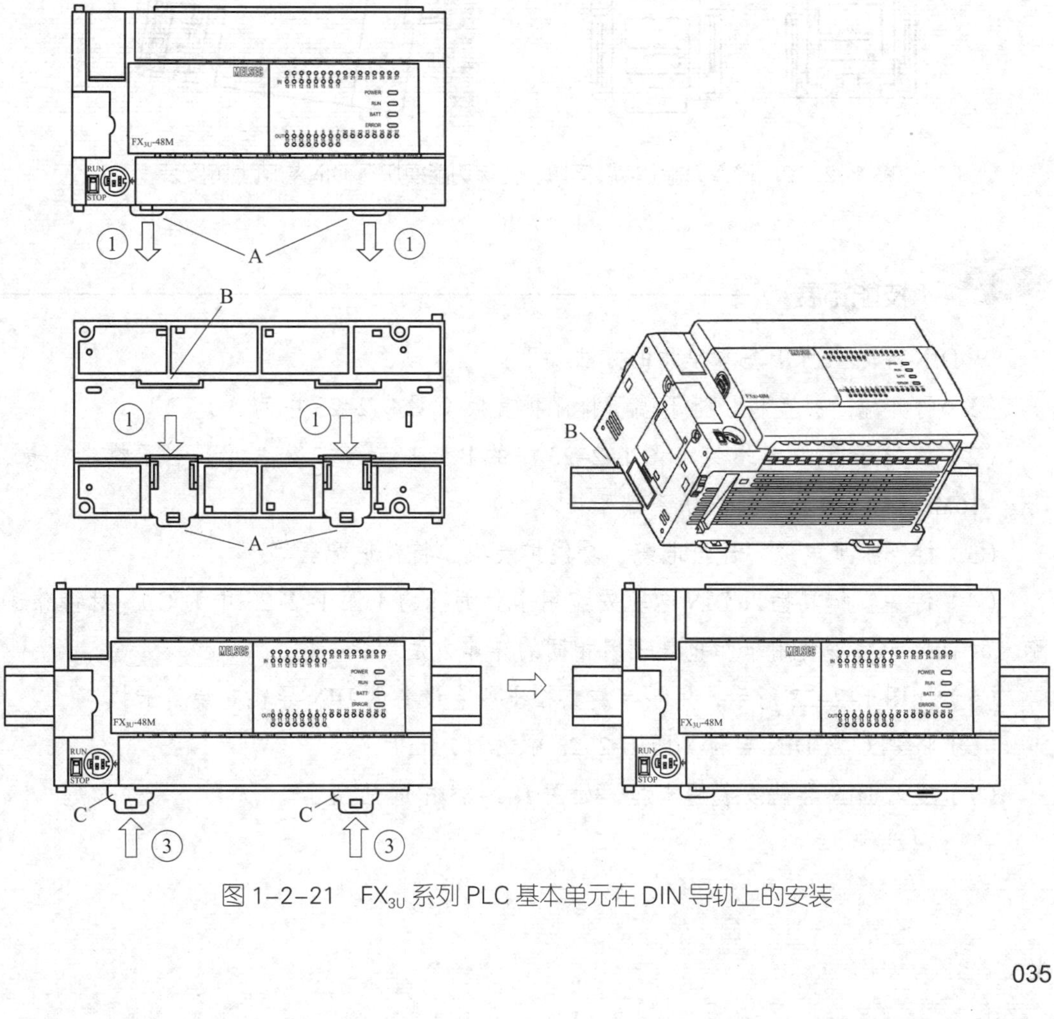

图 1-2-21 FX$_{3U}$ 系列 PLC 基本单元在 DIN 导轨上的安装

③将 PLC 基本单元按压到 DIN 导轨上，并在此状态下锁住 DIN 导轨安装用卡扣（图 1–2–21 中的 C）。

2）输入 / 输出扩展模块、特殊功能模块的安装

①推出输入 / 输出扩展模块、特殊功能模块上的 DIN 导轨安装用卡扣，如图 1–2–22 中 A 所示。

②将 DIN 导轨安装槽的上侧（图 1–2–22 中的 B）对准 DIN 导轨后挂上。

③将产品按压到 DIN 导轨上，产品与产品之间须留出 1 ~ 2 mm 的间隔距离。

④连接扩展电缆。

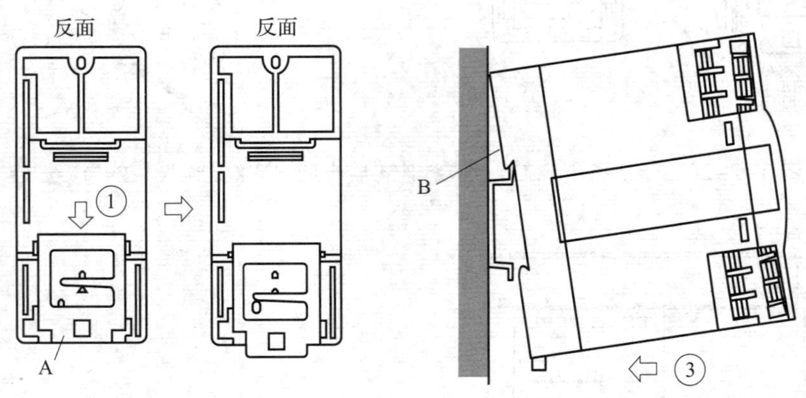

图 1–2–22　输入 / 输出扩展模块、特殊功能模块在 DIN 导轨上的安装

技能拓展

从 DIN 导轨上拆下基本单元的方法如下：

（1）打开端子排盖板，拆下端子排保护盖板（图 1–2–23 中的 A）。

（2）将端子排固定螺钉（图 1–2–23 中的 B）一点点拧松，拆下端子排。注意，FX_{3U}–16M □基本单元不可以拆下端子排。

（3）拆下扩展电缆、连接电缆、功能扩展板、特殊适配器等。

（4）将一字旋具插入 DIN 导轨安装用卡扣的孔内（图 1–2–23 中的 C）。对特殊适配器的 DIN 导轨安装用卡扣也是采用相同的操作方法。

（5）如图 1–2–23 所示，用一字旋具拉出所有设备的 DIN 导轨安装用卡扣。

（6）将 PLC 从 DIN 导轨（图 1–2–23 中的 D）上拆下。

（7）压入 DIN 导轨安装用卡扣，如图 1–2–23 中的 E 所示。

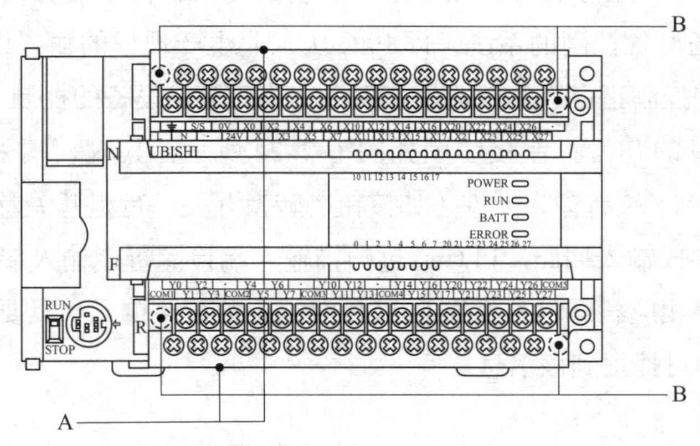

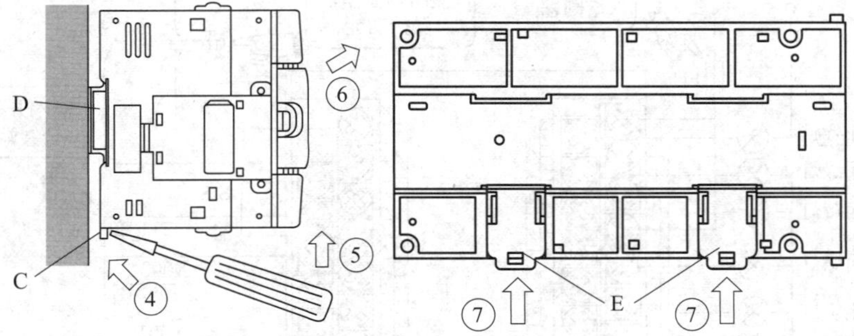

图 1-2-23　FX_{3U} 系列 PLC 基本单元在 DIN 导轨上的拆卸

提示

除要满足以上环境条件外，安装时还应注意以下几点：

（1）PLC 的所有单元或模块必须在断电时安装和拆卸。

（2）为防止静电对 PLC 组件的影响，在接触 PLC 前，应先用手接触某一接地的金属物体，以释放人体所带静电。

（3）注意 PLC 机体周围的通风和散热条件，防止导线头、铁屑等杂物通过通风窗落入机体内。

四、FX_{3U} 系列 PLC 外围设备的接线

I/O 端子是 PLC 与外部输入、输出设备连接的通道，其数量、类型是 PLC 的主要性能指标之一。一般 PLC 基本单元的输入、输出点数比为 1∶1，即输入点数等于输出点数。FX 系列 PLC 采用三位八进制编号：输入端编号为 X000 ~ X007，X010 ~ X017，…；输出端编号为 Y000 ~ Y007，Y010 ~ Y017，…以此类推。若采用扩展单元或模块，则其 I/O 编号应紧接 PLC 基本单元的 I/O 编号顺序递推。

I/O 端子的作用是将 PLC 与工业生产现场的输入、输出设备构成能进行现场信号采集，实现现场设备控制的系统，即 PLC 从工业生产现场的输入设备得到输入信号，并将经过处理的控制指令送到工业生产现场实施对输出设备的控制。

交通信号灯的 PLC 控制接线图如图 1-2-24 所示，其输入端采用“漏型”接法。通过输入侧“0 V”端将输入元件（如按钮、转换开关、行程开关及传感器等）与各自对应的输入点构成输入回路。PLC 通过扫描输入端检测每个输入端所接设备的闭合或断开状态，并将相应状态信息发送至 PLC 内相应的存储单元。只要有输入元件状态发生改变，PLC 即可捕捉到该信息。

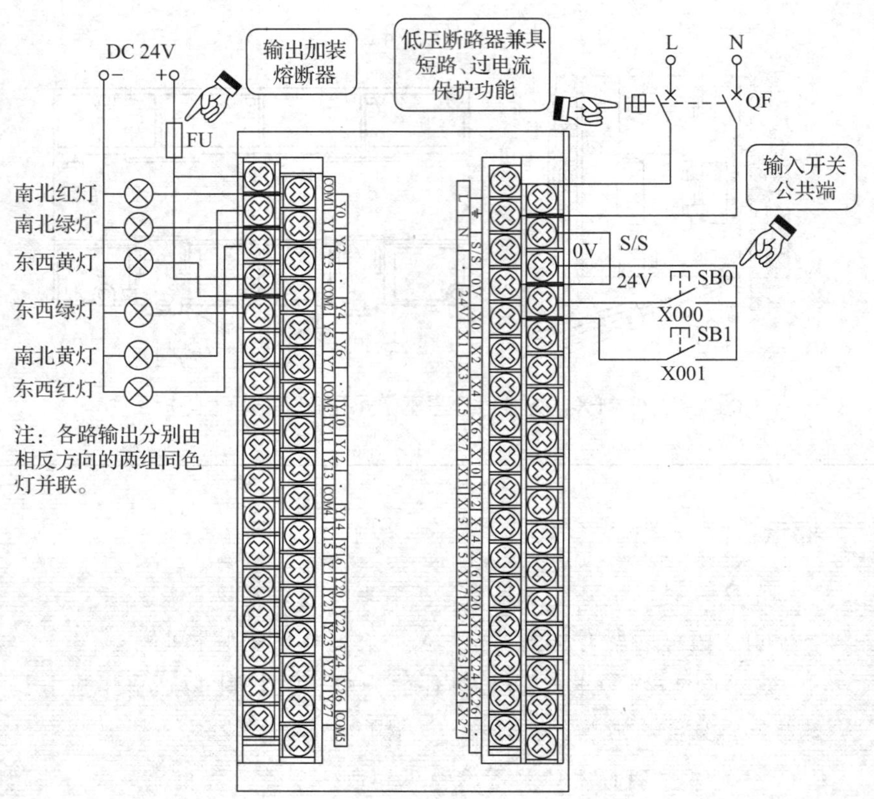

图 1-2-24　交通信号灯的 PLC 控制接线图

输出回路一般是由外部电源、PLC 输出端及外部负载构成的设备工作电路。如图 1-2-24 所示，PLC 通过设备内部继电器线圈得电，而驱动其开关触点闭合，将负载、外部电源接通形成回路。显然，负载的工作状态是由 PLC 输出端进行控制的，负载电源的规格应根据负载的需要并结合 PLC 的输出类型进行选择。

相对于 PLC 输入部分仅提供一个 COM 端，输出端提供了多个 COM 端。例如，FX_{3U}-48MR 型 PLC 提供了 5 个 COM 端，分别为 COM1 ~ COM5。一般情况下，PLC 的每个输出点应具有两个端子，但为减少输出端子数，在 PLC 内部采取多个输出端并接在一起形成公共端 COM。FX_{3U}–48MR 型 PLC 将 24 个输出端子按 Y0 ~ Y3、Y4 ~ Y7、Y10 ~ Y13、Y14 ~ Y17、Y20 ~ Y27 分别对应于 COM1、COM2、COM3、COM4、COM5 构成 5 组输出结构形式。在进行 I/O 端子分配时，应将采用相同电源的负载连接到具有公共端的同一组输出端子上，不同电源分配于不同组，可实现同一台 PLC 控制负载电源的类别、电压等级的多样性，以满足现代控制任务中的不同负载、多种电源电压同时存在的控制要求。相同电源是指相同电压等级、相同电源性质，不同电压等级或电源性质不同的负载必须用不同组的输出端子分别进行驱动，否则不能正常工作。

试在教师的指导下，将事先编好的程序下载到 PLC 中，查阅 FX_{3U} 系列 PLC 用户手册，了解 DC 电源、DC 输入的漏、源型输入接法要求和外围设备的接法要求，按照图 1–2–24 所示交通信号灯的 PLC 控制接线图，完成 PLC 的外围设备接线，并进行模拟调试。

提示

为避免信号间的电磁干扰，可编程序控制器的信号输入线和输出线不得采用同一根电缆中的导线。同时，信号输入线、信号输出线也不要与其他动力线、输出线在同一根线槽中布线，更不能将它们捆扎在一起。

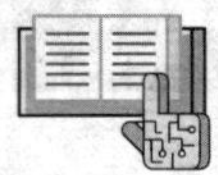

任务测评

对任务实施的完成情况进行检查，并将检查结果填入表 1–2–5。

表 1–2–5 任务测评表

序号	考核内容	考核要求	评分标准	配分	扣分	得分
1	认识 FX_{3U} 系列 PLC 的外部特征	能识别接线端子的类别、作用	接线端子的类别及作用识别错误，每错一项扣 10 分	20		
2	FX_{3U} 系列 PLC 的安装	能采用直接安装法和 DIN 导轨安装法进行 PLC 的安装	（1）不会采用直接安装法安装 PLC 基本单元，扣 10 分 （2）不会采用直接安装法安装输入 / 输出扩展模块、特殊功能模块，扣 10 分 （3）不会利用 DIN 导轨安装 PLC 基本单元，扣 10 分 （4）不会利用 DIN 导轨安装输入 / 输出扩展模块、特殊功能模块，扣 10 分	40		

续表

序号	考核内容	考核要求	评分标准	配分	扣分	得分
3	根据接线图进行接线安装	能进行PLC输入、输出端的接线，并进行模拟调试	（1）不会接线，扣30分 （2）接线有错误，每接错一根线扣10分 （3）仿真调试不成功，扣30分	30		
4	安全文明生产	劳动保护用品穿戴整齐；电工工具齐全；遵守操作规程；讲文明礼貌，操作结束要清理现场	操作中，违反安全文明生产考核要求的任何一项扣5分，扣完为止	10		
开始时间：			结束时间：	成绩		

任务3 可编程序控制器编程软件的安装及使用

学习目标

1. 了解GX Works2编程软件的主要功能。
2. 能正确安装GX Works2编程软件。
3. 熟悉GX Works2编程软件的使用方法。
4. 能使用GX Works2编程软件进行简单编程，并用计算机对PLC进行调试和监控。

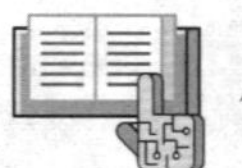

任务引入

GX Works2编程软件是专门用来开发FX系列PLC程序的软件，可用梯形图、指令表和顺序功能图写入和编辑程序，并能进行各种编程语言的互换。其可在Windows

操作系统上运行，便于操作和维护，具有较强的兼容性。本任务的主要内容是安装 GX Works2 编程软件，并使用 GX Works2 编程软件进行简单编程和调试监控。

实施本任务所需要的实训设备及工具材料见表 1-3-1。

表 1-3-1 实训设备及工具材料

序号	分类	名称	型号 / 规格	数量	单位
1	工具	电工常用工具		1	套
2	仪表	万用表	型号自定	1	块
3	设备器材	编程计算机		1	台
4		接口单元		1	套
5		通信电缆		1	条
6		编程软件	GX Works2	1	套
7		可编程序控制器	FX_{3U}-48MR/ES	1	台

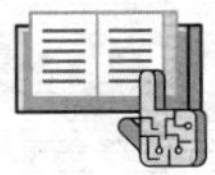

相关知识

GX Works2 编程软件能完成 Q 系列、QnA 系列、A 系列（包括运动模块）、FX 系列 PLC 梯形图和顺序功能图等的编辑与调试。该软件简单易学，具有丰富的工具箱和直观形象的用户界面。在编程过程中，用户既可以选择用键盘操作，也可以使用鼠标操作，同时支持联机编程功能。此外，该软件还可以对以太网、CC-Link 等网络进行参数设定，具有完善的诊断功能，便于实现网络监控。程序的上传与下载既可通过基本单元模块直接连接完成，也可以通过网络系统（如以太网、CC-Link 等）实现。下面以三菱 FX_{3U} 系列 PLC 为例，介绍该软件的主要功能及使用方法。

一、GX Works2 编程软件的主要功能

GX Works2 编程软件的功能十分强大，集成了项目管理、程序输入、编译链接、模拟仿真和程序调试等功能，其主要功能如下。

1. 在 GX Works2 编程软件中，可利用图形符号、列表语言及 SFC 符号来创建 PLC 程序，同时还能建立注释数据和设置寄存器数据。

2. 创建 PLC 程序并可将其存储为文件，用打印机打印。

3. 创建的 PLC 程序可在串行系统中与 PLC 进行通信，实现文件传送、操作监控以及各种测试。

4. 创建的 PLC 程序可脱离 PLC 进行仿真调试。

二、GX Works2 编程软件的用户界面

打开 GX Works2 编程软件后，会出现如图 1–3–1 所示的用户界面。该界面主要由项目标题栏、菜单栏、工具栏、编辑窗口、工程导航栏、状态栏等部分组成。在调试模式下，还可打开远程运行窗口、数据监视窗口等。

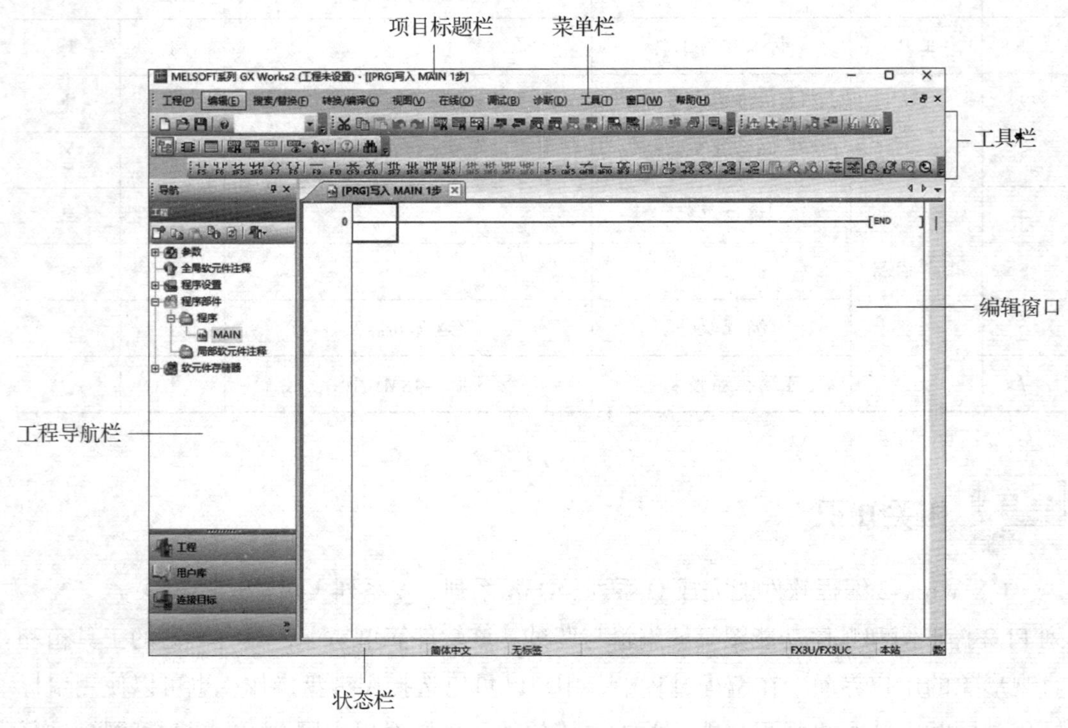

图 1–3–1 GX Works2 编程软件的用户界面

1. 项目标题栏

项目标题栏主要显示工程名称、文件路径、编辑模式、程序步数等。

2. 菜单栏

GX Works2 的菜单栏包含工程、编辑、搜索 / 替换、转换 / 编译、视图、在线、调试、诊断、工具、窗口、帮助等菜单，如图 1–3–2 所示。每个菜单又有若干个菜单项。

工程(P) 编辑(E) 搜索/替换(F) 转换/编译(C) 视图(V) 在线(O) 调试(B) 诊断(D) 工具(T) 窗口(W) 帮助(H)

图 1–3–2 菜单栏

3. 工具栏

工具栏中有“标准”工具栏、“程序通用”工具栏、“切换折叠窗口 / 工程数据”工具栏、“智能功能模块”工具栏、“梯形图”工具栏等，如图 1–3–3 所示。

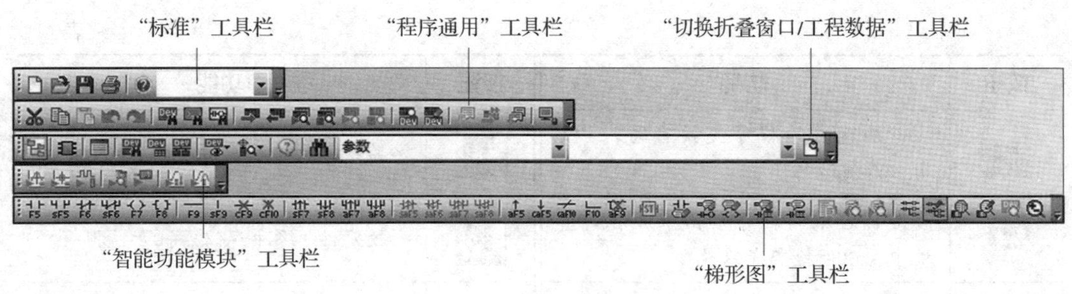

图 1-3-3 工具栏

（1）“标准”工具栏

“标准”工具栏如图 1-3-4 所示。“标准”工具栏中常用按钮的功能见表 1-3-2。

图 1-3-4 “标准”工具栏

表 1-3-2 “标准”工具栏中常用按钮的功能

按钮	功能	按钮	功能
	新建一个 PLC 工程文件		保存现有的工程文件
	打开已有的工程文件		打印现有的工程文件

（2）“程序通用”工具栏

“程序通用”工具栏如图 1-3-5 所示。“程序通用”工具栏中常用按钮的功能见表 1-3-3。

图 1-3-5 “程序通用”工具栏

表 1-3-3 “程序通用”工具栏中常用按钮的功能

按钮	功能	按钮	功能
	剪切选定的内容并放在剪贴板上		软元件查找
	复制选定的内容并放在剪贴板上		指令查找
	将剪贴板上的内容粘贴在以光标所在位置为起始点的位置		触点、线圈查找

续表

按钮	功能	按钮	功能
	将编辑好的程序变换后写入 PLC 中，以便运行		监视停止（全窗口）
	将 PLC 中的程序读出来放在计算机中，以便检查或修改	 Dev	软元件 / 缓冲存储器批量监视
	监视开始（全窗口）	 Dev	当前值更改

（3）“切换折叠窗口 / 工程数据”工具栏

“切换折叠窗口 / 工程数据”工具栏用于导航、部件选择、输出、软元件使用列表、监看等窗口的打开 / 关闭操作，如图 1–3–6 所示。

图 1–3–6 “切换折叠窗口 / 工程数据”工具栏

（4）“智能功能模块”工具栏

利用“智能功能模块”工具栏可对智能功能模块进行监视操作，如图 1–3–7 所示。

图 1–3–7 “智能功能模块”工具栏

（5）“梯形图”工具栏

“梯形图”工具栏如图 1–3–8 所示。“梯形图”工具栏中常用按钮的功能见表 1–3–4。

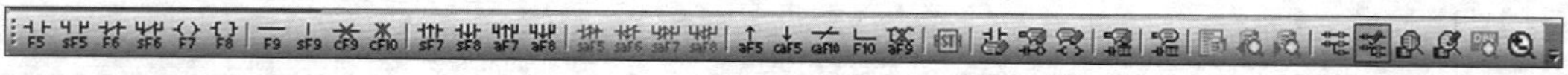

图 1–3–8 “梯形图”工具栏

表 1–3–4 “梯形图”工具栏中常用按钮的功能

按钮	功能	按钮	功能
 F5	单击此按钮或按【F5】键输入常开触点	 F7	单击此按钮或按【F7】键输入线圈
 sF5	单击此按钮或按【Shift+F5】键输入并联常开触点	 F8	单击此按钮或按【F8】键输入应用指令（功能指令）
 F6	单击此按钮或按【F6】键输入常闭触点	 F9	单击此按钮或按【F9】键画横线
 sF6	单击此按钮或按【Shift+F6】键输入并联常闭触点	 sF9	单击此按钮或按【Shift+F9】键画竖线

续表

按钮	功能	按钮	功能
CF9	单击此按钮或按【Ctrl+F9】键删除横线		软元件注释编辑（描述软元件的意义）
cF10	单击此按钮或按【Ctrl+F10】键删除竖线		声明编辑（描述梯形图的功能）
sF7	单击此按钮或按【Shift+F7】键输入上升沿脉冲		注解编辑（描述线圈和应用指令的意义）
sF8	单击此按钮或按【Shift+F8】键输入下降沿脉冲		声明 / 注解批量编辑
aF7	单击此按钮或按【Alt+F7】键输入并联上升沿脉冲		查看行间声明
aF8	单击此按钮或按【Alt+F8】键输入并联下降沿脉冲		读取模式
caF10	单击此按钮或按【Ctrl+Alt+F10】键使运算结果取反		写入模式
F10	单击此按钮或按【F10】键输入并联横线		监视模式
aF9	单击此按钮或按【Alt+F9】键将并联横线删除		监视（写入模式）
ST	单击此按钮或按【Ctrl+B】键插入内嵌 ST（结构文本）框		

4. 编辑窗口

编辑窗口用来显示编辑操作的工作对象，可以使用梯形图和顺序功能图等方式进行程序的编辑工作。

5. 工程导航栏

工程导航栏分为“工程”“用户库”“连接目标”三部分。其中，“工程”最为常用，它以树形结构反映当前工程的参数、程序、软元件存储器的配置及使用情况，如图 1–3–9 所示，让用户可以快速定位某个内容并进行编辑和修改。

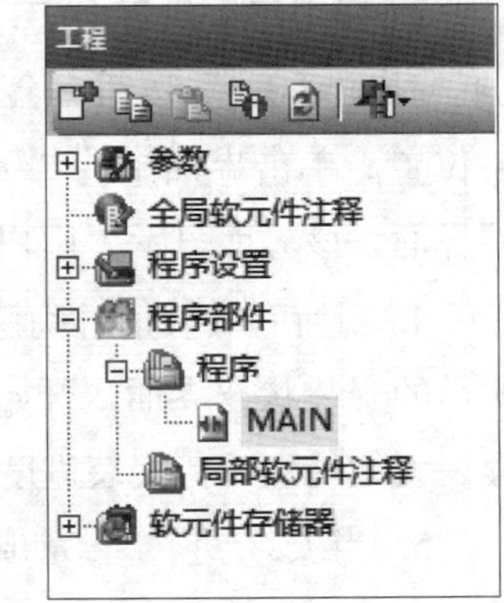

图 1–3–9 “工程”的树形结构

6. 状态栏

状态栏位于编辑窗口的下方，用于显示当前工程的状态信息。在编辑、监控、调试和数据设置时显示的内容略有不同。

任务实施

一、GX Works2 编程软件的安装

1. 确认当前系统已安装“.NET Framework 3.5”组件，以满足 GX Works2 编程软件的运行环境要求。具体方法为：打开控制面板，单击“程序”→“启用或关闭 Windows 功能”，在弹出的“Windows 功能”对话框中，查看是否已勾选“.NET Framework 3.5（包括 .NET 2.0 和 3.0）”复选框。如已勾选则继续下一步操作；如未勾选，则勾选后单击“确定”按钮，自动下载并安装相关组件，安装完毕后即可正式安装 GX Works2 软件。

2. 打开 GX Works2 编程软件安装包，找到安装序列号并复制，然后双击“Disk 1”文件夹中的安装图标 setup，系统即进入准备安装界面，按照安装向导逐步安装后即可进入用户信息界面，如图 1–3–10 所示。

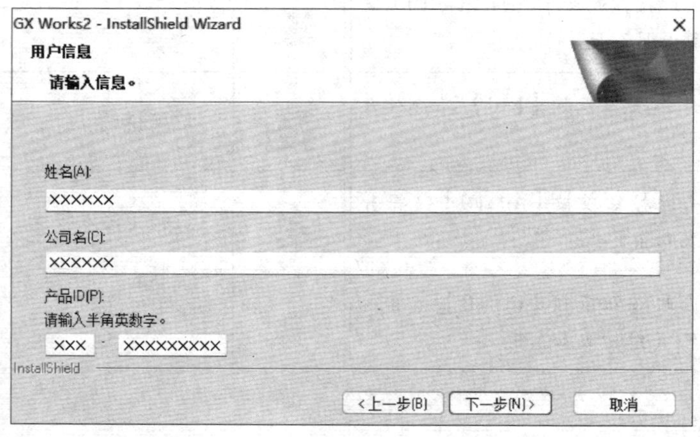

图 1–3–10　用户信息界面

3. 在用户信息界面中，输入姓名、公司名、产品 ID（安装序列号）等，然后单击“下一步（N）>”按钮，会出现图 1–3–11 所示选择安装目标界面，在此可更改软件安装位置。单击界面中的“下一步（N）>”按钮，将出现图 1–3–12 所示的开始复制文件界面，该界面显示了用户信息和安装路径。

4. 当所有安装信息确认完毕后，单击“下一步（N）>”按钮，就会进入图 1–3–13 所示的安装状态界面，开始复制安装文件并进行安装。安装过程中会弹出其他安装进程，无须处理，待安装进度条完成即可。

5. 当安装进度条完成后，按照安装向导提示依次确认安装选项，直至出现图 1–3–14 所示的结束 InstallShield Wizard 界面，软件安装完毕，单击界面中的“结束”按钮，结束编程软件的安装。

图 1-3-11 选择安装目标界面

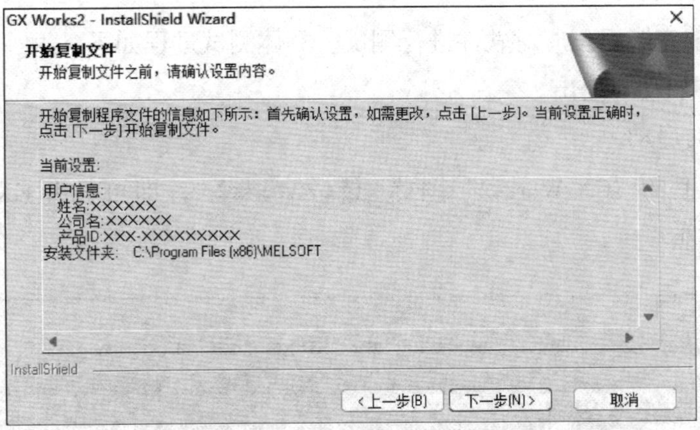

GX Works2 - InstallShield Wizard
开始复制文件
开始复制文件之前，请确认设置内容。
开始复制程序文件的信息如下所示：首先确认设置，如需更改，点击 [上一步]。当前设置正确时，点击 [下一步] 开始复制文件。
当前设置:
用户信息:
姓名:XXXXXX
公司名:XXXXXX
产品ID:XXX-XXXXXXXXX
安装文件夹: C:\Program Files (x86)\MELSOFT
InstallShield
<上一步(B)
下一步(N)>
取消

图 1-3-12 开始复制文件界面

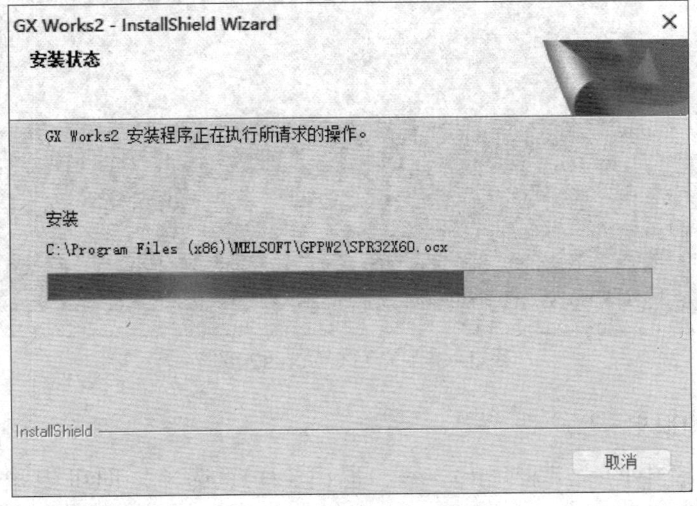

图 1-3-13 安装状态界面

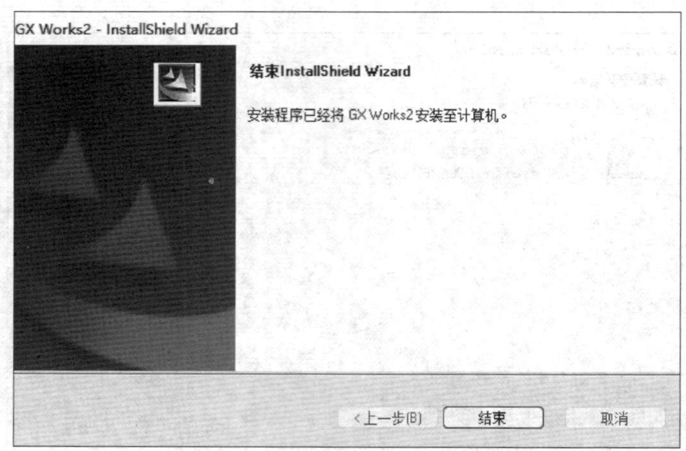

图 1–3–14　结束 InstallShield Wizard 界面

二、软件的测试

当软件安装完毕后，应对软件进行测试。具体测试过程如下。

1．软件的启动与退出

（1）软件的启动

双击桌面上的“GX Works2”图标 GX Works2 ，即可打开 GX Works2 窗口，如图 1–3–15 所示。

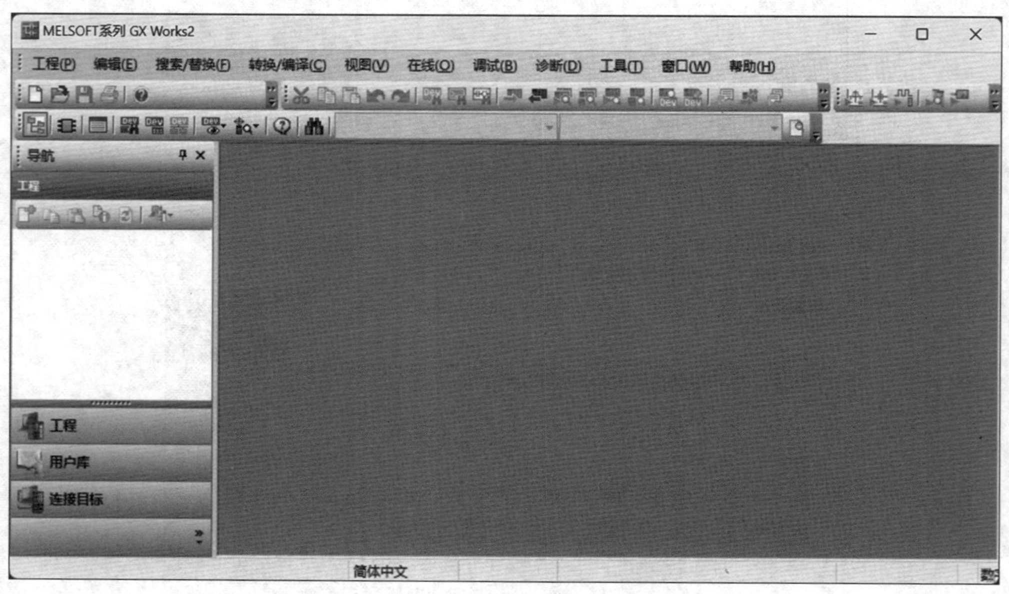

图 1–3–15　GX Works2 窗口

（2）软件的退出

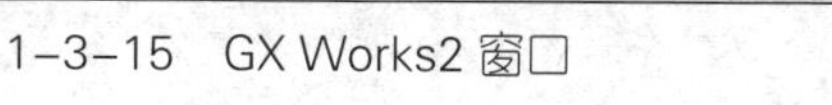

单击菜单栏中的“工程（P）”→“退出（Q）”选项，即可退出 GX Works2 软件。

2. 文件的管理

（1）创建新工程

在图 1-3-15 所示的 GX Works2 窗口中，单击菜单栏中的“工程（P）”→“新建（N）”选项或者按【Ctrl+N】键，即可打开“新建”对话框，如图 1-3-16 所示。在该对话框中，可设置 PLC 系列、机型、工程类型、程序语言等，这里分别设置为“FXCPU”“FX3U/FX3UC”“简单工程”和“梯形图”，单击“确定”按钮，系统弹出操作提示界面，可根据个人需求勾选下次是否显示，然后单击“是（Y）”按钮，进入如图 1-3-17 所示的编程界面。如在“新建”对话框中单击“取消”按钮，则取消新建工程。

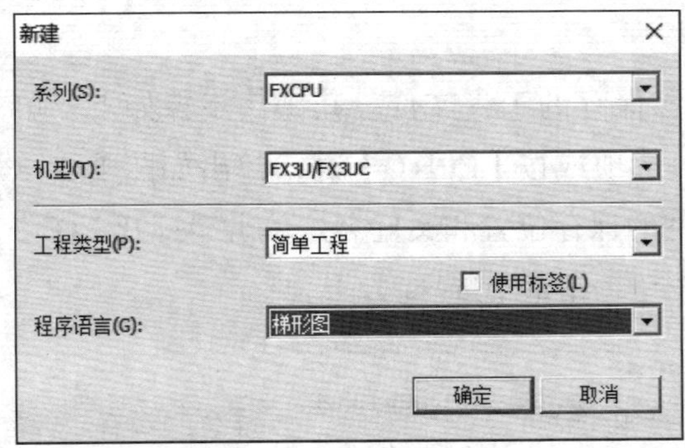

图 1-3-16　“新建”对话框

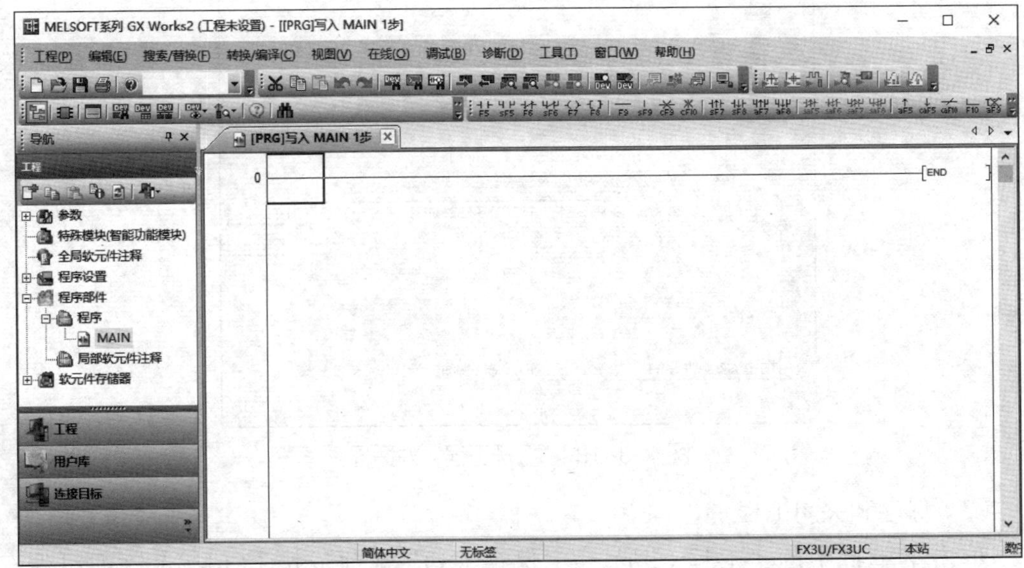

图 1-3-17　编程界面

提示

创建新工程时，一定要厘清图 1-3-16 中各选项的含义。

（1）系列：PLC 系列有 QCPU（Q 模式）、QCPU（A 模式）、LCPU、QSCPU、QnACPU、ACPU、运动控制器（SCPU）、CNC（M6/M7）和 FXCPU 等系列。

（2）机型：根据所选择的 PLC 系列，确定相应的 PLC 机型。

（3）工程类型：可选择“简单工程”或“结构化工程”。

（4）程序语言：可选择“梯形图”或“SFC”。

（5）使用标签：当无须制作标签程序时，不勾选“使用标签”复选框；需要制作标签程序时，勾选“使用标签”复选框。

（2）打开工程

打开工程即读取已保存的工程文件。其操作步骤如下：单击菜单栏中的“工程（P）”→“打开（O）”选项或按【Ctrl+O】键，弹出如图 1-3-18 所示的“打开工程”对话框，选择工程文件的保存位置和文件名，单击“打开（O）”按钮，即可进入编程界面；单击“取消”按钮，则重新选择。

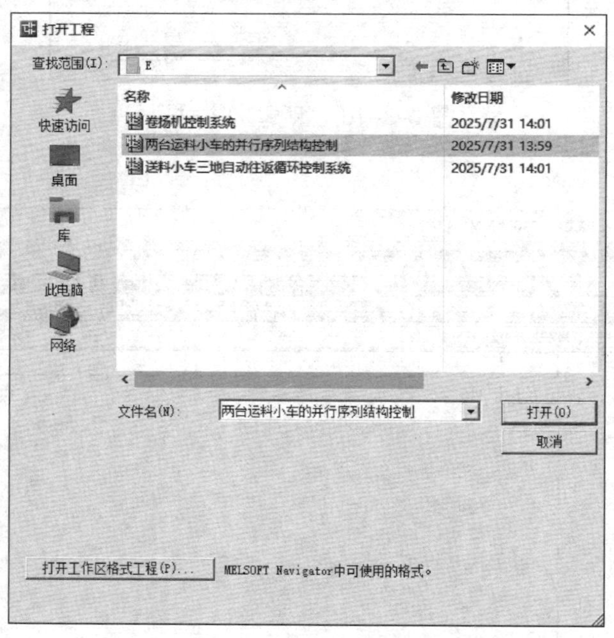

图 1-3-18 “打开工程”对话框

（3）保存和关闭工程

单击菜单栏中的“工程（P）”→“保存（S）”选项或按【Ctrl+S】键即可保存当前 PLC 程序、注释数据以及其他在同一文件名下的数据。单击菜单栏中的“工程（P）”→“关闭（C）”选项即可将已处于打开状态的 PLC 工程关闭。

提示

在关闭工程时应注意：在未设定工程名或者正在编辑时选择“工程（P）”→“关闭（C）”选项，将会弹出询问保存对话框，如图 1-3-19 所示。如果希望保存当前工程应单击“是（Y）”按钮，否则应单击“否（N）”按钮，若需继续编辑工程应单击“取消”按钮。

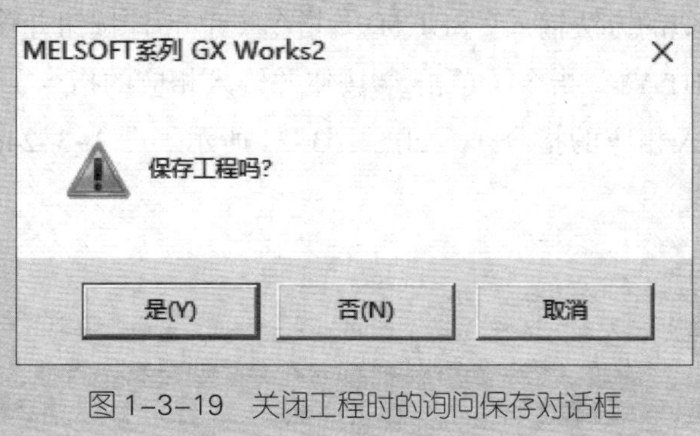

图 1-3-19 关闭工程时的询问保存对话框

（4）删除工程

删除工程（仅适用于以工作区格式保存的工程）的操作步骤如下。

1）单击菜单栏中的“工程（P）”→“删除（D）...”选项，弹出“删除工程”对话框。

2）在“删除工程”对话框中，找到工作区路径，在“工作区 / 工程一览”中选择要删除的文件，然后单击“删除（D）”按钮，弹出删除确认对话框。

3）在对话框中，单击“是（Y）”按钮，确认删除工程；单击“否（N）”按钮，返回上一对话框。

3. 编程操作

（1）输入梯形图程序

输入图 1-3-20 所示的梯形图程序，操作方法及步骤如下。

图 1-3-20 梯形图程序

1）新建一个工程，在菜单栏中单击“编辑（E）”→“梯形图编辑模式（Z）”→“写入模式（W）”选项，进入梯形图程序输入界面，如图 1–3–21 所示。将光标移至要输入程序的位置，按【F5】键或单击按钮，弹出“梯形图输入”对话框。在对话框的文本框中直接输入“LD X1”指令（图 1–3–22a），或在触点选择下拉列表中选择常开触点“┤ ├”，然后在文本框中输入“X1”（图 1–3–22b），单击对话框中的“确定”按钮或按【Enter】键，即可输入“LD X1”指令，如图 1–3–23 所示。

2）采用类似的方法输入“SET M1”指令（单击按钮并输入相应的指令）、“LD M1”指令、“OUT Y1”指令（单击按钮并输入相应的指令）和“OR Y1”指令（单击按钮并输入相应的指令），如图 1–3–24 所示。图 1–3–24c 所示为输入完毕的梯形图。

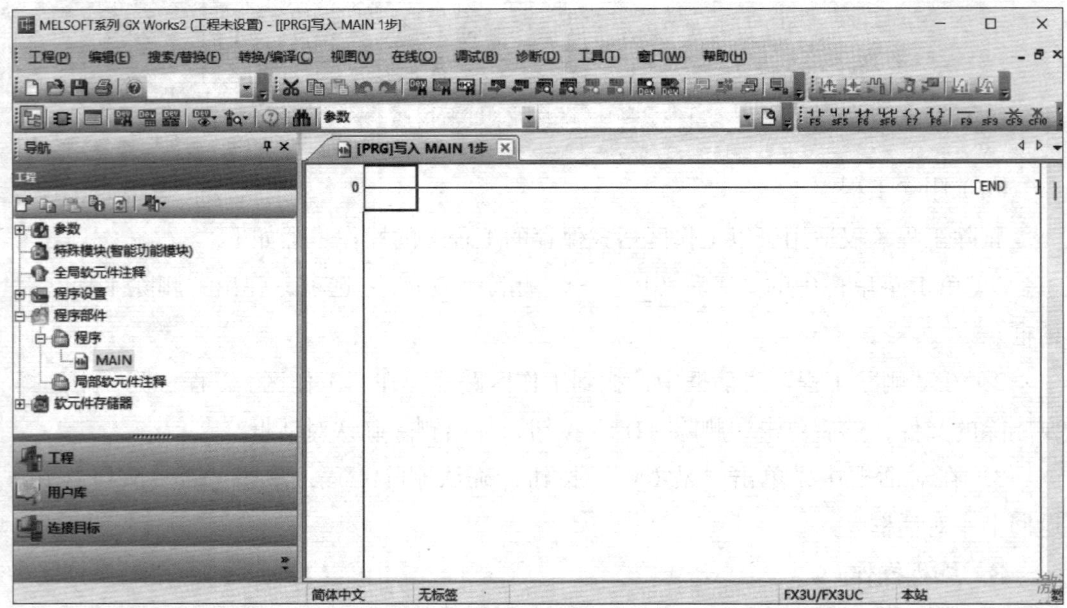

图 1–3–21　梯形图程序输入界面

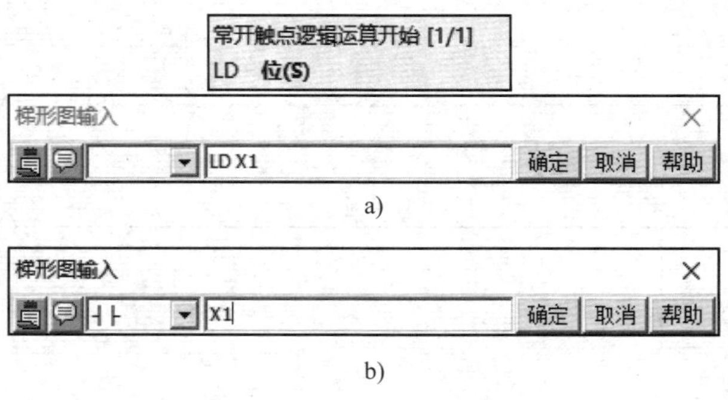

图 1–3–22　输入“LD X1”指令

a）指令输入画面　b）梯形图输入画面

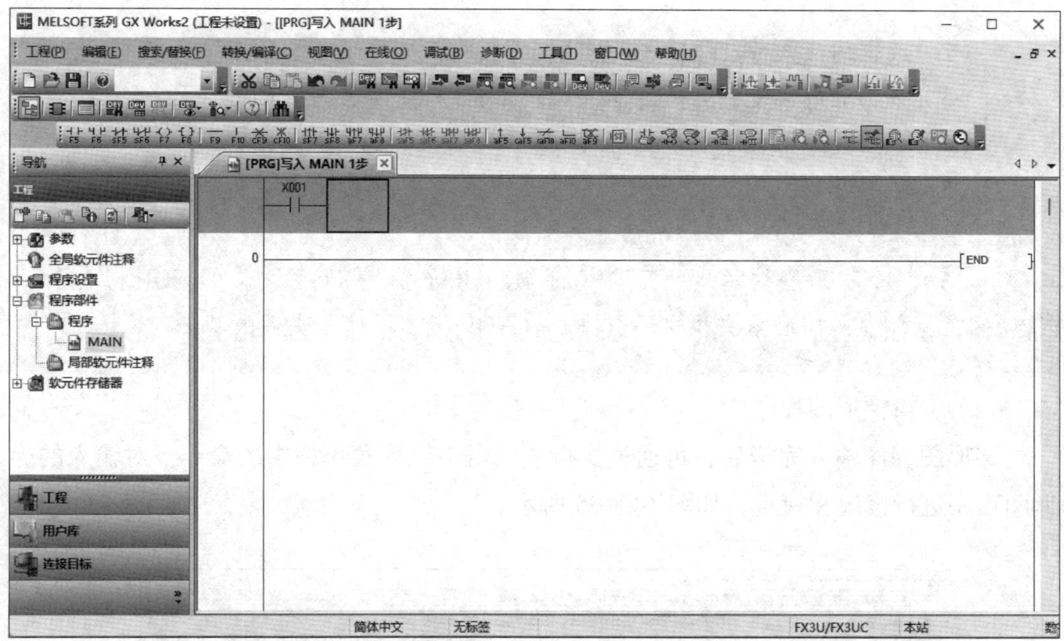

图 1-3-23 “LD X1”指令输入完毕画面

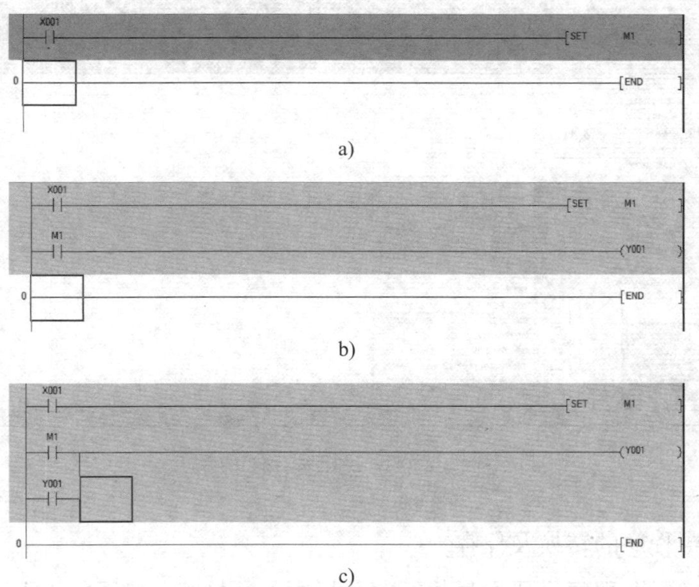

a)

b)

c)

图 1-3-24 梯形图输入画面

a）输入“SET M1”指令　b）输入“LD M1”指令和“OUT Y1”指令　c）输入完毕的梯形图

提示

梯形图编辑画面的限制事项如下。

（1）1 个梯形图块的最大编辑行数是 24 行，总梯形图块的最大编辑行数为 48 行。

（2）数据的最大剪切行数是 48 行，最大剪切步数取决于 CPU 类型。

（3）数据的最大复制行数是 48 行，最大复制步数取决于 CPU 类型。

（4）读取模式下，不能执行剪切、复制、粘贴等操作。

（5）主控操作（MC）的记号不能进行编辑，读取模式、监视模式时显示 MC 记号（写入模式时不显示 MC 记号）。

（6）1 个梯形图块的步数不应超过 4K（4096），梯形图块中的 NOP 指令也包括在步数内，梯形图块和梯形图块间的 NOP 指令不计入步数限制。

（2）编辑梯形图程序

梯形图程序输入完毕后，可通过执行“编辑（E）”菜单栏中的命令，对输入的梯形图程序进行修改和检查，如图 1–3–25 所示。

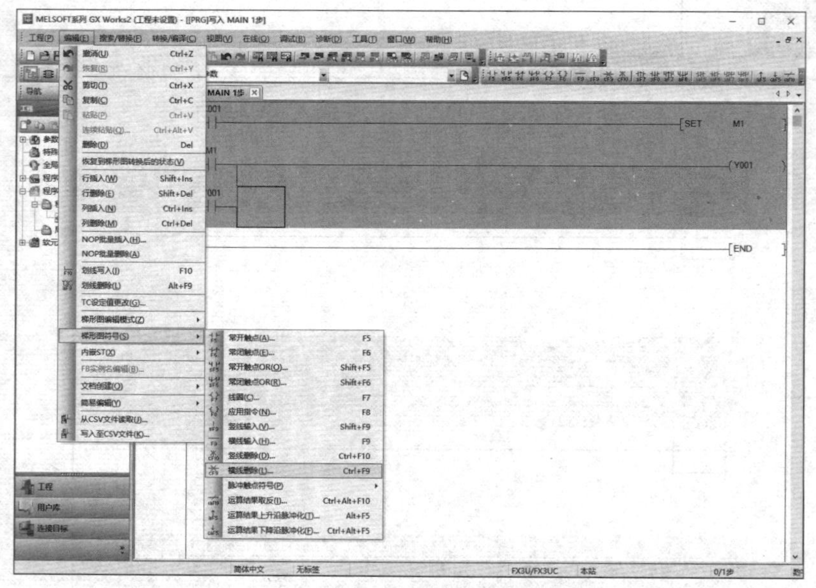

图 1–3–25　编辑梯形图程序

（3）梯形图程序的转换及保存

编辑好的梯形图程序需要通过执行菜单栏中的“转换 / 编译（C）”→“转换（B）”命令或按【F4】键转换后，才能保存，如图 1–3–26 所示。在转换过程中显示梯形图转换信息，如果在未完成转换的情况下关闭梯形图编辑窗口，新创建的梯形图程序将不被保存。图 1–3–27 所示是梯形图程序转换后的画面。

（4）程序的在线调试及运行

1）程序的检查。执行“诊断（D）”→“PLC 诊断（P）...”命令，可打开“PLC 诊断”对话框进行程序的检查，如图 1–3–28 所示。

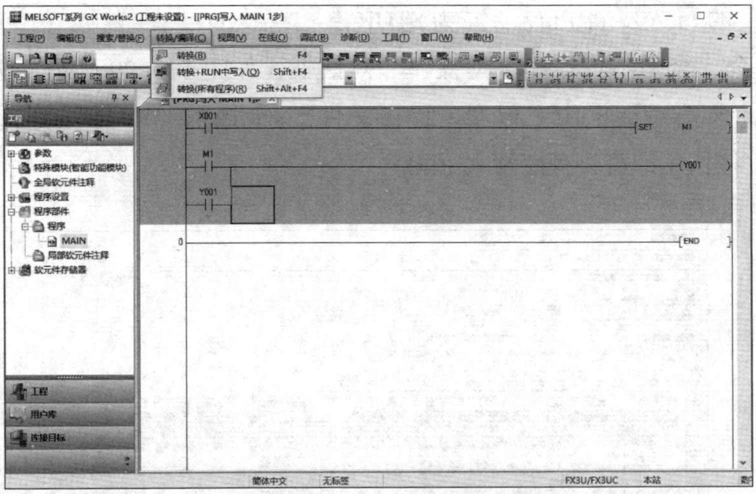

图 1-3-26 梯形图程序的转换

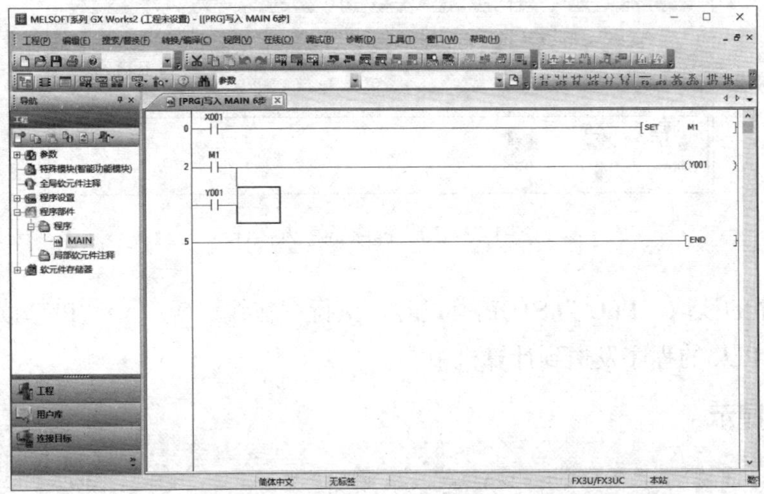

图 1-3-27 梯形图程序转换后的画面

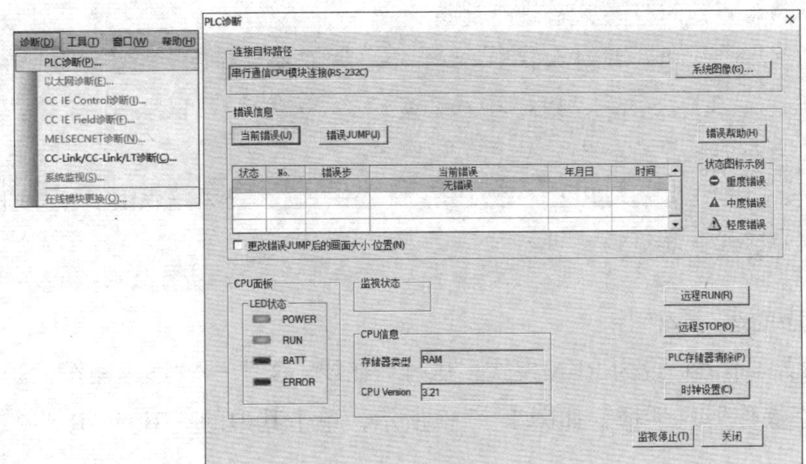

图 1-3-28 诊断操作

2）程序的写入。将 PLC 设置为 STOP 模式，执行“在线（O）”→“PLC 写入（W）...”命令，会弹出“在线数据操作”对话框，如图 1–3–29 所示，选择“参数 + 程序（P）”，勾选对话框中“程序（程序文件）”下面的“MAIN”复选框，再单击“执行（E）”按钮，即可将程序写入 PLC。

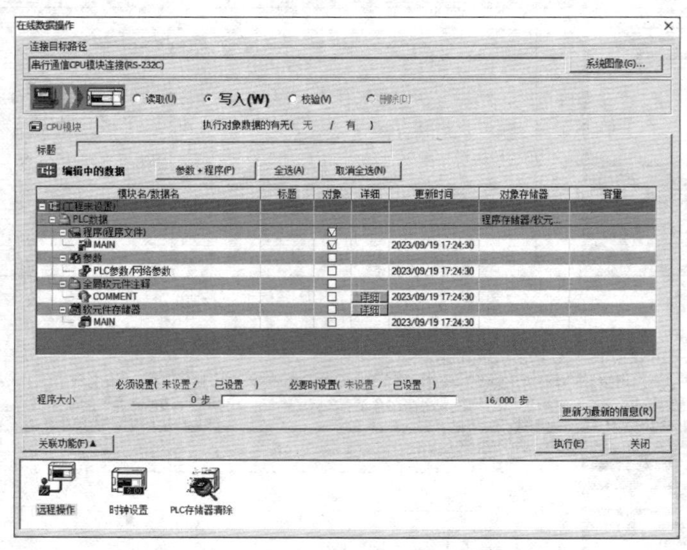

图 1–3–29　程序的写入操作

3）程序的读取。PLC 为 STOP 模式时，执行“在线（O）”→“PLC 读取（R）...”命令，可将 PLC 的程序发送到计算机中。

提示

在传送程序时，应注意以下问题：

（1）计算机的 RS–232C 端口或 USB 端口与 PLC 之间必须用指定的通信电缆以及转换器进行连接。

（2）PLC 只有在 STOP 模式下，才能执行程序传送。

（3）执行完“PLC 写入（W）...”命令后，PLC 中原有的程序将被写入的程序所替代。

（4）执行“PLC 读取（R）...”命令时，必须确保 RAM 或 EEPROM 内存保护功能已关闭。

4）程序的运行及监控

① 运行。将 PLC 设为 RUN 模式，执行“在线（O）”→“远程操作（S）...”命令，弹出“远程操作”对话框，如图 1–3–30 所示，单击其中的“RUN（R）”按钮，程序即开始运行。

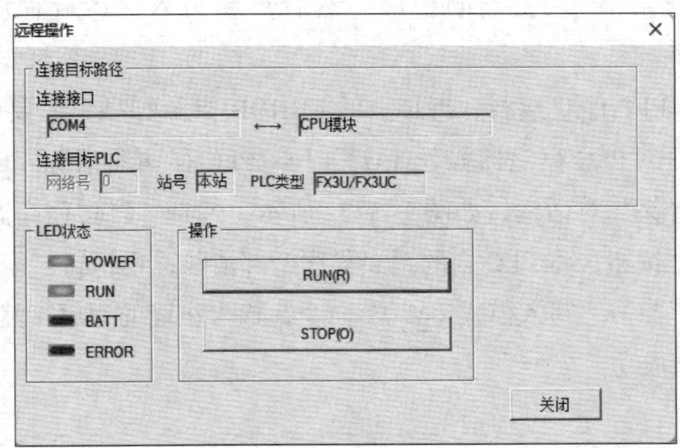

图 1–3–30 “远程操作”对话框

② 监控。程序运行后，执行“在线（O）”→“监视（M）”→“监视开始（全窗口）（A）”命令，可对 PLC 的运行过程进行监控，如图 1–3–31 所示。结合控制程序，操作有关输入信号，可观察输出状态。

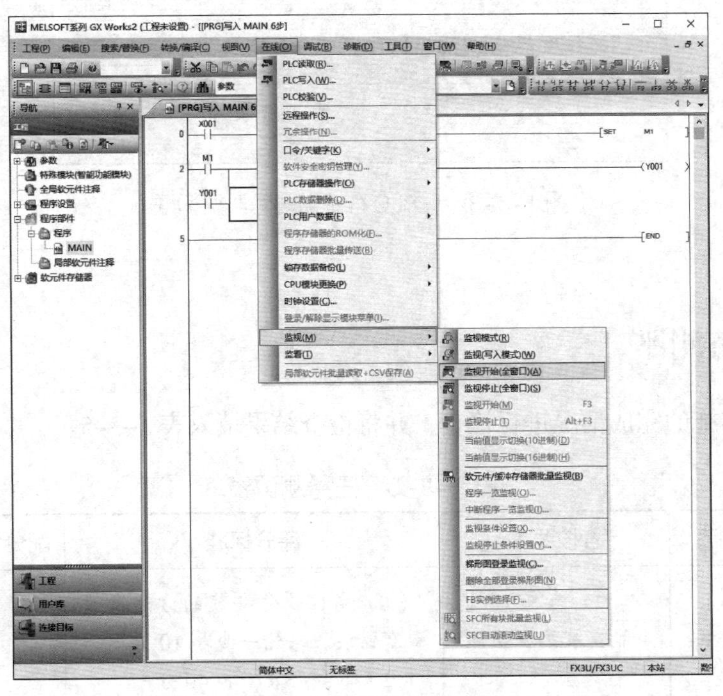

图 1–3–31 监控操作

5）程序的调试。程序运行过程中出现的错误一般有两种：

①一般错误：运行结果与设计要求不一致，需要修改程序。先执行“在线（O）”→“远程操作（S）...”命令，在弹出的“远程操作”对话框中单击“STOP（O）”按钮，使程序停止运行；再执行“编辑（E）”→“梯形图编辑模式（Z）”→“写

入模式（W）”命令，输入正确的程序，然后重新写入、运行程序，直到调试成功。

②致命错误：PLC 停止运行，PLC 上的 ERROR 指示灯亮，需要修改程序。先执行“在线（O）”→“PLC 存储器操作（O）”→“PLC 存储器清除（C）...”命令，打开“PLC 存储器清除”对话框，如图 1-3-32 所示，勾选“PLC 存储器（P）”复选框，单击“执行（E）”按钮，将 PLC 内的错误程序全部清除；再执行“编辑（E）”→“梯形图编辑模式（Z）”→“写入模式（W）”命令，输入正确的程序，然后重新写入、运行程序，直到调试成功。

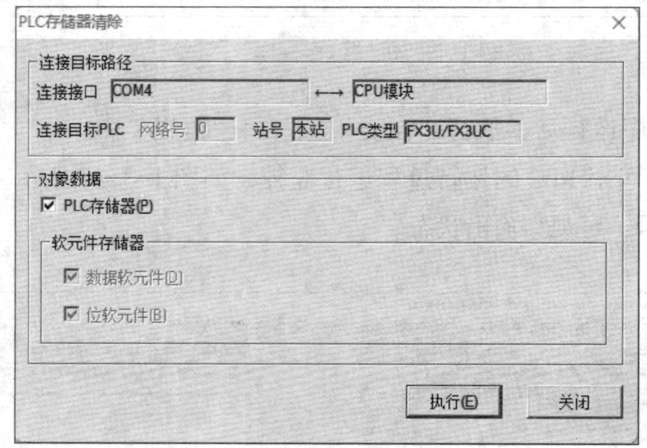

图 1-3-32 “PLC 存储器清除”对话框

任务测评

对任务实施的完成情况进行检查，并将检查结果填入表 1-3-5。

表 1-3-5 任务测评表

序号	考核内容	考核要求	评分标准	配分	扣分	得分
1	软件安装	能安装编程软件	（1）编程软件安装的方法及步骤有错误，每错一步扣 10 分 （2）不会安装，扣 40 分	40		
2	程序输入及仿真调试	能将所编程序输入 PLC，并进行模拟调试，完成软件安装后的测试	（1）不会熟练操作键盘或鼠标输入 PLC 指令，扣 10 分 （2）不会用删除、插入、修改、保存等命令，每项扣 5 分 （3）运行调试不成功，扣 30 分	50		

续表

序号	考核内容	考核要求	评分标准	配分	扣分	得分
3	安全文明生产	劳动保护用品穿戴整齐；电工工具齐全；遵守操作规程；讲文明礼貌，操作结束要清理现场	操作中，违反安全文明生产考核要求的任何一项扣5分，扣完为止	10		
开始时间：			结束时间：	成绩		

课题二
基本指令应用

任务1　河沙自动装载装置控制系统设计与装调

学习目标

1. 掌握 LD、LDI、OR、ORI、AND、ANI、SET、RST、OUT、END 等基本指令和编程元件 X、Y 的功能及应用。

2. 掌握梯形图的编程规则。

3. 能根据控制要求灵活地运用经验法，按照梯形图设计原则，将三相交流异步电动机单方向连续运行控制的继电器控制电路转换成梯形图。

4. 能通过梯形图编程界面输入程序，并进行仿真调试。

5. 能正确装接三相交流异步电动机单方向连续运行控制电路，并将仿真成功的程序下载到 PLC 中，完成控制系统的调试。

任务引入

在实际生产中，三相交流异步电动机的启停控制是非常基础且应用广泛的控制。如生产线中的货物传送带、农田灌溉系统中的抽水机、大型购物商场的扶梯等，它们的共同特征就是电动机单方向连续运转。

图 2-1-1 所示为河沙自动装载装置示意图。当有载货卡车来运送河沙时，按下启

动按钮，传送带启动将河沙装入卡车车厢；当卡车车厢装满河沙时，按下停止按钮，传送带停止传动。

图 2-1-1 河沙自动装载装置示意图

传统的河沙自动装载装置采用的是继电器控制系统，其电气控制原理图如图 2-1-2 所示。本任务将用 PLC 控制系统来实现图 2-1-2 所示三相交流异步电动机单方向连续运行的控制，完成河沙自动装载装置控制系统的改造，要求具有短路保护和过载保护等必要的保护措施。其控制时序图如图 2-1-3 所示。

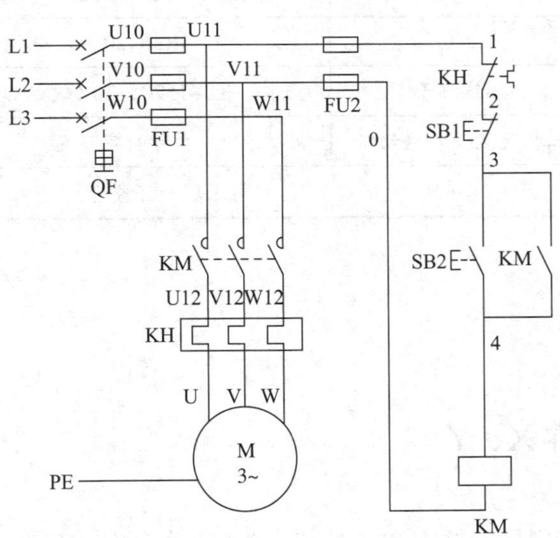

图 2-1-2 河沙自动装载装置的电气控制原理图

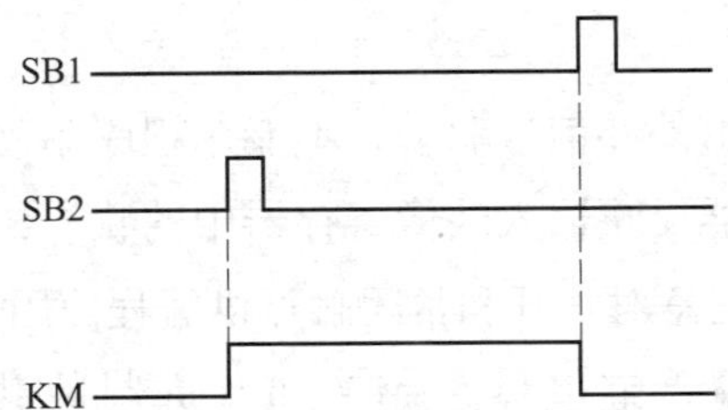

图 2-1-3 三相交流异步电动机单方向连续运行控制时序图

实施本任务所需要的实训设备及工具材料见表 2–1–1。

表 2–1–1　实训设备及工具材料

<table>
<tr><th>序号</th><th>分类</th><th>名称</th><th>型号 / 规格</th><th>数量</th><th>单位</th></tr>
<tr><td>1</td><td>工具</td><td>电工常用工具</td><td></td><td>1</td><td>套</td></tr>
<tr><td>2</td><td rowspan="2">仪表</td><td>万用表</td><td>型号自定</td><td>1</td><td>块</td></tr>
<tr><td>3</td><td>绝缘电阻表</td><td>ZC25–3，500 V</td><td>1</td><td>块</td></tr>
<tr><td>4</td><td rowspan="11">设备器材</td><td>计算机</td><td>装有 GX Works2 编程软件</td><td>1</td><td>台</td></tr>
<tr><td>5</td><td>可编程序控制器</td><td>FX_{3U}–48MR/ES（配备 C45 导轨、通信电缆等）</td><td>1</td><td>台</td></tr>
<tr><td>6</td><td>模拟配线板</td><td>600 mm × 900 mm</td><td>1</td><td>块</td></tr>
<tr><td rowspan="2">7</td><td rowspan="2">低压断路器</td><td>Multi9 C65N D20，三极</td><td>1</td><td>个</td></tr>
<tr><td>Multi9 C65N D20，二极</td><td>1</td><td>个</td></tr>
<tr><td>8</td><td>熔断器</td><td>RT28–32</td><td>5</td><td>个</td></tr>
<tr><td>9</td><td>按钮</td><td>LA4–2H</td><td>1</td><td>个</td></tr>
<tr><td>10</td><td>接触器</td><td>CJT1–10，AC 220 V</td><td>1</td><td>个</td></tr>
<tr><td>11</td><td>热继电器</td><td>JR36–20</td><td>1</td><td>个</td></tr>
<tr><td>12</td><td>接线端子</td><td>TB–1520，20 位</td><td>1</td><td>条</td></tr>
<tr><td>13</td><td>三相交流异步电动机</td><td>型号自定</td><td>1</td><td>台</td></tr>
<tr><td>14</td><td>消耗材料</td><td colspan="4">同课题一任务 2</td></tr>
</table>

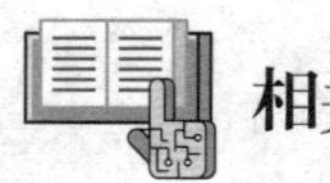

相关知识

一、编程元件 X、Y

1. 输入继电器 X

输入继电器是专门用来接收 PLC 外部开关信号的元件。PLC 通过输入接口将外部输入信号状态（接通时为“1”，断开时为“0”）读入并存储在输入映像寄存器中。其特点如下。

（1）输入继电器必须由外部信号驱动，不能用程序驱动，所以在程序中不可能出现其线圈。由于输入继电器反映输入映像寄存器中的状态，所以其触点的使用次数不限，即各输入继电器都有任意对常开和常闭触点供编程使用。

（2）FX 系列 PLC 的输入继电器采用 X 和八进制数共同组成编号，如 X000 ~ X007，X010 ~ X017 等。FX_{3U} 型 PLC 的输入继电器编号范围为 X000 ~ X367（248 点）。

提示

PLC 基本单元的输入继电器的编号是固定的，扩展单元和扩展模块的编号是接着基本单元自动编号，但末尾数必须从零开始。例如，基本单元 FX_{3U}-64M 的输入继电器编号为 X000 ~ X037（32 点），如果接有扩展单元或扩展模块，则扩展的输入继电器从 X040 开始编号。

2. 输出继电器 Y

输出继电器是将 PLC 内部信号输出传送给外部负载（用户设备）的元件。输出继电器线圈由 PLC 内部程序的指令驱动，其线圈状态传送给输出单元，再由输出单元对应的开关元件来驱动外部负载。其特点如下。

（1）每个输出继电器在输出单元中都对应有唯一一个常开硬触点，但在程序中供编程用的输出继电器触点，不管是常开触点还是常闭触点，都是软触点，所以可以使用无数次，即各输出继电器都有一个线圈及任意对常开和常闭触点供编程使用。

（2）FX 系列 PLC 的输出继电器采用 Y 和八进制数共同组成编号，如 Y000 ~ Y007，Y010 ~ Y017 等。FX_{3U} 型 PLC 的输出继电器编号范围为 Y000 ~ Y367（248 点）。

提示

与输入继电器一样，PLC 基本单元的输出继电器的编号是固定的，扩展单元和扩展模块的编号也是由与基本单元最靠近的位置开始，顺序进行编号，但末尾数必须从零开始。在实际使用中，输入、输出继电器的数量要视具体系统的配置情况而定。

二、LD、LDI、AND、ANI、OR、ORI、OUT、END 指令

1. 指令的助记符及功能

LD、LDI、AND、ANI、OR、ORI、OUT、END 指令的助记符及功能见表 2-1-2。

表 2-1-2 LD、LDI、AND、ANI、OR、ORI、OUT、END 指令的助记符及功能

指令助记符和名称	功能	可作用的软元件
LD（取）	常开触点逻辑运算开始	X、Y、M、S、T、C、D□.b
LDI（取反）	常闭触点逻辑运算开始	X、Y、M、S、T、C、D□.b
AND（与）	串联一常开触点	X、Y、M、S、T、C、D□.b

续表

指令助记符和名称	功能	可作用的软元件
ANI（与非）	串联一常闭触点	X、Y、M、S、T、C、D□.b
OR（或）	并联一常开触点	X、Y、M、S、T、C、D□.b
ORI（或非）	并联一常闭触点	X、Y、M、S、T、C、D□.b
OUT（输出）	驱动线圈的输出	Y、M、S、T、C、D□.b
END（结束）	程序结束指令，表示程序结束，返回起始地址	

注：M、S、T、C、D□.b 分别为辅助继电器、状态继电器、定时器、计数器和数据寄存器的位。

2. 编程实例

LD、LDI、OR、ORI、AND、ANI、OUT、END 等基本指令在编程应用时的梯形图、指令表和时序图见表 2-1-3。

表 2-1-3　LD、LDI、OR、ORI、AND、ANI、OUT、END 等基本指令在编程应用时的梯形图、指令表和时序图

梯形图	指令表	时序图
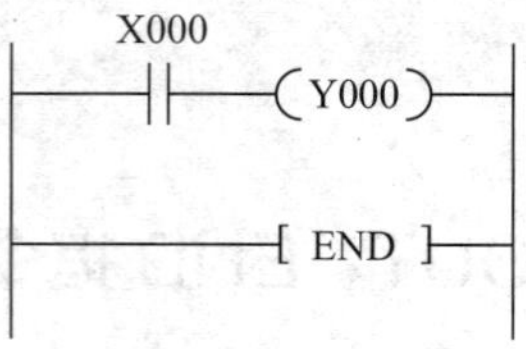 X000 (Y000) [END]	LD X000 OUT Y000 END	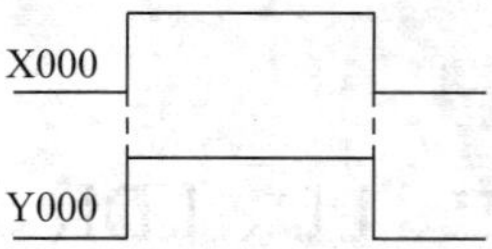 X000 Y000
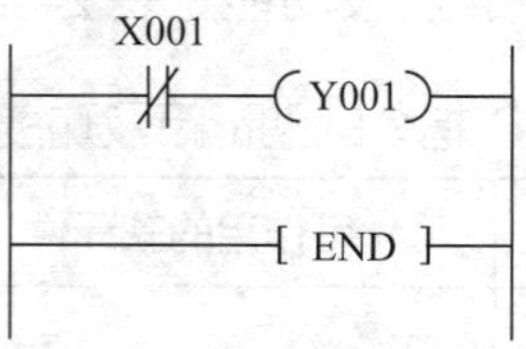 X001 (Y001) [END]	LDI X001 OUT Y001 END	 X001 Y001
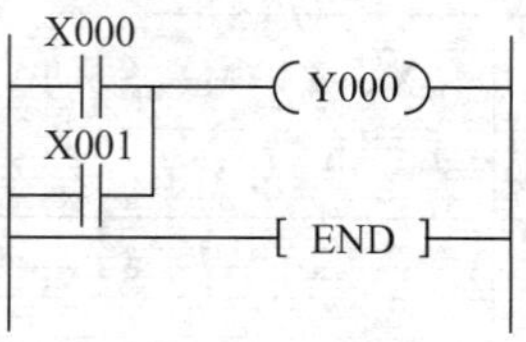 X000 X001 (Y000) [END]	LD X000 OR X001 OUT Y000 END	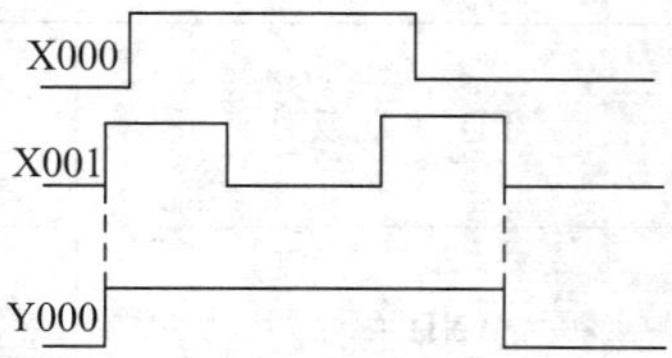 X000 X001 Y000

续表

梯形图	指令表	时序图
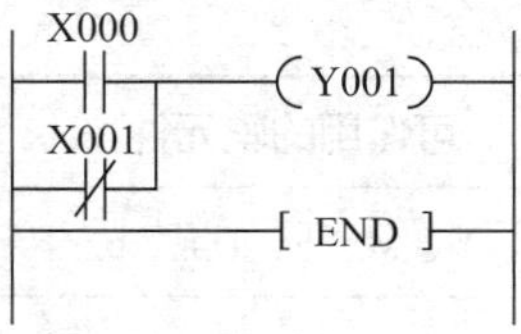 X000 X001 Y001 END	LD X000 ORI X001 OUT Y001 END	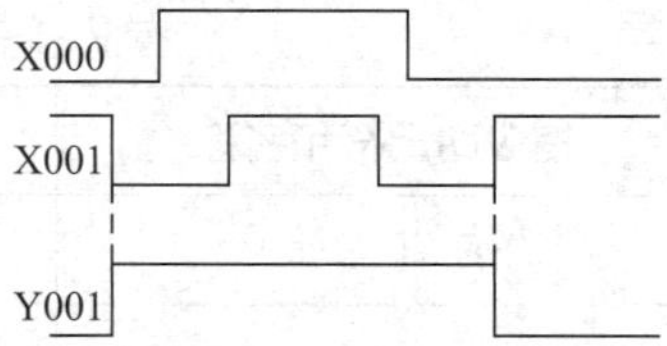 X000 X001 Y001
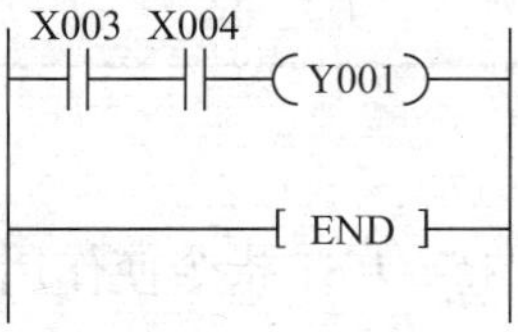 X003 X004 Y001 END	LD X003 AND X004 OUT Y001 END	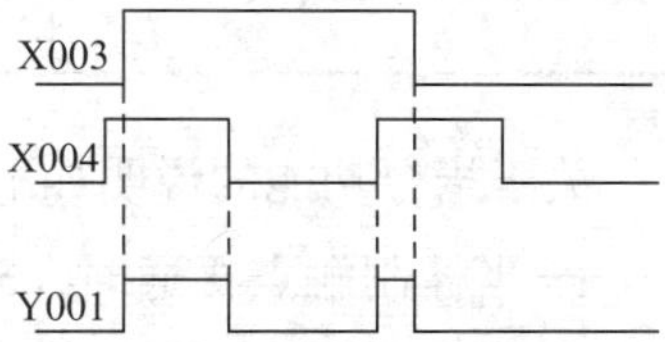 X003 X004 Y001
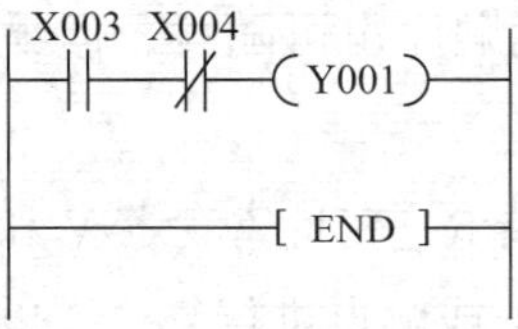 X003 X004 Y001 END	LD X003 ANI X004 OUT Y001 END	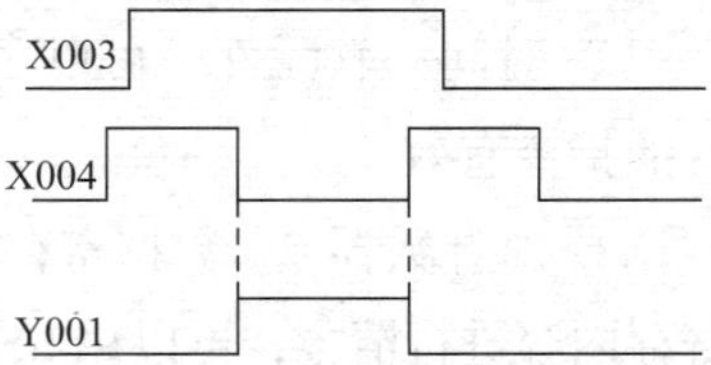 X003 X004 Y001

3. 指令功能的说明

（1）LD、LDI 指令分别用于取常开和常闭触点，LD 指令是将常开触点接到左母线上，LDI 指令是将常闭触点接到左母线上，两者都是将指定操作元件中的内容取出并送入操作器。

（2）OR、ORI 指令是从当前步开始，将一个触点与前面的 LD、LDI 类指令并联。OR 指令用于常开触点的并联，ORI 指令则用于常闭触点的并联，两者都是把指定操作元件中的内容和原来保存在操作器里的内容进行逻辑“或”，并将这一逻辑运算的结果存入操作器。

（3）AND、ANI 指令用于 1 个触点的串联连接。串联触点的数量不受限制，可多次使用。AND 指令用于常开触点的串联，ANI 指令则用于常闭触点的串联。

（4）OUT 指令是对输出继电器、辅助继电器、状态继电器、定时器、计数器、数据寄存器的位等线圈的驱动指令，但不能用于输入继电器。这些线圈均接于右母线。另外，OUT 指令还可对并联线圈作多次驱动。

（5）END 指令通常用于程序的最后一行，表示程序的结束。当 PLC 执行到 END 指令时，程序会立即停止执行，回到主程序的起始点。

三、置位与复位指令

当要求线圈在程序执行过程中要一直保持通电运行时，就要用到置位指令 SET

和复位指令 RST。置位与复位指令也称为自保持与消除指令，其助记符和功能见表 2-1-4。

表 2-1-4　置位与复位指令的助记符和功能

指令助记符和名称	功能	可作用的软元件
SET（置位）	保持动作	Y、M、S、D□.b
RST（复位）	取消动作保持，寄存器清零	Y、M、S、T、C、D、V、Z、R、D□.b

关于指令功能的说明如下。

1. 当控制触点接通时，SET 指令使作用的元件置位并保持，RST 指令使作用的元件复位并保持。

2. 对同一软元件，可以多次使用 SET、RST 指令，使用顺序也可随意，但最后执行的指令有效。

3. 对计数器 C、数据寄存器 D（含 D□.b）、扩展寄存器 R、变址寄存器 V 和 Z 的寄存内容进行清零，可以用 RST 指令。对积算定时器的当前值或触点进行复位，也可用 RST 指令。

四、梯形图的特点及编程规则

梯形图与继电器控制电路图在结构形式、元件符号及逻辑控制功能方面是类似的，但梯形图具有自己的特点及编程规则。

1. 梯形图的特点

（1）在梯形图中，所有触点都应按从上到下、从左到右的顺序排列，并且触点不能画在母线上（主控触点除外）。每个继电器线圈为一个逻辑行，即一层阶梯。每个逻辑行开始于左母线，然后是触点的连接，最后终止于继电器线圈和右母线。左母线与线圈之间一定要有触点，而线圈与右母线之间不能存在任何触点。

（2）在梯形图中，每个继电器均为存储器中的一位，称为软继电器。存储器状态为“1”，表示该继电器得电，其常开触点闭合或常闭触点断开。

（3）在梯形图中，两端的母线并非实际电源的两端，而是虚拟电流的始端和终端，虚拟电流只能从左向右流动。

（4）在梯形图中，每个继电器线圈只能出现一次，而继电器触点可以无限次使用。如果同一继电器线圈重复使用，PLC 将视其为语法错误。

（5）在梯形图中，每个继电器线圈为一个逻辑执行结果，并立刻被后面的逻辑操作使用。

（6）在梯形图中，输入继电器仅以其触点形式出现，即不会出现输入继电器线圈，只会出现输入继电器触点；其他软继电器在梯形图中则既可以出现线圈，也可以出现触点。

2. 梯形图的编程规则

（1）触点不能接在线圈的右边，如图 2-1-4a 所示；线圈也不能直接与左母线连接，必须通过触点连接，如图 2-1-4b 所示。

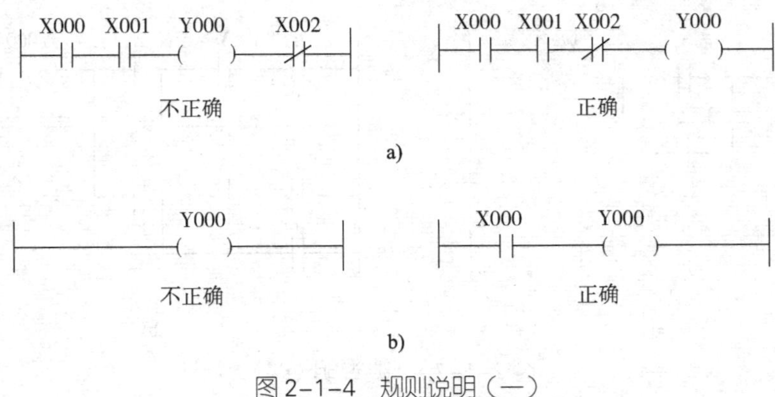

图 2-1-4　规则说明（一）

（2）在每一个逻辑行上，当几条支路并联时，串联触点多的应安排在上方，如图 2-1-5a 所示；当几条支路串联时，并联触点多的应安排在左边，如图 2-1-5b 所示。这样可以减少编程指令。

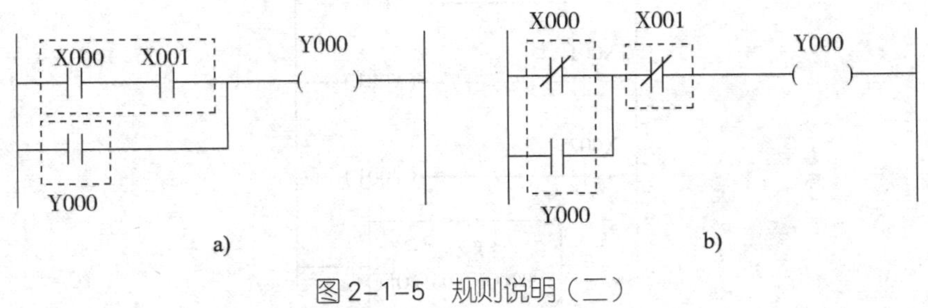

图 2-1-5　规则说明（二）

（3）梯形图的触点应画在水平支路上，而不应画在垂直支路上，如图 2-1-6 所示。

（4）遇到不可编程的梯形图时，可根据信号从左向右、自上而下流动的原则对原梯形图进行重新编排，以便于正确应用 PLC 基本指令进行编程，如图 2-1-7 所示。

（5）双线圈输出不可用。如果在同一程序中同一元件的线圈重复出现两次或两次以上，则称为双线圈输出。这时前面的输出无效，后面的输出有效，如图 2-1-8 所示。一般不应出现双线圈输出。

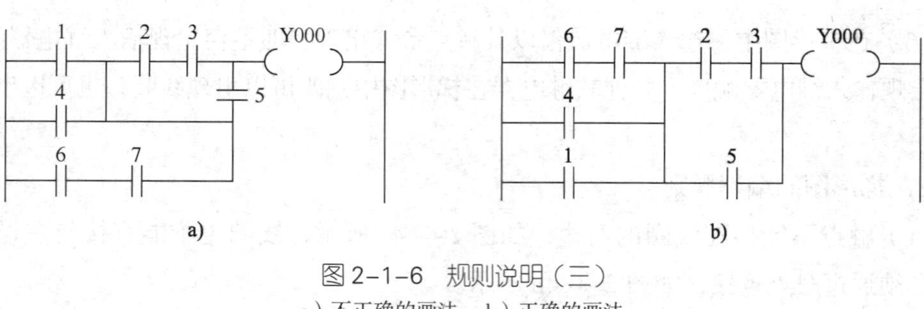

图 2-1-6　规则说明（三）

a）不正确的画法　b）正确的画法

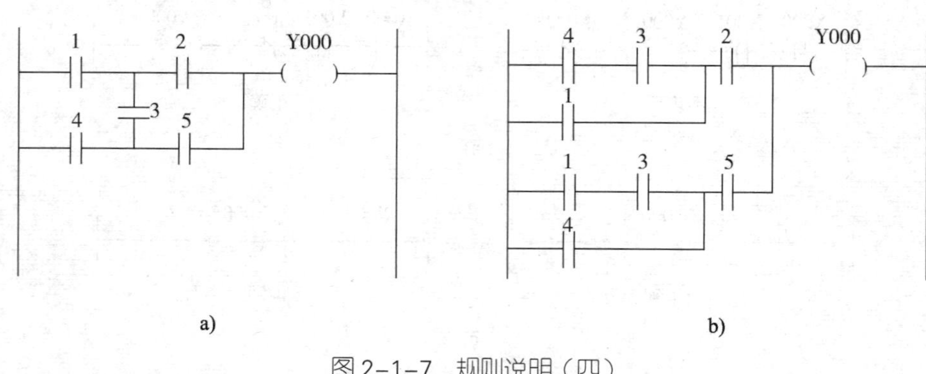

图 2-1-7　规则说明（四）

a）不可编程的梯形图　b）变换后的梯形图

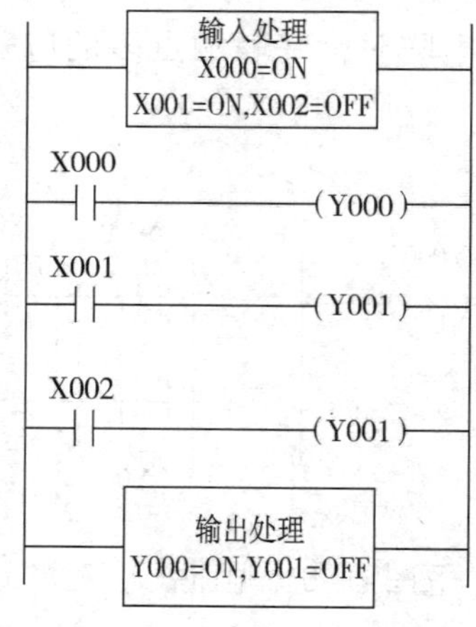

图 2-1-8　规则说明（五）

任务实施

一、分配输入点和输出点，写出 I/O 地址分配表

根据本任务控制要求，可确定 PLC 需要 2 个输入点、1 个输出点，其 I/O 地址分配表见表 2-1-5。

表 2-1-5　I/O 地址分配表

输入			输出		
元器件代号	说明	输入地址	元器件代号	说明	输出地址
SB1	停止按钮	X000	KM	正转控制	Y000
SB2	启动按钮	X001			

二、绘制 PLC 接线图

三相交流异步电动机单方向连续运行控制的 PLC 接线图如图 2-1-9 所示。

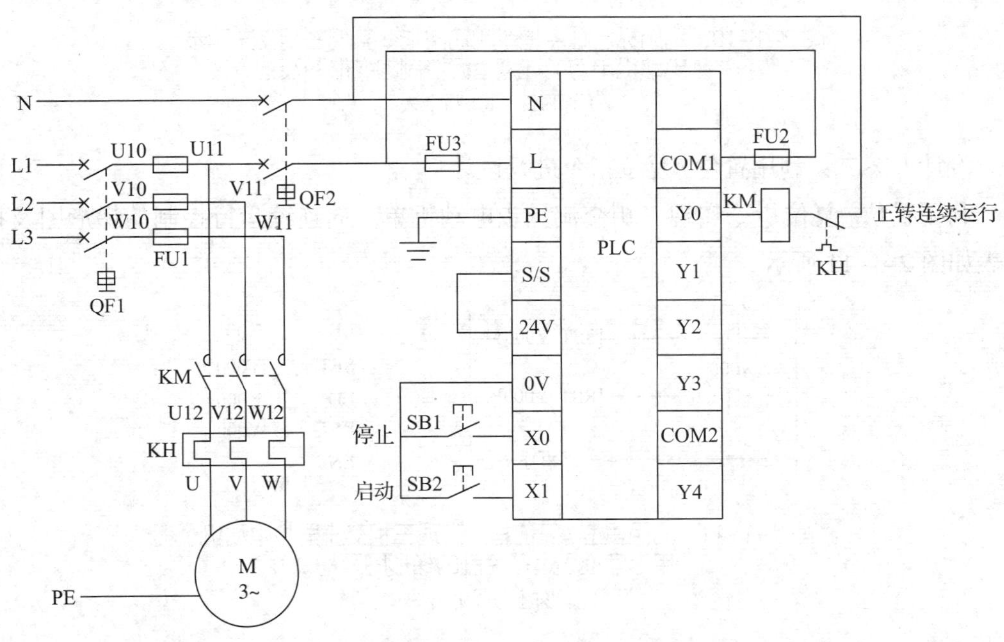

图 2-1-9　三相交流异步电动机单方向连续运行控制的 PLC 接线图

三、设计梯形图程序

编程思路：当按下启动按钮 SB2 时，输入继电器 X001 接通，输出继电器 Y000 置 1，交流接触器 KM 线圈得电，这时电动机连续运行。此时，即便松开启动按钮 SB2，输出继电器 Y000 仍保持接通状态，这就是继电器控制中所说的自锁或自保持功能；当按下停止按钮 SB1 时，输出继电器 Y000 置 0，交流接触器 KM 线圈失电，电动机停止运行。根据上述分析，为满足电动机连续运行控制要求，需要用到启动和复位控制程序。因此，本任务可以通过下面两种方案来实现 PLC 控制三相交流异步电动机单方向连续运行电路的要求。

设计方案一：利用标准触点指令和输出指令进行设计。

利用标准触点指令和输出指令实现三相交流异步电动机单方向连续运行控制的梯形图及指令表如图 2-1-10 所示。

图 2–1–10a 所示梯形图又称为启 – 保 – 停程序，它是梯形图中最基本的程序之一。启 – 保 – 停程序在梯形图中的应用极为广泛，其最主要的特点是具有记忆功能。

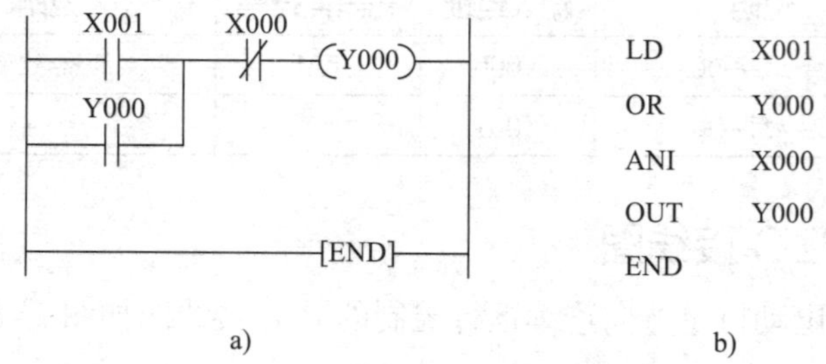

图 2–1–10　利用标准触点指令和输出指令实现三相交流异步电动机单方向连续运行控制的梯形图及指令表

a）梯形图　b）指令表

设计方案二：利用置位 / 复位指令进行设计

利用置位 / 复位指令实现三相交流异步电动机单方向连续运行控制的梯形图及指令表如图 2–1–11 所示。

X001　SET Y000

X000　RST Y000

END

a)

LD X001

SET Y000

LD X000

RST Y000

END

b)

图 2–1–11　利用置位 / 复位指令实现三相交流异步电动机单方向连续运行控制的梯形图及指令表

a）梯形图　b）指令表

提示

图 2–1–11 所示置位 / 复位控制程序的梯形图与图 2–1–10 所示梯形图的功能完全相同。置位 / 复位控制程序的记忆作用是通过置位、复位指令实现的。该控制程序也是梯形图中的基本程序之一。

四、程序输入及仿真调试

1. 程序输入

（1）启动 GX Works2 编程软件，单击工具栏中的“ ”按钮，弹出图 1–3–16 所示“新建”对话框，设置 PLC 系列为“FXCPU”，机型为“FX3U/FX3UC”，工程类型为“简单工程”，程序语言为“梯形图”，单击“确定”按钮，即进入梯形图编程界面，如图 1–3–17 所示。

（2）单击菜单栏中的“工程（P）”→“保存（S）”选项，可弹出图 2–1–12 所示“工程另存为”对话框，按对话框提示选择所需路径并输入文件名后，单击“保存(S)”按钮，回到如图 2-1-13 所示梯形图编程界面。

图 2-1-12 “工程另存为”对话框

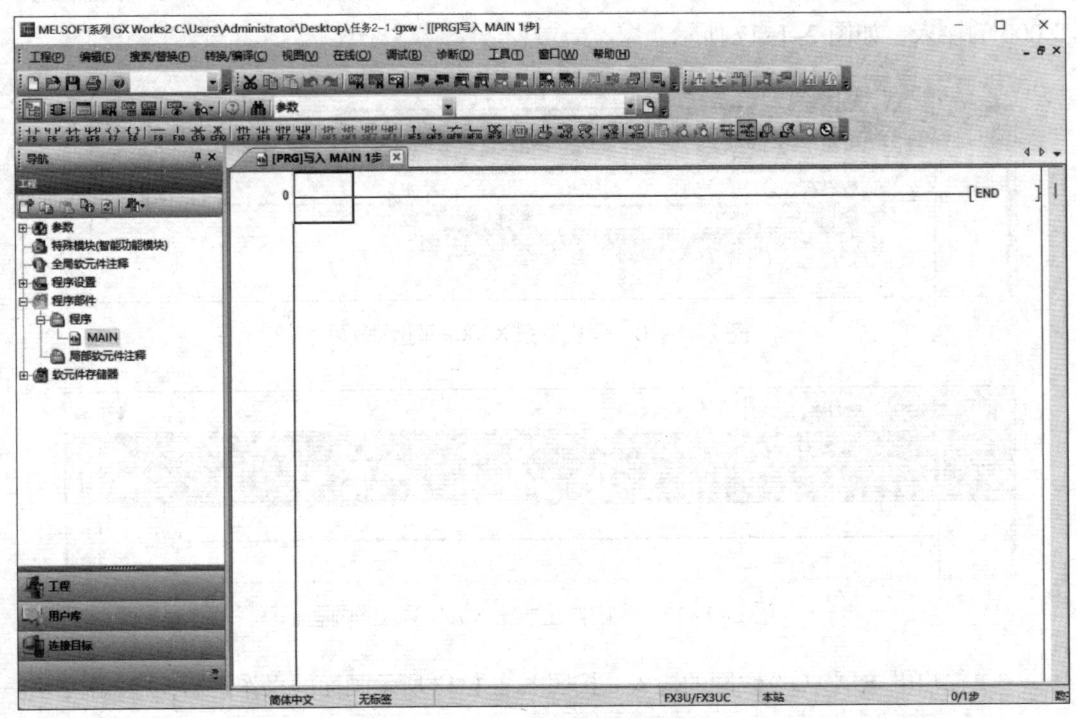

图 2-1-13 梯形图编程界面

（3）将图 2-1-10a 所示梯形图输入计算机。

1）启动按钮 X001 的输入。将光标移至梯形图编辑窗口的蓝线框内，然后双击，弹出图 2-1-14 中的“梯形图输入”对话框。在“梯形图输入”对话框内选择常开触点并输入编号“X001”，然后单击“确定”按钮即可完成启动按钮 X001 的输入，如图 2-1-15 所示。

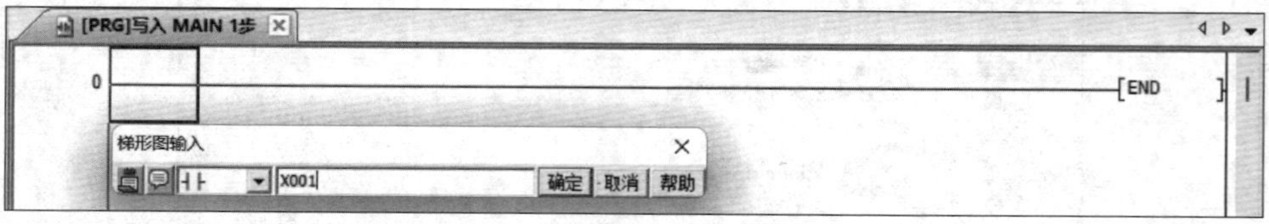

图 2-1-14　启动按钮 X001 的输入画面

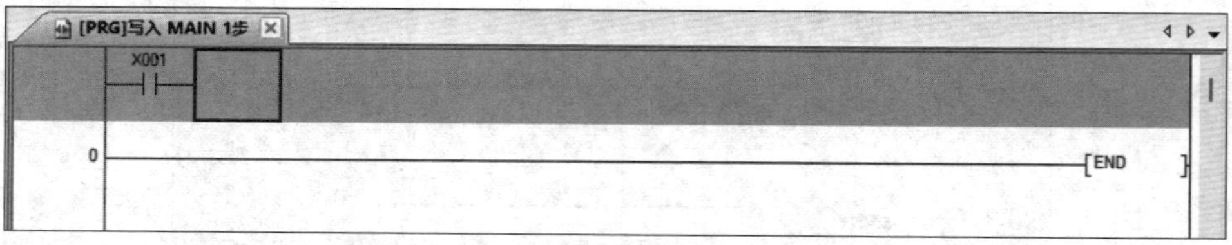

图 2-1-15　完成启动按钮 X001 输入的画面

2）停止按钮 X000 的输入。将光标移至图 2-1-15 所示梯形图编辑窗口的蓝线框内，然后双击，弹出图 2-1-16 所示的“梯形图输入”对话框。在“梯形图输入”对话框内选择常闭触点并输入编号“X000”，然后单击“确定”按钮即可完成停止按钮 X000 的输入，如图 2-1-17 所示。

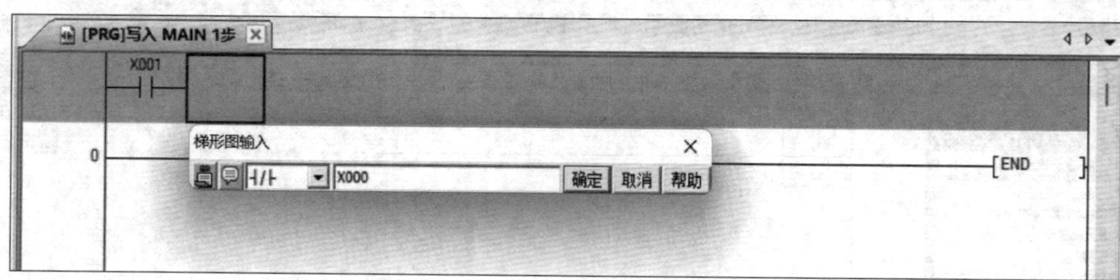

图 2-1-16　停止按钮 X000 的输入画面

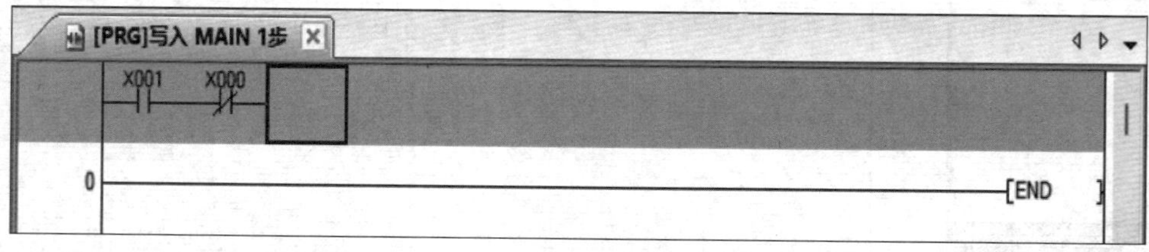

图 2-1-17　完成停止按钮 X000 输入的画面

3）输出继电器 Y000 线圈的输入。按照图 2-1-18 所示画面的操作提示，输入输出继电器 Y000 线圈的图形符号和编号，完成输入后的画面如图 2-1-19 中第一行梯形图所示。

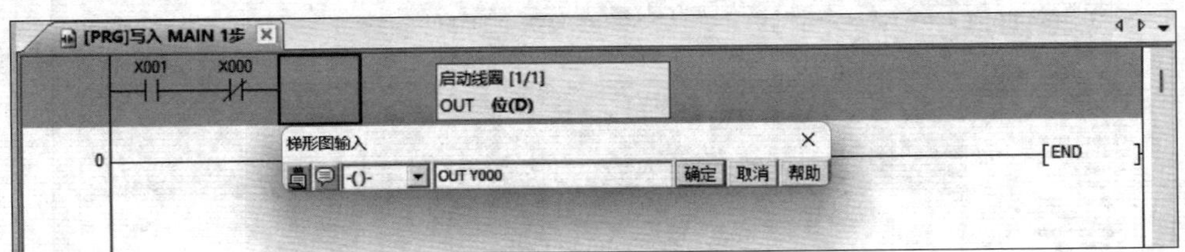

图 2–1–18 输出继电器 Y000 的输入画面

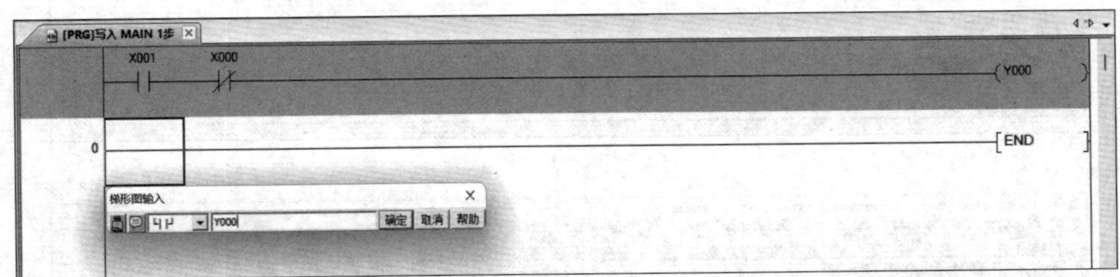

图 2–1–19 并联输出继电器 Y000 常开触点的输入画面

4）输出继电器 Y000 自锁触点的输入。按照图 2–1–19 所示画面的操作提示，输入输出继电器 Y000 的并联常开触点的图形符号和编号。至此梯形图输入完毕，画面如图 2–1–20 所示。

图 2–1–20 梯形图输入完毕画面

（4）单击菜单栏中的“转换 / 编译（C）”→“转换（B）”选项对梯形图进行转换，如图 2–1–21a 所示。转换后的画面如图 2–1–21b 所示。如需另存程序文件，可按照图 2–1–21c 的提示进行程序保存。

2. 仿真调试

为了保护 PLC 所连接的外围设备，在进行在线调试前必须先进行离线仿真调试。具体方法和步骤如下。

（1）如图 2–1–22 所示，单击菜单栏中的“调试（B）”→“模拟开始 / 停止（S）”选项，即可进入图 2–1–23 所示仿真启动画面。其中的“PLC 写入”对话框用于模拟下载程序到 PLC，处理结束时可自动关闭；“GX Simulator 2”窗口用于控制虚拟 PLC 的启动和停止。

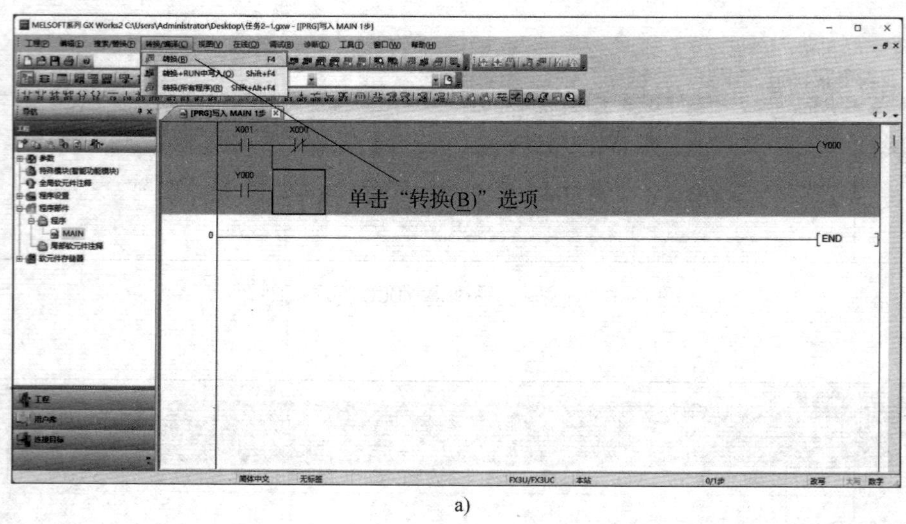

a)

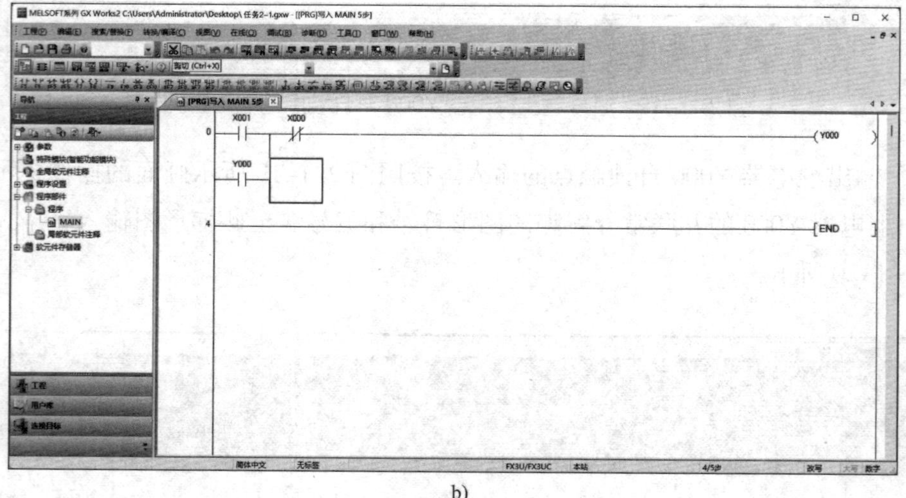
b)

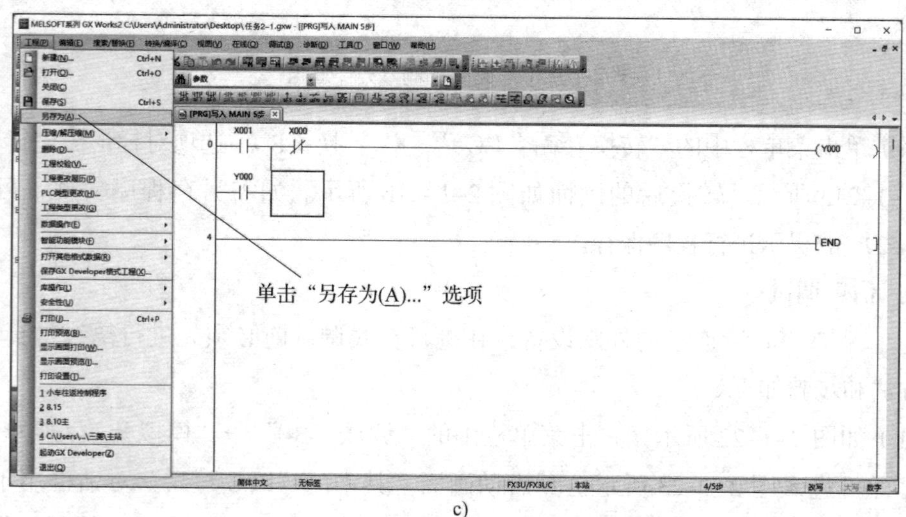

c)

图 2-1-21　梯形图程序的转换与保存

a）转换前画面　b）转换后画面　c）保存程序

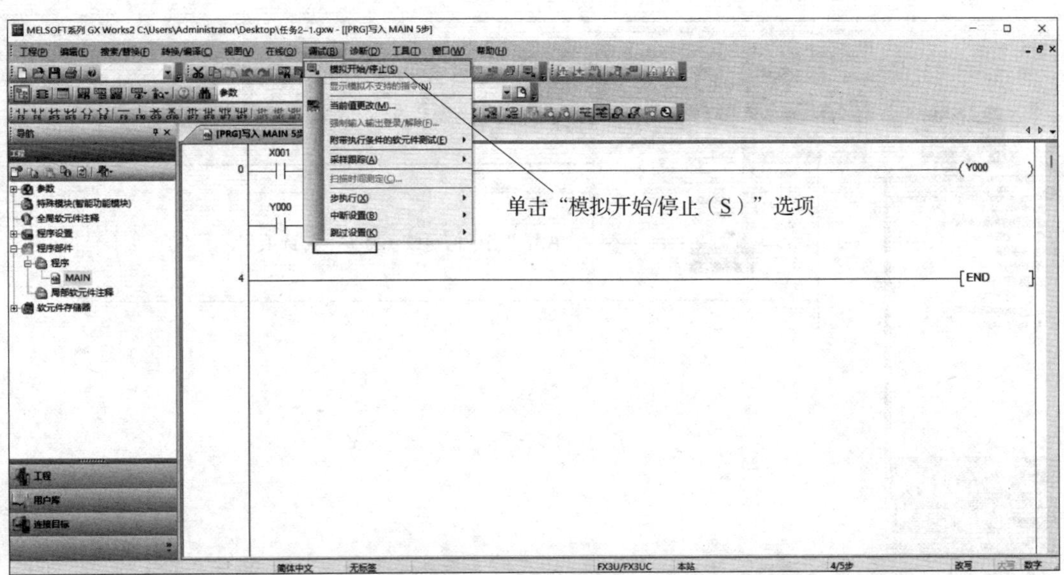

图 2–1–22　启动仿真调试

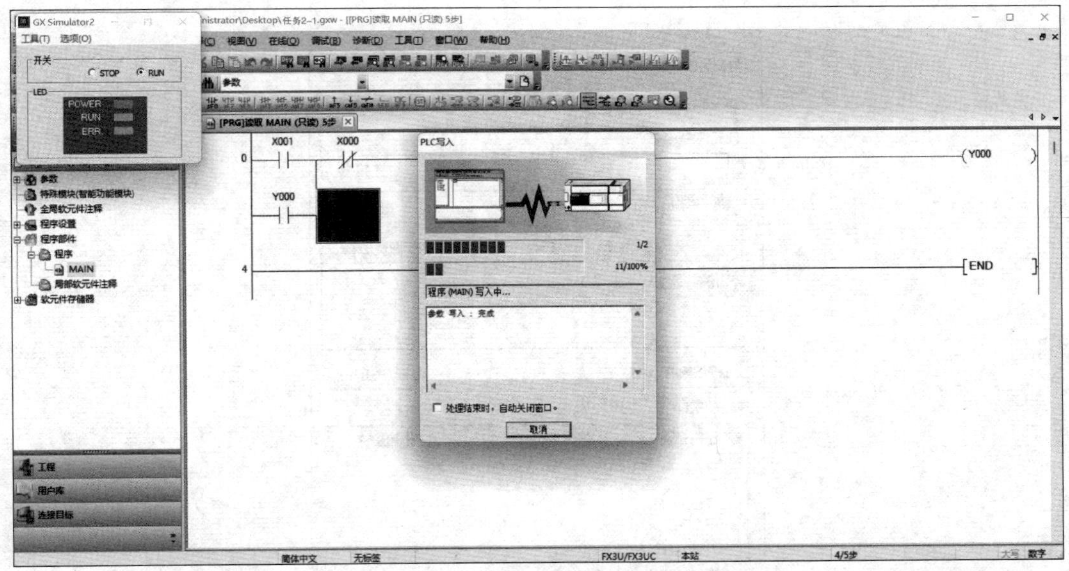

图 2–1–23　仿真启动画面

（2）仿真启动结束后的画面如图 2–1–24 所示，根据提示可进行当前值更改的仿真操作。

（3）单击图 2–1–24 中的“调试（B）”→“当前值更改（M）...”选项，会弹出图 2–1–25 所示的“当前值更改”对话框。将对话框拖至适当位置，以便在仿真测试过程中能观察到梯形图仿真时的触点和线圈通断电情况。

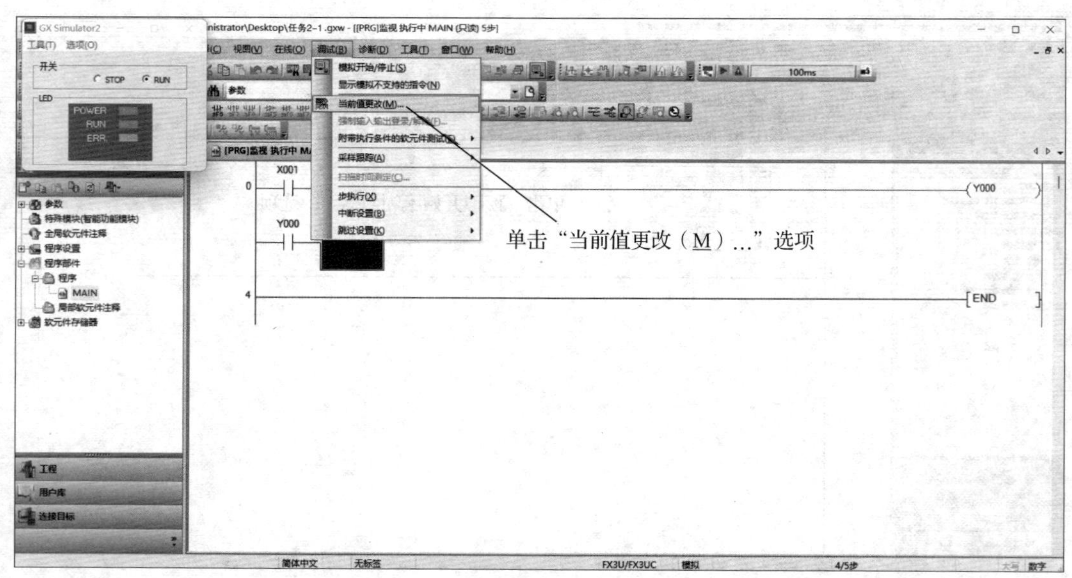

图 2–1–24　仿真启动结束后的画面

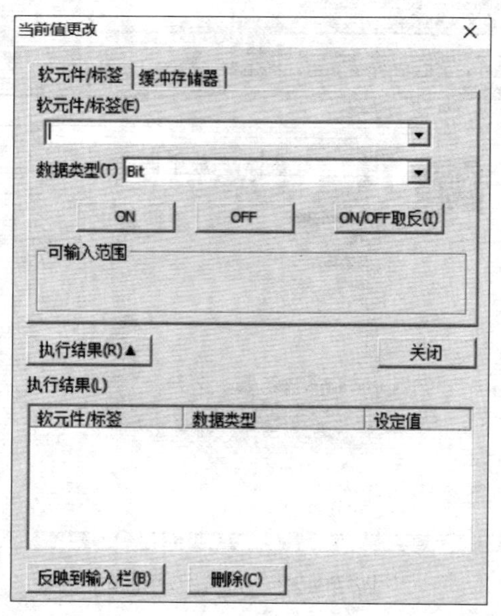

图 2–1–25　“当前值更改”对话框

（4）按照图 2–1–26 所示在“当前值更改”对话框中修改相关软元件的状态，并观察显示器里梯形图中软元件的通断电情况是否与任务控制要求相符。

（5）当前值更改仿真操作完毕，需要结束仿真调试时，可单击“调试（B）”→“模拟开始 / 停止（S）”选项，直接退出仿真操作画面。

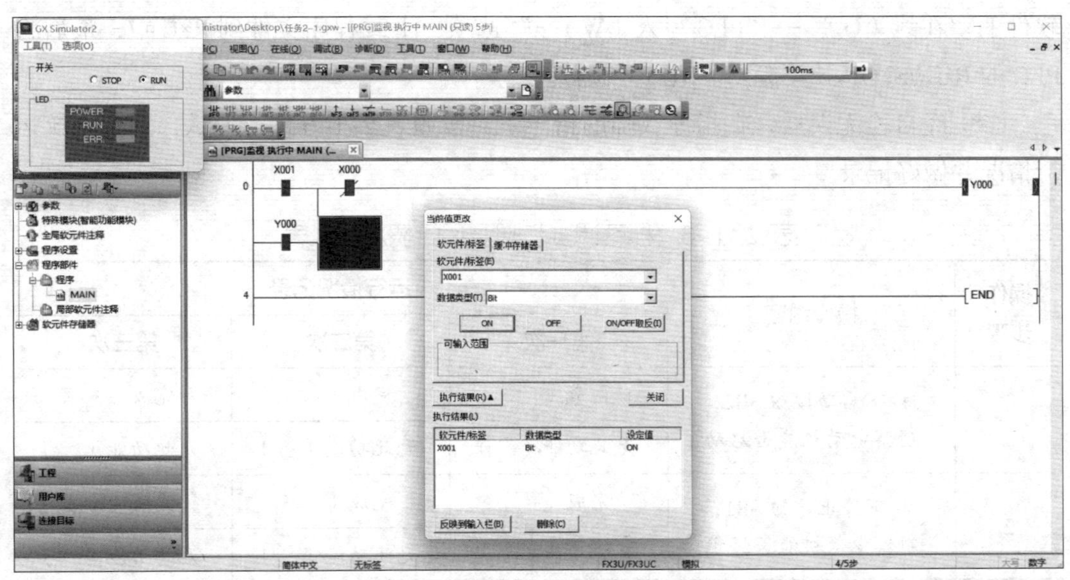

图 2–1–26 当前值更改操作画面

五、线路安装与调试

1. 线路安装

根据图 2–1–9 所示的 PLC 接线图，按照安装电路的一般步骤和工艺要求在模拟配线板上进行元器件及线路安装。

提示

安装电路的一般步骤和工艺要求为：

（1）检查元器件。根据实训设备及工具材料表配齐元器件，检查元器件的规格是否符合要求，并用万用表检测元器件是否完好。

（2）固定元器件。固定好控制系统所需的元器件。

（3）配线安装。根据配线原则和工艺要求，进行配线安装。

（4）自检。对照接线图检查接线是否无误，再使用万用表检测电路的阻值是否与设计相符。

2. 系统调试

（1）连接 PLC 与计算机

使用专用通信电缆和 RS–232C/RS–422 转换器将 PLC 的编程接口与计算机的 COM1 串口相连接。对于具有 USB 接口的计算机，可使用专用通信电缆 FX–USB–AW 将 PLC 的编程接口与计算机的 USB 接口相连接。

（2）将梯形图程序写入 PLC

接通系统电源，将 PLC 的 RUN/STOP 开关拨到“STOP”位置，然后利用 GX Works2

软件的“在线（O）”→“PLC 写入（W）...”选项，下载程序文件到 PLC 中，最后将 PLC 的 RUN/STOP 开关拨到“RUN”位置。

（3）经自检无误后，在指导教师的指导下，按照表 2–1–6 进行调试，观察系统运行情况并做好记录。

表 2–1–6　程序调试步骤及运行情况记录表

操作步骤	操作内容	运行情况记录		
		第一次	第二次	第三次
1	按下启动按钮 SB2，观察电动机能否启动	完成（　）	完成（　）	完成（　）
		无此功能（　）	无此功能（　）	无此功能（　）
2	按下停止按钮 SB1，观察电动机能否停止	完成（　）	完成（　）	完成（　）
		无此功能（　）	无此功能（　）	无此功能（　）

提示

（1）在系统功能调试过程中，如出现故障应立即切断电源，分析原因，检查电路或梯形图，排除故障后，方可进行重新调试，直到系统功能调试成功为止。

（2）在 PLC 控制系统中，当 PLC 外部输入端子的停止按钮采用常闭触点时，梯形图里应采用常开触点，而不能采用与之对应的常闭触点。这是因为一旦 PLC 控制系统接通电源，系统内的直流 24 V 开关电源会通过 PLC 外部的停止按钮常闭触点构成回路，使输入继电器 X000 得电，此时梯形图中的 X000 常闭触点处于断开状态（置“0”），断开了输出继电器 Y000 线圈回路，造成当按下启动按钮 SB2 即 X001 置“1”时，无法使输出继电器 Y000 得电，不能驱动 PLC 外部输出端子上的接触器 KM 动作，电动机无法启动。同理，如果 PLC 外部输入端子的停止按钮采用常开触点，在梯形图里也采用常开触点，则输出继电器 Y000 线圈永远处于断电状态，无法进行启动控制。

（3）在进行 PLC 控制系统的接线时，切记不能将输入端子与输出端子接反，否则会损坏 PLC。这是因为 PLC 的输入端子采用的是直流 24 V 电源，如果误当输出端子来接，就会通入 220 V 的交流电源，导致 PLC 损坏。

任务测评

对任务实施的完成情况进行检查，并填写任务测评表，见表 2–1–7。

表 2-1-7 任务测评表

序号	考核内容	考核要求	评分标准	配分	扣分	得分
1	电路设计	根据任务要求，列出 PLC 的 I/O 地址分配表；根据控制要求，设计梯形图及 PLC 接线图	（1）输入 / 输出地址遗漏或错误，每处扣 5 分 （2）梯形图表达不正确或画法不规范，每处扣 5 分 （3）接线图表达不正确或画法不规范，每处扣 5 分	50		
2	程序输入及仿真调试	能熟练地将所编程序输入 PLC，并按照被控设备的动作要求进行仿真调试，达到设计要求	（1）不会熟练操作键盘或鼠标输入 PLC 指令，扣 10 分 （2）不会用删除、插入、修改、保存等命令，每项扣 5 分 （3）仿真调试不成功，扣 20 分	20		
3	安装与接线	按 PLC 接线图在模拟配线板上正确安装元器件，要求元器件在模拟配线板上布置合理，安装准确、牢固；配线时，线头紧固，外观整齐、美观，导线要有端子标号并进行线槽	（1）试机运行不正常，扣 20 分 （2）损坏元器件，扣 5 分 （3）试机运行正常，但未按 PLC 接线图接线，扣 5 分 （4）布线未进行线槽，不美观，每根扣 1 分 （5）接点松动、露铜过长、反圈、压绝缘层，端子标号不清楚、遗漏或误标，引出端未接在端子排上，每处扣 1 分 （6）损伤导线绝缘或线芯，每根扣 1 分 （7）不按 PLC 接线图接线，每处扣 5 分	20		
4	安全文明生产	劳动保护用品穿戴整齐；电工工具齐全；遵守操作规程；讲文明礼貌，操作结束要清理现场	操作中，违反安全文明生产考核要求的任何一项扣 5 分，扣完为止	10		
开始时间：			结束时间：	成绩		

想一想

（1）如果把本任务的热继电器过载保护作为输入信号，地址应该怎样分配？程序应怎样修改？

（2）若要实现本任务电动机的两地控制，其程序应如何设计？

任务2　卷扬机控制系统设计与装调

学习目标

1. 掌握 ORB、ANB、MPS、MRD、MPP 等指令的功能及应用。
2. 熟练掌握梯形图的编程规则。
3. 了解功能添加法，熟悉利用功能添加法设计程序的方法和步骤。
4. 能根据控制要求灵活地运用功能添加法，完成三相交流异步电动机正反转控制的梯形图程序设计。
5. 能通过指令表编程界面输入程序，并进行仿真调试。
6. 能正确装接三相交流异步电动机正反转控制电路，并将仿真成功的程序下载到 PLC 中，完成控制系统的调试。

任务引入

在实际生产中，三相交流异步电动机的正反转控制是一种典型的基本控制。例如，机床工作台的左右移动、摇臂钻床钻头的正反转、数控机床的进退刀等，均需要对电动机进行正反转控制。

现有一小型煤矿，通过卷扬机带动一运煤小车，把矿井里挖出的煤运到地面，如图 2–2–1 所示。当井下工人按下“上井启动”按钮时，卷扬机带动装满煤的小车上行，将煤运往地面；小车到达地面后按下“停止”按钮，卷扬机停止并卸煤；卸完煤后，按下“下井启动”按钮，小车下行；待小车抵达矿井后，按下“停止”按钮，卷扬机停止并继续装煤。

该卷扬机控制系统采用的是继电器控制系统，其电气控制原理图如图 2–2–2 所示。本任务将用 PLC 控制系统来实现图 2–2–2 所示三相交流异步电动机的正反转控制，完成卷扬机控制系统的改造，要求具有短路保护和过载保护等必要的保护措施。其控制时序图如图 2–2–3 所示。

实施本任务所需要的实训设备及工具材料见表 2–2–1。

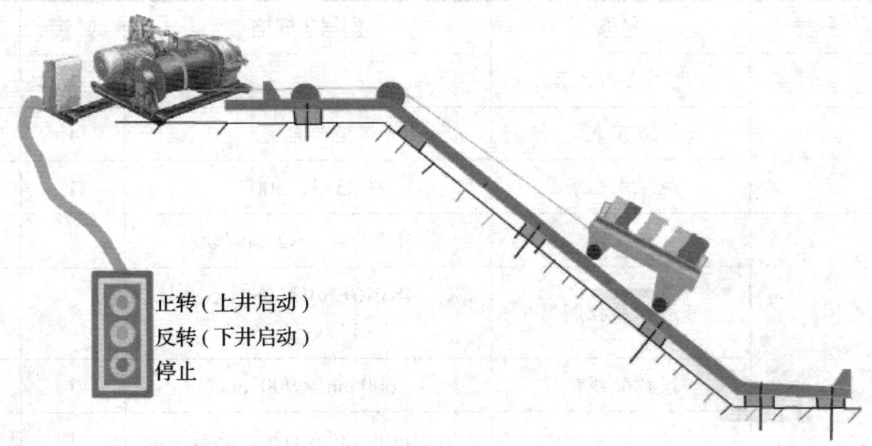

图 2-2-1 卷扬机控制示意图

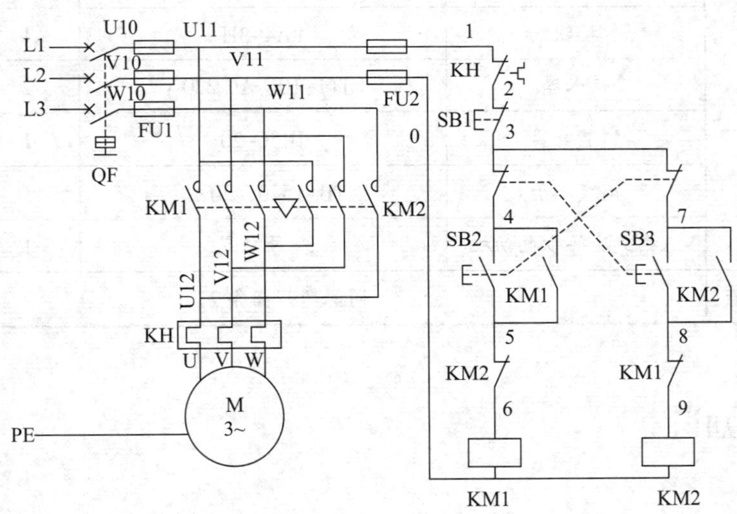

图 2-2-2 卷扬机控制系统的电气控制原理图

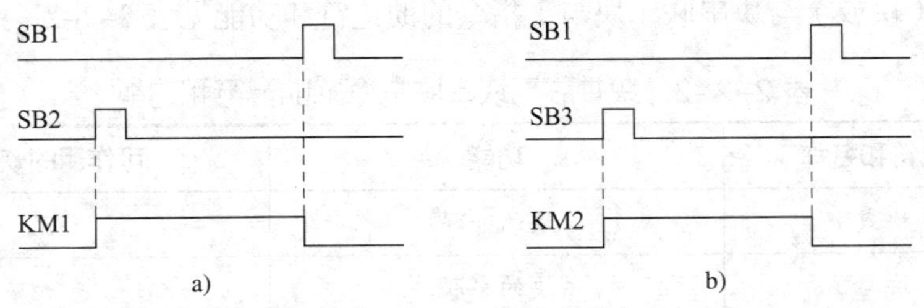

图 2-2-3 三相交流异步电动机正反转控制时序图

a）正转运行 b）反转运行

表 2-2-1　实训设备及工具材料

序号	分类	名称	型号 / 规格	数量	单位
1	工具	电工常用工具		1	套
2	仪表	万用表	型号自定	1	块
3		绝缘电阻表	ZC25-3，500 V	1	块
4	设备器材	计算机	装有 GX Works2 编程软件	1	台
5		可编程序控制器	FX_{3U}-48MR/ES（配备 C45 导轨、通信电缆等）	1	台
6		模拟配线板	600 mm × 900 mm	1	块
7		低压断路器	Multi9 C65N D20，三极	1	个
			Multi9 C65N D20，二极	1	个
8		熔断器	RT28-32	5	个
9		按钮	LA4-3H	1	个
10		接触器	CJT1-10，AC 220 V	2	个
11		热继电器	JR36-20	1	个
12		接线端子	TB-1520，20 位	1	条
13		三相交流异步电动机	型号自定	1	台
14	消耗材料	同课题一任务 2			

相关知识

一、块指令

1. 指令的助记符和功能

块并联（块或）与块串联（块与）指令的助记符和功能见表 2-2-2。

表 2-2-2　块并联与块串联指令的助记符和功能

指令助记符和名称	功能	可作用的软元件
ORB（块或）	块的并联	无
ANB（块与）	块的串联	无

2. 编程实例

ORB 指令和 ANB 指令的梯形图及指令表实例见表 2-2-3。

表 2-2-3 ORB 指令和 ANB 指令的梯形图及指令表实例

梯形图	指令表 1	指令表 2
M0 M1 M0 M1 M2 M2 Y001	LD M0 OR M1 LD M1 OR M2 ANB LD M0 OR M2 ANB OUT Y001	LD M0 OR M1 LD M1 OR M2 LD M0 OR M2 ANB ANB OUT Y001
M0 M1 M1 M2 M2 M0 Y001	LD M0 AND M1 LD M1 AND M2 ORB LD M2 AND M0 ORB OUT Y001	LD M0 AND M1 LD M1 AND M2 LD M2 AND M0 ORB ORB OUT Y001
X000 X001 X002 X003 X004 X005 X006 X007 Y001	LD X000 OR X002 LD X001 OR X003 ANB LD X004 ANI X005 ORB LDI X006 AND X007 ORB OUT Y001	 分支的起点 与前面的电路块串联 分支的起点 与前面的电路块并联 分支的起点 与前面的电路块并联

3. 指令使用说明

（1）2 个或 2 个以上触点串联形成的块称为串联块。将串联块并联时，分支开始用 LD、LDI 指令，分支结束用 ORB 指令。

（2）2 个或 2 个以上分支（每个分支为 1 个或多个触点的串联）并联形成的块称为并联块。将并联块串联时，要使用 ANB 指令。此块的起始要用 LD、LDI 指令，结束用 ANB 指令。

（3）多个串联块并联，或多个并联块串联时，块数没有限制。

（4）在使用 ORB 指令编程时，也可以把需要并联的支路连贯地写出，而在这些支路的末尾连续使用与支路个数相同的 ORB 指令，这时的指令最多使用 7 次。

（5）在使用 ANB 指令编程时，也可以把需要串联的支路连贯地写出，而在这些支路的末尾连续使用与支路个数相同的 ANB 指令，这时的指令最多使用 7 次。

二、多重输出指令

多重输出是指从某一点经串联触点驱动线圈之后，再由这一点驱动另一线圈的输出方式，如图 2-2-4b 中Ⅰ所示；或再经串联触点驱动另一线圈的输出方式，如图 2-2-4b 中Ⅱ所示。多重输出指令（MPS、MRD、MPP）也称栈操作指令。

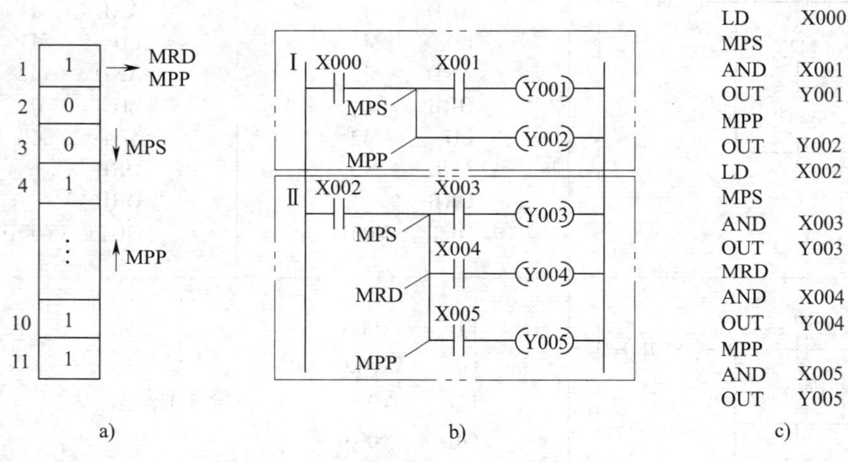

图 2-2-4　多重输出指令的应用实例

a）栈存储器　b）梯形图　c）指令表

1. 指令的助记符和功能

多重输出指令的助记符和功能见表 2-2-4。

表 2-2-4　多重输出指令的助记符和功能

指令助记符和名称	功能	可作用的软元件
MPS（进栈）	将逻辑结果存入栈存储器	无
MRD（读栈）	读出 MPS 指令存储的逻辑结果	无
MPP（出栈）	读出并清除 MPS 指令存储的逻辑结果	无

2. 编程实例

在编程时，需要将中间运算结果存储时，可以通过多重输出指令来实现。例如，

三菱 FX_{3U} 系列 PLC 就提供了 11 个用于存储中间运算结果的栈存储单元，使用一次 MPS 指令，当时的逻辑运算结果压入栈的第一层，栈中原来的数据依次向下一层推移；当使用 MRD 指令时，栈内的数据不会发生变化（即不上移或下移），而是将栈的最上层数据读出；当执行 MPP 指令时，将栈的最上层数据读出，同时该数据从栈中消失，而栈中其他层的数据向上移动一层，因此也称为弹栈。图 2-2-4 所示就是多重输出指令的应用实例。

编程实例一：一层堆栈编程，如图 2-2-5 所示。

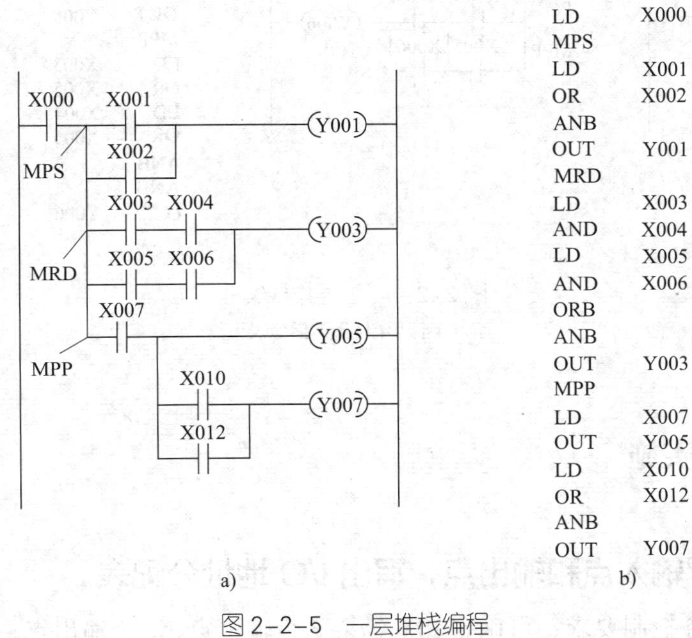

图 2-2-5　一层堆栈编程

a）梯形图　b）指令表

编程实例二：二层堆栈编程，如图 2-2-6 所示。

3．指令使用说明

（1）MPS 指令用于分支的开始处，MRD 指令用于分支的中间处，MPP 指令用于分支的结束处。

（2）MPS、MRD 和 MPP 指令均为不带操作元件的指令，其中 MPS 和 MPP 指令必须配对使用。

（3）由于三菱 FX_{3U} 系列 PLC 就提供了 11 个栈存储单元，因此 MPS 和 MPP 指令连续使用的次数不得超过 11 次。

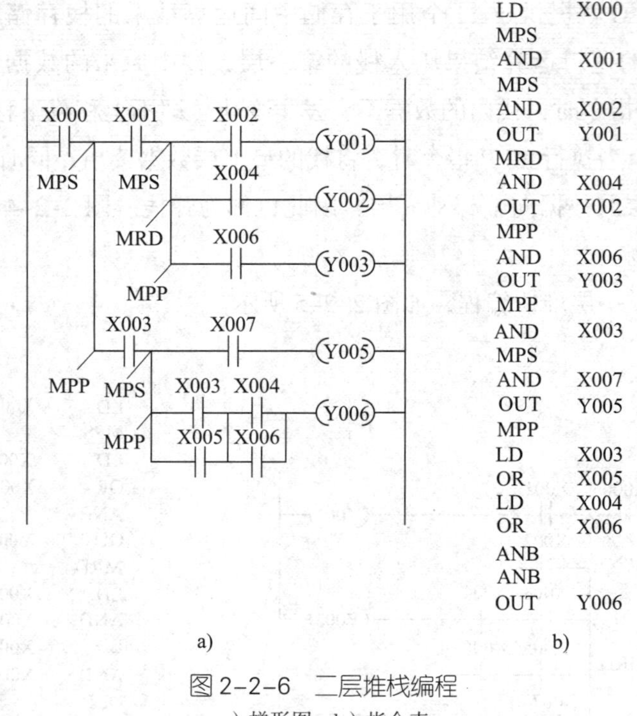

图 2-2-6 二层堆栈编程

a）梯形图 b）指令表

任务实施

一、分配输入点和输出点，写出 I/O 地址分配表

根据本任务控制要求，可确定 PLC 需要 3 个输入点、2 个输出点，其 I/O 地址分配表见表 2-2-5。

表 2-2-5 I/O 地址分配表

输入			输出		
元器件代号	说明	输入地址	元器件代号	说明	输出地址
SB1	停止按钮	X000	KM1	正转控制	Y000
SB2	正转启动按钮	X001	KM2	反转控制	Y001
SB3	反转启动按钮	X002			

二、绘制 PLC 接线图

三相交流异步电动机正反转控制的 PLC 接线图如图 2-2-7 所示。

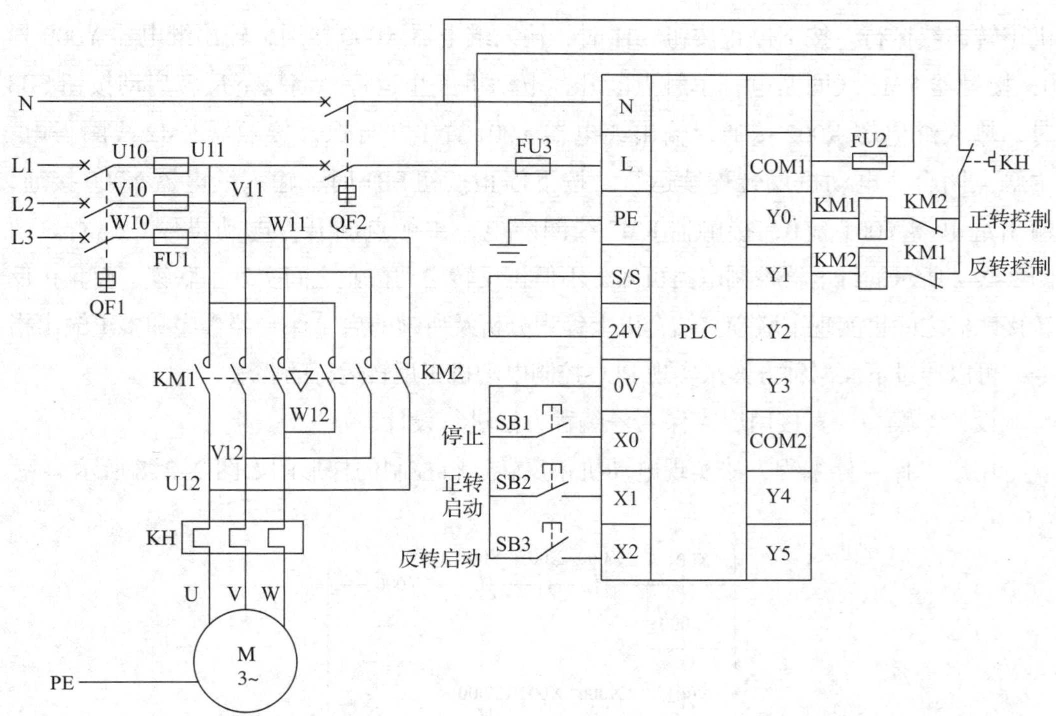

图 2–2–7　三相交流异步电动机正反转控制的 PLC 接线图

提示

在设计三相交流异步电动机正反转控制的 PLC 接线图时，由于 PLC 的扫描周期和接触器的动作时间不匹配，若只在梯形图中加入“软继电器”的联锁，则会出现 Y000 已断电，但接触器 KM1 线圈还未断电的情况。在没有外部硬件联锁的情况下，若此时接触器 KM2 线圈得电动作，KM2 主触点闭合，则会引起主电路电源相间短路。同理，在实际控制过程中，如果只在梯形图中加入“软继电器”的联锁，当接触器 KM1 或接触器 KM2 中任何一个接触器的主触点熔焊时，由于没有外部硬件的联锁，也会造成主电路电源相间短路。因此，需要增加外部硬件联锁功能，即在外部硬件接线中，将接触器 KM1 线圈与接触器 KM2 常闭辅助触点串联，接触器 KM2 线圈与接触器 KM1 常闭辅助触点串联，从而达到硬件联锁功能。

三、设计梯形图程序

根据图 2–2–7 所示三相交流异步电动机正反转控制的 PLC 接线图、I/O 地址分配表及图 2–2–3 所示的控制时序图可知，当按下正转启动按钮 SB2 时，输入继电器 X001 接通，输出继电器 Y000 置 1 并自保，接触器 KM1 线圈得电，主触点闭合，电动机正转连续运行。按下停止按钮 SB1 时，输入继电器 X000 接通，输出继电器 Y000 置 0，接触器 KM1 线圈断电，主触点断开，电动机停止运行。当按下反转启动按钮 SB3 时，输入继电器 X002 接通，输出继电器 Y001 置 1 并自保，接触器 KM2 线圈得电，主触点闭合，电动机反转连续运行。按下停止按钮 SB1 时，输入继电器 X000 接通，输出继电器 Y001 置 0，接触器 KM2 线圈断电，主触点断开，电动机停止运行。由图 2–2–2 所示的继电器控制电路可知，不但正反转启动按钮之间实现了联锁，而且正反转接触器之间也实现了联锁。结合以上编程分析及所学的启 – 保 – 停程序和多重输出指令，可以通过下面两种方案来实现 PLC 控制电动机正反转运行的要求。

设计方案一：直接用启 – 保 – 停编程方法进行设计。

用启 – 保 – 停编程方法实现电动机正反转运行控制的梯形图如图 2–2–8 所示。

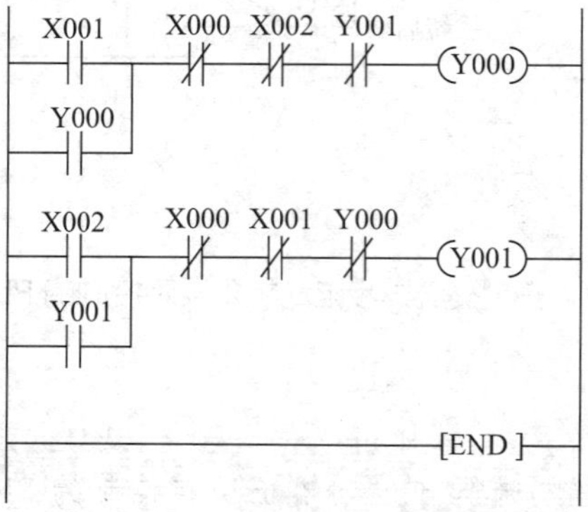

图 2–2–8　用启 – 保 – 停编程方法实现电动机正反转运行控制的梯形图

提示

此设计方案通过在正转运行支路中串入 X002 和 Y001 的常闭触点，在反转运行支路中串入 X001 和 Y000 的常闭触点来实现按钮和接触器的双重联锁。

设计方案二：利用多重输出指令进行设计。

利用多重输出指令实现电动机正反转运行控制的梯形图及指令表如图 2–2–9 所示。

四、程序输入及仿真调试

1. 程序输入

本任务可以通过梯形图或指令表编程界面进行程序输入。

（1）梯形图的输入

进入梯形图编程界面，输入图 2–2–8 所示梯形图，梯形图程序输入过程在此不再赘述。

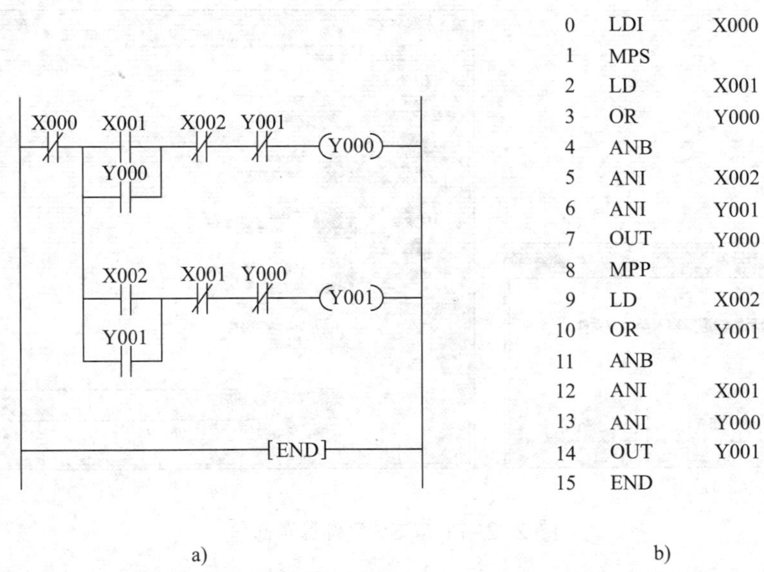

0	LDI	X000
1	MPS	
2	LD	X001
3	OR	Y000
4	ANB	
5	ANI	X002
6	ANI	Y001
7	OUT	Y000
8	MPP	
9	LD	X002
10	OR	Y001
11	ANB	
12	ANI	X001
13	ANI	Y000
14	OUT	Y001
15	END	

图 2-2-9 利用多重输出指令实现电动机正反转运行控制的梯形图及指令表

a）梯形图 b）指令表

（2）指令表的输入

1）启动 GX Works2 编程软件，新建工程并保存后，进入梯形图编程界面。右键单击工程导航栏中的“MAIN”，选择“写入至 CSV 文件（O）...”选项，如图 2-2-10 所示，弹出图 2-2-11a 所示对话框，单击“是（Y）”按钮，打开图 2-2-11b 所示的“写入至 CSV 文件”对话框，以“MAIN.csv”为文件名将文件保存在指定位置。

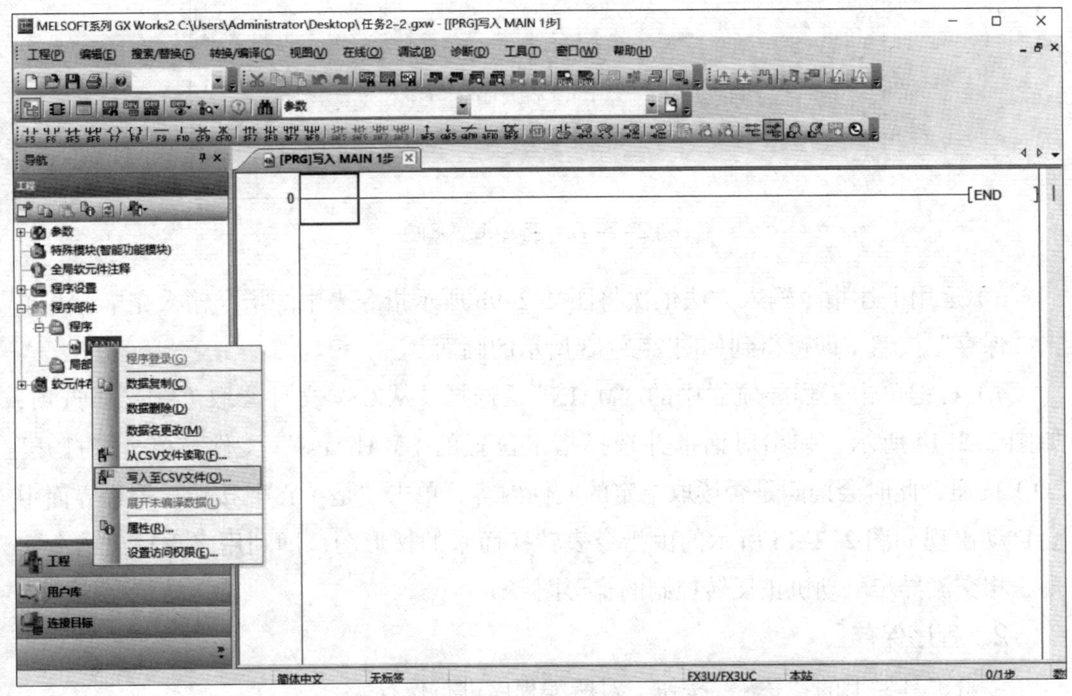

图 2-2-10 选择“写入至 CSV 文件（O）...”选项

a)　　b)

图 2-2-11　CSV 文件保存画面

2）打开“MAIN.csv”文件进行指令输入。具体方法如下：首先在 CSV 文件对应的指令框中输入指令“LDI”，然后在对应的 I/O（软元件）框中输入“X000”，如图 2-2-12 所示。

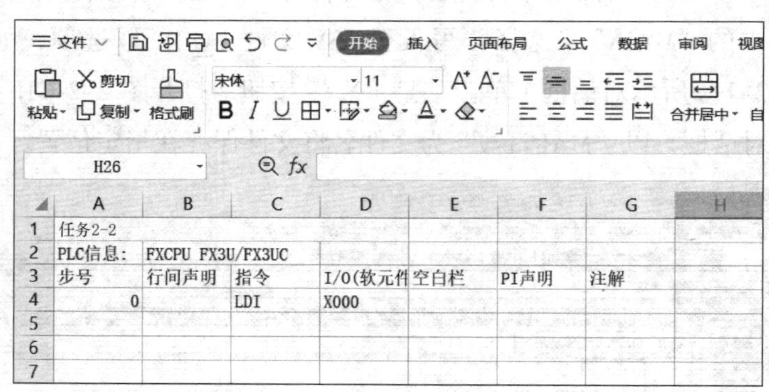

图 2-2-12　指令输入画面

3）运用上述指令输入方法依次将图 2-2-9b 所示指令表中的指令输入完毕，并单击“保存”按钮，即可得到如图 2-2-13 所示的画面。

4）右键单击工程导航栏中的“MAIN”，选择“从 CSV 文件读取（F）...”选项，如图 2-2-14 所示，弹出对话框并选择指定位置的“MAIN.csv”文件，单击“打开”（O）按钮，此时会询问是否读取指定的文件内容，单击“是（Y）”按钮，编程界面中会自动出现如图 2-2-15 所示的由指令表转换而来的梯形图，即利用多重输出指令实现三相交流异步电动机正反转控制的梯形图。

2．程序保存

单击工具栏上的“ ”按钮，对所编程序进行保存。

3. 仿真调试

（1）仿真的启动

单击工具栏中的“模拟开始/停止”按钮，进入梯形图仿真测试状态，如图 2-2-16 所示。

	A	B	C	D	E	F	G
1	任务2-2						
2	PLC信息:	FXCPU FX3U/FX3UC					
3	步号	行间声明	指令	I/O(软元件	空白栏	PI声明	注解
4	0		LDI	X000			
5	1		MPS				
6	2		LD	X001			
7	3		OR	Y000			
8	4		ANB				
9	5		ANI	X002			
10	6		ANI	Y001			
11	7		OUT	Y000			
12	8		MPP				
13	9		LD	X002			
14	10		OR	Y001			
15	11		ANB				
16	12		ANI	X001			
17	13		ANI	Y000			
18	14		OUT	Y001			
19	15		END				

图 2-2-13　指令表输入完成画面

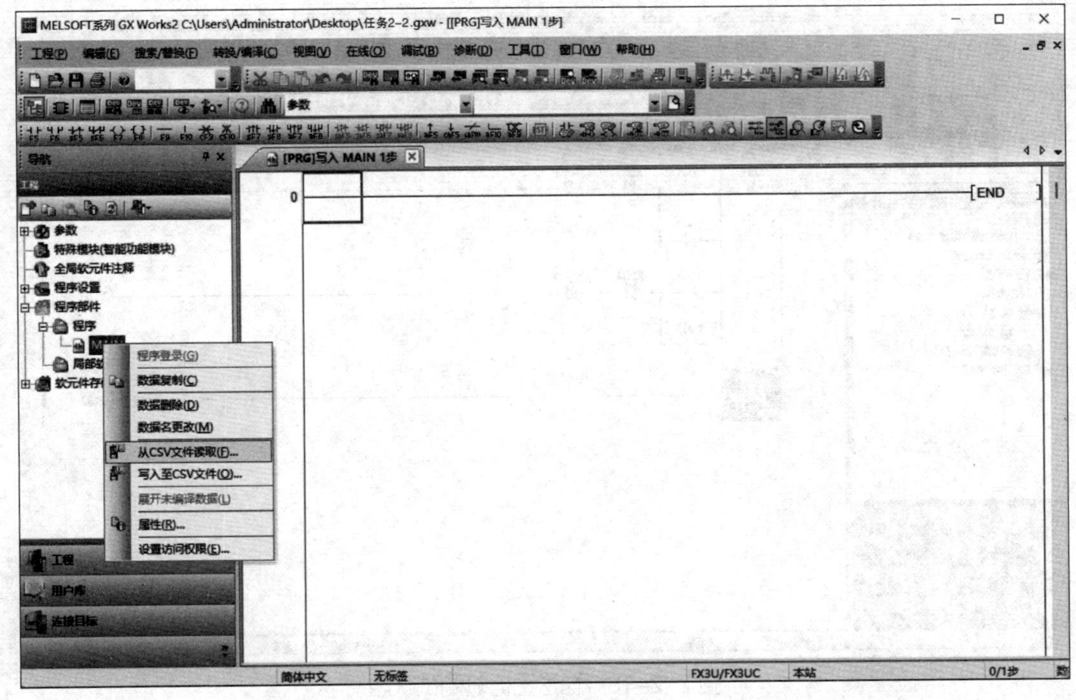

图 2-2-14　选择“从 CSV 文件读取（F）...”选项

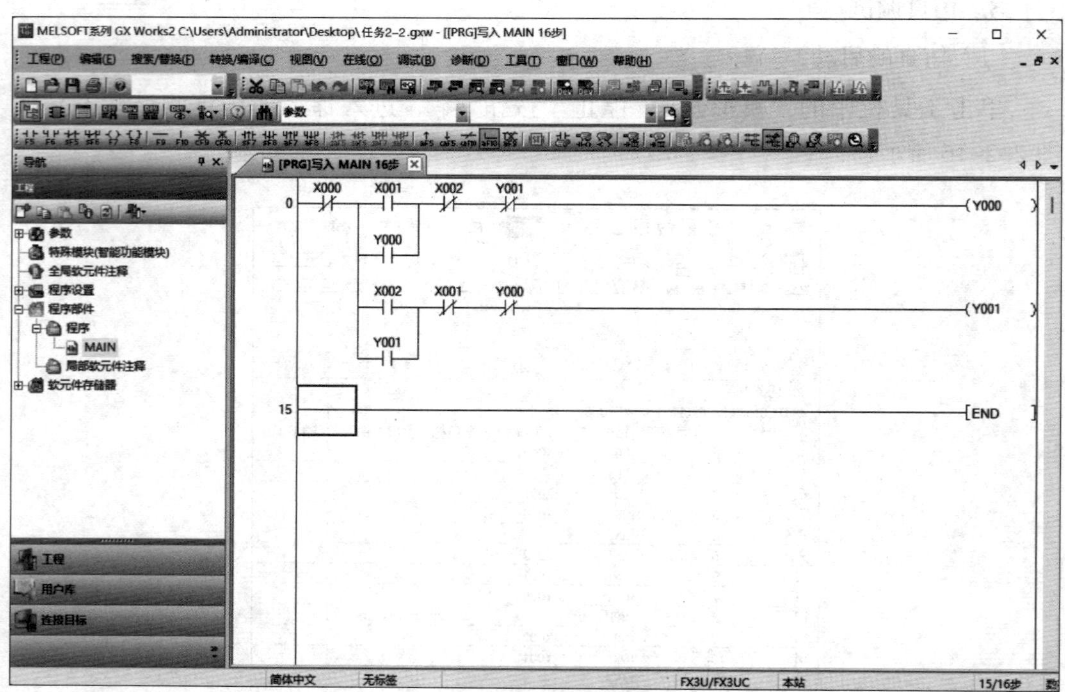

图 2-2-15　由指令表转换而来的梯形图

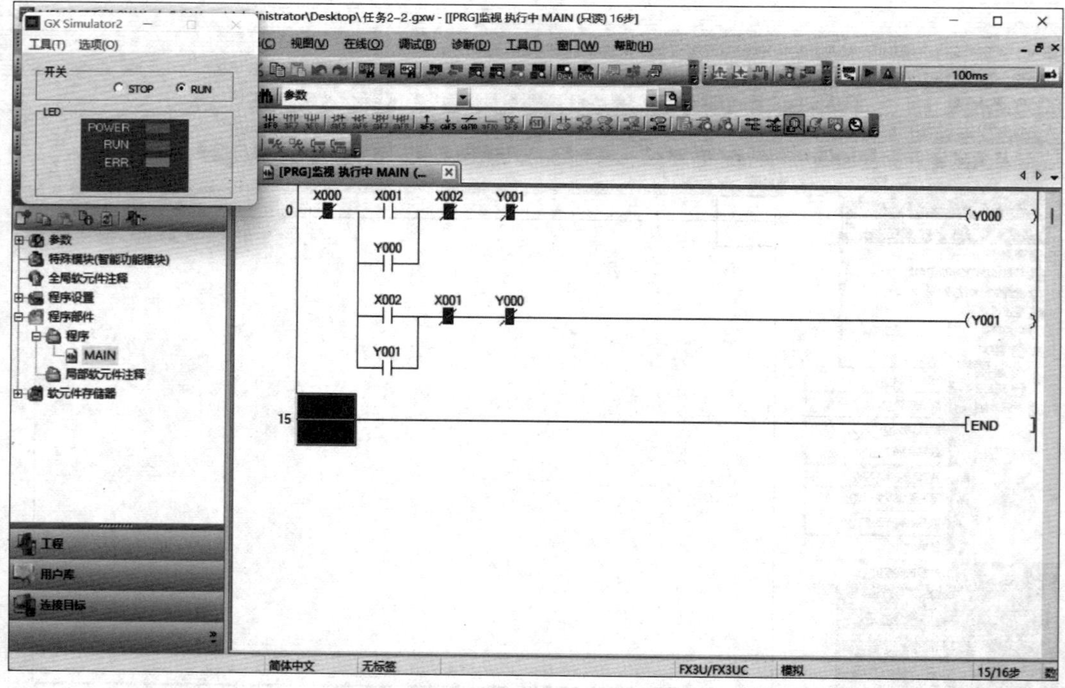

图 2-2-16　梯形图仿真测试状态

（2）当前值更改

将光标移至编程界面的任意空白处，然后单击鼠标右键，会出现图 2–2–17 所示右键快捷菜单，单击其中的“调试（G）”→“当前值更改（M）...”选项，将弹出“当前值更改”对话框，如图 2–2–18 所示。

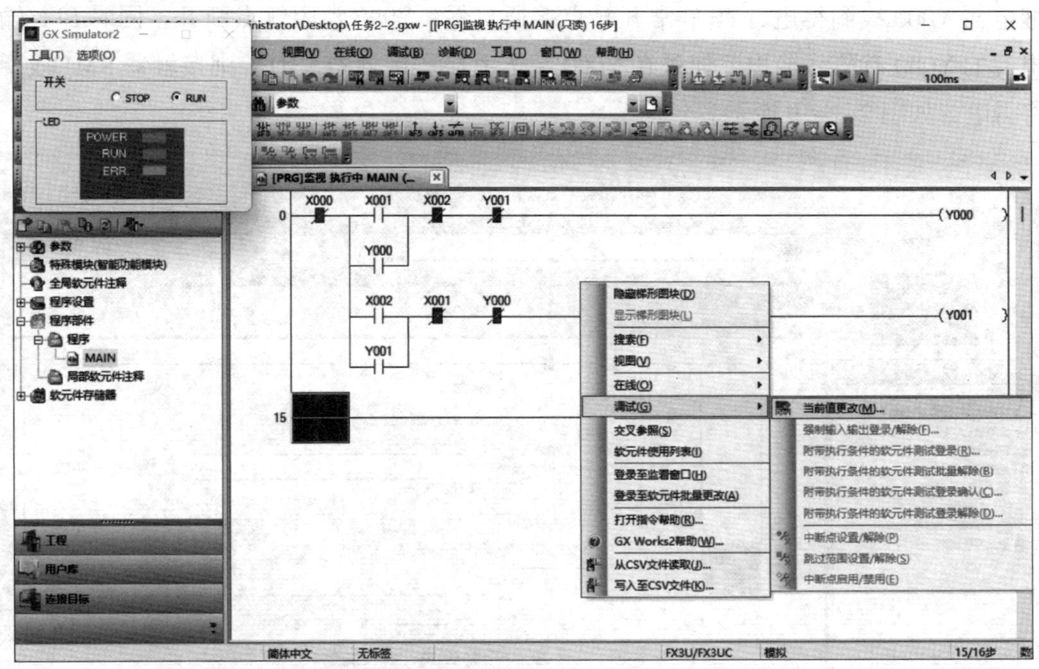

图 2–2–17　单击“当前值更改（M）...”选项

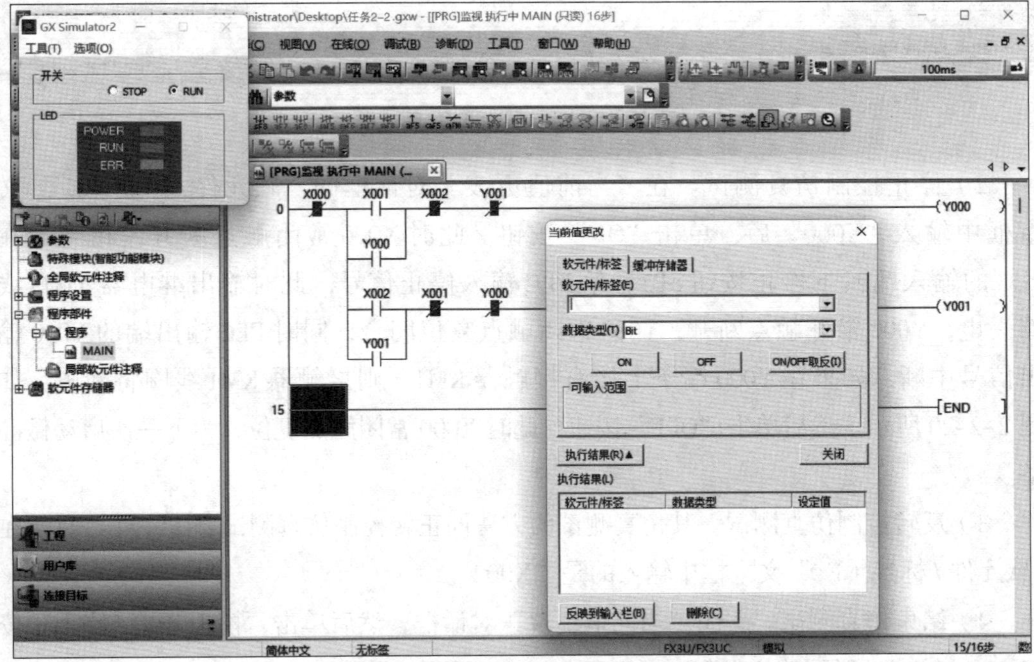

图 2–2–18　弹出“当前值更改”对话框

1）正转控制仿真测试。在图 2–2–18 所示“当前值更改”对话框的“软元件 / 标签（E）”文本框中输入“X001”后，单击“ON”按钮，此时 X001 常开触点闭合，X001 常闭触点断开，然后单击“OFF”按钮，此时 X001 常开触点和常闭触点复位。相当于在 PLC 的输入端按下正转启动按钮 SB2，给 PLC 输入正转启动信号，此时输出继电器 Y000 线圈得电，Y000 常开触点接通自保，Y000 常闭触点断开，同时 PLC 输出端的 Y000 有信号输出，如果在 Y000 端子上接有接触器 KM1，则接触器 KM1 线圈将得电，如图 2–2–19 所示。

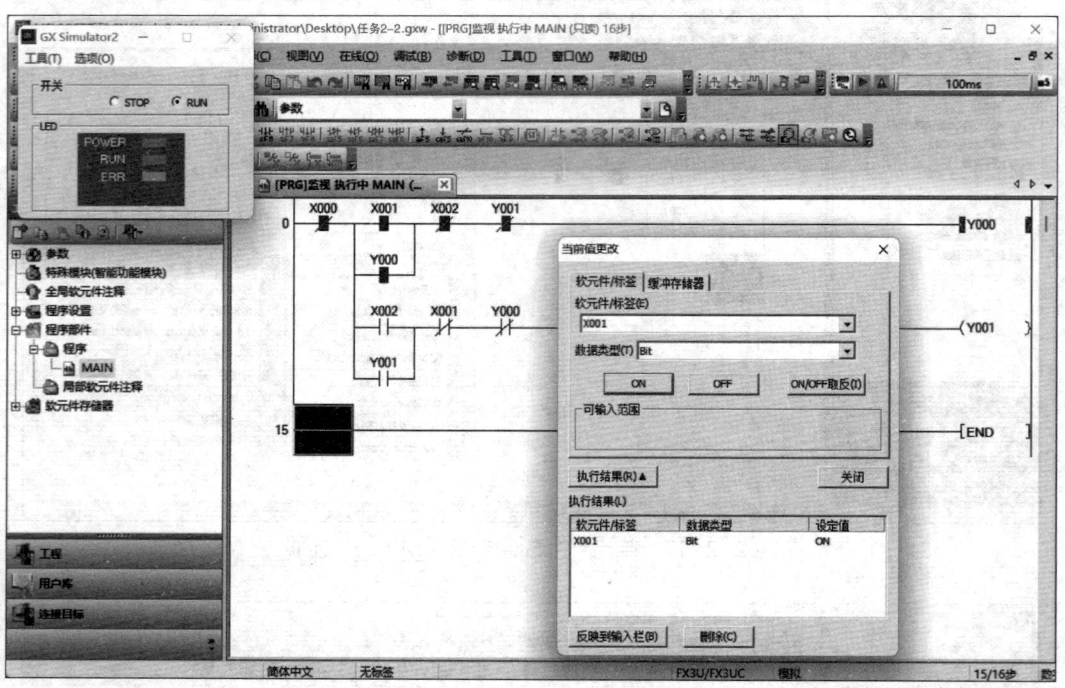

图 2–2–19　正转控制仿真测试

2）停止控制仿真测试。在“当前值更改”对话框的“软元件 / 标签（E）”文本框中输入“X000”后，单击“ON”按钮，此时 X000 常闭触点断开，相当于在 PLC 的输入端按下停止按钮 SB1，给 PLC 输入停止信号，此时输出继电器 Y000 线圈失电，Y000 常开触点断开，Y000 常闭触点复位闭合，同时 PLC 输出端的 Y000 输出信号中断，如果在 Y000 端子上接有接触器 KM1，则接触器 KM1 线圈将断电，如图 2–2–20 所示。然后单击“OFF”按钮，此时 X000 常闭触点复位，为下一次启动做准备。

3）反转控制仿真测试。其仿真测试的方法同正转控制仿真测试方法一样，只是在“软元件 / 标签（E）”文本框中输入的是“X002”。

4）结束仿真测试。关闭“当前值更改”对话框，然后单击“模拟开始 / 停止”按钮，结束梯形图的仿真测试，如图 2–2–21 所示。

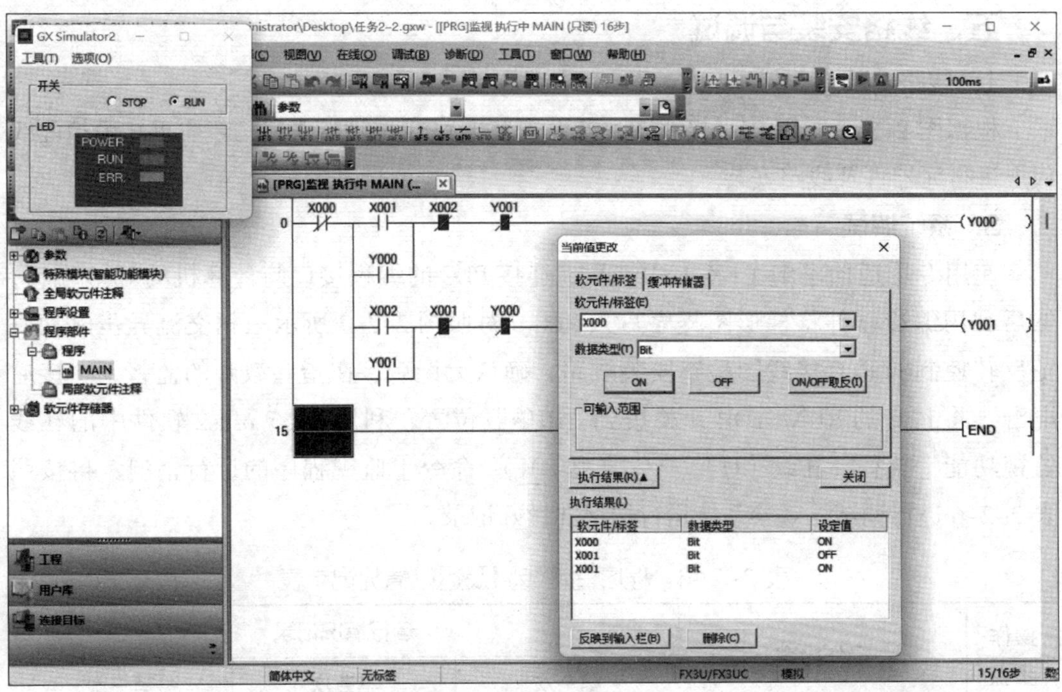

图 2-2-20 停止控制仿真测试

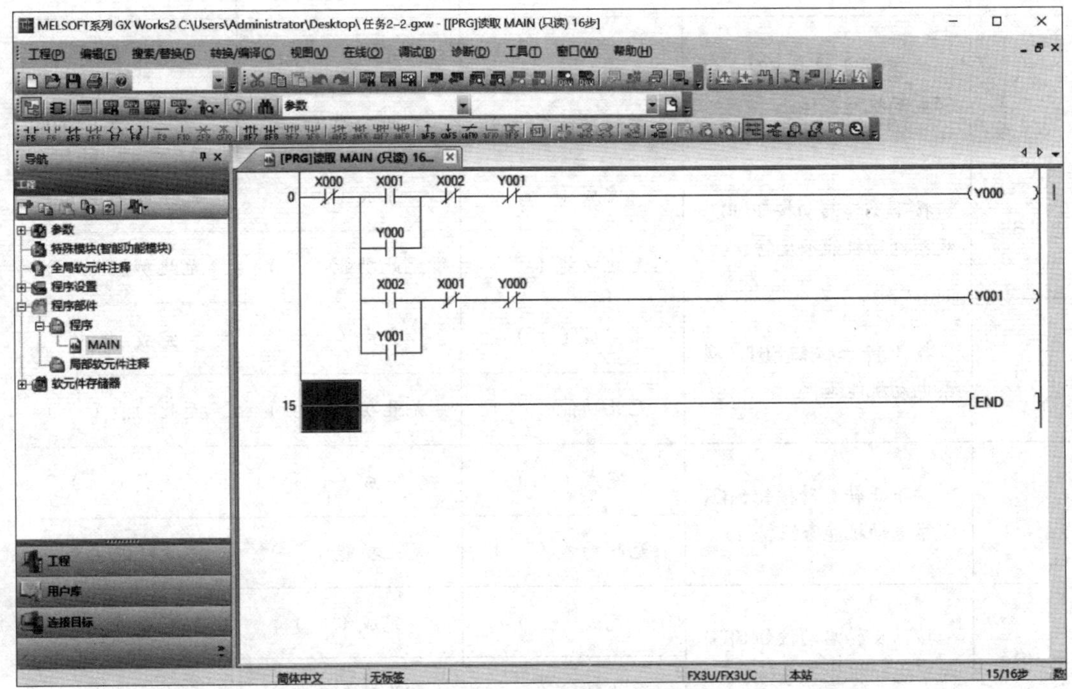

图 2-2-21 结束梯形图的仿真测试

五、线路安装与调试

1. 线路安装

根据图 2–2–7 所示 PLC 接线图，按照安装电路的一般步骤和工艺要求在模拟配线板上进行元器件及线路安装。

2. 系统调试

使用专用通信电缆（FX–USB–AW）连接 PLC 的编程接口与计算机的 USB 端口，然后利用编程软件将梯形图程序写入 PLC。对照图 2–2–7 所示三相交流异步电动机正反转控制的 PLC 接线图检查安装线路，确认无误后，在指导教师的监督下，接通电源，将 PLC 的 RUN/STOP 开关拨到“RUN”位置，利用 GX Works2 软件中的在线监视功能［执行“在线（O）”→“监视（M）”命令］监视程序的运行情况，再按照表 2–2–6 进行调试，观察系统运行情况并做好记录。

表 2–2–6 程序调试步骤及运行情况记录表

操作步骤	操作内容	运行情况记录		
		第一次	第二次	第三次
1	按下正转启动按钮 SB2，观察电动机能否正转	完成（ ）	完成（ ）	完成（ ）
		无此功能（ ）	无此功能（ ）	无此功能（ ）
2	按下停止按钮 SB1，观察电动机能否停止	完成（ ）	完成（ ）	完成（ ）
		无此功能（ ）	无此功能（ ）	无此功能（ ）
3	按下反转启动按钮 SB3，观察电动机能否反转	完成（ ）	完成（ ）	完成（ ）
		无此功能（ ）	无此功能（ ）	无此功能（ ）
4	按下停止按钮 SB1，观察电动机能否停止	完成（ ）	完成（ ）	完成（ ）
		无此功能（ ）	无此功能（ ）	无此功能（ ）
5	按下正转启动按钮 SB2，观察电动机能否正转	完成（ ）	完成（ ）	完成（ ）
		无此功能（ ）	无此功能（ ）	无此功能（ ）
6	按下反转启动按钮 SB3，观察电动机能否反转	完成（ ）	完成（ ）	完成（ ）
		无此功能（ ）	无此功能（ ）	无此功能（ ）

任务测评

对任务实施的完成情况进行检查，并将结果填入任务测评表（参见表 2-1-7）。

知识拓展

有关 PLC 简单控制系统的基础设计，一般都是采用经验法，而在经验法中用得最多的方法是功能添加法。下面通过实例来简单介绍应用功能添加法进行 PLC 程序设计的步骤。

【实例】图 2-2-22 所示是小车两点自动往返循环控制的工作示意图。其控制要求如下。

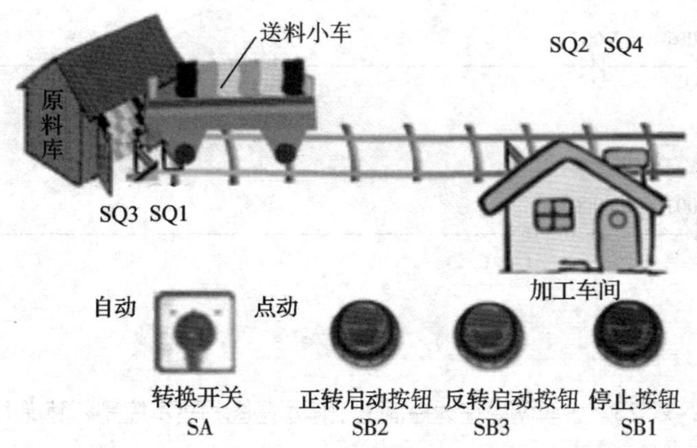

图 2-2-22　小车两点自动往返循环控制的工作示意图

（1）送料小车需要从原料库将原料运送到加工车间进行加工。需要自动送料时，将转换开关 SA 拨到“自动”位置，然后按下正转启动按钮 SB2，小车从原料库出发，当到达加工车间碰到行程开关 SQ2 后，停下自动卸料，然后自动返回，当到达原料库碰到行程开关 SQ1 时会自动停车继续装料，装料完成后继续送料，如此循环往复。

（2）需要进行小车位置的调整时，可通过转换开关 SA 和正转启动按钮 SB2（或反转启动按钮 SB3）来实现，即只要将转换开关 SA 拨到“点动”位置，然后按下正转启动按钮 SB2（或反转启动按钮 SB3）即可控制小车的点动运行。

（3）设计必要的保护措施。

1．功能添加法

首先设计基本控制环节的程序，然后在原控制程序功能保持不变的基础上逐一增加功能的设计方法，称为功能添加法。该方法不仅适用于 PLC 控制系统的程序设计，而且是设计继电器控制系统的一种重要方法。例如，本实例的小车自动往返循环控制，其基本控制环节就是建立在三相交流异步电动机正反转控制的基础之上的，在运用功能添加法进行设计时，无论怎样添加功能，都必须保持三相交流异步电动机正反转的控制功能不变。

2. 利用功能添加法设计程序的步骤

（1）根据控制对象，设计基本控制环节的程序

分析本实例控制要求发现，小车自动往返的基本控制是建立在三相交流异步电动机正反转控制的基础之上的。因此，三相交流异步电动机正反转控制的程序就是本实例基本控制环节的程序。图 2–2–23 所示为小车两点往返控制的工作示意图和基本控制环节梯形图。

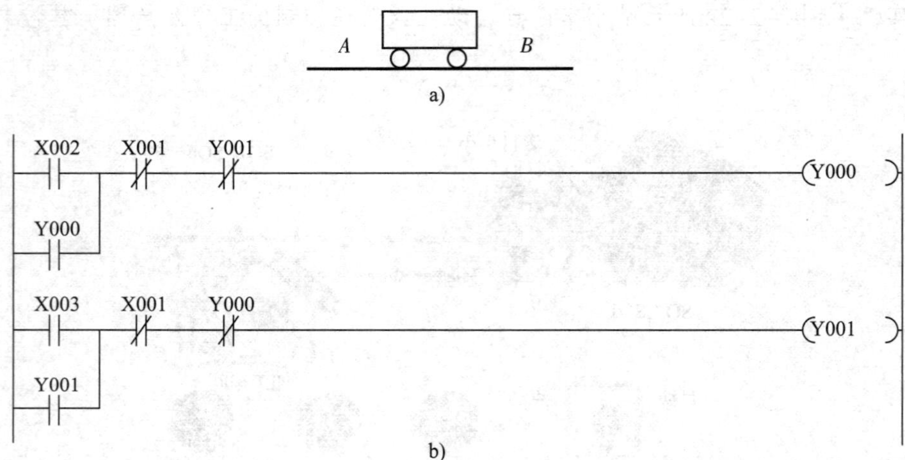

图 2–2–23　小车两点往返控制的工作示意图和基本控制环节梯形图

（2）根据控制要求逐一在基本控制环节程序中添加功能，完善控制程序

在图 2–2–23 所示的基本控制环节程序中，可以通过人工分别按下正转启动按钮 SB2（X002）和反转启动按钮 SB3（X003）来控制小车做往返运动，但这样会相当烦琐，而且除了增加劳动强度外，还影响小车往返运行的准确性。如果生产工艺要求小车自动往返运动，只要在 *A*、*B* 两点分别加装两个位置检测装置即可实现，如图 2–2–24a 所示。假设在 *A*、*B* 两点安装的位置检测装置是行程开关，而每个行程开关至少有一对常开触点和一对常闭触点，把这些触点对应的 PLC 输入继电器触点添加到控制程序中，就得到了能控制小车自动往返运动的控制程序，如图 2–2–24b 所示。其中，SQ1（X004）和 SQ2（X005）表示 *A*、*B* 两点的行程开关。

从上述程序可知，虽然在程序中添加了行程开关，但电动机始终保持正反转运行的状态，满足功能添加法设计的原则。

当要实现点动控制功能时，采用功能添加法在图 2–2–24 的正反转自锁回路里添加实现自锁和点动的转换开关 SA（X000）即可。图 2–2–25 所示就是可实现自动和点动控制的小车自动往返循环控制的梯形图。

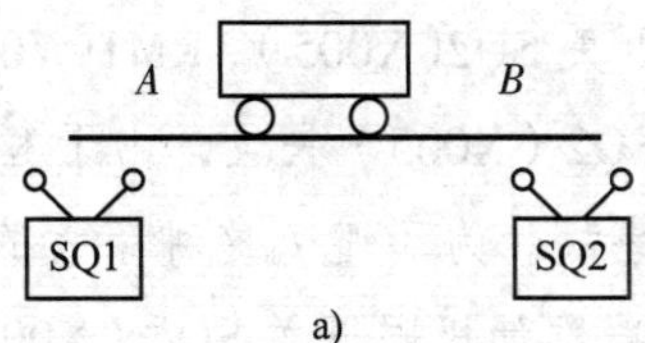

a)

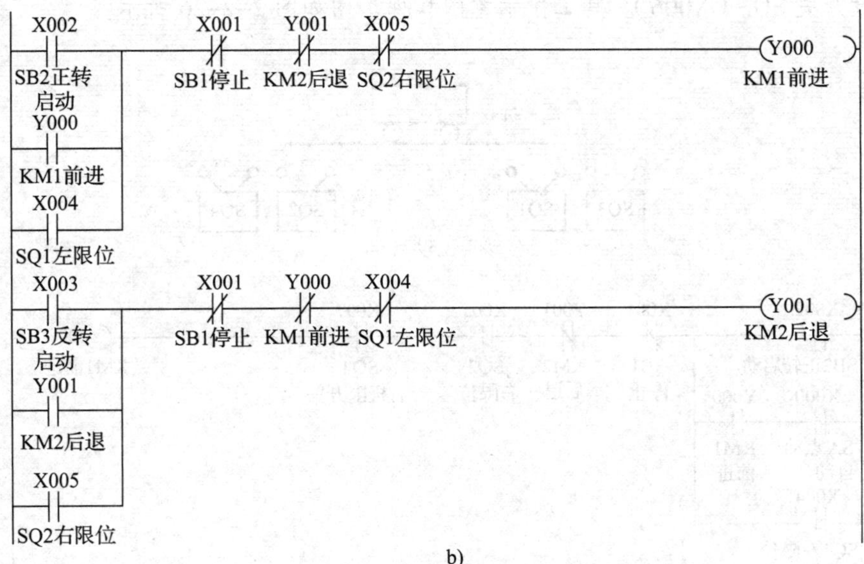

b)

图 2-2-24 小车自动往返控制的工作示意图和梯形图

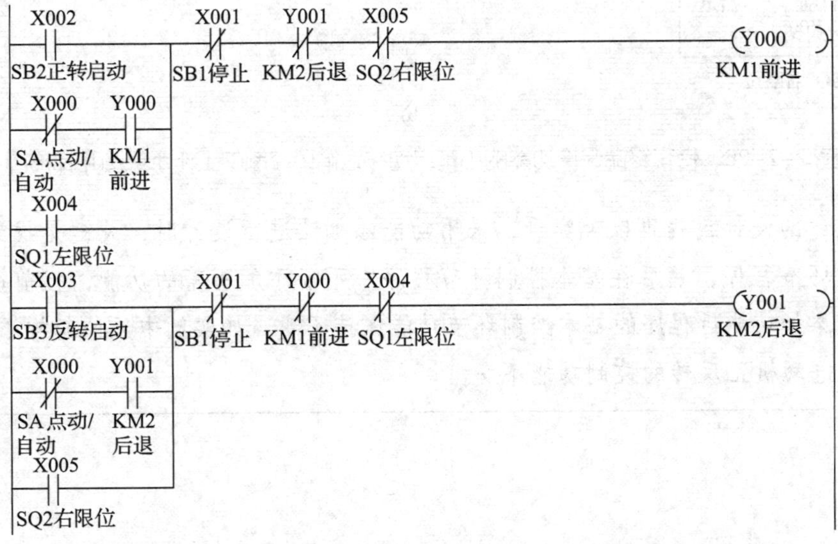

图 2-2-25 可实现自动和点动控制的小车自动往返循环控制的梯形图

图 2-2-25 所示的电路原理虽然正确，但还不能投入实际运行。当小车从 *A* 点运行到 *B* 点时，小车压动行程开关 SQ2(X005)，KM1(Y000) 会立即失电而 KM2(Y001) 会立即得电。如果行程开关 SQ2（X005）失灵，由于 KM1 未立即失电，电动机还在正转，小车继续前进，会造成事故。为了避免这种事故的发生，往往会增加终端保护功能，即在小车前进方向的终端添加极限开关 SQ4（X007）；同理，在后退方向的终端添加极限开关 SQ3（X006）。其工作示意图和梯形图如图 2-2-26 所示。

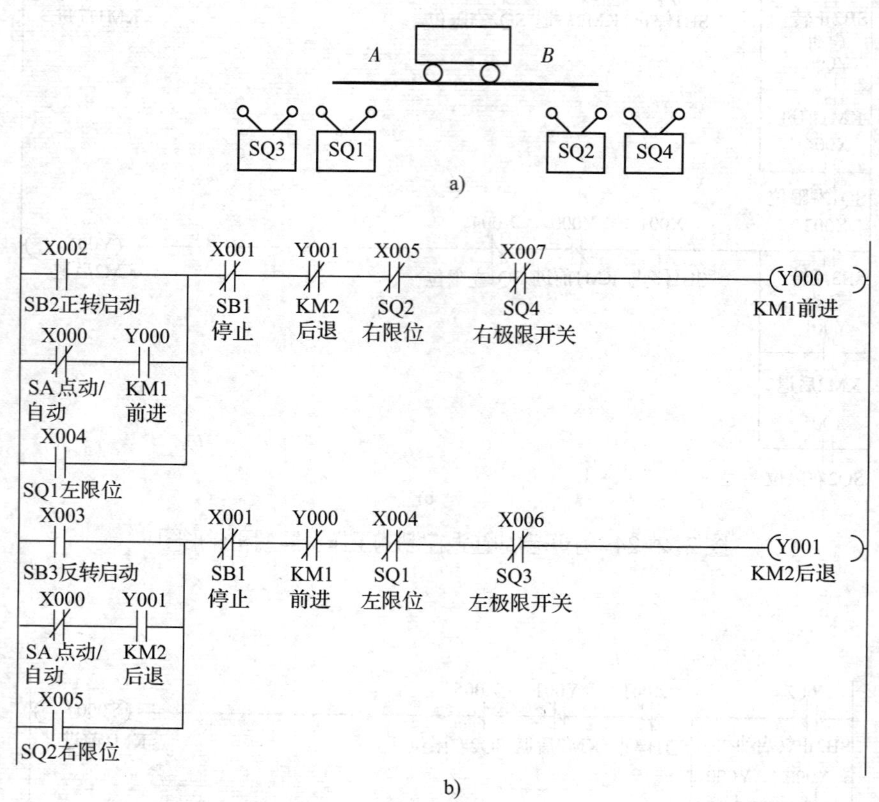

图 2-2-26　带有终端保护功能的小车自动往返循环控制的工作示意图和梯形图

从上述的设计过程可以观察到，采用功能添加法进行设计时，关键是找到设计的基本控制环节程序，然后在基本控制环节程序中不断添加所需的功能，但前提条件是必须保证添加功能后程序的基本控制环节功能保持不变。如实例中无论怎样添加功能，始终保证电动机正反转的控制功能不变。

任务 3 三相交流异步电动机Y－△降压启动控制系统设计与装调

学习目标

1. 掌握主控指令 MC、MCR 的功能及应用，了解主控指令与多重输出指令的异同点。

2. 掌握主控指令在 PLC 梯形图中的编程原则。

3. 掌握编程元件——定时器 T 的功能及应用。

4. 能根据控制要求灵活地运用经验法，利用主控指令或多重输出指令完成三相交流异步电动机Y－△降压启动控制的梯形图程序设计。

5. 能通过梯形图或指令表编程界面输入程序，并进行仿真调试。

6. 能正确装接三相交流异步电动机Y－△降压启动控制电路，并将仿真成功的程序下载到 PLC 中，完成控制系统的调试。

任务引入

在实际生产过程中，三相交流异步电动机因其结构简单、价格便宜、可靠性高等优点而被广泛应用；但在启动过程中，其启动电流较大，所以容量大的电动机必须采取降压启动方式进行启动，以限制电动机的启动电流。Y－△降压启动就是一种常用的简单降压启动方式。

现有一加工车间，其机床的主轴电动机采用图 2-3-1 所示三相交流异步电动机Y－△降压启动的继电器控制电路进行控制。具体控制过程如下：合上电源开关 QF，按下启动按钮 SB2，主轴电动机的定子绕组接成“Y”形，延时 5 s 后，再将主轴电动机的定子绕组接成“△”形，这样电动机就完成了Y－△降压启动的过程。当加工完工件后，按下停止按钮 SB1，主轴电动机停止工作，关断电源开关 QF。

本任务将用 PLC 控制系统实现对图 2-3-1 所示三相交流异步电动机Y－△降压启动的继电器控制电路的改造，要求具有短路保护和过载保护等必要的保护措施。其控制时序图如图 2-3-2 所示。

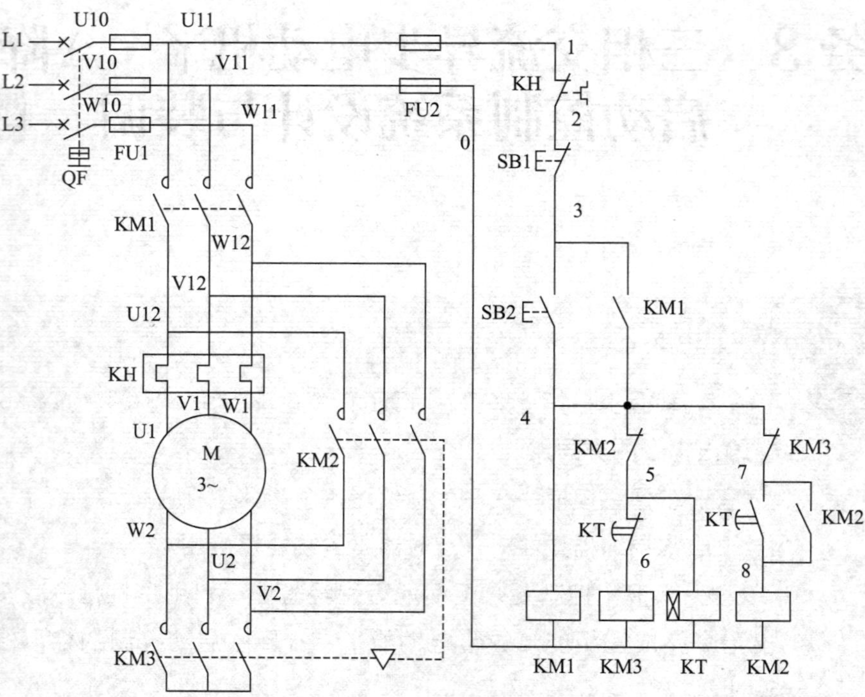

图 2-3-1　三相交流异步电动机Y－△降压启动的继电器控制电路

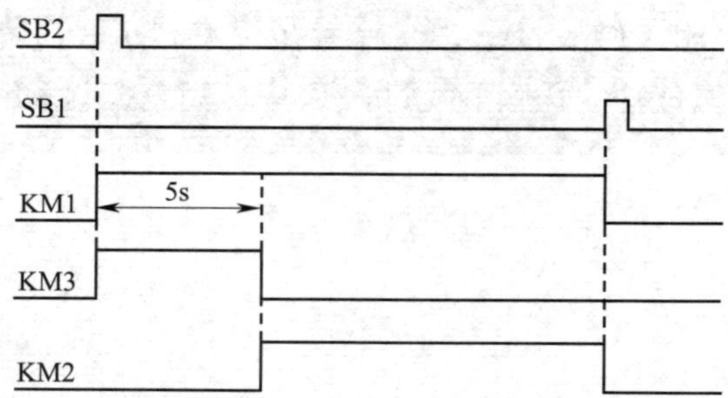

图 2-3-2　三相交流异步电动机Y－△降压启动控制时序图

实施本任务所需要的实训设备及工具材料见表 2-3-1。

表 2-3-1　实训设备及工具材料

序号	分类	名称	型号 / 规格	数量	单位
1	工具	电工常用工具		1	套
2	仪表	万用表	型号自定	1	块
3		绝缘电阻表	ZC25-3，500 V	1	块
4	设备器材	计算机	装有 GX Works2 编程软件	1	台
5		可编程序控制器	FX_{3U}-48MR/ES（配备 C45 导轨、通信电缆等）	1	台
6		模拟配线板	600 mm × 900 mm	1	块
7		低压断路器	Multi9 C65N D20，三极	1	个
			Multi9 C65N D20，二极	1	个

续表

序号	分类	名称	型号/规格	数量	单位
8	设备器材	熔断器	RT28-32	5	个
9		按钮	LA4-2H	1	个
10		接触器	CJT1-10，AC 220 V	3	个
11		热继电器	JR36-20	1	个
12		接线端子	TB-1520，20 位	1	条
13		三相交流异步电动机	型号自定	1	台
14	消耗材料	同课题一任务 2			

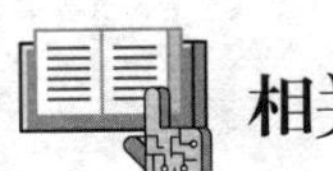

相关知识

一、主控开始和主控复位指令

在编程时常遇到多条电气支路共用一个触点的情况，这时采用主控指令可使编程简化。主控指令有两条，MC 是主控开始指令，MCR 是主控复位指令。

1. 指令的助记符和功能

主控开始和主控复位指令的助记符和功能见表 2-3-2。

表 2-3-2 主控开始和主控复位指令的助记符和功能

指令助记符和名称	功能	可作用的软元件
MC（主控开始）	公共串联主控触点的连接	Y、M（特殊 M 除外）
MCR（主控复位）	公共串联主控触点的清除	

2. 编程实例

在编程时，经常会遇到多个线圈同时受一个或一组触点控制的情况，如果在每个线圈的控制电路中都串入同样的触点，将占用很多存储单元，如图 2-3-3 所示。MC 和 MCR 指令可以解决这一问题。使用主控指令的触点称为主控触点，它在梯形图中一般垂直使用，主控触点是控制某一段程序的总开关。图 2-3-3 中的控制程序可采用主控指令简化编程，简化后的梯形图和指令表如图 2-3-4 所示。

由图 2-3-4 可知，当常开触点 X001 接通时，主控触点 M0 闭合，执行 MC 到 MCR 之间的指令，输出线圈 Y001、Y002、Y003、Y004 分别由 X002、X003、X004、X005 的通断来决定各自的输出状态。而当常开触点 X001 断开时，主控触点 M0 断开，MC 到 MCR 之间的指令不执行，此时无论 X002、X003、X004、X005 是否接通，输出线圈 Y001、Y002、Y003、Y004 全部处于 OFF 状态。输出线圈 Y005 不在主控范围内，所以其状态不受主控触点的限制，仅取决于 X006 的通断。

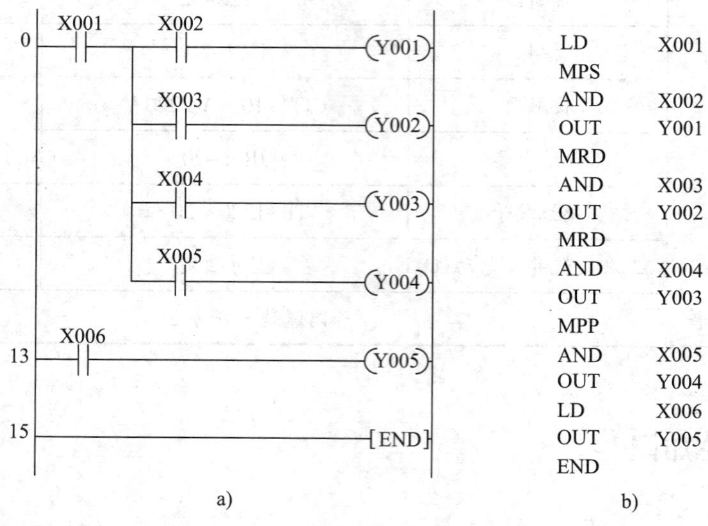

图 2-3-3　多个线圈受一个触点控制

a）梯形图　b）指令表

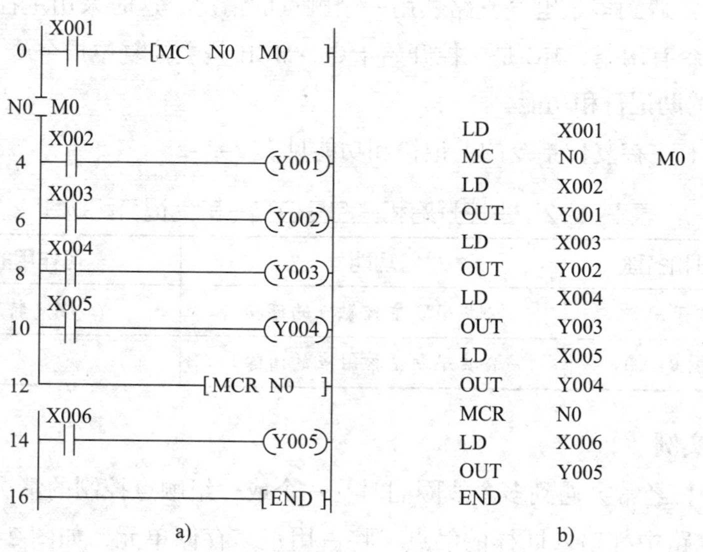

图 2-3-4　采用 MC、MCR 指令简化后的梯形图和指令表

a）梯形图　b）指令表

提示

图 2-3-4 中垂直绘制的主控触点只有在读取模式（单击工具栏中的“ ”按钮）和监视模式（单击工具栏中的“ ”按钮）时才能看到，而在写入模式（单击工具栏中的“ ”按钮）时是看不到的。

3. 指令使用说明

（1）当图 2-3-4 中的触点 X001 接通时，执行 MC 指令，相当于将母线（LD、LDI 点）移到主控触点后，直接执行从 MC 到 MCR 之间的指令。执行 MCR 指令则令其返回原母线。

（2）当多次使用主控指令（但没有嵌套）时，可以通过改变 Y、M 的编号实现，通过常用的 N0 进行编程，如图 2-3-5 所示。N0 的使用次数没有限制。

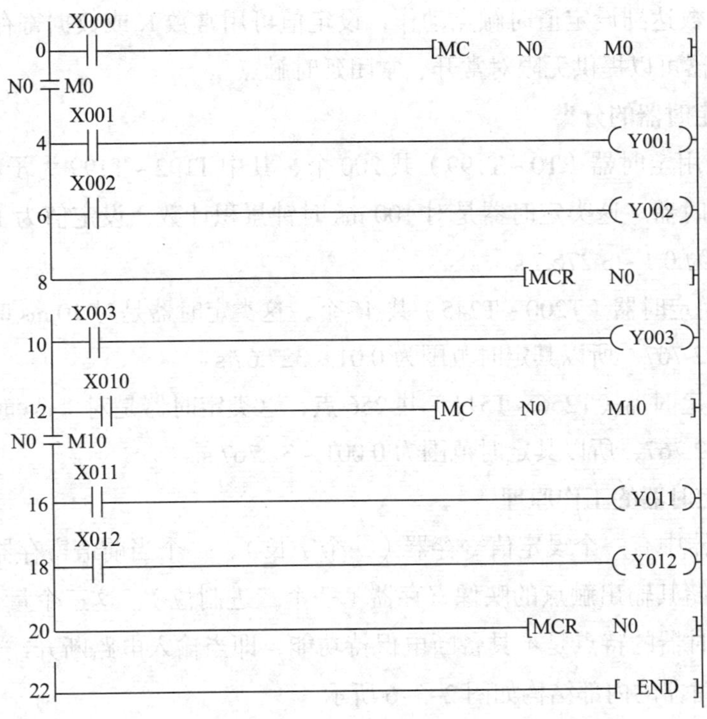

图 2-3-5 主控指令的多次使用

（3）MC、MCR 指令可以嵌套。嵌套时，MC 指令的嵌套级 N 的编号从 N0 开始按顺序增大。使用主控复位指令 MCR 时，嵌套级编号顺次减小。

（4）MC 指令里的软继电器 M（或 Y）不能重复使用，如果重复使用会出现双线圈输出的现象。MC 和 MCR 指令在程序中是成对出现的。

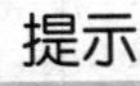

提示

在一个 MC 指令区内若再使用 MC 指令称为嵌套。嵌套级数最多为 8 级，编号按 N0 → N1 → N2 → N3 → N4 → N5 → N6 → N7 顺序增大，每级的返回用对应的 MCR 指令，从编号大的嵌套级开始复位。

二、编程元件——定时器

延时控制就是利用 PLC 的通用定时器和其他元件构成各种时间控制，这是各类控制系统经常用到的功能。例如，本任务中星形联结启动的延时控制电路就是利用 PLC 的通用定时器和其他元件构成的时间控制电路。这里只对通用定时器作简单的介绍。

PLC 中的定时器 T 相当于继电器控制系统中的通电型时间继电器。它是通过对一定周期的时钟脉冲计数实现定时的，时钟脉冲的周期有 1 ms、10 ms、100 ms 三种，当所计脉冲个数达到设定值时触点动作，设定值可用常数 K 或数据寄存器 D 来设置。PLC 中的定时器可以提供无限对常开、常闭延时触点。

1．通用定时器的分类

100 ms 通用定时器（T0 ~ T199）共 200 个，其中 T192 ~ T199 为子程序和中断服务程序专用定时器。这类定时器是对 100 ms 时钟累积计数，设定值为 1 ~ 32 767，所以其定时范围为 0.1 ~ 3 276.7 s。

10 ms 通用定时器（T200 ~ T245）共 46 个，这类定时器是对 10 ms 时钟累积计数，设定值为 1 ~ 32 767，所以其定时范围为 0.01 ~ 327.67 s。

1 ms 通用定时器（T256 ~ T511）共 256 点，这类定时器是对 1 ms 时钟累积计数，设定值为 1 ~ 32 767，所以其定时范围为 0.001 ~ 32.767 s。

2．通用定时器的工作原理

通用定时器中有一个设定值寄存器（一个字长）、一个当前值寄存器（一个字长）和一个用来存储其输出触点的映像寄存器（一个二进制位），这三个量使用同一地址编号。通用定时器的特点是不具备断电保持功能，即当输入电路断开或停电时定时器复位。通用定时器的内部结构如图 2–3–6 所示。

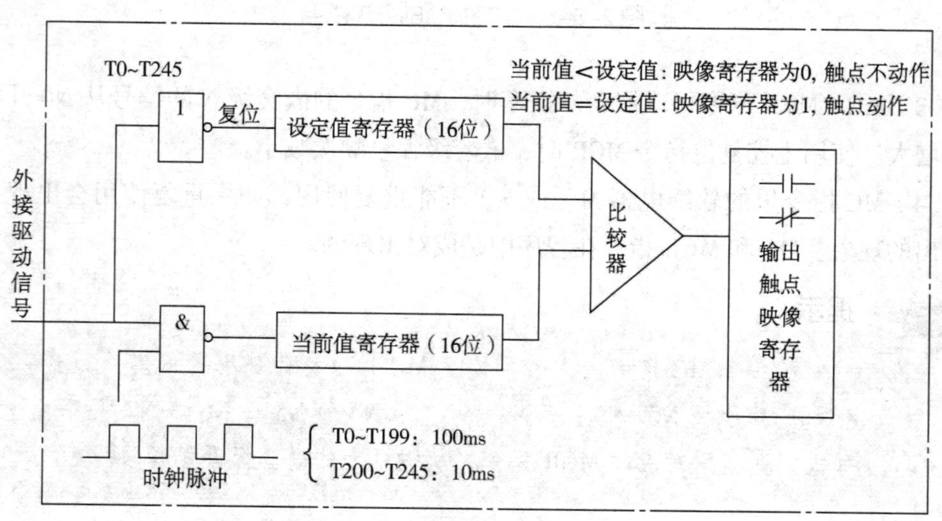

图 2–3–6　通用定时器的内部结构

通用定时器的工作原理如图 2–3–7 所示。当 X000 接通时，定时器 T0 从 0 开始对 100 ms 时钟脉冲进行累积计数，当 T0 当前值与设定值 K1000 相等时，定时器 T0 的常开触点接通，Y000 接通，经过的时间为 1 000 × 100 ms=100 s。当 X000 断开时，定时器 T0 复位，当前值变为 0，其常开触点断开，Y000 也随之断开。若外部电源断电或输入电路断开，定时器也复位。

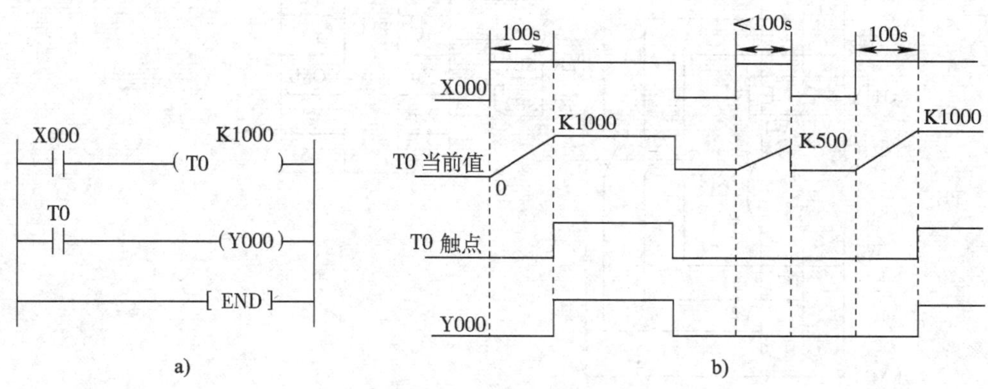

图 2–3–7　通用定时器的工作原理

a）梯形图　b）时序图

任务实施

一、分配输入点和输出点，写出 I/O 地址分配表

根据本任务控制要求，可确定 PLC 需要 2 个输入点、3 个输出点，其 I/O 地址分配表见表 2–3–3。

表 2–3–3　I/O 地址分配表

输入			输出		
元器件代号	说明	输入地址	元器件代号	说明	输出地址
SB1	停止按钮	X000	KM1	电源控制	Y000
SB2	启动按钮	X001	KM2	三角形联结控制	Y001
			KM3	星形联结控制	Y002

二、绘制 PLC 接线图

三相交流异步电动机Y－△降压启动控制的 PLC 接线图如图 2–3–8 所示。

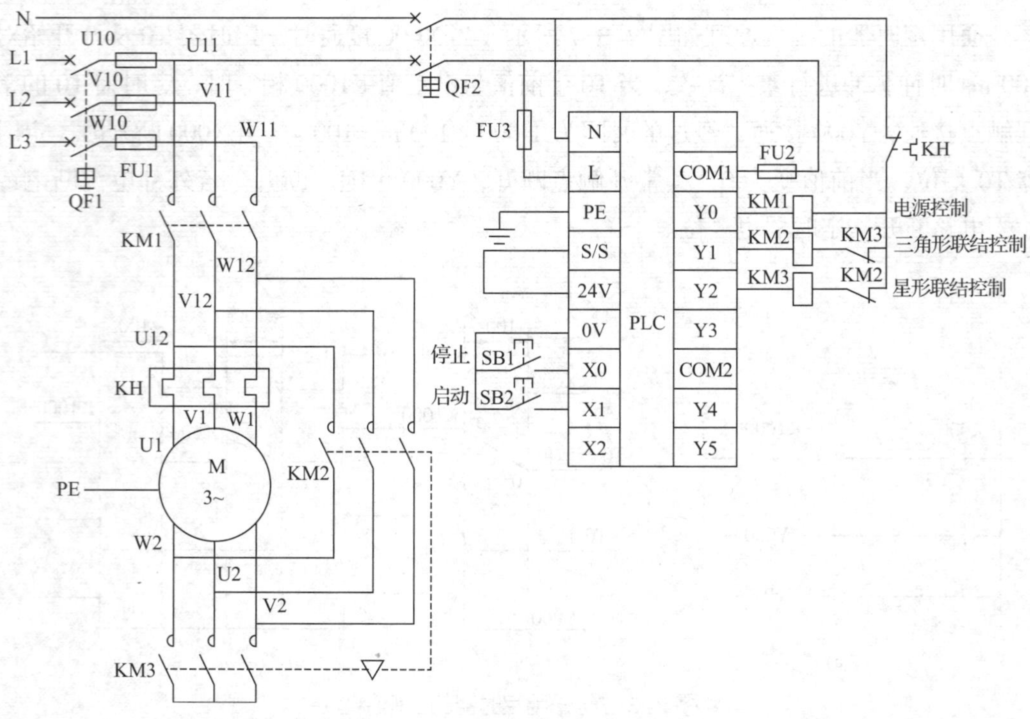

图 2-3-8　三相交流异步电动机Y－△降压启动控制的 PLC 接线图

提示

在Y－△降压启动的过程中要完成星形联结到三角形联结的切换，星形联结控制接触器 KM3 和三角形联结控制接触器 KM2 不能同时通电。如果星形联结和三角形联结同时接通，会造成电源相间短路。因此，在设计Y－△降压启动控制的 PLC 接线图时，由于 PLC 的扫描周期和接触器的动作时间不匹配，只在梯形图中加入软继电器的联锁可能会造成 Y002 虽然断开但接触器 KM3 还未断开的情况，在没有外部硬件联锁的情况下，接触器 KM2 会得电动作，主触点闭合，引起三相电源相间短路；同理，在实际控制过程中，当接触器 KM2 或 KM3 的主触点熔焊时，由于没有外部硬件的联锁，只在梯形图中加入软继电器的联锁会造成主电路电源相间短路。因此，需要增加外部硬件联锁功能。此外，通过在程序中增加一个星形联结通电延时控制，保证 5 s 后才能将电动机由星形联结自动切换至三角形联结。

三、设计梯形图程序

1. 采用块与指令和多重输出指令进行设计

编程思路：用 PLC 控制系统对继电器控制系统进行改造时，编程初学者通常采用经验法，即在原继电器控制电路的基础上进行等效的变化。采用块与指令和多重输出指令实现的Y－△降压启动控制程序如图 2-3-9 所示。

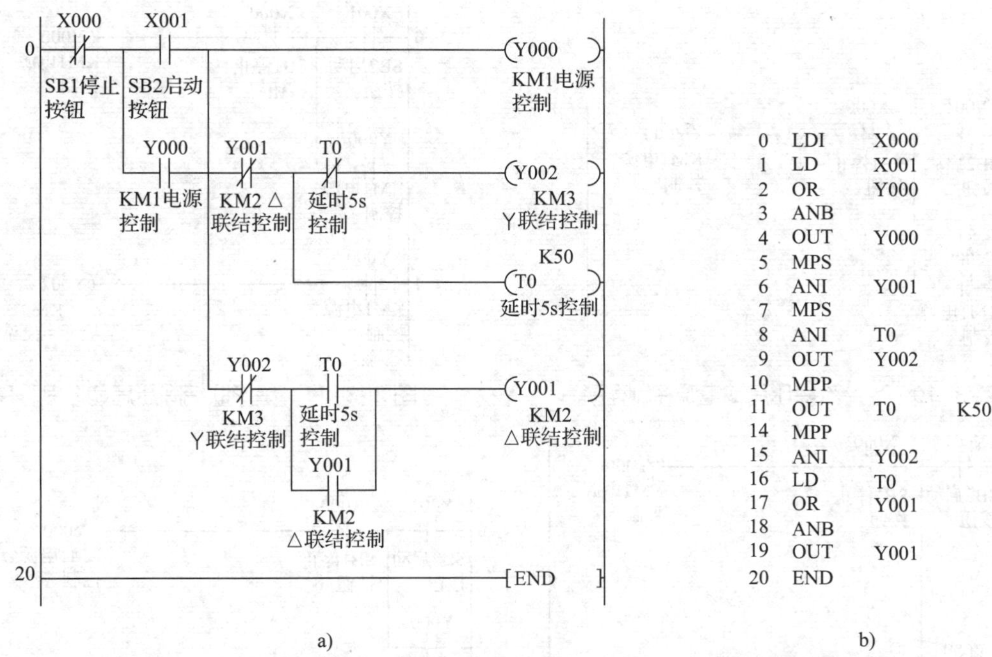

图 2-3-9 采用块与指令和多重输出指令实现的Y－△降压启动控制程序

a）梯形图 b）指令表

2. 采用串、并联及输出指令进行设计

（1）电源控制程序的设计

编程思路：由图 2-3-1 所示电动机Y－△降压启动的继电器控制电路和图 2-3-2 所示控制时序图分析可知，无论是电动机星形联结降压启动还是三角形联结全压运行，接触器 KM1（Y000）始终保持得电。因此，可以采用启－保－停程序实现接触器 KM1（Y000）的控制，其控制程序如图 2-3-10 所示。

（2）星形联结降压启动控制程序的设计

编程思路：由于星形联结启动控制时，除了接触器 KM1（Y000）得电外，还必须使接触器 KM3（Y002）得电，因此可以通过 Y000 的常开触点使 Y002 线圈得电，即将 Y000 的常开触点与 Y002 线圈串联。其控制程序如图 2-3-11 所示。

（3）星形联结启动延时控制程序的设计

编程思路：由于星形联结启动的延时时间为 5 s，因此可采用本任务所学的编程元件定时器 T0 的常闭触点与 Y002 线圈串联进行延时控制程序设计，如图 2-3-12 所示。由于 T0 为 100 ms 的通用定时器，因此在设置时间参数时应为 K50。

（4）三角形联结运行控制程序的设计

编程思路：当星形联结启动结束后，通过定时器 T0 的常开触点接通三角形联结控制接触器 KM2（Y001），由于三角形联结运行时必须保证 Y002 断电，因此在星形联结启动的支路中串联 Y001 的常闭触点；另外，为了保证在定时器 T0 断电后，使 Y001 线圈保持得电，用 Y001 的辅助常开触点与 T0 的常开触点并联，实现 Y001 的自保持控制。其控制程序如图 2-3-13 所示。

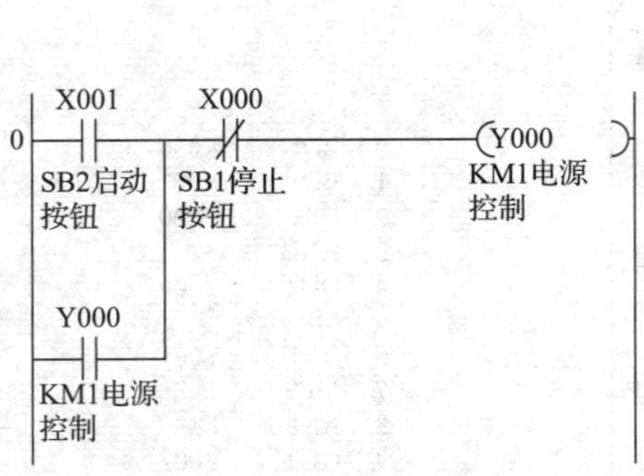

图 2–3–10　Y – △降压启动电源控制程序

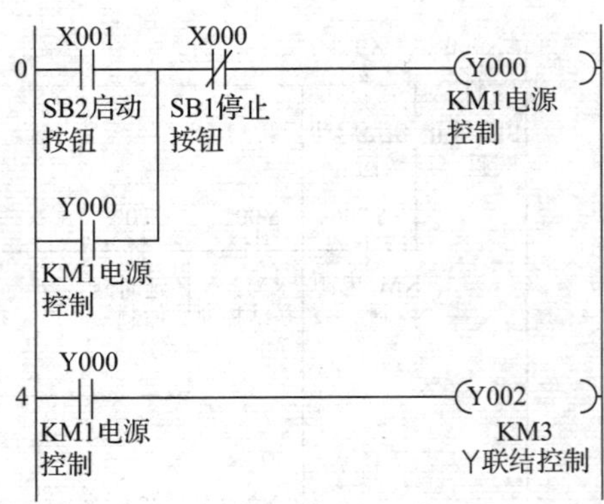

图 2–3–11　星形联结降压启动控制程序

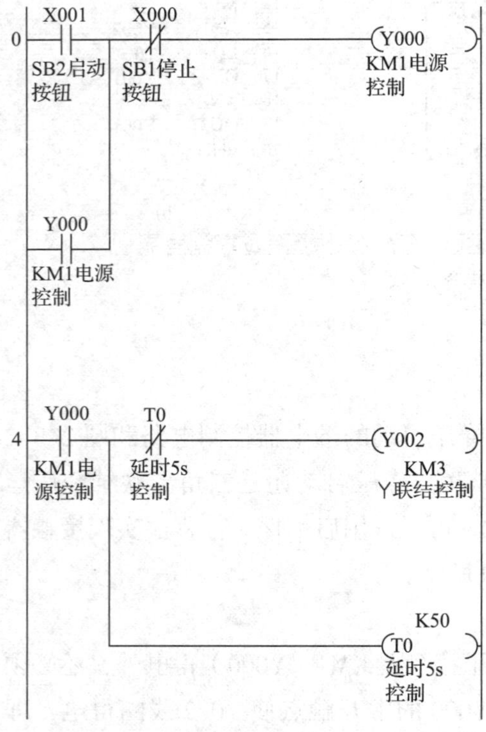

图 2–3–12　星形联结启动延时控制程序

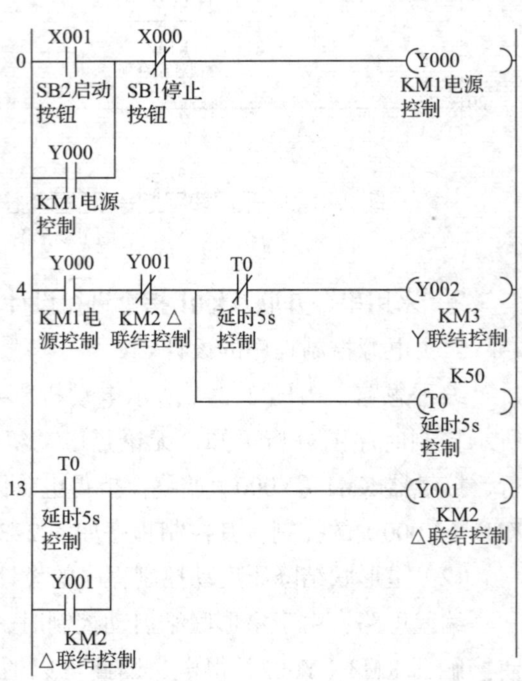

图 2–3–13　三角形联结运行控制程序

（5）添加必要的联锁保护，完善控制程序

编程思路：由图 2–3–13 所示的程序可以看出，当按下停止按钮 SB1（X000）时，无法使 Y001 断电。因此，必须在三角形联结控制回路中串联 X000 的常闭触点，同时串联星形联结控制接触器 KM3（Y002）的常闭触点，起联锁保护作用，从而编写出本任务采用串、并联及输出指令实现的 Y – △降压启动控制程序，如图 2–3–14 所示。

3．采用主控指令进行设计

编程思路：由图 2–3–1 所示电动机 Y – △降压启动的继电器控制电路和图 2–3–2 所示控制时序图分析可知，无论是星形联结启动还是三角形联结运行，电源控制接触器 KM1（Y000）都须接通，起着主控的作用，KM2（Y001）、KM3（Y002）线圈的通断，都直接受

KM1（Y000）常开触点的控制，因此，可将 KM1（Y000）常开触点作为主控触点。根据主控指令的编程原则，设计采用主控指令实现的Y－△降压启动控制程序，如图 2-3-15 所示。

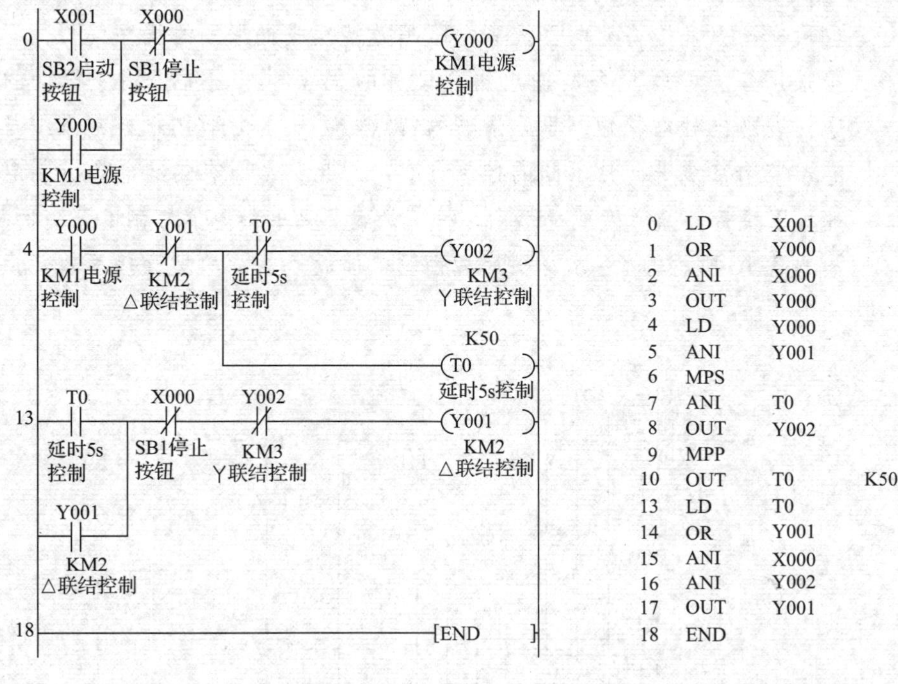

0	LD	X001	
1	OR	Y000	
2	ANI	X000	
3	OUT	Y000	
4	LD	Y000	
5	ANI	Y001	
6	MPS		
7	ANI	T0	
8	OUT	Y002	
9	MPP		
10	OUT	T0	K50
13	LD	T0	
14	OR	Y001	
15	ANI	X000	
16	ANI	Y002	
17	OUT	Y001	
18	END		

图 2-3-14　采用串、并联及输出指令实现的Y－△降压启动控制程序

a）梯形图　b）指令表

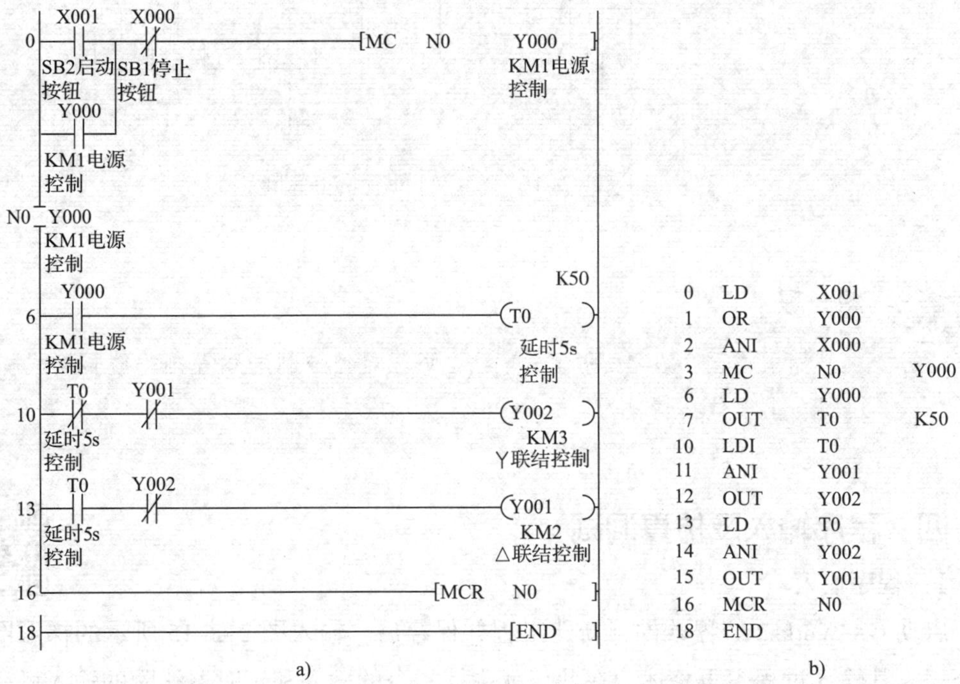

0	LD	X001	
1	OR	Y000	
2	ANI	X000	
3	MC	N0	Y000
6	LD	Y000	
7	OUT	T0	K50
10	LDI	T0	
11	ANI	Y001	
12	OUT	Y002	
13	LD	T0	
14	ANI	Y002	
15	OUT	Y001	
16	MCR	N0	
18	END		

图 2-3-15　采用主控指令实现的Y－△降压启动控制程序

a）梯形图　b）指令表

提示

通过对上述三种设计方案进行比较，不难看出采用块与指令和多重输出指令直接将继电器控制电路等效转换成梯形图的程序较长，而直接采用串、并联指令及输出指令设计的程序和采用主控指令设计的程序，表现出程序精短、思路清晰的特点。另外，由于PLC控制系统与继电器控制系统是两种不同的控制方式，因此不是所有的继电器控制电路都可以直接等效转换成梯形图，特别是较复杂的继电器控制电路。例如，图2–3–16所示的Y－△降压启动控制电路就不能简单地直接等效转换成梯形图。

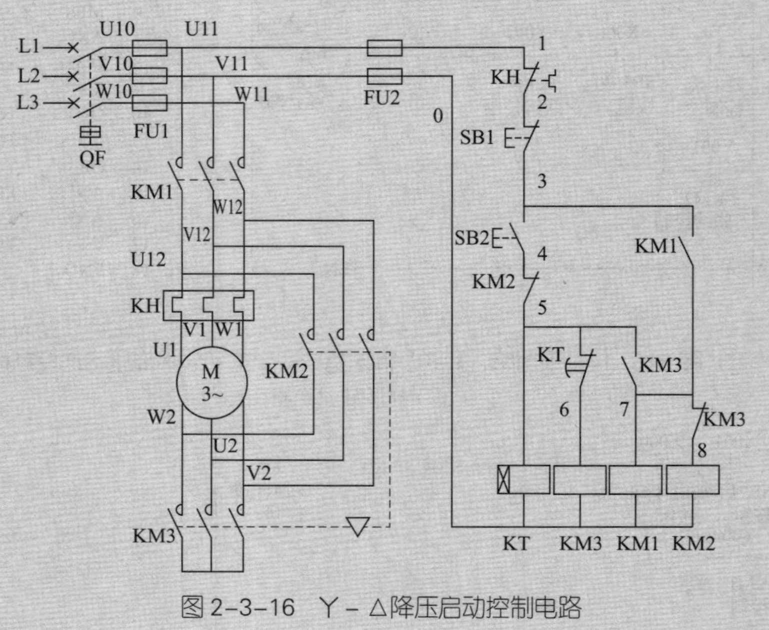

图2–3–16　Y－△降压启动控制电路

想一想

如果将图2–3–16所示的Y－△降压启动控制电路直接等效转换成梯形图会出现什么情况?

四、程序输入及仿真调试

1. 程序输入

启动GX Works2编程软件，新建工程并保存后，输入图2–3–15所示的梯形图或指令表，其输入过程不再赘述，在此仅就主控指令的输入和定时器线圈的输入做一介绍。

（1）主控指令的输入

单击工具栏中的“ ”按钮，此时会弹出“梯形图输入”对话框，在对话框中输入主控指令“MC N0 Y000”，如图 2–3–17 所示。然后单击对话框中的“确定”按钮即可完成主控指令的输入，结果如图 2–3–18 所示。

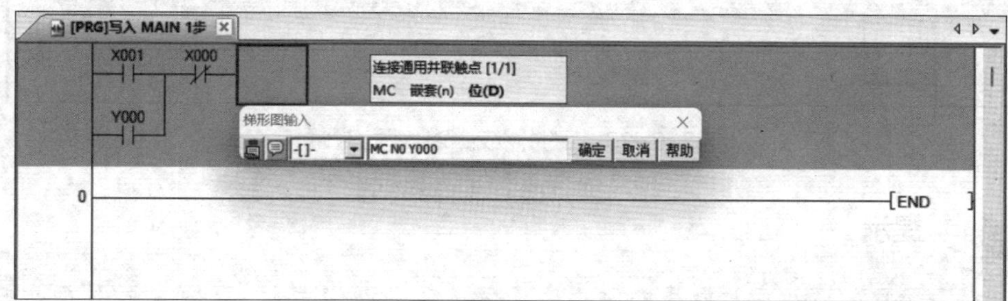

图 2–3–17　主控指令的输入

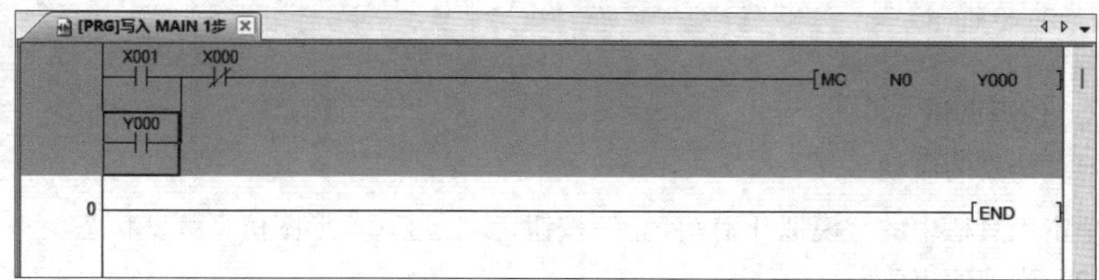

图 2–3–18　主控指令输入后的画面

提示

在输入主控指令“MC N0 Y000 ”时，应选择应用指令按钮“ ”，即［MC N0 Y000］；不能使用线圈按钮“ ”，即（MC N0 Y000）。否则，将无法进行编程。

（2）定时器线圈的输入

单击工具栏中的“ ”按钮，此时会弹出“梯形图输入”对话框，在对话框中输入定时器线圈的助记符和时间常数“T0 K50”，如图 2–3–19 所示。然后单击对话框中的“确定”按钮即可完成定时器线圈的输入，结果如图 2–3–20 所示。

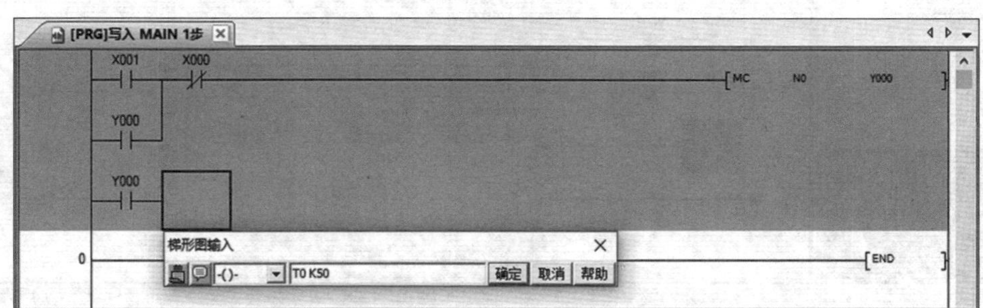

图 2–3–19　定时器线圈的输入

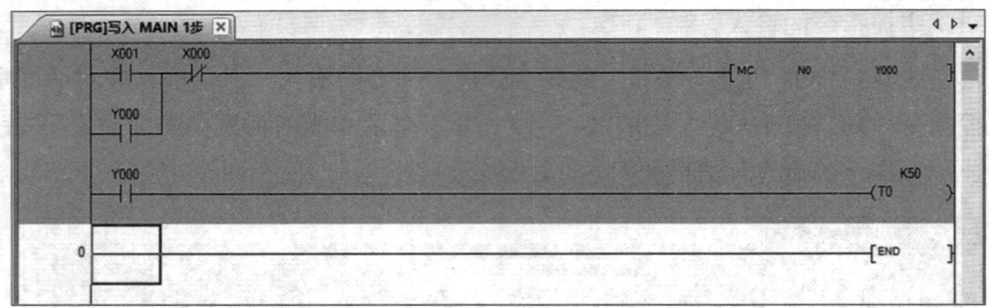

图 2-3-20　定时器线圈输入后的画面

提示

在输入定时器线圈时，应选择线圈按钮“F7”，不能使用应用指令按钮“F8”；否则，将无法进行编程。另外，在输入定时器线圈的助记符后，需按空格键后方可输入时间常数，并在时间常数前加“K”。

2. 仿真调试

（1）仿真的启动

单击工具栏中的“模拟开始/停止”按钮，进入梯形图仿真测试状态。

（2）当前值更改

单击工具栏中的“当前值更改”按钮，打开“当前值更改”对话框，如图 2-3-21 所示。

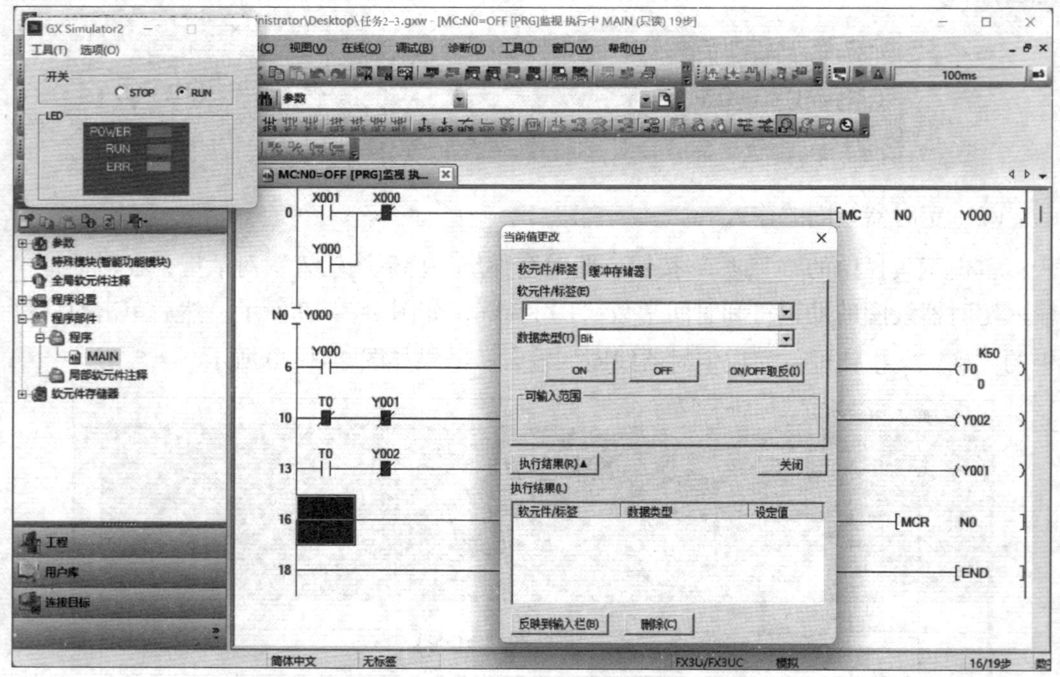

图 2-3-21　打开“当前值更改”对话框

1）星形联结降压启动仿真调试。在图 2-3-22 所示的“当前值更改”对话框的“软元件 / 标签（E）”文本框中输入“X001”后，单击“ON”按钮，此时 X001 常开触点闭合，X001 常闭触点断开，然后单击“OFF”按钮，此时 X001 常开触点和常闭触点复位。相当于在 PLC 的输入端按下启动按钮 SB2，同时 Y000（接触器 KM1）和 Y002（接触器 KM3）的线圈得电，电动机星形联结降压启动，定时器 T0 从 0 开始计时，如图 2-3-22 所示。Y000、Y002 和 T0 线圈同时得电。

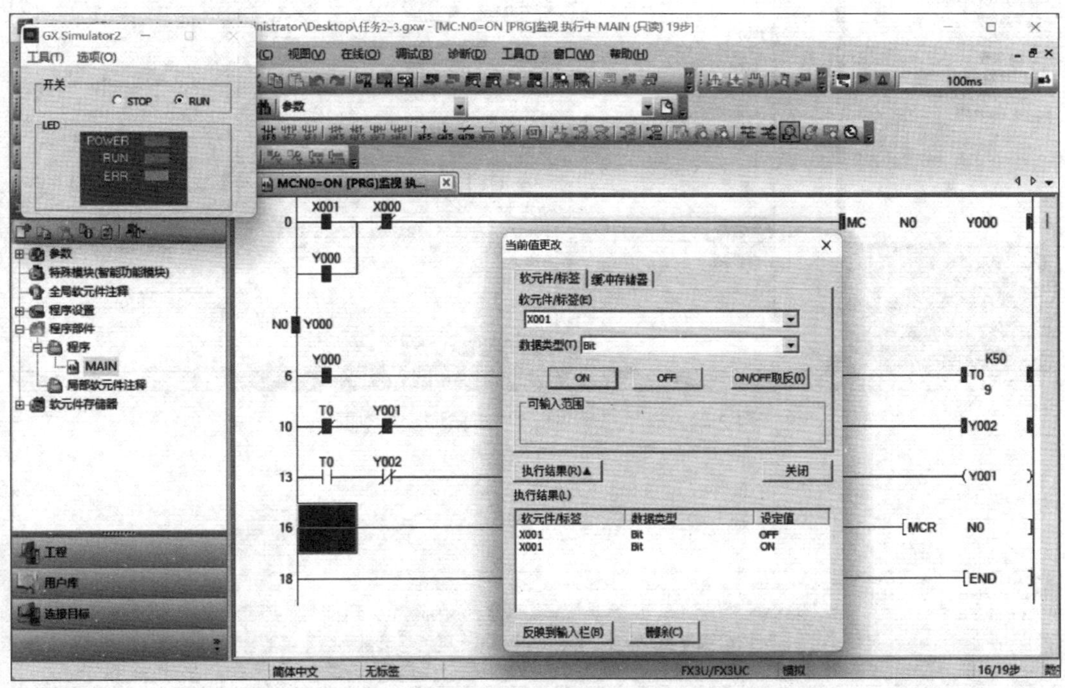

图 2-3-22 星形联结降压启动监控画面

2）三角形联结全压运行仿真调试。当定时器 T0 计时达 5 s（即当前值等于设定值 50）时，Y002 线圈失电（相当于接触器 KM3 断开），此时 Y000 和 Y001 的线圈得电（相当于接触器 KM1 和接触器 KM2 接通），电动机进入三角形联结全压运行状态，如图 2-3-23 所示。

3）停止控制仿真调试。在“当前值更改”对话框的“软元件 / 标签（E）”文本框中输入“X000”后，单击“ON”按钮，此时 X000 常闭触点断开，相当于在 PLC 的输入端按下停止按钮 SB1，给 PLC 输入停止信号，此时 Y000 和 Y001 线圈失电，定时器 T0 的时间常数归 0，然后单击“OFF”按钮，此时 X000 常闭触点复位，等待第二次启动，如图 2-3-24 所示。

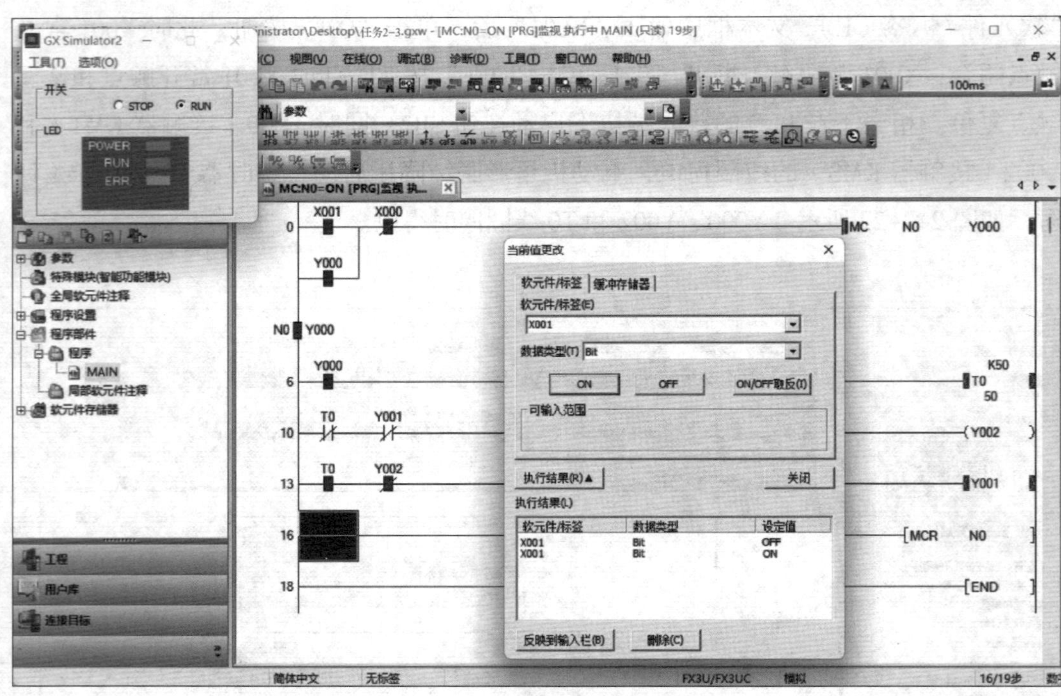

图 2-3-23　三角形联结全压运行监控画面

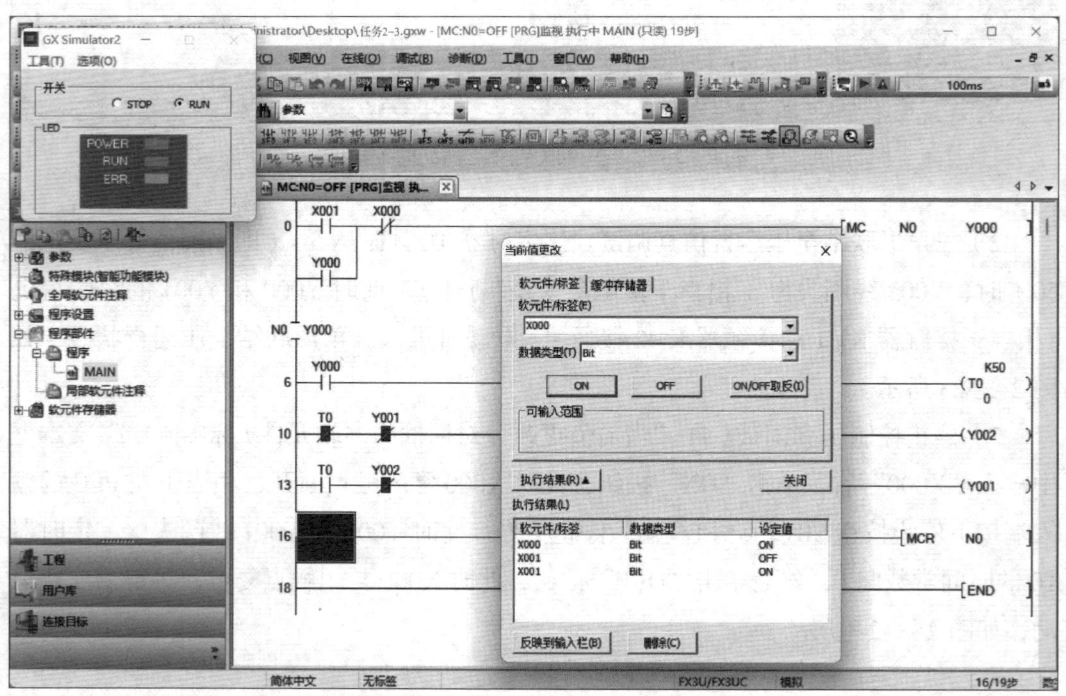

图 2-3-24　停止控制监控画面

五、线路安装与调试

1．线路安装

根据图 2-3-8 所示 PLC 接线图，按照安装电路的一般步骤和工艺要求在模拟配线板上进行元器件及线路的安装。

2．系统调试

使用专用通信电缆（FX-USB-AW）将 PLC 的编程接口与计算机的 USB 端口相连接，然后利用编程软件将梯形图程序写入 PLC。对照图 2-3-8 所示电动机Y-△降压启动控制的 PLC 接线图检查安装线路，确认无误后，在指导教师的监督下，接通电源，将 PLC 的 RUN/STOP 开关拨到“RUN”位置，利用 GX Works2 软件中的在线监视功能监视程序的运行情况，再按照表 2-3-4 进行调试，观察系统运行情况并做好记录。

表 2-3-4　程序调试步骤及运行情况记录表

操作步骤	操作内容	运行情况记录		
		第一次	第二次	第三次
1	按下启动按钮 SB2，观察电动机能否进行星形联结启动，5 s 后是否转入三角形联结运行	完成（　）	完成（　）	完成（　）
		无此功能（　）	无此功能（　）	无此功能（　）
2	按下停止按钮 SB1，观察电动机能否停止	完成（　）	完成（　）	完成（　）
		无此功能（　）	无此功能（　）	无此功能（　）

任务测评

对任务实施的完成情况进行检查，并将结果填入任务测评表（参见表 2-1-7）。

知识拓展

一、嵌套编程实例

在同一主控程序中再次使用主控指令时称为嵌套，如图 2-3-25 所示为二级嵌套的主控程序梯形图和指令表。多级嵌套的主控程序梯形图也可画成图 2-3-26 所示的形式。

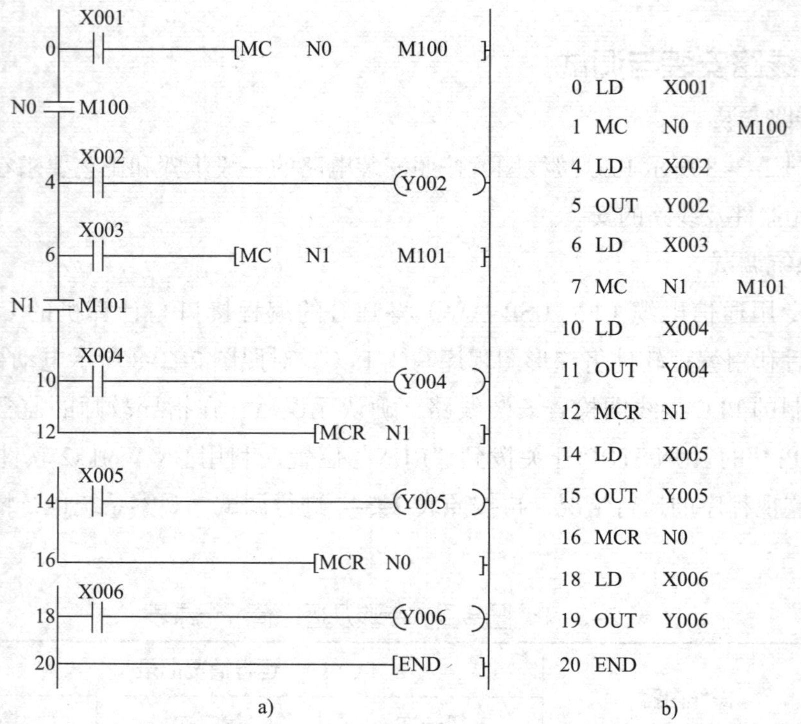

图 2-3-25　二级嵌套的主控程序梯形图和指令表

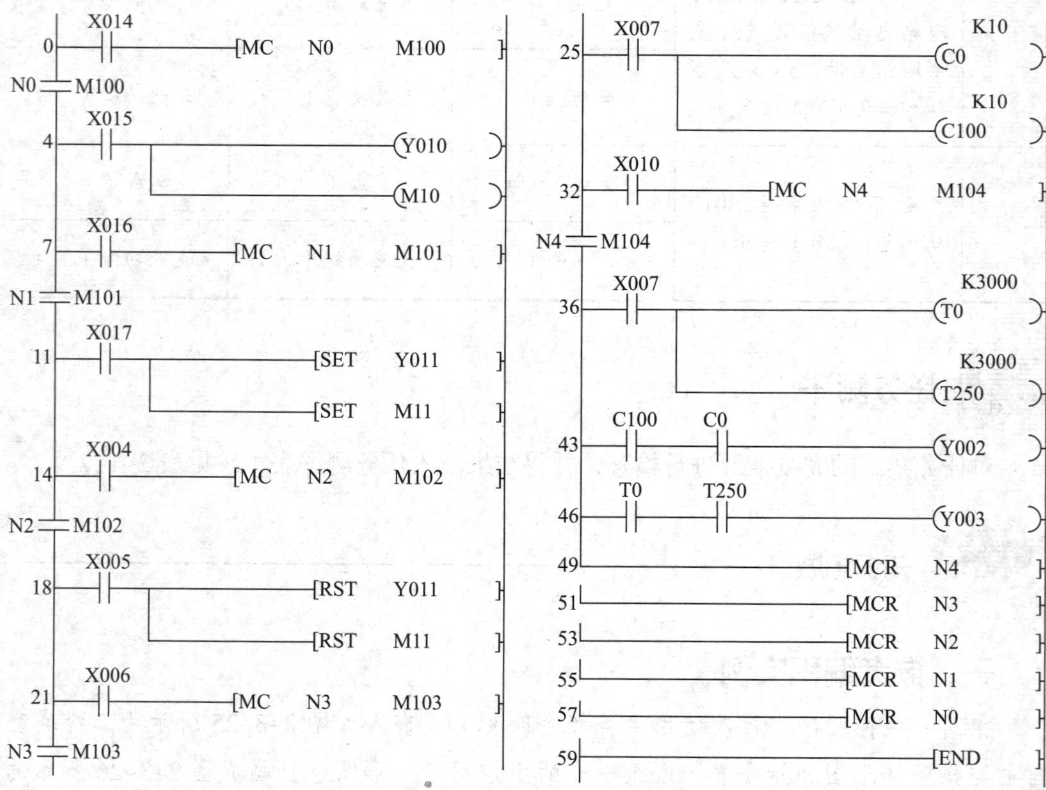

图 2-3-26　多级嵌套的主控程序梯形图

二、无嵌套编程实例

在没有嵌套级时，主控程序梯形图如图 2-3-27 所示，从理论上说嵌套级 N0 可以无数次使用。

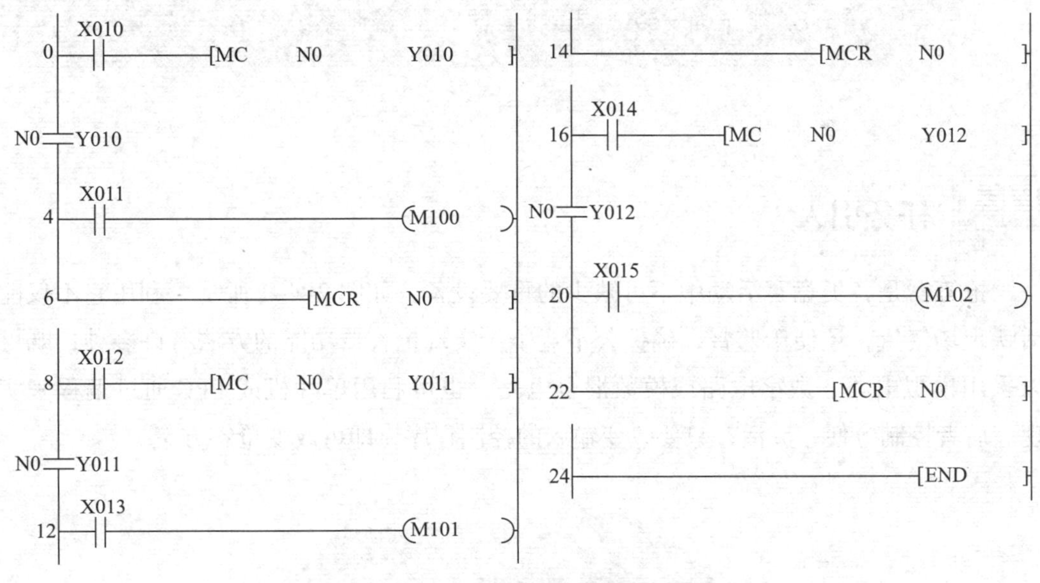

图 2-3-27 无嵌套级的主控程序梯形图

任务 4 抢答器控制系统设计与装调

学习目标

1. 掌握脉冲输出指令和脉冲检测指令的功能及应用。

2. 掌握置位 / 复位指令、脉冲输出指令、脉冲检测指令、主控指令和定时器在 PLC 编程设计中的综合应用。

3. 掌握编程元件——辅助继电器 M 的功能及应用。

4. 能根据控制要求灵活地运用经验法，利用置位 / 复位指令、脉冲输出指令、脉冲检测指令、主控指令和定时器，完成抢答器控制系统的梯形图程序设计。

5. 能通过梯形图或指令表编程界面输入程序，并进行仿真调试。

6. 能正确安装、调试抢答器 PLC 控制系统线路。

任务引入

抢答器是各类竞赛活动中不可缺少的重要设备，如图 2-4-1 所示，利用它不仅能活跃现场气氛，还便于监督，确保公平竞争。实现抢答器功能的方法有许多种，既可以采用模拟电路、数字电路或模数混合电路，也可利用单片机或 PLC 通过编程来实现。后者控制方便、灵活，只要改变输入的控制程序，即可改变抢答方案。

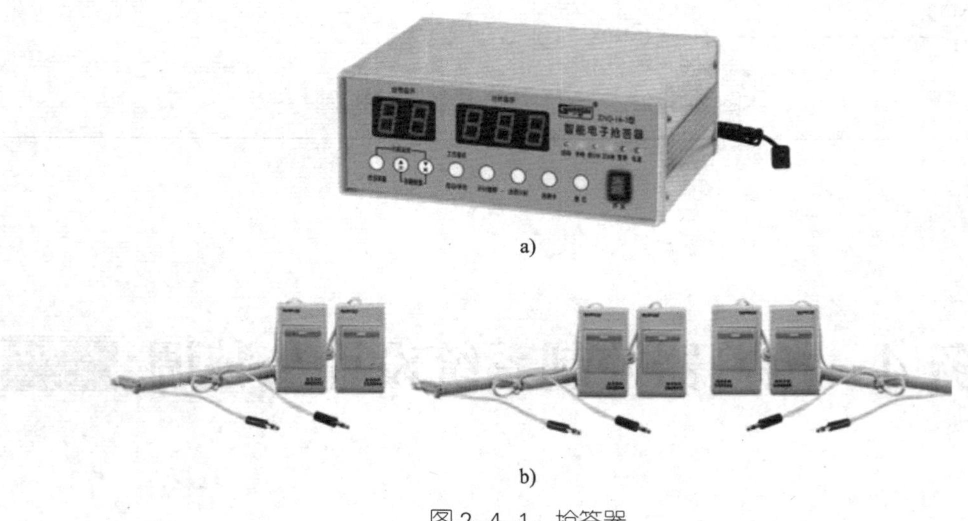

a)

b)

图 2-4-1　抢答器

a）抢答器主机　b）抢答按钮

本任务将用 PLC 控制系统实现对竞赛抢答器系统的控制。其控制要求如下。

（1）抢答器设有 1 个主持人总台和 3 个参赛队分台，总台设置有总台电源指示灯、撤销抢答指示灯、总台电源转换开关、抢答开始 / 复位按钮，每个分台都设有一个抢答按钮和一个分台抢答指示灯。

（2）竞赛开始前，主持人接通总台电源转换开关，总台电源指示灯亮。

（3）各参赛队抢答必须在主持人给出题目，宣布开始并按下抢答开始 / 复位按钮后的 10 s 内进行，如果在 10 s 内有人抢答，则最先按下的抢答按钮信号有效，相应的分台抢答指示灯亮，其他参赛队再按抢答按钮无效。

（4）当主持人按下抢答开始 / 复位按钮后，如果在 10 s 内无参赛队抢答，则撤销抢答指示灯亮，表示自动撤销此次抢答。

（5）主持人没有按下抢答开始 / 复位按钮，各参赛队按下抢答按钮均无反应。

（6）在一个题目回答终了或 10 s 时间到无参赛队抢答的情况下，主持人再次按下抢答开始 / 复位按钮后，所有分台抢答指示灯和撤销抢答指示灯熄灭，同时抢答器恢复原始状态，为下一轮抢答做好准备。

实施本任务所需要的实训设备及工具材料见表 2–4–1。

表 2–4–1 实训设备及工具材料

序号	分类	名称	型号 / 规格	数量	单位
1	工具	电工常用工具		1	套
2	仪表	万用表	型号自定	1	块
3	设备器材	计算机	装有 GX Works2 编程软件	1	台
4		可编程序控制器	FX_{3U}–48MR/ES（配备 C45 导轨、通信电缆等）	1	台
5		模拟配线板	600 mm × 900 mm	1	块
6		低压断路器	Multi9 C65N D20，二极	1	个
7		稳压电源	S–150–24，AC 220 V/DC 24 V，150 W	1	台
8		熔断器	RT28–32	2	个
9		按钮	LA19–11	4	个
10		转换开关	HZ10–10/2	1	个
11		接线端子	TB–1520，20 位	1	条
12		指示灯	DC 24 V	5	只
13	消耗材料	同课题一任务 2			

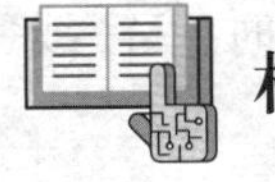

相关知识

一、编程元件——辅助继电器

在 PLC 内部有很多辅助继电器，其功能相当于继电器控制系统中的中间继电器。辅助继电器线圈与输出继电器线圈一样，由 PLC 内部各软元件的触点驱动，用文字符号“M”表示。辅助继电器有无数对常开触点和常闭触点供用户编程使用，使用次数不受限制。辅助继电器不能直接驱动外部负载，外部负载只能由输出继电器驱动。

辅助继电器采用 M 与十进制数共同组成编号，按功能来分，一般分为通用辅助继电器、断电保持辅助继电器和特殊辅助继电器。FX_{3U} 和 FX_{2N} 系列 PLC 辅助继电器的分类见表 2-4-2。本任务主要介绍通用辅助继电器和断电保持辅助继电器，而特殊辅助继电器将在本课题任务 5 中进行介绍。

表 2-4-2　FX_{3U} 和 FX_{2N} 系列 PLC 辅助继电器的分类

分类	FX_{3U} 系列	FX_{2N} 系列
通用辅助继电器	500 点，M0 ~ M499	500 点，M0 ~ M499
断电保持辅助继电器	7 180 点，M500 ~ M7679	2 572 点，M500 ~ M3071
特殊辅助继电器	512 点，M8000 ~ M8511	256 点，M8000 ~ M8255

1. 通用辅助继电器

通用辅助继电器只能在 PLC 内部起辅助作用，使用时除了不能驱动外部负载外，其他功能与输出继电器类似。通用辅助继电器常用于实现辅助运算、状态暂存和移位等功能。编程时，可根据需要通过程序设定，将 M0 ~ M499 变为断电保持辅助继电器。

通用辅助继电器的编程实例如图 2-4-2 所示。

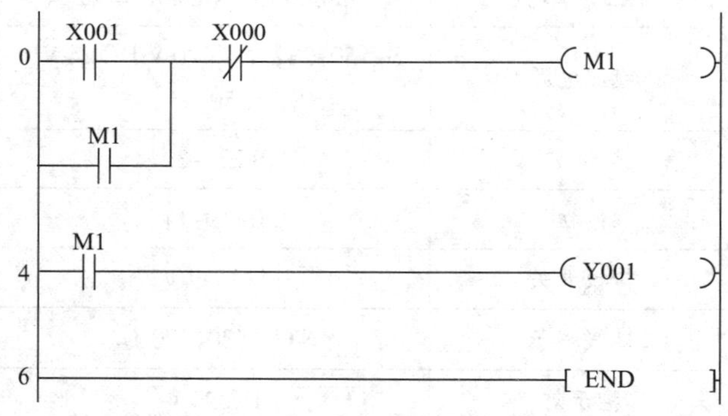

图 2-4-2　通用辅助继电器的编程实例

当 X001 置 1 时，辅助继电器 M1 线圈得电，M1 的一个常开触点闭合，使 M1 线圈自保持；另一个常开触点闭合，使输出继电器 Y001 得电。当 X000 置 1 时，M1 线圈失电，M1 的常开触点断开，Y001 断电。

通用辅助继电器的特点是线圈得电触点动作，线圈失电触点复位。

2. 断电保持辅助继电器

图 2-4-2 所示梯形图中，若 PLC 在运行中突然断电，输出继电器和通用辅助继电器将全部变为断开状态，通电后再运行时，除 PLC 运行时就接通的触点外，其他触点仍处于断开状态，使断电前的运行状态发生了改变。在生产中，有时需要保持断电前的状态，以使来电后再运行时能继续断电前的工作，这时就需要用一种能保存断电前状

态的辅助继电器，即断电保持辅助继电器。断电保持辅助继电器能在电源切断的条件下保存原工作状态，是因为它在 PLC 失去外部供电时立即转由 PLC 内部的备用电池供电。

编程时，可根据需要将 M500 ~ M1023 共 524 点设定为通用辅助继电器，而 M1024 ~ M7679 共 6 656 点，只能作断电保持辅助继电器。

断电保持辅助继电器的编程实例如图 2-4-3 所示。

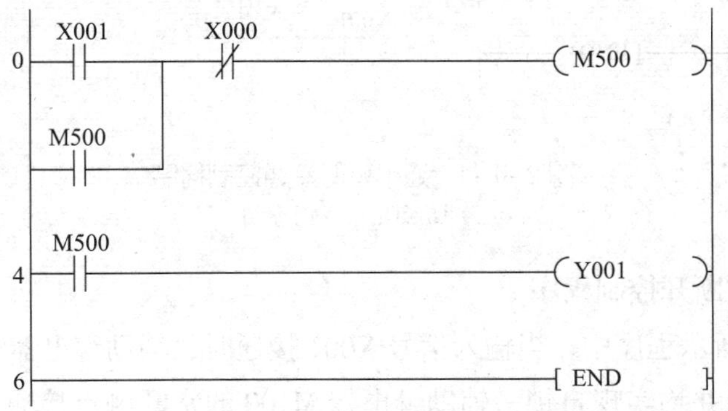

图 2-4-3 断电保持辅助继电器的编程实例

当 X001 置 1 时，断电保持辅助继电器 M500 线圈得电，其常开触点闭合自锁，输出继电器 Y001 得电；即使 X001 再断开，M500 的状态仍保持不变。假如此时 PLC 突然断电，等 PLC 供电恢复后再运行时，只要停电前后 X000 的状态不发生改变，M500 仍能保持 PLC 断电前的状态，Y001 保持得电。

提示

M500 的状态不发生变化并不是因为自锁触点的作用，而是因为断电保持辅助继电器 M500 有后备电池。

断电保持辅助继电器的特点是，断电时线圈由后备电池供电，当再恢复供电时能记忆断电前的状态。对于这类辅助继电器，需要用 RST 指令清除其记忆内容。

二、典型的定时器应用程序

1. 通电延时接通控制程序

在图 2-4-4 所示程序中，当输入信号 X001 接通时，辅助继电器 M100 接通并自锁，同时接通定时器 T200。T200 的当前值计数器开始对 10 ms 时钟脉冲进行累积计数。当该计数器累积到设定值 500 时（从 X001 接通时刻开始延时 5 s），定时器 T200 的常开触点闭合，输出继电器 Y001 接通。当输入信号 X002 接通时，辅助继电器 M100 断电，其常开触点断开，定时器 T200 断电复位，定时器 T200 的常开触点断开，输出继电器 Y001 断电。

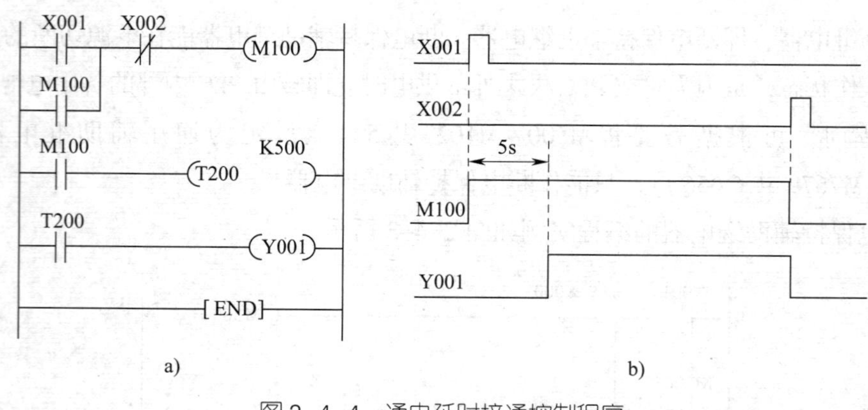

图 2-4-4　通电延时接通控制程序

a）梯形图　b）时序图

2. 通电延时断开控制程序

在图 2-4-5 所示程序中，当输入信号 X001 接通时，辅助继电器 M100 和输出继电器 Y001 同时接通并均实现自锁，辅助继电器 M100 的常开触点接通定时器 T0，T0 的当前值计数器开始对 100 ms 时钟脉冲进行累积计数。当该计数器累积到设定值 200 时（从 X001 接通时刻开始延时 20 s），定时器 T0 的常闭触点断开，输出继电器 Y001 断电。当输入信号 X002 接通时，内部辅助继电器 M100 断电，其常开触点断开，定时器 T0 被复位。

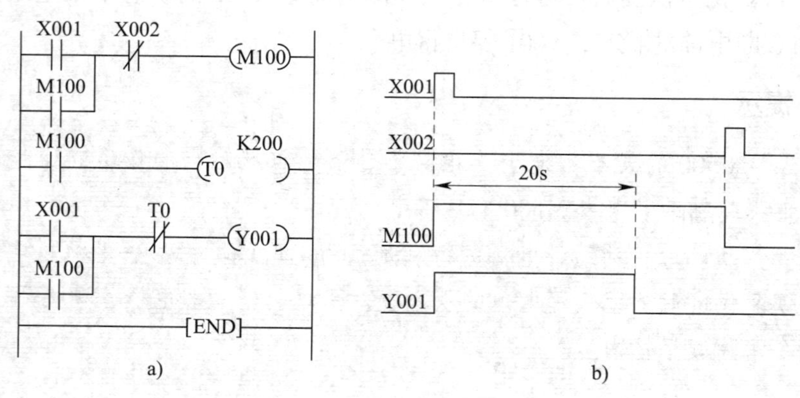

图 2-4-5　通电延时断开控制程序

a）梯形图　b）时序图

三、脉冲输出指令（PLS、PLF）

编程时，有时需要在置位指令 SET 或复位指令 RST 之前使用脉冲输出指令。

1. 指令的助记符和功能

脉冲输出指令（也称微分指令）的助记符和功能见表 2-4-3。

2. 编程实例

PLS 指令的编程实例如图 2-4-6 所示。图中 X001 接通（OFF → ON）时，M0 接通一个扫描周期，同时使输出线圈 Y001 得电并保持；当 X002 接通时，输出线圈 Y001 断电。

PLF 指令的编程实例如图 2–4–7 所示。图中 X001 接通（OFF → ON）时，M0 接通一个扫描周期，同时使输出线圈 Y001 得电并保持；当 X002 接通后断开（OFF → ON → OFF）时，M1 接通一个扫描周期，同时使输出线圈 Y001 断电。

表 2–4–3 脉冲输出指令的助记符和功能

指令助记符和名称	功能	可作用的软元件
PLS（上升沿脉冲）	上升沿微分输出	Y、M（特殊 M 除外）
PLF（下降沿脉冲）	下降沿微分输出	Y、M（特殊 M 除外）

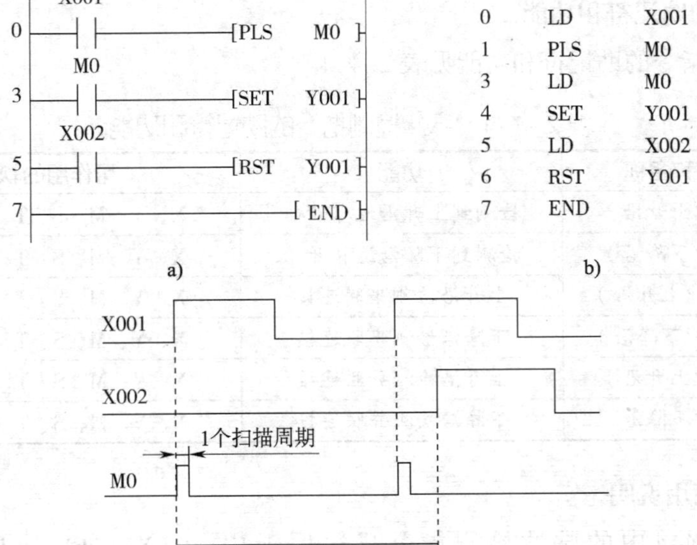

图 2–4–6 PLS 指令的编程实例

a）梯形图 b）指令表 c）时序图

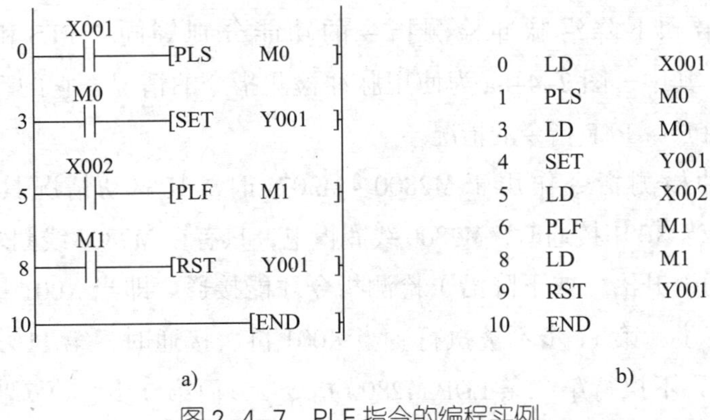

图 2–4–7 PLF 指令的编程实例

a）梯形图 b）指令表

想一想

试画出图 2–4–7 所示程序的时序图。

3. 指令使用说明

（1）使用 PLS 指令时，仅在驱动输入 ON 后，软元件 Y、M（特殊 M 除外）动作一个扫描周期。

（2）使用 PLF 指令时，仅在驱动输入 OFF 后，软元件 Y、M（特殊 M 除外）动作一个扫描周期。

四、脉冲检测指令

1. 指令的助记符和功能

脉冲检测指令的助记符和功能见表 2–4–4。

表 2–4–4 脉冲检测指令的助记符和功能

指令助记符和名称	功能	可作用的软元件
LDP（取脉冲上升沿）	检测到上升沿运算开始	X、Y、M、S、T、C、D□.b
LDF（取脉冲下降沿）	检测到下降沿运算开始	X、Y、M、S、T、C、D□.b
ANDP（与脉冲上升沿）	上升沿检测串联连接	X、Y、M、S、T、C、D□.b
ANDF（与脉冲下降沿）	下降沿检测串联连接	X、Y、M、S、T、C、D□.b
ORP（或脉冲上升沿）	上升沿检测并联连接	X、Y、M、S、T、C、D□.b
ORF（或脉冲下降沿）	下降沿检测并联连接	X、Y、M、S、T、C、D□.b

2. 指令使用说明

（1）表 2–4–4 中的脉冲检测指令只适用于 FX_{1S}、FX_{1N}、FX_{2N}、FX_{2NC}、FX_{3U} 和 FX_{3UC} 机型。LDP、ANDP、ORP 使指定的位软元件在上升沿（OFF → ON）时接通一个扫描周期，而 LDF、ANDF、ORF 使指定的位软元件在下降沿（ON → OFF）时接通一个扫描周期。

（2）上升沿和下降沿脉冲检测指令的功能分别等同于 PLS 和 PLF 指令，如图 2–4–8 所示。其中，图 2–4–8a 为使用脉冲检测指令的情况，它的动作原理对应于图 2–4–8b 使用 PLS、PLF 指令的情况。

（3）当脉冲检测指令作用于 M2800 ~ M3071 时，其驱动情况具有特殊性。如图 2–4–9 所示，当 X001 接通时，M2800 线圈得电，只有在 M2800 线圈之后距离 M2800 线圈编程最近的上升沿（或下降沿）检测指令才能接通。即当 X001 接通时，第 7 步被执行，而第 0 步、第 11 步不被执行。当 X001 再次接通时，第 11 步被执行（此时 S20 是不活动步，不执行第二条 LDP M2800 指令），而第 0 步、第 7 步不被执行。这个特点常被用作同一条件信号进行状态转移的编程。

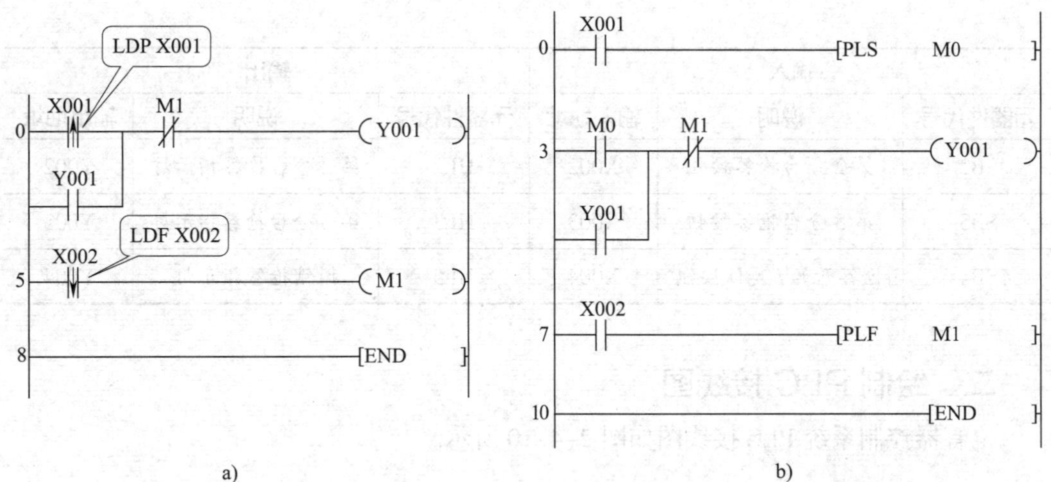

图 2-4-8 脉冲检测指令的编程实例

a）使用脉冲检测指令的情况 b）使用 PLS、PLF 指令的情况

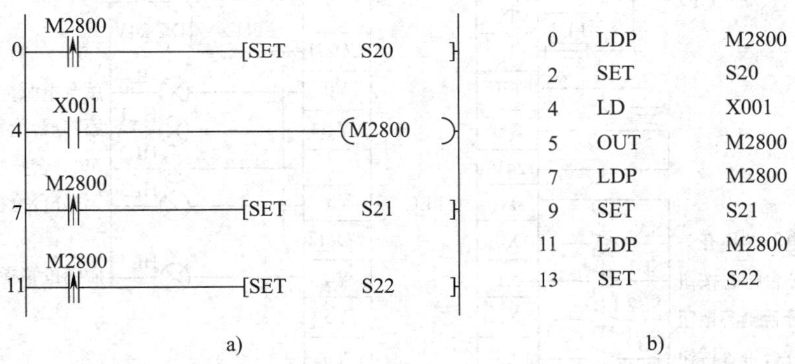

图 2-4-9 脉冲检测指令作用于 M2800 的编程实例

a）梯形图 b）指令表

任务实施

一、分配输入点和输出点，写出 I/O 地址分配表

根据本任务控制要求，可确定 PLC 需要 5 个输入点、5 个输出点，其 I/O 地址分配表见表 2-4-5。

表 2-4-5 I/O 地址分配表

输入			输出		
元器件代号	说明	输入地址	元器件代号	说明	输出地址
SA	总台电源转换开关	X000	HL4	总台电源指示灯	Y000
SB1	第 1 分台抢答按钮	X001	HL1	第 1 分台抢答指示灯	Y001

续表

输入			输出		
元器件代号	说明	输入地址	元器件代号	说明	输出地址
SB2	第 2 分台抢答按钮	X002	HL2	第 2 分台抢答指示灯	Y002
SB3	第 3 分台抢答按钮	X003	HL3	第 3 分台抢答指示灯	Y003
SB4	抢答开始 / 复位按钮	X004	HL5	撤销抢答指示灯	Y004

二、绘制 PLC 接线图

抢答器控制系统 PLC 接线图如图 2–4–10 所示。

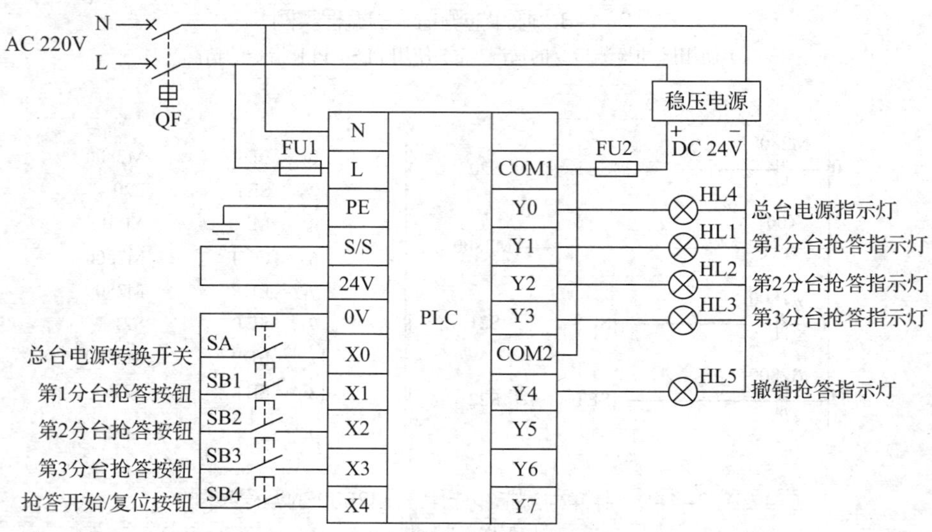

图 2–4–10　抢答器控制系统 PLC 接线图

三、设计梯形图程序

1. 编程思路

（1）设计抢答开始 / 复位控制梯形图

在设计抢答开始 / 复位控制梯形图时，可以用取脉冲上升沿指令 LDP（检测到上升沿运算开始）和置位 / 复位指令进行编程，也可以用上升沿脉冲指令 PLS 和置位 / 复位指令进行编程，如图 2–4–11 所示。

从图 2–4–11a 中可以看出，首次按下抢答器的抢答开始 / 复位按钮 SB4 时，输入继电器 X004 常开触点闭合（OFF → ON）瞬间，通过置位指令 SET 使抢答开始辅助继电器 M1 线圈得电并保持，M1 的常开触点闭合。当再次按下按钮 SB4 时，输入继电器 X004 常开触点闭合（OFF → ON）瞬间，抢答复位辅助继电器 M2 线圈得电一个扫描周期，其常闭触点断开，切断 M1 的置位逻辑行；同时，通过复位指令 RST 使抢答开始辅助继电器 M1 线圈失电，M1 的常开触点断开，为下一次抢答做准备。

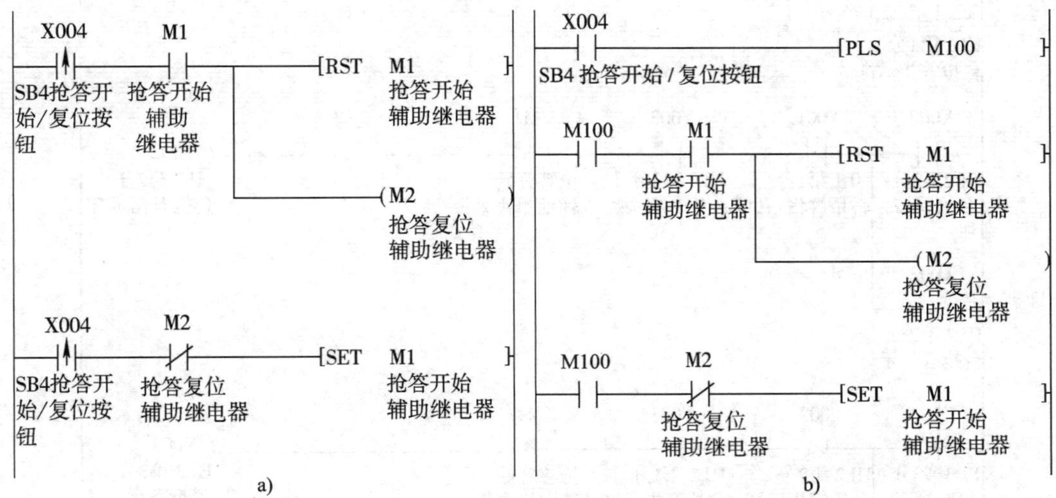

图 2-4-11 抢答开始 / 复位控制梯形图

a）用取脉冲指令 LDP 进行编程 b）用上升沿脉冲指令 PLS 进行编程

（2）设计各分台抢答指示灯控制梯形图

各分台抢答指示灯启动条件中串入抢答开始辅助继电器 M1 的常开触点体现了抢答器的一个基本原则：只有在主持人按下抢答开始 / 复位按钮并宣布开始，即抢答开始辅助继电器 M1 常开触点闭合后，各分台的抢答按钮才有效。在各分台抢答指示灯输出继电器逻辑行中串入其余分台抢答指示灯输出继电器的常闭触点，起到抢答联锁的作用，即在已有分台抢答之后其他分台再按抢答按钮无效。各分台抢答指示灯控制梯形图如图 2-4-12 所示。

（3）设计抢答时限控制和撤销抢答指示灯控制梯形图

图 2-4-13 所示为抢答时限控制和撤销抢答指示灯控制梯形图。图中通过定时器 T1 实现抢答器的抢答时限控制。当主持人按下抢答开始 / 复位按钮后，抢答开始辅助继电器 M1 线圈得电，M1 常开触点闭合，在无人抢答的情况下，定时器 T1 线圈得电，延时 10 s 后，T1 常开触点闭合，接通撤销抢答指示灯输出继电器 Y004，撤销抢答指示灯亮；当再次按下抢答开始 / 复位按钮时，抢答复位辅助继电器 M2 接通一个扫描周期，M2 常闭触点断开，输出继电器 Y004 线圈断电，撤销抢答指示灯熄灭。若在抢答时限内有人抢答，则与定时器 T1 线圈串联的各分台抢答指示灯输出继电器的常闭触点 Y001、Y002 和 Y003 中总有一个触点会断开，定时器 T1 线圈断电，限时自动失效。

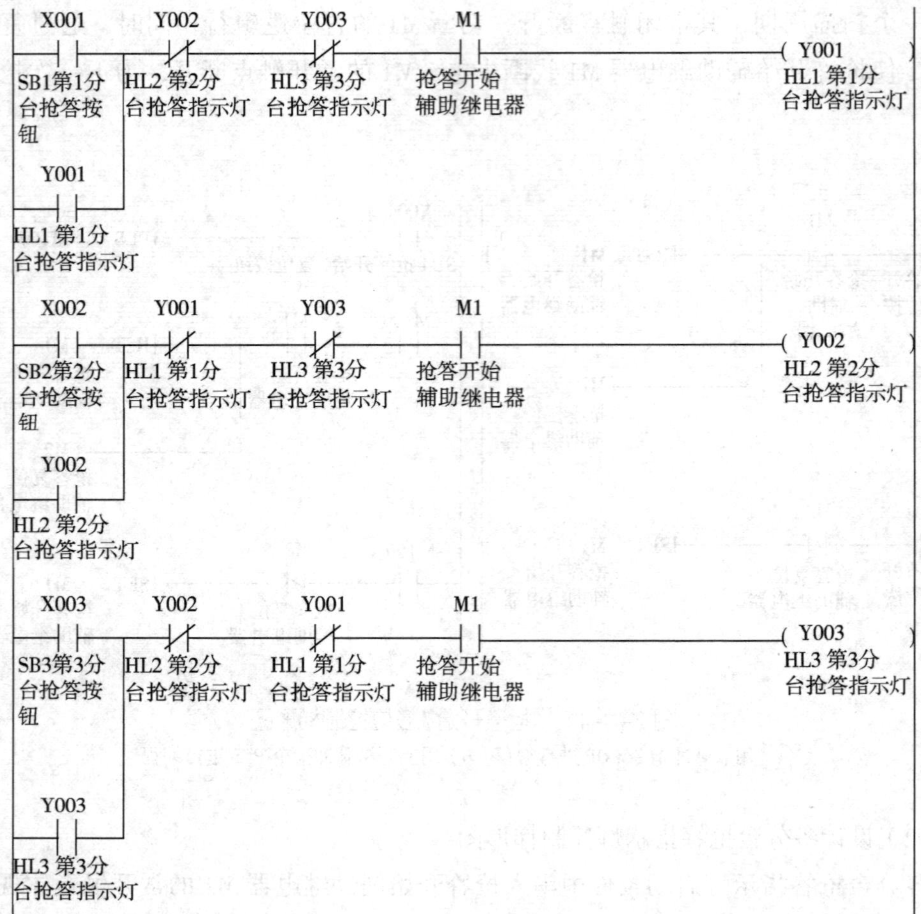

图 2-4-12　各分台抢答指示灯控制梯形图

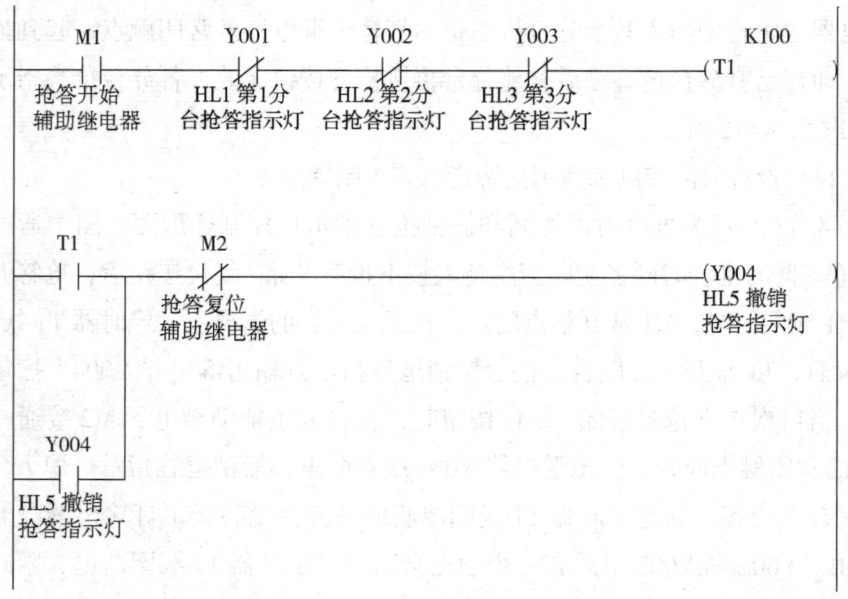

图 2-4-13　抢答时限控制和撤销抢答指示灯控制梯形图

（4）设计总台电源控制和总台电源指示灯控制梯形图

由于抢答器的控制系统必须在主持人接通总台电源转换开关 SA 后，才能开始工作，因此可运用前面任务中所学的 MC、MCR 指令进行编程设计。图 2-4-14 所示为总台电源控制和总台电源指示灯控制梯形图。

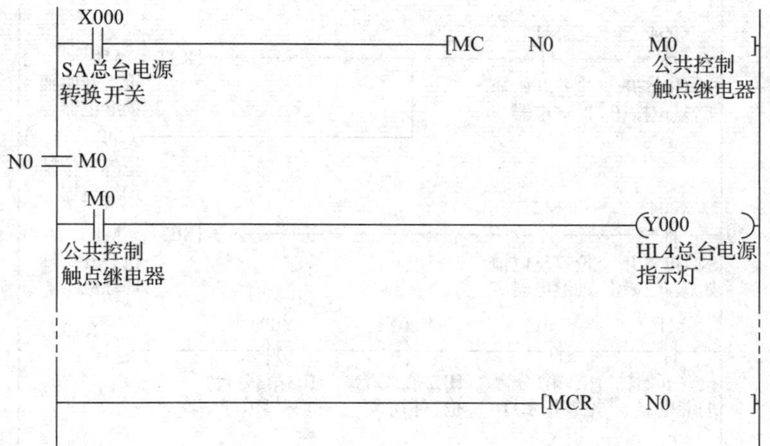

图 2-4-14　总台电源控制和总台电源指示灯控制梯形图

2. 完整梯形图

通过上述编程思路可设计出抢答器控制的完整梯形图，如图 2-4-15 所示。

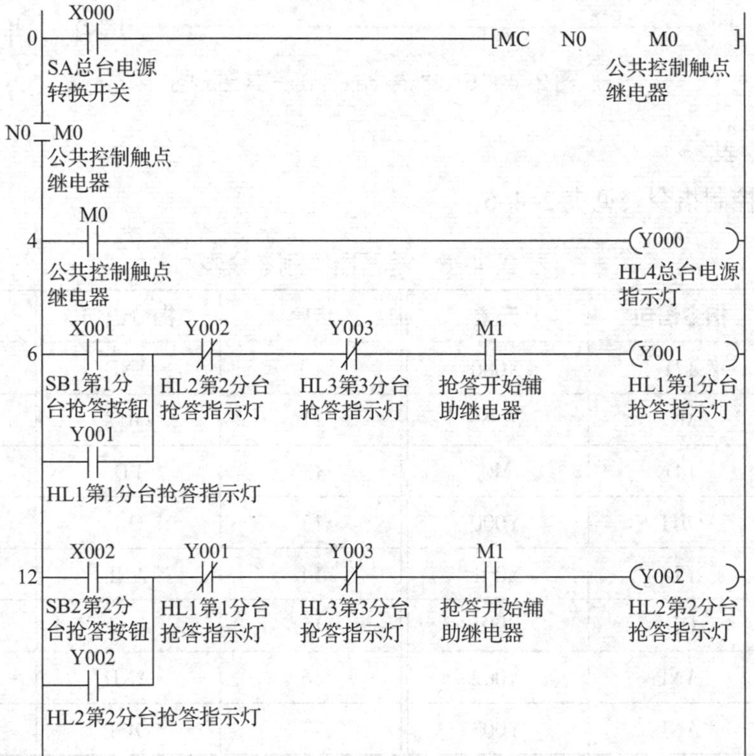

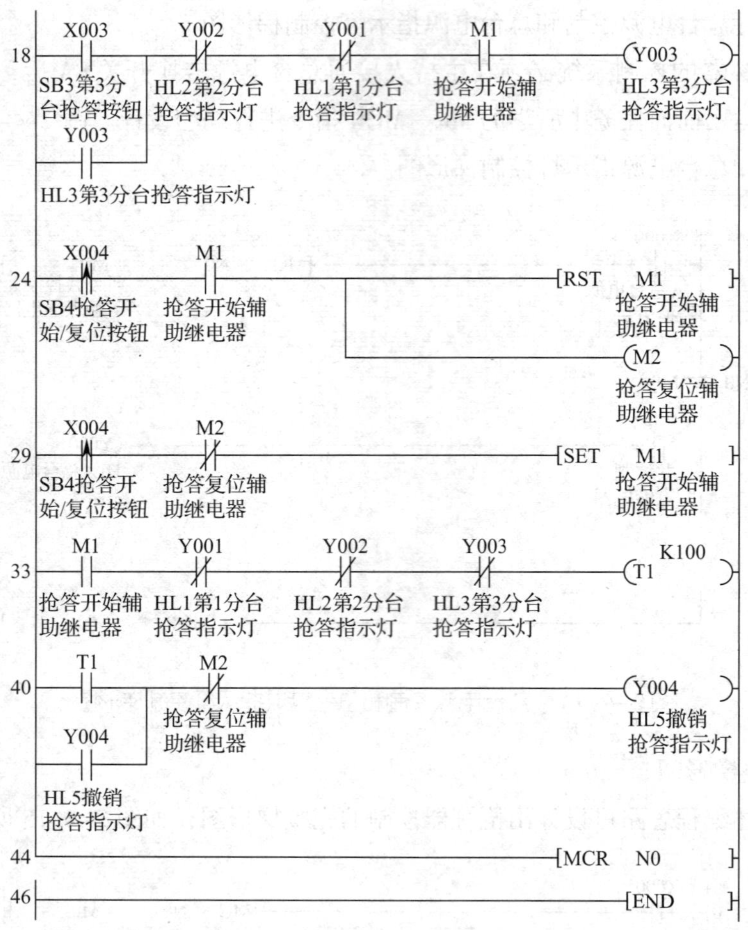

图 2-4-15　抢答器控制的完整梯形图

3. 指令表

抢答器控制指令表见表 2-4-6。

表 2-4-6　抢答器控制指令表

步序	指令语句	元素	步序	指令语句	元素
0	LD	X000	10	AND	M1
1	MC	N0 M0	11	OUT	Y001
4	LD	M0	12	LD	X002
5	OUT	Y000	13	OR	Y002
6	LD	X001	14	ANI	Y001
7	OR	Y001	15	ANI	Y003
8	ANI	Y002	16	AND	M1
9	ANI	Y003	17	OUT	Y002

续表

步序	指令语句	元素	步序	指令语句	元素
18	LD	X003	32	SET	M1
19	OR	Y003	33	LD	M1
20	ANI	Y002	34	ANI	Y001
21	ANI	Y001	35	ANI	Y002
22	AND	M1	36	ANI	Y003
23	OUT	Y003	37	OUT	T1 K100
24	LDP	X004	40	LD	T1
26	AND	M1	41	OR	Y004
27	RST	M1	42	ANI	M2
28	OUT	M2	43	OUT	Y004
29	LDP	X004	44	MCR	N0
31	ANI	M2	46	END	

想一想

如果要将本任务的 3 路抢答器升级为 5 路抢答器，其程序应如何设计？

四、程序输入及仿真调试

1. 程序输入

启动 GX Works2 编程软件，创建新工程并命名保存后，输入图 2–4–15 所示梯形图。其输入过程在此不再赘述，下面仅就取脉冲上升沿指令的输入方法做一介绍。

单击工具栏中的“ ”按钮，然后在弹出的“梯形图输入”对话框中输入元件编号 X004，如图 2–4–16 所示。接着单击对话框中的“确定”按钮，即可完成取脉冲上升沿指令的输入，结果如图 2–4–17 所示。

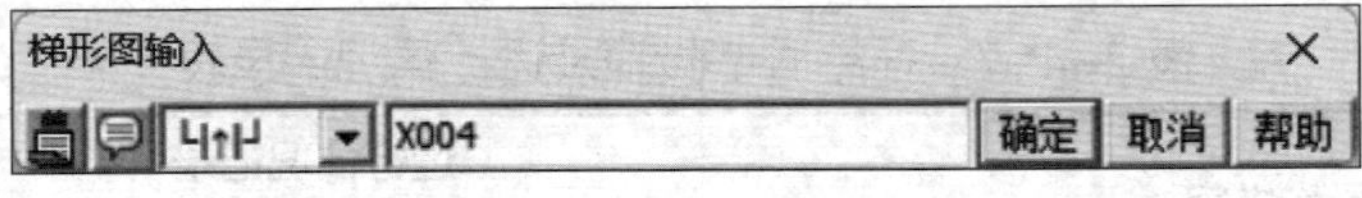

图 2–4–16 取脉冲上升沿指令的输入

2. 仿真调试

利用当前值更改法进行抢答器控制系统梯形图程序的模拟仿真调试。

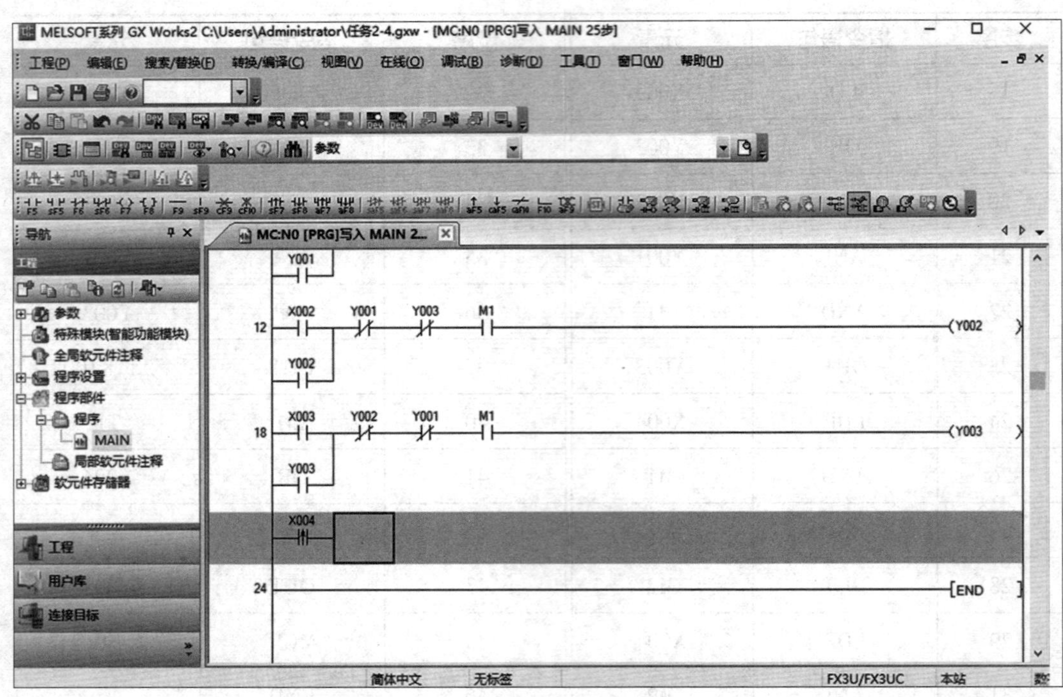

图 2-4-17　取脉冲上升沿指令输入完成的画面

五、线路安装与调试

1. 线路安装

根据图 2-4-10 所示 PLC 接线图，按照安装电路的一般步骤和工艺要求在模拟配线板上进行元器件及线路安装。

2. 系统调试

使用专用通信电缆（FX-USB-AW）将 PLC 的编程接口与计算机的 USB 端口相连接，然后利用编程软件将梯形图程序写入 PLC。对照图 2-4-10 所示抢答器控制系统 PLC 接线图检查安装线路，确认无误后，在指导教师的监督下，接通电源，将 PLC 的 RUN/STOP 开关拨到“RUN”位置，利用 GX Works2 软件中的在线监视功能监视程序的运行情况，再按照表 2-4-7 进行调试，观察系统运行情况并做好记录。

表 2-4-7　程序调试步骤及运行情况记录表

<table>
<tr><th rowspan="2">操作步骤</th><th rowspan="2">操作内容</th><th colspan="3">运行情况记录</th></tr>
<tr><th>第一次</th><th>第二次</th><th>第三次</th></tr>
<tr><td rowspan="2">1</td><td rowspan="2">将 SA 拨到启动位置，总台电源指示灯亮</td><td>完成（　）</td><td>完成（　）</td><td>完成（　）</td></tr>
<tr><td>无此功能（　）</td><td>无此功能（　）</td><td>无此功能（　）</td></tr>
</table>

续表

操作步骤	操作内容	运行情况记录		
		第一次	第二次	第三次
2	按下 SB4，10 s 后撤销抢答指示灯亮	完成（ ）	完成（ ）	完成（ ）
		无此功能（ ）	无此功能（ ）	无此功能（ ）
3	再次按下 SB4，撤销抢答指示灯熄灭，下一次抢答开始	完成（ ）	完成（ ）	完成（ ）
		无此功能（ ）	无此功能（ ）	无此功能（ ）
4	按下 SB4，10 s 内按下 SB1，指示灯 HL1 亮，再分别按下 SB2、SB3 无效	完成（ ）	完成（ ）	完成（ ）
		无此功能（ ）	无此功能（ ）	无此功能（ ）
5	再次按下 SB4，指示灯 HL1 熄灭，下一次抢答开始	完成（ ）	完成（ ）	完成（ ）
		无此功能（ ）	无此功能（ ）	无此功能（ ）
6	按下 SB4，10 s 内按下 SB2，指示灯 HL2 亮，再分别按下 SB1、SB3 无效	完成（ ）	完成（ ）	完成（ ）
		无此功能（ ）	无此功能（ ）	无此功能（ ）
7	再次按下 SB4，指示灯 HL2 熄灭，下一次抢答开始	完成（ ）	完成（ ）	完成（ ）
		无此功能（ ）	无此功能（ ）	无此功能（ ）
8	按下 SB4，10 s 内按下 SB3，指示灯 HL3 亮，再分别按下 SB1、SB2 无效	完成（ ）	完成（ ）	完成（ ）
		无此功能（ ）	无此功能（ ）	无此功能（ ）
9	再次按下 SB4，指示灯 HL3 熄灭，下一次抢答开始	完成（ ）	完成（ ）	完成（ ）
		无此功能（ ）	无此功能（ ）	无此功能（ ）

任务测评

对任务实施的完成情况进行检查，并将结果填入任务测评表（参见表 2-1-7）。

知识拓展

多个定时器串级实现的长延时控制

多个定时器串级实现的长延时控制程序如图 2-4-18 所示。当 X001 接通时，T1 线圈得电并开始延时（2 400 s），延时时间到，T1 常开触点闭合，又使 T2 线圈得电并开始延时（2 400 s），当定时器 T2 延时时间到，其常开触点闭合，再使 T3 线圈得电并开始延时（2 400 s），当定时器 T3 延时时间到，其常开触点闭合，才使 Y001 接通。因此，从 X001 接通到 Y001 接通共延时 2 h。

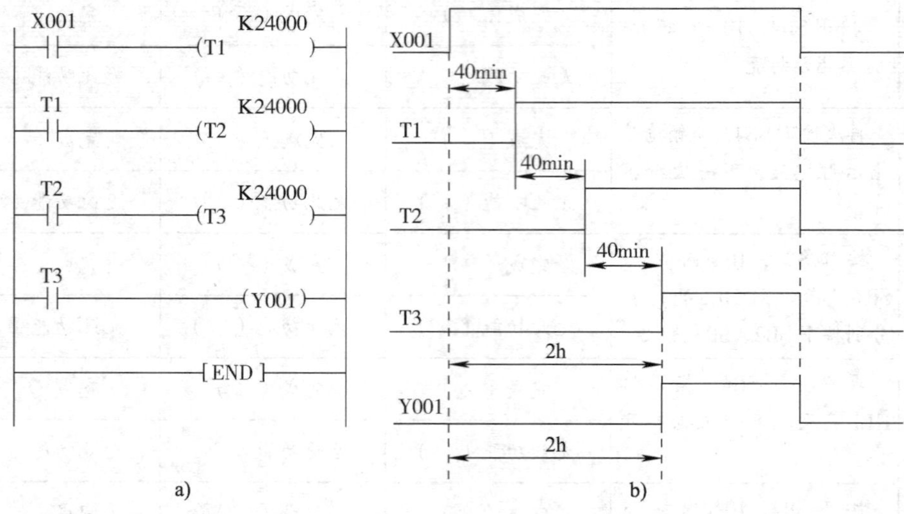

图 2-4-18　多个定时器串级实现的长延时控制程序

a）梯形图　b）时序图

任务 5　花式喷泉控制系统设计与装调

学习目标

1. 掌握计数器和特殊辅助继电器的功能及应用。

2. 掌握三菱 PLC 脉冲检测指令与计数器长延时控制在 PLC 编程设计中的综合应用。

3. 能根据控制要求灵活地运用经验法，利用脉冲检测指令和计数器功能，完成花式喷泉控制系统的梯形图程序设计。

4. 能正确安装、调试花式喷泉 PLC 控制系统的线路。

任务引入

花式喷泉常用于休闲广场、景区或游乐场所，如图 2-5-1 所示。传统的喷泉控制系统一旦设计好控制电路，就不能随意改变喷水花样及喷水时间。若采用 PLC 控制，则可以利用 PLC 体积小、功能强、可靠性高且具有较大灵活性和可扩展性的特点，通过改变喷泉的控制程序或方式选择开关来改变花式喷泉的喷水规律，从而变换出各式各样的喷水花形，以适应不同季节、不同场合的喷水要求。

本任务将利用 PLC 实现对花式喷泉系统的控制。其控制要求如下。

（1）花式喷泉由 A、B、C 三组喷头组成，如图 2-5-2a 所示。

（2）按下启动按钮 SB1 后，A、B、C 三组喷头按图 2-5-2b 所示工作时序图循环工作。

（3）花式喷泉的工作方式为晚上 11：00 按下启动按钮 SB1，花式喷泉延时 9 h（即第二天早上 8：00）后自动开始工作，工作 15 h（即到第二天晚上 11：00）后自动停止，并每天按上述时间不断循环工作。

图 2-5-1 花式喷泉

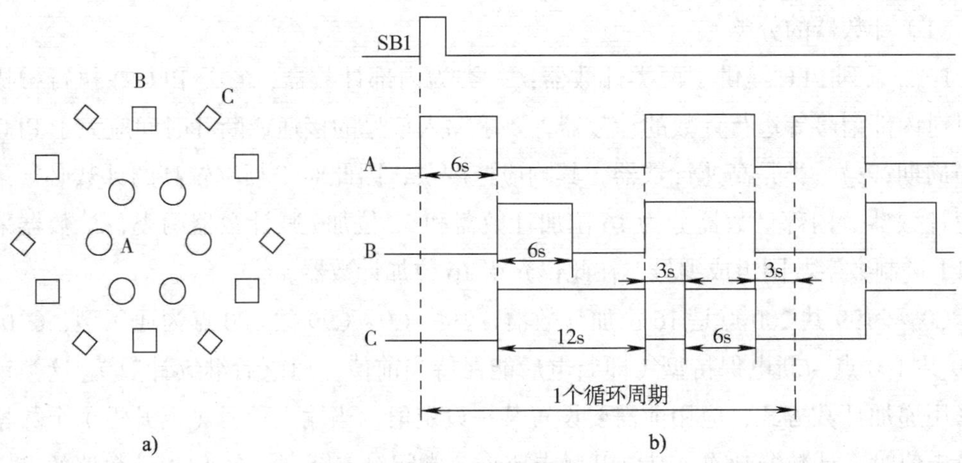

图 2-5-2 花式喷泉的组成和工作时序图

a）花式喷泉的组成 b）工作时序图

实施本任务所需要的实训设备及工具材料见表 2–5–1。

表 2–5–1　实训设备及工具材料

序号	分类	名称	型号 / 规格	数量	单位
1	工具	电工常用工具		1	套
2	仪表	万用表	型号自定	1	块
3	设备器材	计算机	装有 GX Works2 编程软件	1	台
4		可编程序控制器	FX_{3U}–48MR/ES（配备 C45 导轨、通信电缆等）	1	台
5		模拟配线板	600 mm × 900 mm	1	块
6		低压断路器	Multi9 C65N D20，二极	1	个
7		按钮	LA10–2H	1	个
8		稳压电源	S–150–24，AC 220 V/DC 24 V，150 W	1	台
9		熔断器	RT28–32	2	个
10		接线端子	TB–1520，20 位	1	条
11		电磁阀	DC 24 V	3	个
12	消耗材料	同课题一任务 2			

相关知识

一、编程元件

1. 计数器

（1）计数器的分类

FX_{3U} 系列 PLC 提供了两类计数器：一类为内部计数器，它是 PLC 在执行扫描操作时对内部信号等进行计数的计数器，要求输入信号的接通或断开时间应大于 PLC 的扫描周期；另一类是高速计数器，其响应速度快，因此对于频率较高的计数必须采用高速计数器。内部计数器分为 16 位加计数器和 32 位加 / 减计数器两类，计数器采用 C 和十进制数字共同组成编号。在此仅介绍 16 位加计数器。

C0 ~ C199 共 200 点是 16 位加计数器，其中 C0 ~ C99 共 100 点为通用型，C100 ~ C199 共 100 点为断电保持型（即断电后能保持当前值，通电后继续计数）。这类计数器采用递加计数方式，应用前需要设置某一设定值，当输入信号（上升沿）个数累加到设定值时，计数器动作，其常开触点闭合，常闭触点断开。16 位加计数器的设定值为 1 ~ 32 767，设定值可以用常数 K 或通过数据寄存器 D 来设定。

（2）计数器的工作过程

16位加计数器的工作过程如图2–5–3所示。图中输入继电器X000是计数器的工作条件，X000每驱动计数器C0的线圈一次，计数器的当前值加1。K5为计数器的设定值。当第5次执行C0线圈输出指令时，计数器的当前值和设定值相等，计数器的输出触点动作。Y000为计数器C0的工作对象，在C0的常开触点接通时置1。而后即使输入继电器X000再动作，计数器的当前值仍保持不变。由于外电源正常时，计数器的当前值寄存器具有记忆功能，因而即使是非断电保持型的计数器也需使用复位指令进行复位。图2–5–3中X001为复位条件。当输入继电器X001在上升沿接通时，执行RST指令，计数器的当前值复位为0，输出触点也复位。

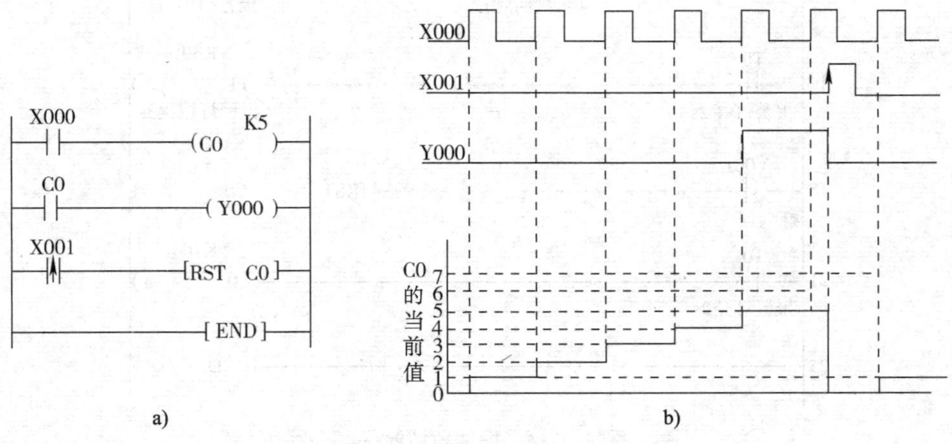

图2–5–3 16位加计数器的工作过程

a）梯形图 b）控制时序图

（3）编程实例

图2–5–4所示是一个报警器控制程序。当行程开关SQ被压下（X001= ON）时，蜂鸣器鸣叫，同时报警灯以每次亮2 s、熄灭3 s的周期连续闪烁10次后，自动停止声光报警。

2. 特殊辅助继电器

在前一个任务中已介绍了通用型和断电保持型两种辅助继电器，现着重介绍与本任务有关的一些特殊辅助继电器。

PLC的特殊辅助继电器很多，且具有不同的功能。其中，有些特殊辅助继电器在PLC运行时，会自动驱动自身线圈，用户只可利用其触点功能，这类辅助继电器称为触点型特殊辅助继电器。常用的触点型特殊辅助继电器的元件编号和功能如下。

M8000——作运行监视用（在PLC运行时接通）。

M8002——初始脉冲（仅在运行开始瞬间接通一个脉冲周期）。

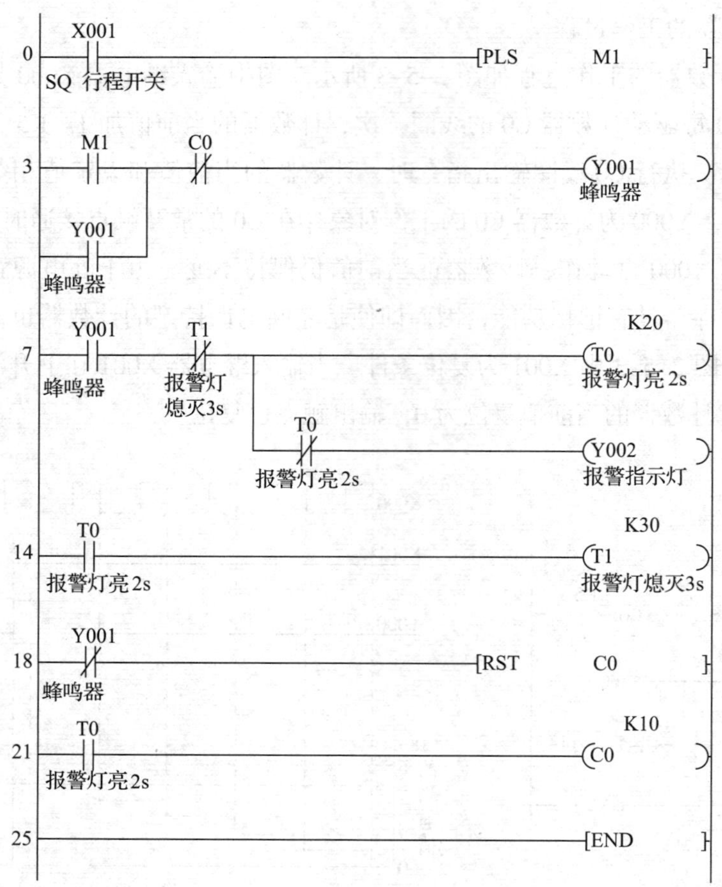

图 2–5–4 报警器控制程序

M8011——产生占空比为 50% 的 10 ms 连续脉冲。

M8012——产生占空比为 50% 的 100 ms 连续脉冲。

M8013——产生占空比为 50% 的 1 s 连续脉冲。

M8014——产生占空比为 50% 的 1 min 连续脉冲。

另外，还有一些特殊辅助继电器仅可使用其线圈，称为线圈型特殊辅助继电器。当其线圈被驱动时，完成一定的功能。例如：

M8033——PLC 停止时保持输出映像寄存器和数据寄存器内容。

M8034——禁止所有输出，但 PLC 内部仍可运行。

二、典型的计数器长延时控制程序

1. 计数器与特殊辅助继电器配合实现长延时控制

计数器与特殊辅助继电器配合实现的长延时控制程序如图 2–5–5 所示。程序中以特殊辅助继电器 M8014（1 min 时钟脉冲）作为计数器 C1 的输入脉冲信号，这样延时时间就是若干分钟（图中为 1 440 个脉冲，即 1 440 min）。如果一个计数器不能满足要求，可以将多个计数器串联使用，即用前一个计数器的输出脉冲作为后一个计数器的输入脉冲。

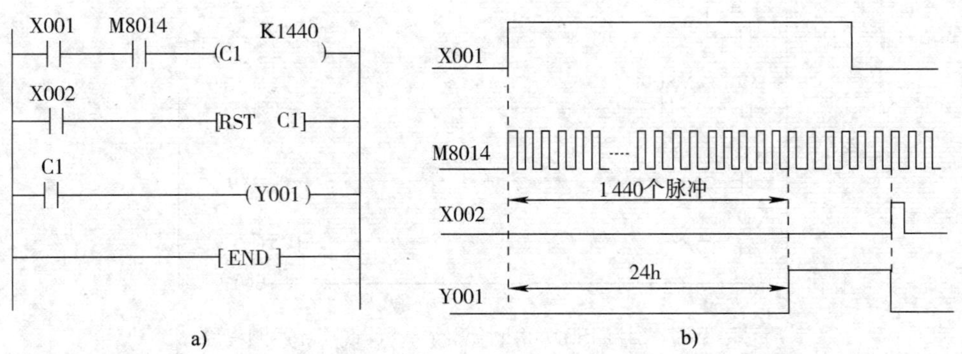

图 2-5-5　计数器与特殊辅助继电器配合实现的长延时控制程序

a）梯形图　b）时序图

编程实例：用计数器实现 24 h 时钟控制程序。

用计数器实现 24 h 时钟控制程序如图 2-5-6 所示。其中，图 2-5-6a 为错误程序，C1、C2 不计数，原因是计数器的复位程序应该放在计数程序的上面，正确的程序如图 2-5-6b 所示。

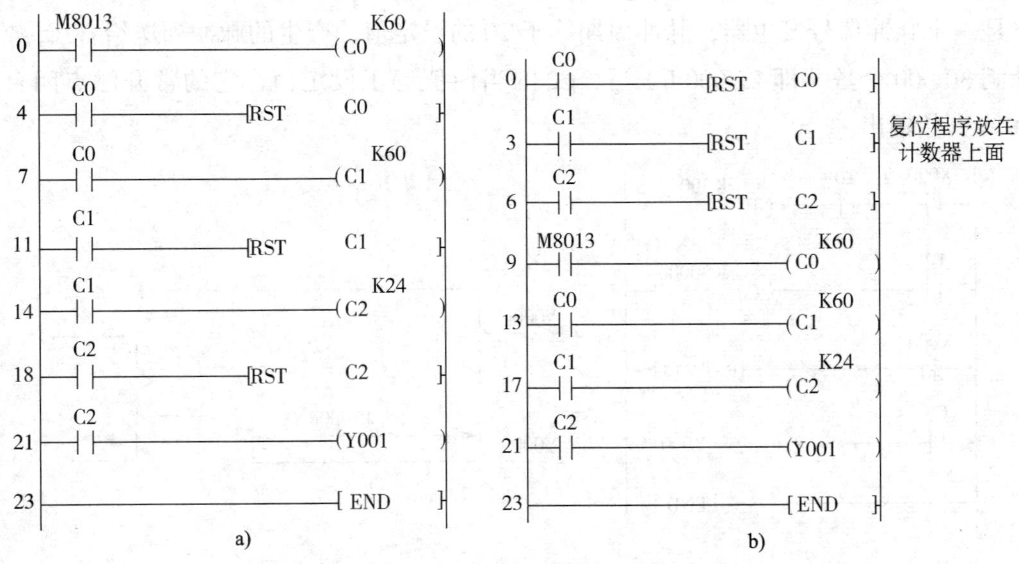

图 2-5-6　用计数器实现 24 h 时钟控制程序

a）错误程序　b）正确程序

想一想

图 2-5-7 所示用 M8014 和计数器配合实现 1 h 定时程序的工作过程是怎样的？

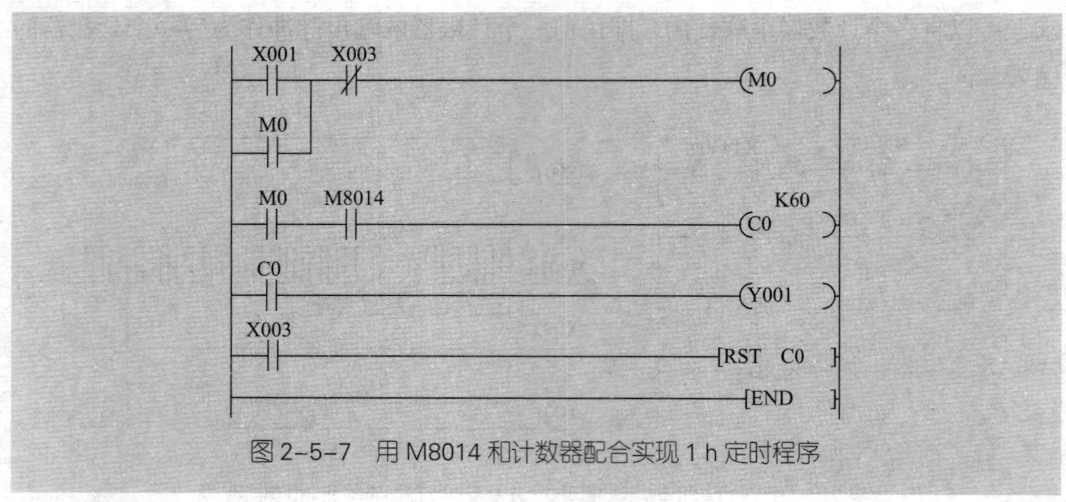

图 2-5-7 用 M8014 和计数器配合实现 1 h 定时程序

2. 定时器与计数器组合实现长延时控制

定时器与计数器组合实现的长延时控制程序如图 2-5-8 所示。当 X000 的常闭触点闭合时，T0 线圈不得电，C0 复位不工作。当 X000 的常开触点闭合时，T0 开始定时，3 000 s 后 T0 定时时间到，其常闭触点断开，使它自己复位，复位后 T0 的当前值变为 0，同时它的常闭触点接通，使它自己的线圈重新通电，又开始定时。T0 将这样周而复始地工作，直至 X000 变为 OFF。从分析中可看出，图 2-5-8 中最上面一行电路是一个脉冲信号发生器，脉冲周期等于 T0 的设定值。产生的脉冲列送给 C0 计数，计满 30 000 个数（即 25 000 h）后，C0 的当前值等于设定值，它的常开触点闭合，Y000 开始输出。

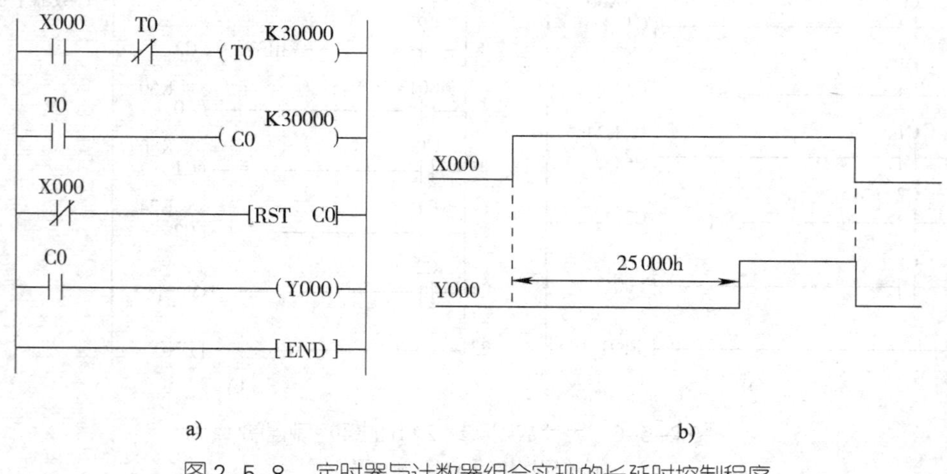

图 2-5-8 定时器与计数器组合实现的长延时控制程序

a）梯形图 b）时序图

编程实例：用计数器和定时器组合实现 1 h 定时控制程序。

用计数器和定时器组合实现的 1 h 定时控制程序如图 2-5-9 所示，其中 X001 为启动按钮，X003 为停止按钮。

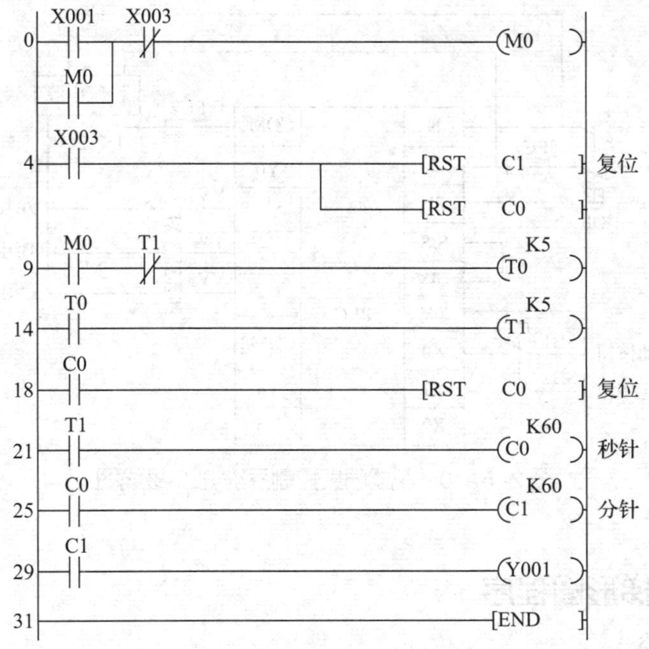

图 2-5-9 用计数器和定时器组合实现的 1 h 定时控制程序

任务实施

一、分配输入点和输出点，写出 I/O 地址分配表

根据本任务控制要求，可确定 PLC 需要 2 个输入点、3 个输出点，其 I/O 地址分配表见表 2-5-2。

表 2-5-2 I/O 地址分配表

输入			输出		
元器件代号	说明	输入地址	元器件代号	说明	输出地址
SB1	启动按钮	X000	YV1	A 组喷头电磁阀	Y001
SB2	停止按钮	X001	YV2	B 组喷头电磁阀	Y002
			YV3	C 组喷头电磁阀	Y003

二、绘制 PLC 接线图

花式喷泉控制系统 PLC 接线图如图 2-5-10 所示。

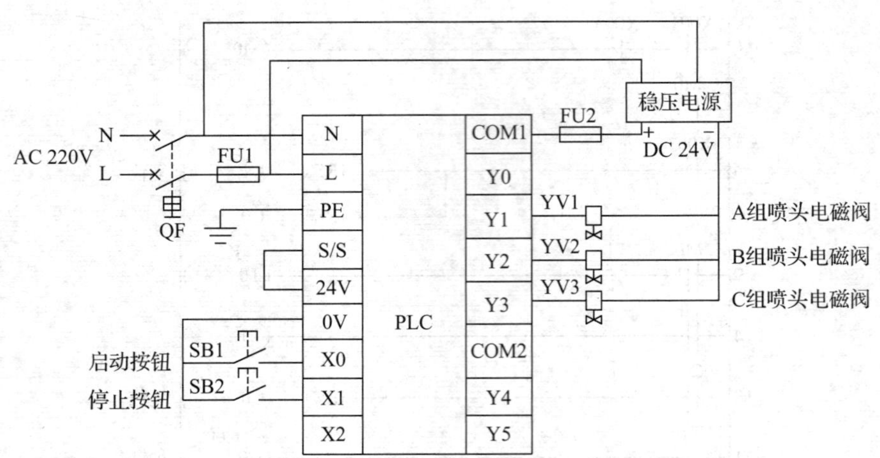

图 2-5-10　花式喷泉控制系统 PLC 接线图

三、设计梯形图程序

1. 编程思路

通过对本任务控制要求的分析可知，该系统的程序控制是一个长时限的带延时的顺序控制（三组喷头按一定的顺序延时工作），可按下列思路进行编程设计。

（1）设计一个 24 h 和 9 h 的长时限自动控制程序

可以用特殊辅助继电器 M8013 和计数器配合实现 24 h 和 9 h 定时控制程序，如图 2-5-11 所示。

（2）设计花式喷泉中 A、B、C 三组喷头的顺序控制

通过对花式喷泉控制要求的分析可知，花式喷泉中 A、B、C 三组喷头的顺序控制应从以下两方面进行设计。

1）按下启动按钮 SB1 后，花式喷泉中 A、B、C 三组喷头按照图 2-5-2b 所示时序图循环工作。即花式喷泉中 A、B、C 三组喷头的电磁阀都必须在系统启动后才开始工作，因此，可用主控开始指令 MC 和主控复位指令 MCR 进行编程设计。图 2-5-12 所示为花式喷泉中 A、B、C 三组喷头的循环工作手动启停控制程序。

2）花式喷泉中 A、B、C 三组喷头的 24 h 长延时自动启停控制程序如图 2-5-13 所示。

综合图 2-5-12 和图 2-5-13 所示的控制程序，可得出花式喷泉中 A、B、C 三组喷头的自动顺序控制程序，如图 2-5-14 所示。

2. 完整梯形图

根据上述编程思路可设计出花式喷泉控制系统的完整梯形图，如图 2-5-15 所示。

C0 [RST C0] C0复位
C1 [RST C1] C1复位
C2 [RST C2] C2复位
[RST C3] C3复位
X000 X001 (M2) 启动计时
M2
M2 M8013 K60 (C0) 计时到60s
C0 K60 (C1) 计时到60min
C1 K24 (C2) 计时到 24h
K9 (C3) 计时到 9h

图 2-5-11 用特殊辅助继电器 M8013 和计数器配合实现 24 h 和 9 h 定时控制程序

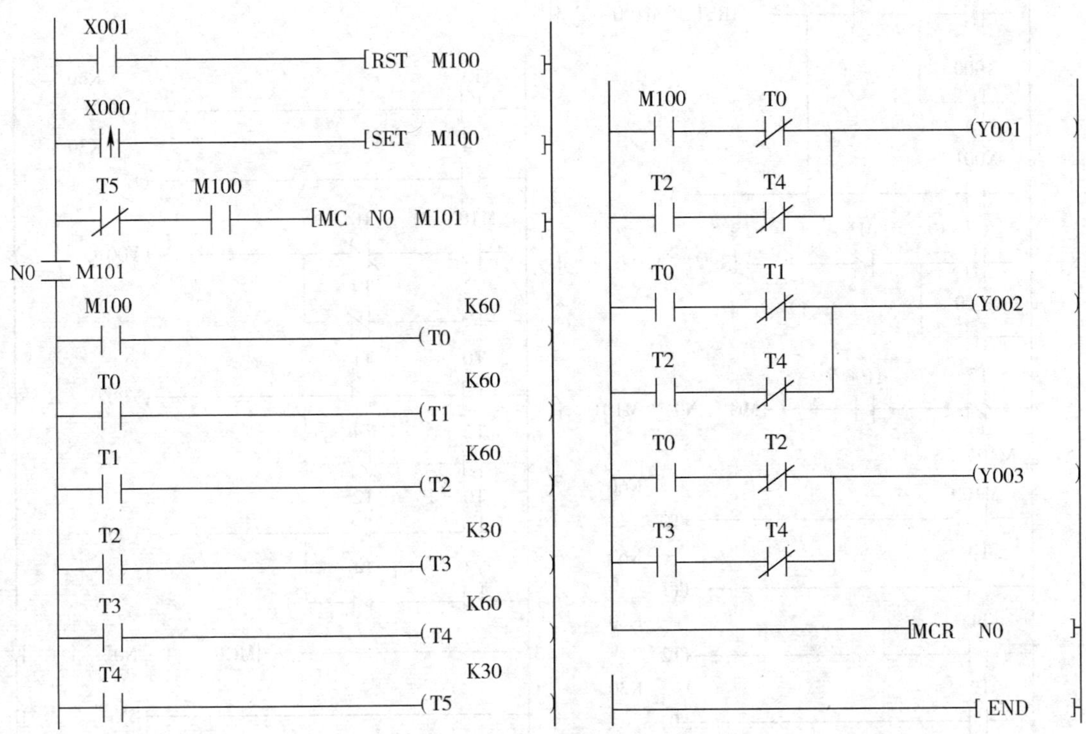

图 2-5-12 花式喷泉中 A、B、C 三组喷头的循环工作手动启停控制程序

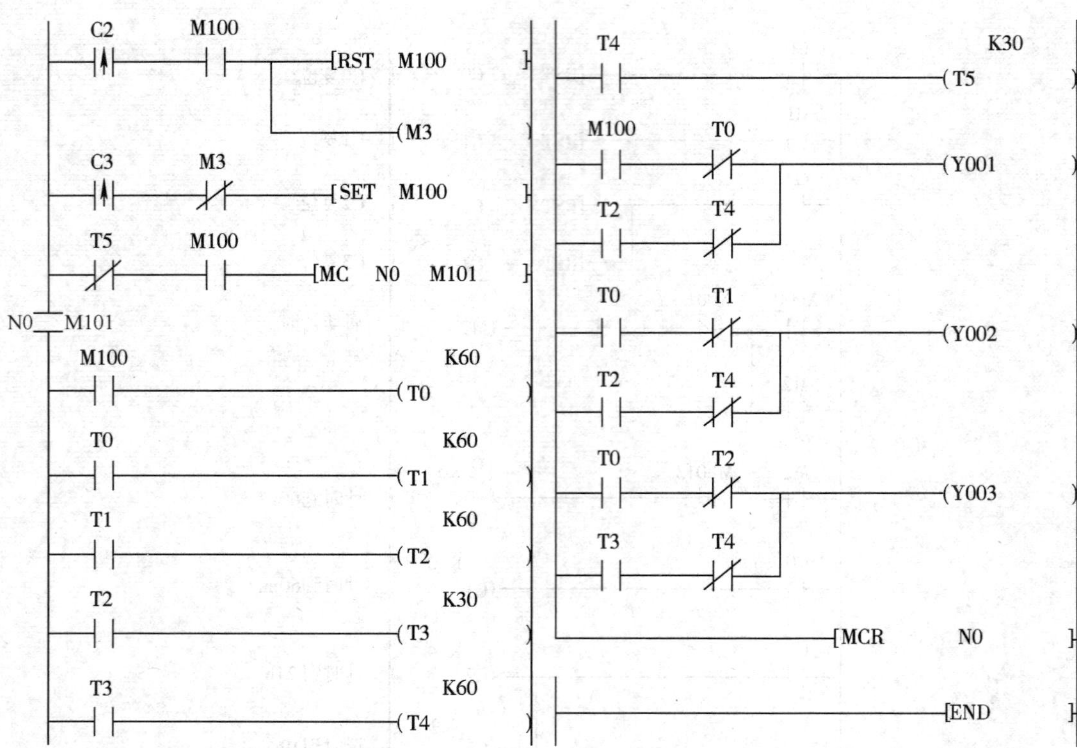

图 2-5-13　花式喷泉中 A、B、C 三组喷头的 24 h 长延时自动启停控制程序

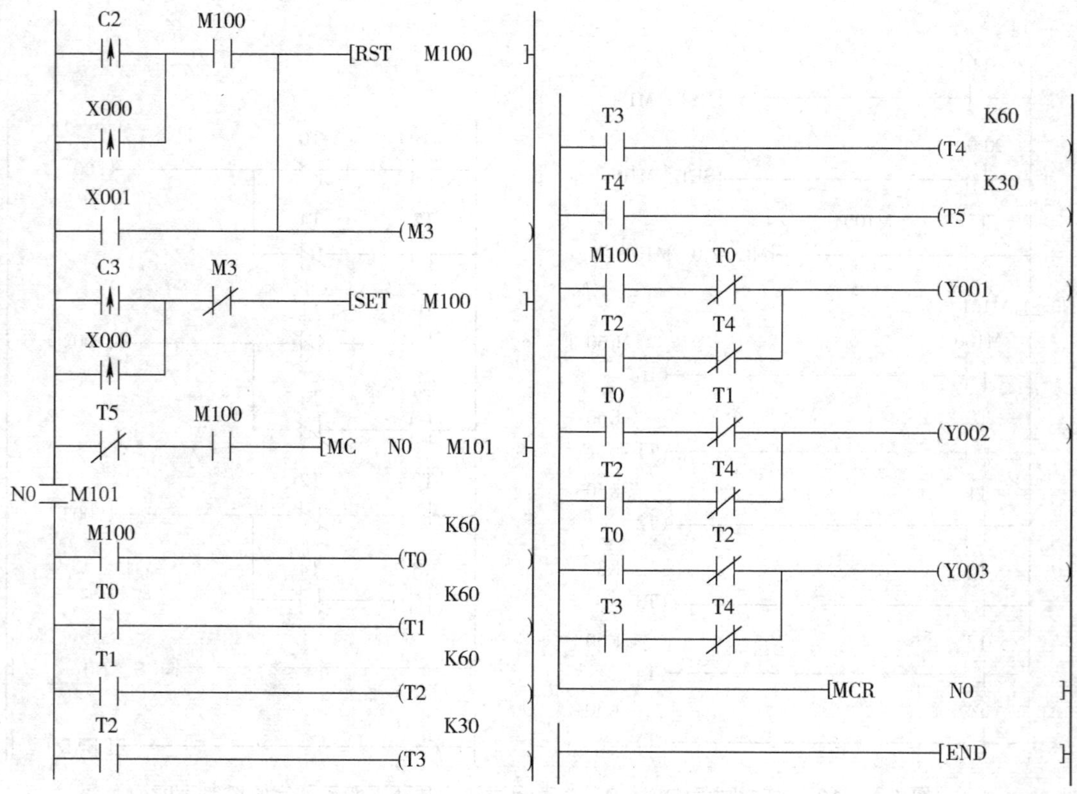

图 2-5-14　花式喷泉中 A、B、C 三组喷头的自动顺序控制程序

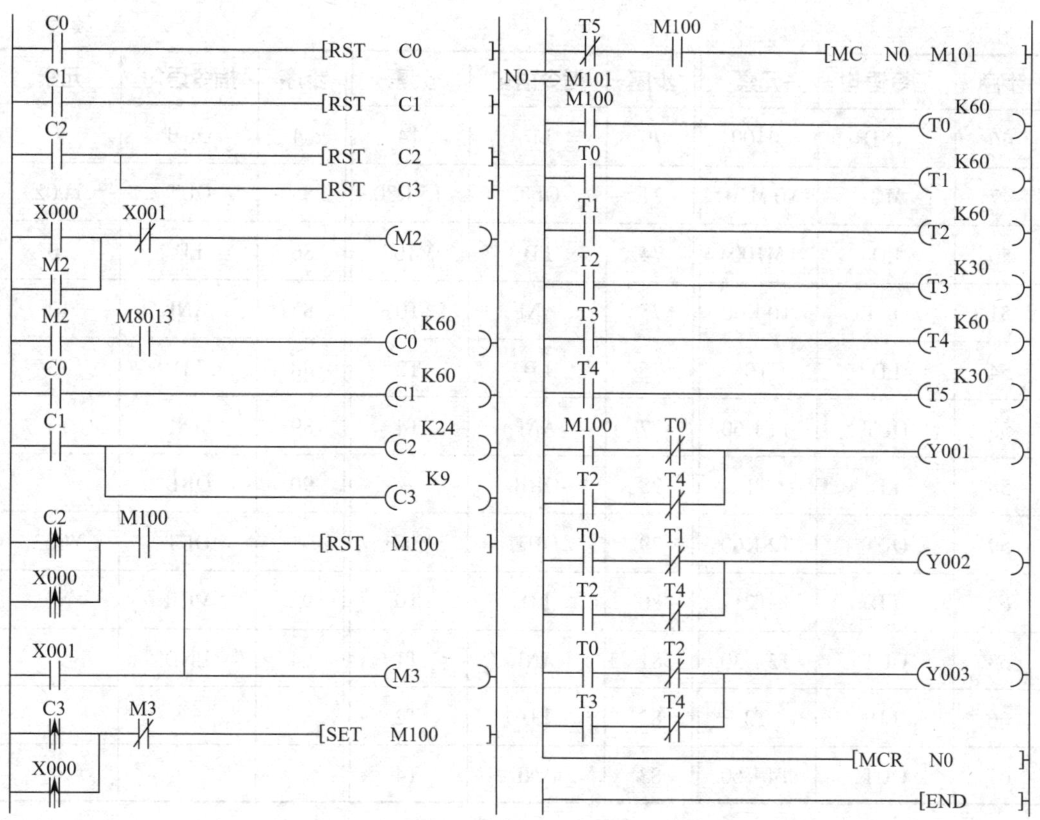

图 2-5-15 花式喷泉控制系统的完整梯形图

3. 指令表

花式喷泉控制系统的指令表见表 2-5-3。

表 2-5-3 花式喷泉控制系统的指令表

步序	指令语句	元素	步序	指令语句	元素	步序	指令语句	元素
0	LD	C0	14	OUT	M2	33	ORP	X000
1	RST	C0	15	LD	M2	35	AND	M100
3	LD	C1	16	AND	M8013	36	OR	X001
4	RST	C1	17	OUT	C0 K60	37	RST	M100
6	LD	C2	20	LD	C0	38	OUT	M3
7	RST	C2	21	OUT	C1 K60	39	LDP	C3
9	RST	C3	24	LD	C1	41	ORP	X000
11	LD	X000	25	OUT	C2 K24	43	ANI	M3
12	OR	M2	28	OUT	C3 K9	44	SET	M100
13	ANI	X001	31	LDP	C2	45	LDI	T5

续表

步序	指令语句	元素	步序	指令语句	元素	步序	指令语句	元素
46	AND	M100	70	LD	T4	84	ORB	
47	MC	N0 M101	71	OUT	T5 K30	85	OUT	Y002
50	LD	M100	74	LD	M100	86	LD	T0
51	OUT	T0 K60	75	ANI	T0	87	ANI	T2
54	LD	T0	76	LD	T2	88	LD	T3
55	OUT	T1 K60	77	ANI	T4	89	ANI	T4
58	LD	T1	78	ORB		90	ORB	
59	OUT	T2 K60	79	OUT	Y001	91	OUT	Y003
62	LD	T2	80	LD	T0	92	MCR	N0
63	OUT	T3 K30	81	ANI	T1	94	END	
66	LD	T3	82	LD	T2			
67	OUT	T4 K60	83	ANI	T4			

四、程序输入及仿真调试

1. 程序输入

启动 GX Works2 编程软件，创建新工程并命名保存后，输入表 2–5–3 所列指令表或图 2–5–15 所示梯形图。需要注意的是，计数器的输入与定时器的输入相似，只是在选择梯形图编程元件输入时，输入的是软元件“C”而不是“T”。

2. 仿真调试

利用当前值更改法进行花式喷泉控制系统梯形图程序的模拟仿真调试。

五、线路安装与调试

1. 线路安装

根据图 2–5–10 所示 PLC 接线图，按照安装电路的一般步骤和工艺要求在模拟配线板上进行元器件及线路安装。

2. 系统调试

使用专用通信电缆（FX–USB–AW）将 PLC 的编程接口与计算机的 USB 端口相连接，然后利用编程软件将程序写入 PLC。对照图 2–5–10 所示花式喷泉控制系统 PLC 接线图检查安装线路，确认无误后，在指导教师的监督下，接通电源，将 PLC 的

RUN/STOP 开关拨到“RUN”位置，利用 GX Works2 软件中的在线监视功能监视程序的运行情况，再按照表 2-5-4 进行调试，观察系统运行情况并做好记录。

表 2-5-4 程序调试步骤及运行情况记录表

操作步骤	操作内容	运行情况记录		
		第一次	第二次	第三次
1	按下 SB1，A、B、C 三组喷头按控制要求开启工作	完成（ ）	完成（ ）	完成（ ）
		无此功能（ ）	无此功能（ ）	无此功能（ ）
2	按下 SB2，A、B、C 三组喷头停止工作	完成（ ）	完成（ ）	完成（ ）
		无此功能（ ）	无此功能（ ）	无此功能（ ）
3	再次按下 SB1，A、B、C 三组喷头按控制要求开启工作	完成（ ）	完成（ ）	完成（ ）
		无此功能（ ）	无此功能（ ）	无此功能（ ）
4	经过长延时后，A、B、C 三组喷头按控制要求正常工作和停止	完成（ ）	完成（ ）	完成（ ）
		无此功能（ ）	无此功能（ ）	无此功能（ ）
说明	本任务的控制要求是早上 8：00 至晚上 11：00，喷头处于工作状态；从晚上 11：00 至第二日早上 8：00，喷头处于停止状态。由于延时时间较长，模拟运行时可适当减小时钟的秒时钟 C0 和分时钟 C1 的设定值，如将 C1 和 C2 的设定值设为 K2，以缩短仿真的延时时间，以便有效地监控仿真运行 也可不修改设定值，而在程序运行时在线修改计数器的当前值调试			

任务测评

对任务实施的完成情况进行检查，并将结果填入任务测评表（参见表 2-1-7）。

课题三
顺序控制设计法及顺序控制指令应用

任务 1　送料小车三地自动往返循环控制系统设计与装调

学习目标

1. 掌握步进逻辑公式设计法的含义。
2. 能利用步进逻辑公式设计法进行步进顺序控制系统的设计。
3. 能根据控制要求画出程序分步图，并能灵活地运用步进逻辑公式设计法，完成送料小车三地自动往返循环控制的梯形图程序设计。
4. 能正确安装、调试送料小车三地自动往返循环控制系统的控制电路。

任务引入

在实际生产中往往会遇到设备工作台或送料小车多地自动往返循环控制的情况。例如，图 3–1–1 所示的送料小车三地自动往返循环控制，其工作流程如图 3–1–2 所示。

本任务的主要内容是，运用步进逻辑公式设计法，用 PLC 控制系统实现对送料小车三地自动往返循环的控制。其控制要求如下。

（1）小车的初始位置为原料库，若按下正转启动按钮 SB2，5 s 后送料小车载着加工原料前往加工车间，途中经过成品库撞压行程开关 SQ3，送料小车不停车，直到到达加工车间撞压行程开关 SQ2 后，送料小车停车自动卸料并装上成品，5 s 后送料小车返回。

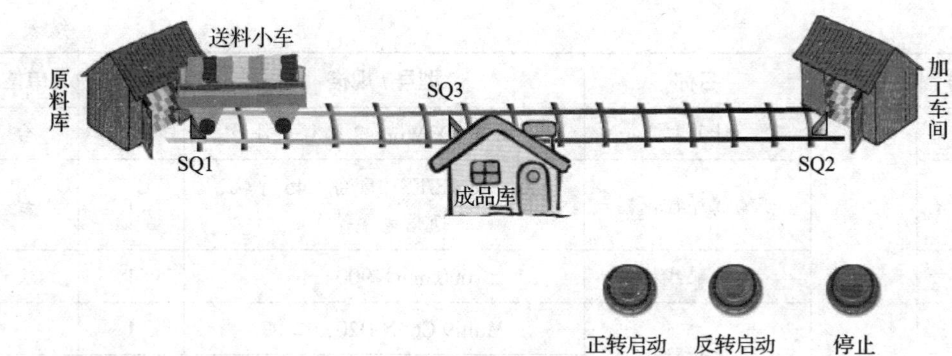

图 3–1–1　送料小车三地自动往返循环控制

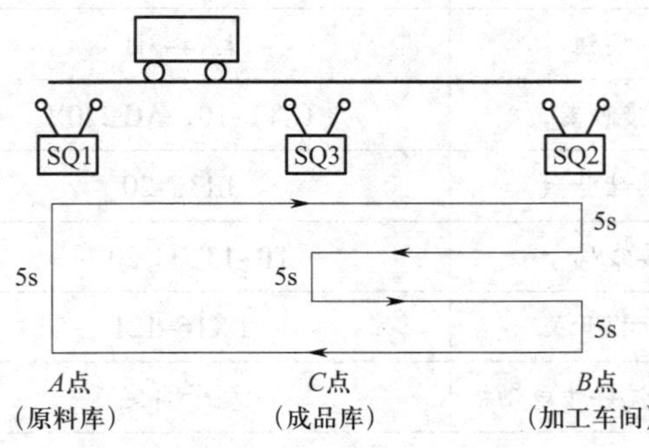

图 3–1–2　送料小车三地自动往返循环控制的工作流程

（2）当送料小车返回到成品库时，再次撞压行程开关 SQ3，小车停车，将产品卸下，5 s 后空车返回加工车间，到达加工车间再次撞压行程开关 SQ2 后，送料小车停下将废品装车，5 s 后装上废品的送料小车返回原料库。在返回途中经过成品库时，撞压行程开关 SQ3，送料小车不停车，直到到达原料库撞压行程开关 SQ1 后，送料小车停车，自动卸下废品，并装上原料，5 s 后送料小车继续下一个循环进行送料，并按此工作流程自动循环下去。

（3）如果小车停在某一位置时需要反转启动返回，可按下反转启动按钮 SB3。如需小车停车，只需按下停止按钮 SB1。

实施本任务所需要的实训设备及工具材料见表 3–1–1。

表 3–1–1　实训设备及工具材料

序号	分类	名称	型号 / 规格	数量	单位
1	工具	电工常用工具		1	套
2	仪表	万用表	型号自定	1	块
3		绝缘电阻表	ZC25–3，500 V	1	块

续表

序号	分类	名称	型号 / 规格	数量	单位
4	设备器材	计算机	装有 GX Works2 编程软件	1	台
5		可编程序控制器	FX_{3U}-48MR/ES（配备 C45 导轨、通信电缆等）	1	台
6		模拟配线板	600 mm × 900 mm	1	块
7		低压断路器	Multi9 C65N D20，三极	1	个
			Multi9 C65N D20，二极	1	个
8		熔断器	RT28–32	5	个
9		按钮	LA4–3H	1	个
10		接触器	CJT1–10，AC 220V	2	个
11		热继电器	JR36–20	1	个
12		接线端子	TB–1520，20 位	1	条
13		行程开关	LX16–121	3	个
14		三相交流异步电动机	型号自定	1	台
15	消耗材料	同课题一任务 2			

相关知识

一、顺序控制设计法

前面任务中介绍的各梯形图的设计方法一般称为经验设计法。经验设计法实际上是用输入信号直接控制输出信号，如果无法直接控制或为了满足联锁要求，只好被动地增加一些辅助元件和辅助触点。由于各系统输出量与输入量之间的关系和对联锁的要求千变万化，有时设计起来难以得心应手。对于本任务的控制，可以看出它的工作过程其实是按一定的顺序进行的。这类按流程作业的控制系统一般都包含若干个状态（即工序，也称为“步”），当条件满足时，系统能从一种状态转移到另一种状态，通常把这种控制称为步进顺序控制，对应的系统则称为步进顺序控制系统。也就是说，步进顺序控制系统是按照生产工艺预先规定的顺序，在各个输入信号的作用下，根据内部状态和时间的顺序，使生产过程中各个执行机构自动而有序地进行工作的控制系统。从图 3–1–2 可以看出，小车的工作过程可分解成若干个状态，各状态的任务明确而具体，各状态间的联系清楚，能清晰地反映整个控制过程。对于这种工作任务符合一定顺序的项目，通常采用更简单通用的设计方法——顺序控制设计法。

顺序控制设计法是用输入信号控制代表各步的编程元件（如辅助继电器 M 和状态继电器 S），再用它们控制输出信号。步是根据输出信号的状态来划分的。顺序控制设计法是一种先进的设计方法，很容易被初学者接受，程序的调试、修改和阅读也很容易，并且大大缩短了设计周期，提高了设计效率。

顺序控制设计法主要分为步进逻辑公式设计法、顺序功能图设计法两大类，其中顺序功能图设计法又有三种不同基本结构形式的编程设计方法，即单序列结构编程设计法、选择序列结构编程设计法和并行序列结构编程设计法。

二、步进逻辑公式设计法

步进逻辑公式设计法就是利用步进逻辑公式列出每个程序步的逻辑代数方程后，再利用启 – 保 – 停程序和 PLC 的基本指令，画出每个程序步的梯形图的方法。

1. 程序步

全部有关输出状态保持不变的一段时间区域称为一个程序步，只要有一个输出状态发生变化就转入下一步。在本任务送料小车三地自动往返运行的循环控制电路中，控制系统的输出信号为正转信号 KM1 和反转信号 KM2，输入信号由两个启动按钮和一个停止按钮发出，反馈信号由行程开关控制发出。

由图 3–1–2 所示的小车工作流程可以看出，如果小车向右运行，那么 KM1 得电而 KM2 失电。在小车向右运行期间，输出状态保持 KM1 得电、KM2 断电，由定义可知这是一个程序步。 当小车向左运行时变成 KM1 断电、KM2 得电，系统又转入另一个程序步。

对于比较复杂的生产工艺要求，每个程序步之间都存在如下关系：每个程序步都是前一步压动行程开关或按下按钮（转换条件）产生的，而每一步的消失又都是因后一步的出现而消失的。

2. 步进逻辑公式

步进逻辑公式为：

$$M_i=(X_iM_{i-1}+M_i)\overline{M}_{i+1}$$

关于该公式的说明如下。

（1）假设 i 表示第 i 程序步（本步），i–1 表示第 i–1 程序步（前一步），i+1 表示第 i+1 程序步（后一步），M 表示辅助继电器的线圈或触点，X 表示按钮或行程开关。用逻辑代数书写时，M_i 在等号的左端出现表示辅助继电器线圈的符号，M_i 在等号的右端出现表示辅助继电器触点的符号。

（2）第 i 程序步用逻辑代数书写的过程分为 3 个环节。

1）每一步 M_i 的产生都是由前一步压动行程开关或按下按钮（转换条件）X_i 产生

的，则：

$$M_i=X_iM_{i-1}$$

2）产生后应该有一段时间保持不变，故应该有自保（自锁），则：

$$M_i=X_iM_{i-1}+M_i$$

3）每一步的消失都是随着后一步的出现而消失，则：

$$M_i=（X_iM_{i-1}+M_i）\overline{M}_{i+1}$$

3. 将逻辑代数方程转换成梯形图

如前所述，将逻辑代数方程转换成梯形图的方法就是根据逻辑代数方程，利用启－保－停程序和 PLC 的基本指令，画出对应的梯形图。例如，与上述逻辑代数方程对应的梯形图见表 3–1–2。

表 3–1–2　与逻辑代数方程对应的梯形图

逻辑代数方程	对应的梯形图
$M_i=（X_iM_{i-1}+M_i）\overline{M}_{i+1}$	X_i　M_{i-1}　$\overline{M}_{i+1}$　(M_i) M_i

任务实施

一、分配输入点和输出点，写出 I/O 地址分配表

根据本任务控制要求，可确定 PLC 需要 6 个输入点、2 个输出点，其 I/O 地址分配表见表 3–1–3。

表 3–1–3　I/O 地址分配表

输入			输出		
元器件代号	说明	输入地址	元器件代号	说明	输出地址
SB1	停止按钮	X000	KM1	正转向右控制	Y000
SB2	正转启动按钮	X001	KM2	反转向左控制	Y001
SB3	反转启动按钮	X002			
SQ1	*A* 点限位	X003			
SQ2	*B* 点限位	X004			
SQ3	*C* 点限位	X005			

二、绘制 PLC 接线图

送料小车三地自动往返循环控制 PLC 接线图如图 3–1–3 所示。

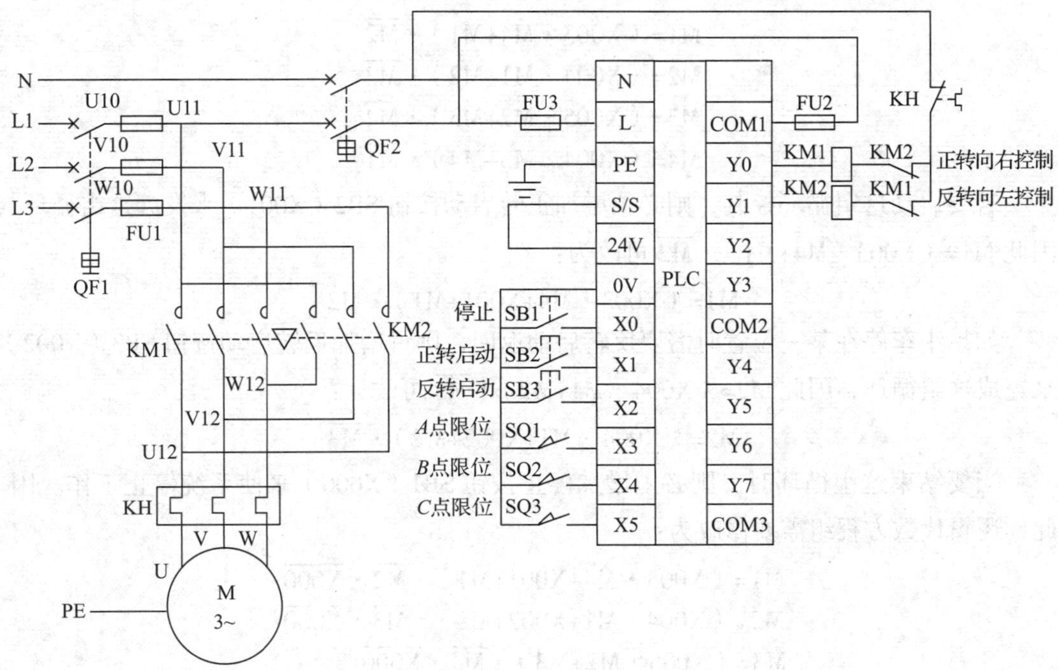

图 3–1–3 送料小车三地自动往返循环控制 PLC 接线图

三、设计梯形图程序

步进逻辑公式设计法特别适用于这种通过行程开关控制的小车（或工作台）的多点自动循环步进顺序控制的设计。其设计方法及步骤如下。

1. 程序步的划分

应用步进逻辑公式法进行设计时，程序步的划分是关键和首要条件。在本任务的送料小车三地自动往返循环控制电路中，输出信号为 KM1 和 KM2，输入信号由 1 个正转启动按钮 SB2、1 个反转启动按钮 SB3 和 1 个停止按钮 SB1 发出，反馈信号由 3 个行程开关 SQ1、SQ2 和 SQ3 发出。图 3–1–4 所示就是送料小车运行的程序分步图。

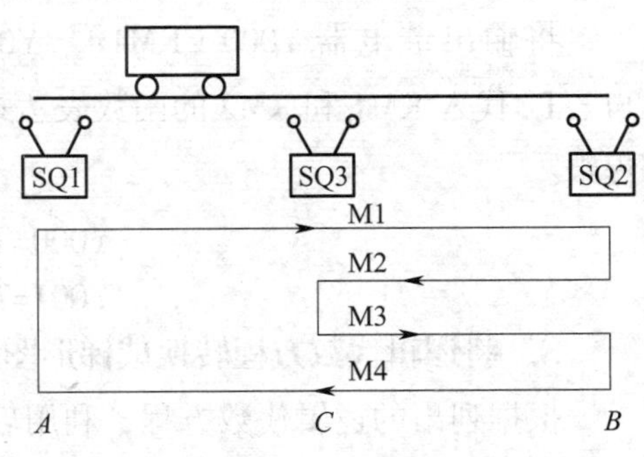

图 3–1–4 送料小车运行的程序分步图

2. 列出本任务控制的逻辑代数方程

根据步进逻辑公式可列出如下方程组：

$$M1=(SQ1 \cdot M4+M1) \cdot \overline{M2}$$

$$M2=(SQ2 \cdot M1+M2) \cdot \overline{M3}$$

$$M3=(SQ3 \cdot M2+M3) \cdot \overline{M4}$$
$$M4=(SQ2 \cdot M3+M4) \cdot \overline{M1}$$

由于行程开关SQ1、SQ2、SQ3是小车的反馈输入信号，编程时分别用X003、X004和X005所代替，因此上述方程组可转换成下列方程组：

$$M1=(X003 \cdot M4+M1) \cdot \overline{M2}$$
$$M2=(X004 \cdot M1+M2) \cdot \overline{M3}$$
$$M3=(X005 \cdot M2+M3) \cdot \overline{M4}$$
$$M4=(X004 \cdot M3+M4) \cdot \overline{M1}$$

若要启动这组循环控制，则必须增加正转启动按钮SB2（X001）来发起这组循环，因此 $M1=(X003 \cdot M4+M1) \cdot \overline{M2}$ 可改为：

$$M1=(X003 \cdot M4+X001+M1) \cdot \overline{M2}$$

如果小车停在某一位置时需要反转启动返回，则可增加反转启动按钮SB3（X002）来完成这组循环，因此 $M2=(X004 \cdot M1+M2) \cdot \overline{M3}$ 可改为：

$$M2=(X004 \cdot M1+X002+M2) \cdot \overline{M3}$$

当要结束这组循环时，则必须增加停止按钮SB1（X000）来使系统停止工作。因此，逻辑代数方程组需要修改为：

$$M1=(X003 \cdot M4+X001+M1) \cdot \overline{M2} \cdot \overline{X000}$$
$$M2=(X004 \cdot M1+X002+M2) \cdot \overline{M3} \cdot \overline{X000}$$
$$M3=(X005 \cdot M2+M3) \cdot \overline{M4} \cdot \overline{X000}$$
$$M4=(X004 \cdot M3+M4) \cdot \overline{M1} \cdot \overline{X000}$$

由于KM1得电，送料小车向右运行；而KM2得电，送料小车向左运行。因此程序步与KM1和KM2之间的函数为：

$$KM1=(M1+M3) \cdot \overline{KM2} \cdot \overline{SB1}$$
$$KM2=(M2+M4) \cdot \overline{KM1} \cdot \overline{SB1}$$

考虑到送料小车正反转的切换都是通过延时5 s实现的，假设正转延时定时器为T1，反转延时定时器为T2，那么程序步与定时器T1和T2之间的函数关系为：

$$T1=M1+M3$$
$$T2=M2+M4$$

将输出继电器Y000（KM1）、Y001（KM2）和停止按钮SB1（X000）及定时器T1、T2代入KM1和KM2的函数表达式，可得送料小车向右和向左运行的逻辑代数方程组：

$$Y000=T1 \cdot \overline{Y001} \cdot \overline{X000}$$
$$Y001=T2 \cdot \overline{Y000} \cdot \overline{X000}$$

3．将逻辑代数方程转换成梯形图

根据列出的逻辑代数方程，利用启－保－停程序和PLC的基本指令，画出对应的梯形图，见表3–1–4。

表 3–1–4　逻辑代数方程与其对应的梯形图

逻辑代数方程	对应的梯形图
$M1=(X003\cdot M4+X001+M1)\cdot\overline{M2}\cdot\overline{X000}$	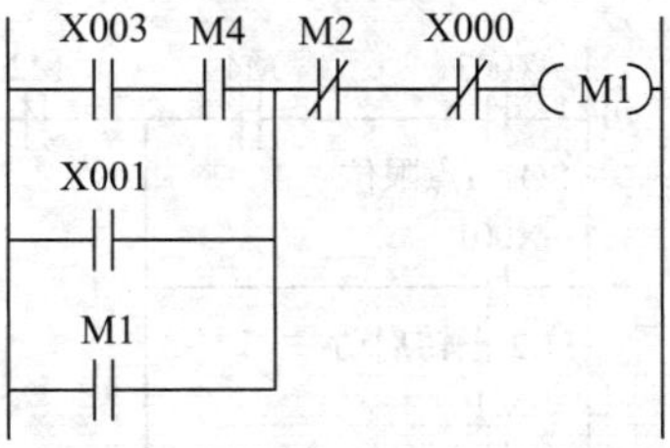 X003 M4 M2 X000 (M1) X001 M1
$M2=(X004\cdot M1+X002+M2)\cdot\overline{M3}\cdot\overline{X000}$	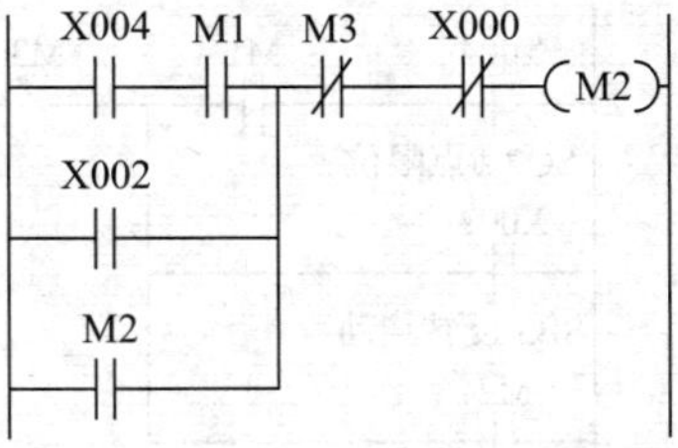 X004 M1 M3 X000 (M2) X002 M2
$M3=(X005\cdot M2+M3)\cdot\overline{M4}\cdot\overline{X000}$	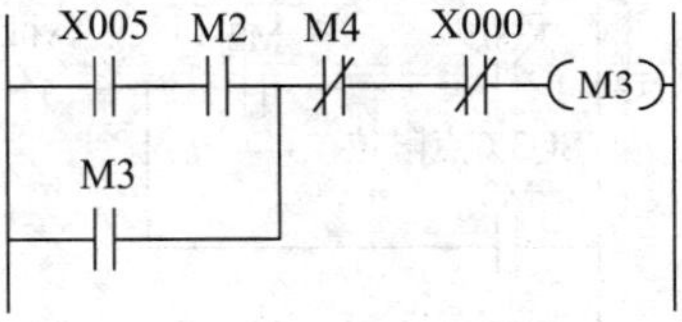 X005 M2 M4 X000 (M3) M3
$M4=(X004\cdot M3+M4)\cdot\overline{M1}\cdot\overline{X000}$	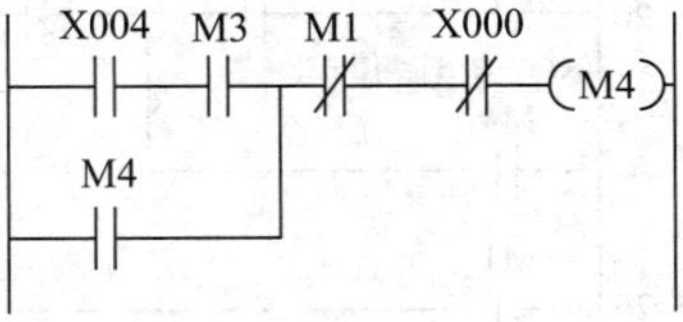 X004 M3 M1 X000 (M4) M4
T1=M1+M3	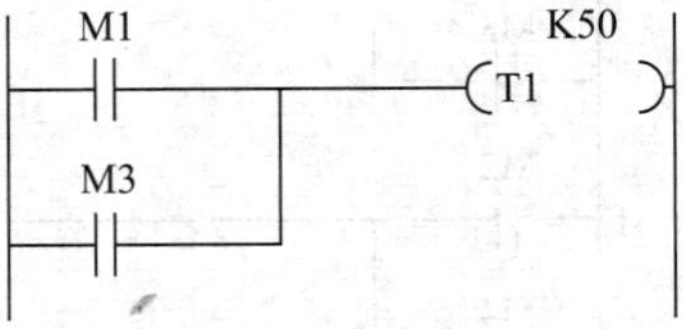 M1 K50 (T1) M3
T2=M2+M4	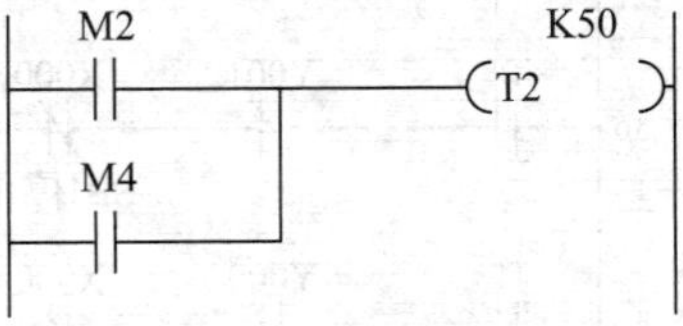 M2 K50 (T2) M4
$Y000=T1\cdot\overline{Y001}\cdot\overline{X000}$	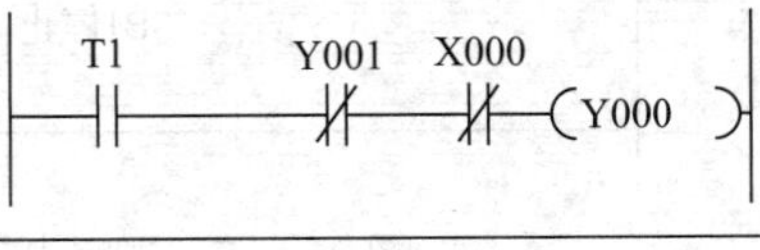 T1 Y001 X000 (Y000)
$Y001=T2\cdot\overline{Y000}\cdot\overline{X000}$	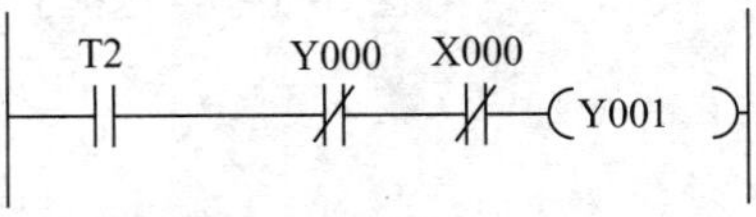 T2 Y000 X000 (Y001)

综上所述，根据逻辑代数方程可画出送料小车三地自动往返循环控制的梯形图，如图 3–1–5 所示。

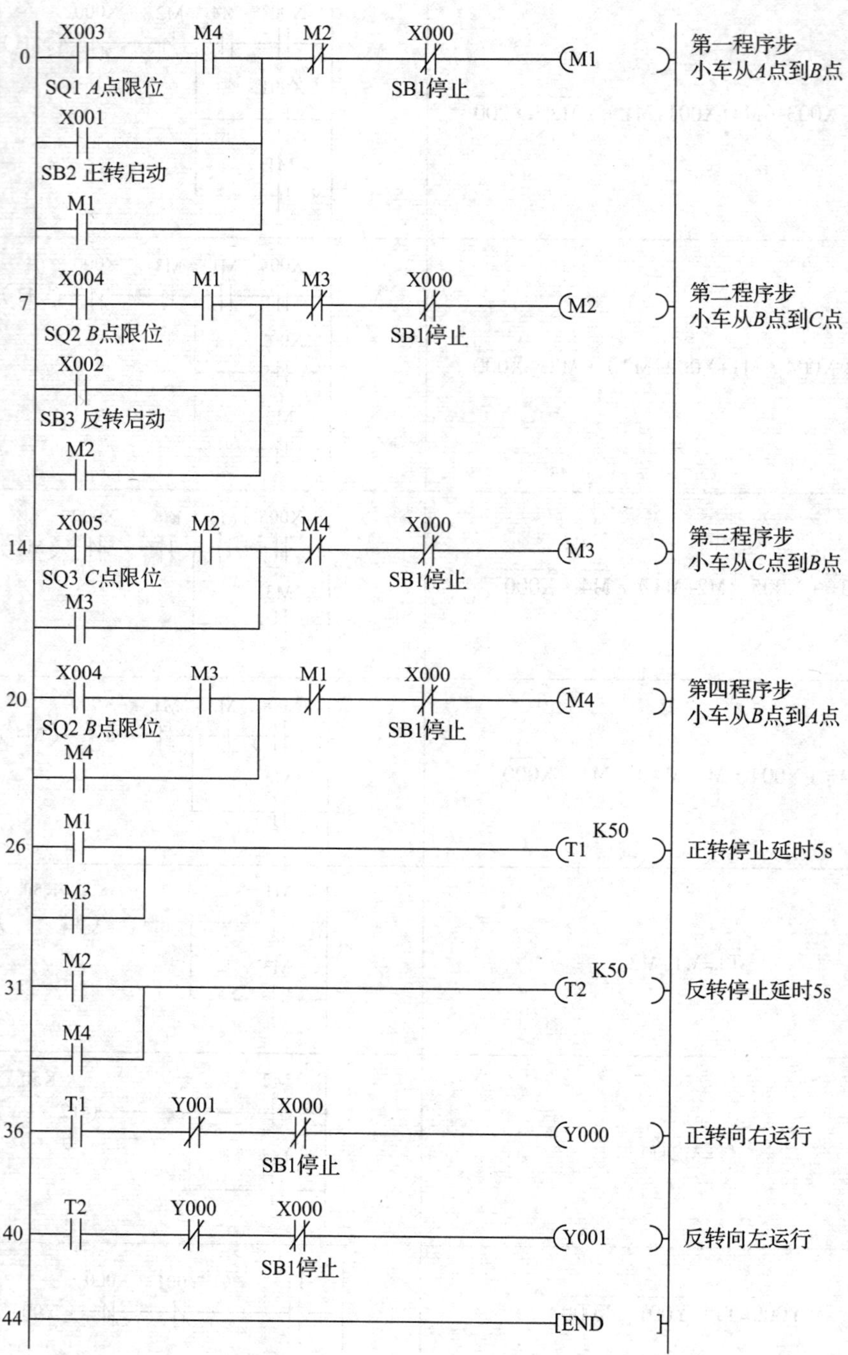

图 3–1–5　送料小车三地自动往返循环控制的梯形图

提示

通过逻辑代数方程进行步进顺序控制设计的步进逻辑公式设计法，不仅适用于PLC控制系统的程序设计，还是继电器控制的步进顺序控制设计的一种有效而重要的设计手段。

四、程序输入及仿真调试

1. 程序输入

启动GX Works2编程软件，创建新工程并命名保存后，进入梯形图编程界面，输入图3-1-5所示梯形图。

2. 仿真调试

利用当前值更改法进行送料小车三地自动往返循环控制梯形图程序的模拟仿真调试。

五、线路安装与调试

1. 线路安装

根据图3-1-3所示PLC接线图，按照安装电路的一般步骤和工艺要求在模拟配线板上进行元器件及线路安装。

2. 系统调试

使用专用通信电缆（FX-USB-AW）将PLC的编程接口与计算机的USB端口相连接，然后利用编程软件将梯形图程序写入PLC。对照图3-1-3所示送料小车三地自动往返循环控制系统PLC接线图检查安装线路，确认无误后，在指导教师的监督下，接通电源，将PLC的RUN/STOP开关拨到“RUN”位置，利用GX Works2软件中的在线监视功能监视程序的运行情况，再按照表3-1-5进行调试，观察系统运行情况并做好记录。

表3-1-5　程序调试步骤及运行情况记录表

操作步骤	操作内容	运行情况记录		
		第一次	第二次	第三次
1	原位压下SQ1，然后按下SB2，观察电动机能否正转	完成（　　）	完成（　　）	完成（　　）
		无此功能（　　）	无此功能（　　）	无此功能（　　）
2	5 s后，观察电动机是否正转，松开SQ1后，经过一段时间，再压下SQ3，观察电动机是否停止	完成（　　）	完成（　　）	完成（　　）
		无此功能（　　）	无此功能（　　）	无此功能（　　）

续表

操作步骤	操作内容	运行情况记录		
		第一次	第二次	第三次
3	松开 SQ3，经过一段时间后，再压下 SQ2，观察电动机是否停止	完成（ ）	完成（ ）	完成（ ）
		无此功能（ ）	无此功能（ ）	无此功能（ ）
4	5 s 后松开 SQ2，观察电动机是否反转，经过一段时间后，再压下 SQ3，观察电动机是否停止	完成（ ）	完成（ ）	完成（ ）
		无此功能（ ）	无此功能（ ）	无此功能（ ）
5	5 s 后松开 SQ3，观察电动机是否正转，经过一段时间后，再压下 SQ2，观察电动机是否停止	完成（ ）	完成（ ）	完成（ ）
		无此功能（ ）	无此功能（ ）	无此功能（ ）
6	5 s 后松开 SQ2，观察电动机是否反转，经过一段时间后，再压下 SQ3，观察电动机是否停止	完成（ ）	完成（ ）	完成（ ）
		无此功能（ ）	无此功能（ ）	无此功能（ ）
7	松开 SQ3，经过一段时间后，再压下 SQ1，观察电动机是否停止	完成（ ）	完成（ ）	完成（ ）
		无此功能（ ）	无此功能（ ）	无此功能（ ）
8	5 s 后松开 SQ1，观察电动机是否正转，进入下一个循环过程	完成（ ）	完成（ ）	完成（ ）
		无此功能（ ）	无此功能（ ）	无此功能（ ）
9	按下 SB1，观察电动机是否停止	完成（ ）	完成（ ）	完成（ ）
		无此功能（ ）	无此功能（ ）	无此功能（ ）
10	按下 SB3，观察电动机是否反转	完成（ ）	完成（ ）	完成（ ）
		无此功能（ ）	无此功能（ ）	无此功能（ ）

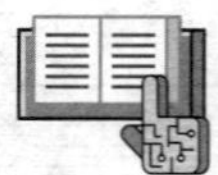

任务测评

对任务实施的完成情况进行检查，并将检查结果填入表 3-1-6。

表 3-1-6 任务测评表

序号	考核内容	考核要求	评分标准	配分	扣分	得分
1	电路设计	根据任务要求，列出逻辑代数方程和PLC的I/O地址分配表；根据控制要求，设计梯形图及PLC接线图	（1）逻辑代数方程设计功能不全，每缺一项功能扣5分 （2）梯形图程序设计错误，扣20分 （3）输入/输出地址有遗漏或错误，每处扣5分 （4）梯形图画法不规范，每处扣1分 （5）接线图表达不正确或画法不规范，每处扣2分	50		
2	程序输入及仿真调试	能熟练地将所编程序输入PLC，并按照被控设备的动作要求进行模拟调试，达到设计要求	（1）不会熟练操作键盘或鼠标输入PLC程序，扣5分 （2）不会用删除、插入、修改、保存等命令，每项扣2分 （3）仿真调试不成功，扣20分	20		
3	安装与接线	按PLC接线图在模拟配线板上正确安装元器件，要求元器件在模拟配线板上布置合理，安装准确、牢固；配线时，线头紧固，外观整齐、美观，导线要进行线槽且有端子标号	（1）试机运行不正常，扣20分 （2）损坏元器件，扣5分 （3）试机运行正常，但未按PLC接线图接线，扣5分 （4）布线未进行线槽、不美观，每根扣1分 （5）接点松动、露铜过长、反圈、压绝缘层，端子标号不清楚、遗漏或误标，引出端未接在端子排上，每处扣1分 （6）损伤导线绝缘或线芯，每根扣1分 （7）不按PLC接线图接线，每处扣5分	20		
4	安全文明生产	劳动保护用品穿戴整齐；电工工具齐全；遵守操作规程；讲文明礼貌，操作结束要清理现场	操作中，违反安全文明生产考核要求的任何一项扣5分，扣完为止	10		
开始时间：			结束时间：	成绩		

任务 2　液体自动混合装置控制系统设计与装调

学习目标

1. 掌握状态继电器和步进顺控指令的功能及应用，熟悉顺序功能图及其编程方法。

2. 掌握单序列结构顺序功能图的画法，并能通过顺序功能图进行步进顺序控制系统的设计。

3. 能根据控制要求画出单序列结构顺序功能图，并能灵活地使用步进顺控指令将其转换成梯形图，完成液体自动混合装置控制系统的程序设计。

4. 能正确安装、调试液体自动混合装置控制系统的控制电路。

任务引入

液体自动混合装置在医药、食品、化工等行业中应用非常广泛。早期的液体自动混合装置的控制系统一般采用继电器控制系统，但使用继电器控制系统的液体自动混合装置难以满足耐热、防潮、抗振等特殊生产环境的要求。因此，以 PLC 为控制核心的液体自动混合装置控制系统颇具优势。而且，采用 PLC 控制系统可以大大降低工人的劳动强度，减小操作误差，提高产品质量。图 3-2-1 所示为液体自动混合装置实物图。

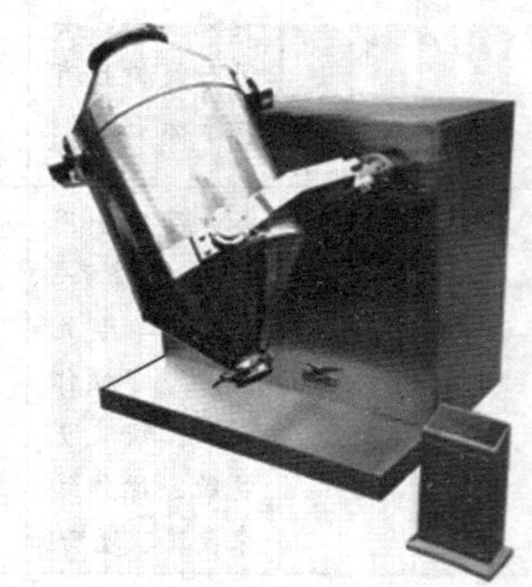

图 3-2-1　液体自动混合装置实物图

图 3-2-2 所示为液体自动混合装置的工作示意图。其控制要求如下。

（1）初始状态

液体自动混合装置投入运行前，电磁阀 YV1、YV2、YV3 关闭，容器为放空状态。

（2）周期操作

按下启动按钮 SB1，液体自动混合装置开始按如下顺序工作：

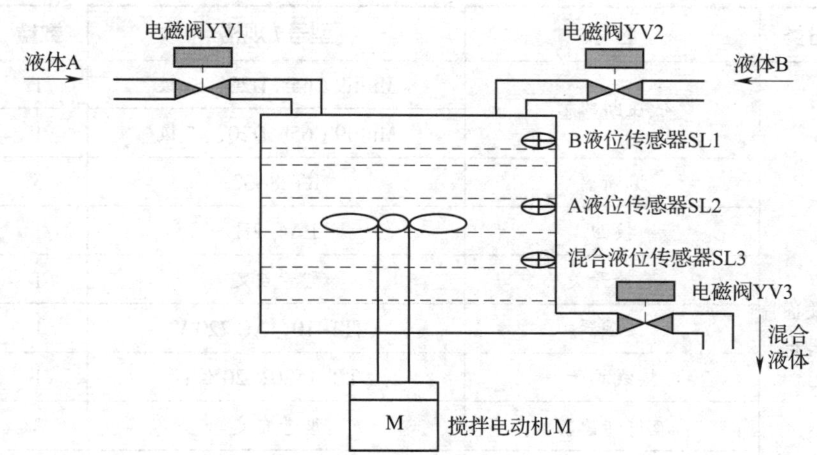

图 3-2-2 液体自动混合装置的工作示意图

1）电磁阀 YV1 打开，液体 A 流入容器，液位上升。

2）当液位上升到 A 液位传感器 SL2 所在位置时，SL2 导通，关闭电磁阀 YV1；同时打开电磁阀 YV2，液体 B 开始流入容器。

3）当液位上升到 B 液位传感器 SL1 所在位置时，关闭电磁阀 YV2，搅拌电动机开始搅拌。

4）搅拌电动机工作 20 s 后停止搅拌，电磁阀 YV3 打开，放出混合液体。

5）当液位下降到混合液位传感器 SL3 所在位置时，开始计时，且装置继续排放混合液体，将容器放空。计时满 20 s 后，电磁阀 YV3 关闭，自动开始下一个周期。

（3）停止操作

按下停止按钮 SB2，液体自动混合装置在完成当前的工作循环后才停止工作。

实施本任务所需要的实训设备及工具材料见表 3-2-1。

表 3-2-1 实训设备及工具材料

序号	分类	名称	型号 / 规格	数量	单位
1	工具	电工常用工具		1	套
2	仪表	万用表	型号自定	1	块
3		绝缘电阻表	ZC25-3，500 V	1	块
4	设备器材	计算机	装有 GX Works2 编程软件	1	台
5		可编程序控制器	FX_{3U}-48MR/ES（配备 C45 导轨、通信电缆等）	1	台
6		模拟配线板	600 mm × 900 mm	1	块

续表

序号	分类	名称	型号 / 规格	数量	单位
7	设备器材	低压断路器	Multi9 C65N D20，三极	1	个
			Multi9 C65N D20，二极	1	个
8		熔断器	RT28-32	5	个
9		按钮	LA4-2H	1	个
10		选择开关	型号自定	1	个
11		接触器	CJT1-10，AC 220 V	1	个
12		接线端子	TB-1520，20 位	1	条
13		液位传感器	型号自定	3	个
14		电磁阀	型号自定	3	个
15		热继电器	JR36-20	1	个
16		三相交流异步电动机	型号自定	1	台
17	消耗材料	同课题一任务 2			

相关知识

一、编程元件——状态继电器

状态继电器 S 用来记录系统运行的状态，是编制顺序控制程序的重要编程元件。状态继电器应与步进顺控指令 STL 配合使用，其编号由 S 与十进制数共同组成。FX_{3U} 系列 PLC 内部状态继电器的类型和编号见表 3-2-2。

表 3-2-2　FX_{3U} 系列 PLC 内部状态继电器的类型和编号

类型	元件编号	点数	用途及特点
初始状态继电器	S0 ~ S9	10	用于顺序功能图的初始状态
通用状态继电器	S0 ~ S499	500	用作顺序功能图的中间状态。根据设定的参数，可以更改为断电保持区域
断电保持状态继电器	S500 ~ S899	400	具有断电保持功能，断电再启动后，可继续执行。根据设定的参数，可以更改为非断电保持区域
断电保持专用状态继电器	S1000 ~ S4095	3 096	具有断电保持功能，断电再启动后，可继续执行。不可更改为非断电保持区域
报警用状态继电器	S900 ~ S999	100	用于故障诊断和报警

在使用状态继电器时，需要注意以下几个方面：

1. 状态继电器的编号必须在指定的类别范围内使用。

2. 状态继电器与辅助继电器一样，有无数个常开和常闭触点，在PLC内部可自由使用。

3. 不使用步进顺控指令时，状态继电器可与辅助继电器一样使用。

4. 报警用状态继电器可用于外部故障诊断的输出。

5. 通用状态继电器和断电保持状态继电器的地址编号分配可通过改变参数来设置。

提示

对断电保持状态继电器进行重复使用时要用RST或ZRST指令复位。报警用状态继电器S900~S999，通常要联合特殊辅助继电器M8048（报警器接通指示）、M8049（报警器有效指示）及应用指令ANS（报警器置位指令）和ANR（报警器复位指令）一起使用。

二、步进顺控指令

步进顺控指令只有两条，即步进开始（步进阶梯）指令STL和步进返回指令RET。

1. 指令的助记符、功能和梯形图符号

步进顺控指令的助记符、功能和梯形图符号见表3-2-3。

表3-2-3 步进顺控指令的助记符、功能和梯形图符号

指令助记符和名称	功能	梯形图符号
STL（步进开始）	与母线直接连接，表示步进顺控开始	├─[STL 状态继电器]─┤
RET（步进返回）	步进顺控结束，用于顺序功能图结束返回主程序	├─[RET]─┤

2. 指令使用说明

（1）STL指令是利用软元件对步进顺控问题进行工序步进式控制的指令，仅对状态继电器S有效。RET指令使状态流程结束，返回主程序。STL指令和RET指令配合使用。

（2）STL触点通过置位指令SET激活。当STL触点被激活时，与其相连的电路接通；如果STL触点未被激活，则与其相连的电路断开。

（3）STL触点与其他元件触点的意义不尽相同。STL无常闭触点，而且与其他触点无AND、OR的关系。

三、顺序功能图

1. 顺序功能图的组成要素

顺序功能图（sequential function chart，SFC）又称为状态转移图、状态流程图，是描述顺序控制的框图。顺序功能图主要由步、有向连线、转换、转换条件和动作（或命令）五大要素组成，如图 3–2–3 所示。

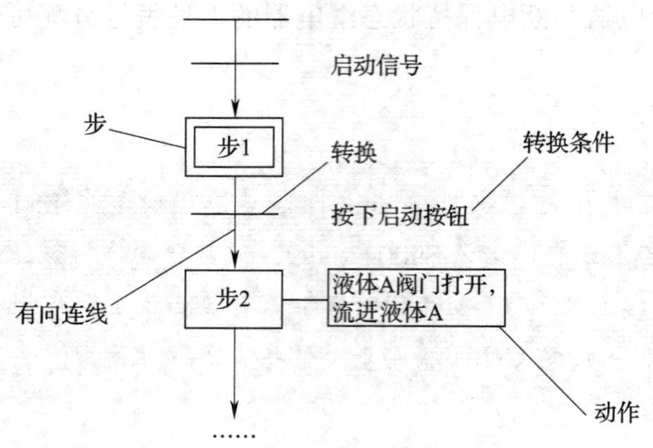

图 3–2–3　顺序功能图的组成要素

使用顺序控制设计法时，首先根据系统的工艺过程划分工作步，确定转换条件，然后画出顺序功能图，最后根据顺序功能图画出梯形图。

（1）步及其划分

顺序控制设计法最基本的思想是分析被控对象的工作过程及控制要求，根据控制系统输出状态的变化将系统的一个工作周期划分为若干个顺序相连的阶段，这些阶段就称为步，可以用编程元件（如辅助继电器 M 和状态继电器 S）来控制各步。步是根据 PLC 输出量的状态变化来划分的，在每一步内，各输出量的 ON/OFF 状态均保持不变。只要系统的输出量状态发生变化，系统就从原来的步进入新的步。步的这种划分方法使代表各步的编程元件的状态与各输出量的状态之间存在极为简单的逻辑关系。

1）初始步。与系统的初始状态相对应的步称为初始步，初始状态一般是系统等待启动命令时的相对静止状态。初始步用双线框表示，如图 3–2–3 所示的“步 1”。每一个顺序功能图至少应该有一个初始步。

2）活动步。当系统处于某一步所在的阶段时，该步处于活动状态，称该步为活动步，如图 3–2–3 中的“步 2”。步处于活动状态时，相应的动作被执行。例如，在图 3–2–3 中液体 A 阀门打开，流进液体 A。

（2）与步对应的动作

某一步处于活动状态时要完成某些“动作”，这些“动作”是指某步活动时，PLC

向被控系统发出的命令，或被控系统应执行的动作。动作用矩形框和文字或符号表示，该矩形框应与相应步的矩形框相连接。如果某一步有几个动作，可以用图 3–2–4 所示的两种画法来表示，但是并不隐含这些动作之间的任何顺序关系。

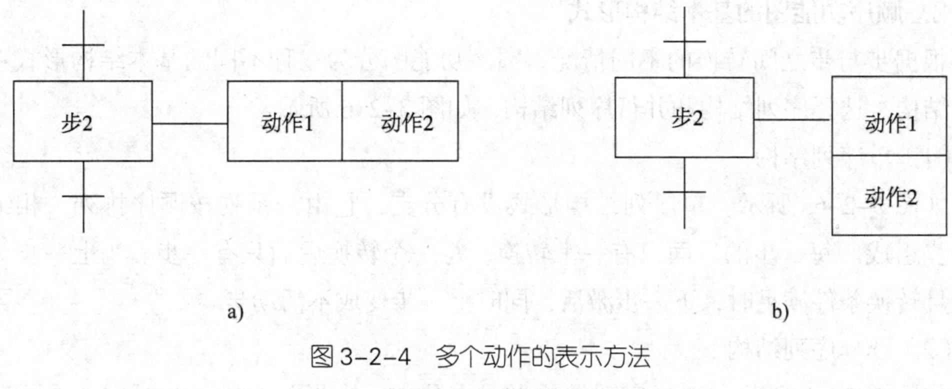

图 3–2–4 多个动作的表示方法

a）画法一 b）画法二

（3）有向连线、转换和转换条件

步与步之间用有向连线连接，并且用转换将步分隔开。步的活动状态进展是按有向连线规定的路线进行的。有向连线上无箭头标注时，其进展方向为从上到下、从左到右。如果不是上述方向，应在有向连线上用箭头注明方向。

转换是用与有向连线垂直的短画线来表示的。步与步之间不允许直接相连，必须由转换隔开，而转换与转换之间也同样不能直接相连，必须由步隔开。

转换条件是与转换相关的逻辑命题。转换条件可以用文字语言、布尔代数式或图形符号标在表示转换的短画线旁边，如图 3–2–5 所示。

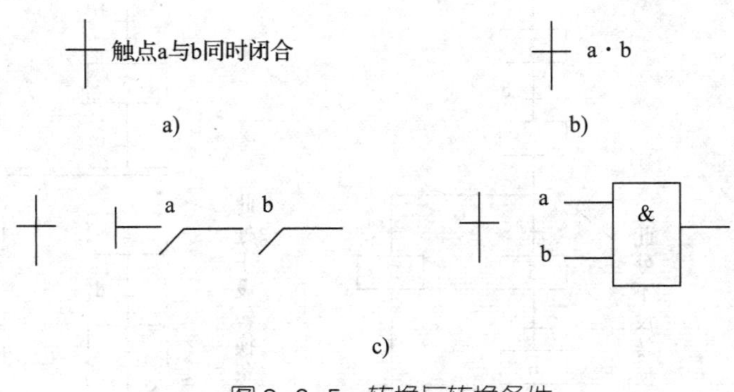

图 3–2–5 转换与转换条件

a）文字语言 b）布尔代数式 c）图形符号

在顺序功能图中，步的活动状态的进展是由转换来实现的。转换的实现必须同时满足以下两个条件：

1）该转换所有的前级步都是活动步。

2）相应的转换条件得到满足。

一旦实现了转换，应完成两个操作：一是使所有由有向连线与相应转换条件相连的后续步都变为活动步；二是使所有由有向连线与相应转换条件相连的前级步都变为不活动步。

2. 顺序功能图的基本结构形式

根据步与步之间转换的不同情况，顺序功能图分为三种不同的基本结构形式：单序列结构、选择序列结构和并行序列结构，如图 3-2-6 所示。

（1）单序列结构

如图 3-2-6a 所示，单序列结构形式没有分支，它由一系列按顺序排列、相继激活的步组成。每一步的后面只有一个转换，每一个转换后面只有一步。当上一步为活动步且转换条件满足时，下一步激活，同时上一步变成不活动步。

（2）选择序列结构

如图 3-2-6b 所示，选择序列结构形式有分支，当当前步执行完时有两个或两个以上的步可选择转换。

选择序列的开始称为分支。在图 3-2-6b 中，步 4 之后有两个分支，这两个分支不能同时执行，只能选择其中的一个分支执行。例如，当步 4 为活动步且条件 c 满足时，则转向步 5 执行；当步 4 为活动步且条件 f 满足时，则转向步 7 执行。但是，当步 5 被选中执行时，步 7 不能激活。同样，当步 7 被选中执行时，步 5 也不能激活。

选择序列的结束称为合并。在图 3-2-6b 中，不论哪个分支的最后一步成为活动步，当转换条件满足时都要转向步 8。

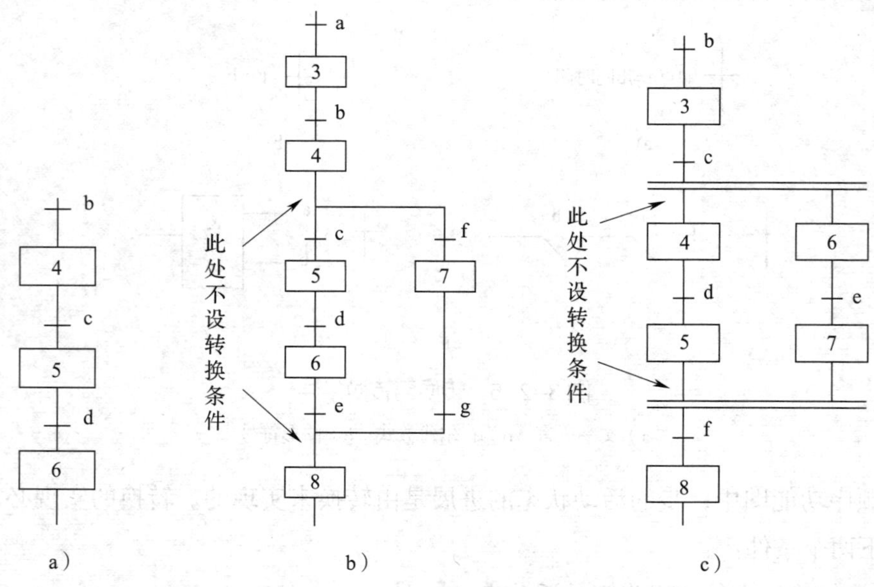

图 3-2-6　顺序功能图的基本结构形式

a）单序列结构　b）选择序列结构　c）并行序列结构

（3）并行序列结构

如图 3–2–6c 所示，并行序列结构形式也有分支，当转换条件满足时有两个或两个以上的步同时激活。

并行序列的开始也称为分支，但为了区别于选择序列结构的功能图，强调转换的同步实现，用双线来表示并行序列分支的开始，转换条件放在水平双线之上，如图 3–2–6c 所示。当步 3 为活动步且条件 c 满足时，步 4 和步 6 同时被激活，变为活动步，而步 3 变为不活动步；步 4 和步 6 被同时激活后，每一个序列接下来的转换将是独立的。

并行序列的结束也称为合并，但为了区别于选择序列结构的功能图，用双线来表示并行序列分支的合并，转换条件放在水平双线之下。在图 3–2–6c 中，当并行序列各分支的最后一步（即步 5 和步 7）为活动步，且条件 f 满足时，步 8 成为活动步，而步 5 和步 7 同时变为不活动步。

四、顺序功能图设计法

根据控制系统的顺序功能图设计出梯形图的方法，称为顺序功能图设计法。目前，顺序功能图设计法常用的编程方法有使用启 – 保 – 停程序、使用置位 / 复位指令、使用步进顺控指令三种。

本课题任务 1 中的送料小车三地自动往返循环控制系统实际上就是使用启 – 保 – 停程序的编程方法进行设计的。这种编程方法通用性很强，可以用于各种型号的 PLC，但是用来设计较复杂的步进顺序控制系统，则会比较烦琐且容易出错，这时可以使用置位 / 复位指令的编程方法或使用步进顺控指令的编程方法。

下面以图 3–2–7 所示的一段顺序功能图及其对应的梯形图来说明使用置位 / 复位指令的编程方法。

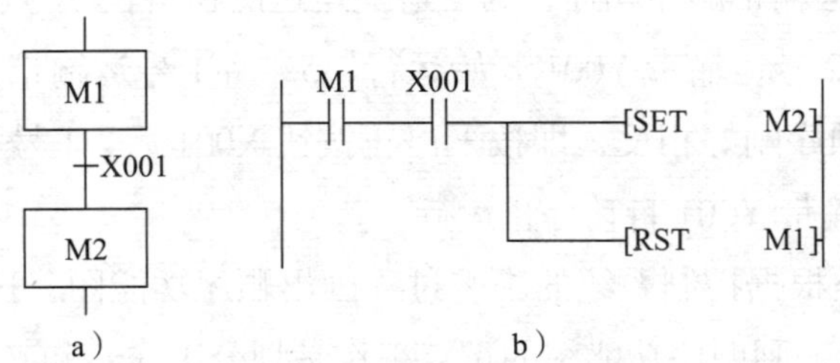

图 3–2–7 使用置位 / 复位指令的编程方法

a）顺序功能图 b）梯形图

根据顺序功能图来设计梯形图时，可以使用辅助继电器 M 来代表步。某一步为活动步时，对应的辅助继电器 M 为 ON。

图 3–2–7a 中，由步 M1 转换到步 M2 需要同时满足两个条件：一是该转换的前级

步 M1 是活动步，即 M1 为 ON；二是转换条件 X001 满足，即 X001 为 ON。在图 3–2–7b 所示对应的梯形图中，可以用 M1 和 X001 的常开触点组成的串联电路来表示由步 M1 到步 M2 的转换条件。该串联电路接通即上述两个条件同时满足时，就实现了由步 M1 到步 M2 的转换。此时应完成两个操作：一是将该转换的后续步 M2 变为活动步，即用 SET M2 指令将 M2 置位；二是将该转换的前级步 M1 变为不活动步，即用 RST M1 指令将 M1 复位。

使用置位 / 复位指令的编程方法也称为以转换为中心的编程方法。这种编程方法与转换实现的基本规则之间有着严格的对应关系，用它编制复杂的顺序功能图的梯形图时，更能显示出它的优越性。

概括地说，根据顺序功能图使用置位 / 复位指令来设计梯形图，主要包括步的控制程序设计和输出电路的设计两方面。

1．步的控制程序设计

在顺序功能图中，如果某一转换所有的前级步都是活动步，并且满足相应的转换条件，则转换实现，即所有由有向连线与相应转换符号相连的后续步都变为活动步，而所有由有向连线与相应转换符号相连的前级步都变为不活动步。

在使用置位 / 复位指令的编程方法中，将该转换的所有前级步对应的辅助继电器的常开触点与转换对应的触点或电路串联，作为使所有后续步对应的辅助继电器置位（使用置位指令 SET）和使所有前级步对应的辅助继电器复位（使用复位指令 RST）的条件。在任何情况下，代表步的辅助继电器的控制电路都可以用这一原则来设计，每一个转换都对应一个这样的控制置位和复位的电路块，有多少个转换就有多少个这样的电路块。这种设计方法特别有规律，在设计复杂的顺序功能图的梯形图时既容易掌握，又不容易出错。

图 3–2–8 所示两条运输带的控制程序就是使用置位 / 复位指令的编程方法编制的。图 3–2–8a 中的两条运输带顺序相连，为了避免运送的物料在 2 号运输带上堆积，按下启动按钮 X000 后，2 号运输带 Y001 开始运行，5 s 后 1 号运输带 Y000 自动启动。停机的顺序与启动的顺序刚好相反，即按下停止按钮 X001 后，1 号运输带 Y000 先停止运行，5 s 后 2 号运输带 Y001 自动停止运行。

设计的第一步是根据控制系统的工艺过程画出顺序功能图，这也是顺序控制设计法中最为关键的一步。画顺序功能图的重点工作是划分工作步和确定转换条件。

分析图 3–2–8a 所示两条运输带的控制工艺过程可知，该控制系统划分的工作步及其确定的转换条件如下。

（1）初始步 M0，转换条件是 M8002。

（2）工作步 M1，2 号运输带 Y001 运行且定时器 T0 计时 5 s，转换条件是按下启动按钮 X000。

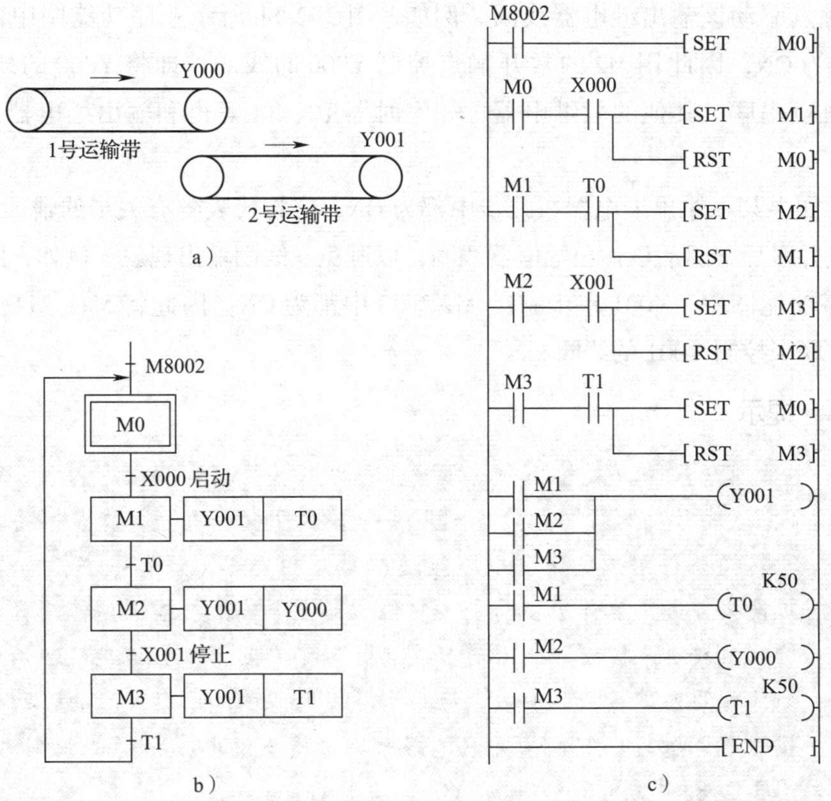

图 3-2-8 使用置位 / 复位指令的编程方法编制两条运输带的控制程序

a）工作示意图 b）顺序功能图 c）梯形图

（3）工作步 M2，1、2 号运输带 Y000、Y001 运行，转换条件是定时器 T0 计时 5 s 到。

（4）工作步 M3，2 号运输带 Y001 运行且定时器 T1 计时 5 s，转换条件是按下停止按钮 X001。按下停止按钮 X001 后定时器 T1 计时 5 s 到，自动返回初始状态（初始步 M0）开始下一个周期。

根据上述分析和绘制顺序功能图的工艺要求，可以画出图 3-2-8b 所示控制系统的顺序功能图。

再使用置位 / 复位指令进行步的控制程序设计，即可得到图 3-2-8c 所示控制系统梯形图的前 5 个逻辑行。其中，第一个逻辑行（初始步 M0 的控制）表示在系统刚开始运行时，必须做好预驱动，否则后续步 M1、M2、M3 不能相继工作。一般常用 M8002 进行预驱动。

2. 输出电路的设计

由于步是根据输出量的状态变化划分的，因此它们之间的关系极为简单，可以分为两种情况来处理。

（1）如果某一输出继电器仅在某一步中为 ON，则应用代表该步的辅助继电器的常开触点驱动该输出继电器线圈。例如，图 3–2–8b 所示顺序功能图中，Y000 仅在步 M2 为 ON，因此用 M2 的常开触点控制 Y000 的线圈，即将 Y000 的线圈与 M2 的常开触点串联。其他的软继电器，如定时器 T0、T1 等也和输出继电器做同样处理。

（2）如果某一输出继电器在几步中都为 ON，应将代表各有关步的辅助继电器的常开触点并联后，驱动该输出继电器线圈，以避免双线圈输出现象。例如，图 3–2–8b 所示顺序功能图中，Y001 在步 M1、M2、M3 中都为 ON，因此将 M1、M2、M3 的常开触点并联来控制 Y001 的线圈。

提示

使用置位 / 复位指令的编程方法时，不能将输出继电器 Y、定时器 T、计数器 C 的线圈直接与 SET 指令和 RST 指令并联，这是因为前级步和转换条件组成的串联电路接通的时间相当短（只有一个扫描周期），转换条件满足后前级步马上被复位，即在下一个扫描周期控制置位、复位的串联电路被断开，而输出继电器 Y 等线圈至少应该在某一步对应的全部时间内被接通。所以，应根据顺序功能图，用代表步的辅助继电器 M 的常开触点或它们的并联电路来驱动输出继电器 Y 等的线圈，例如，图 3–2–8c 中所示的 Y000、Y001、T0、T1 等。

对于步进顺序控制系统，三菱 PLC 还提供了专门用于设计步进顺序控制系统的编程元件（状态继电器 S）和步进顺控指令（STL、RET），编程时可优先使用步进顺控指令设计步进顺序控制程序。

五、用步进顺控指令实现的单序列结构的编程方法

下面以编制图 3–2–9 所示旋转工作台的控制程序为例，介绍用步进顺控指令实现的单序列结构的编程方法。如图 3–2–9a 所示，旋转工作台采用凸轮和限位开关来实现运动控制。在初始状态时，左限位开关 X003 为 ON，按下启动按钮 X000，Y000 变为 ON，电动机驱动工作台带动凸轮沿顺时针方向正转，转到右限位开关 X004 所在位置时暂停 5 s（用 T0 定时），定时时间到时 Y001 变为 ON，工作台反转，回到限位开关 X003 所在的初始位置时停止转动，系统回到初始状态。

旋转工作台一个工作周期内的运动由图 3–2–9b 中自上而下的 4 步组成，它们分别对应于 S0、S20、S21 和 S22，S0 代表初始步。

当 PLC 通电进入 RUN 状态时，初始化脉冲 M8002 的常开触点闭合一个扫描周期，梯形图中第一行的 SET 指令将初始步 S0 置为活动步。除初始状态外，其余的状态必须用 STL 指令来引导。

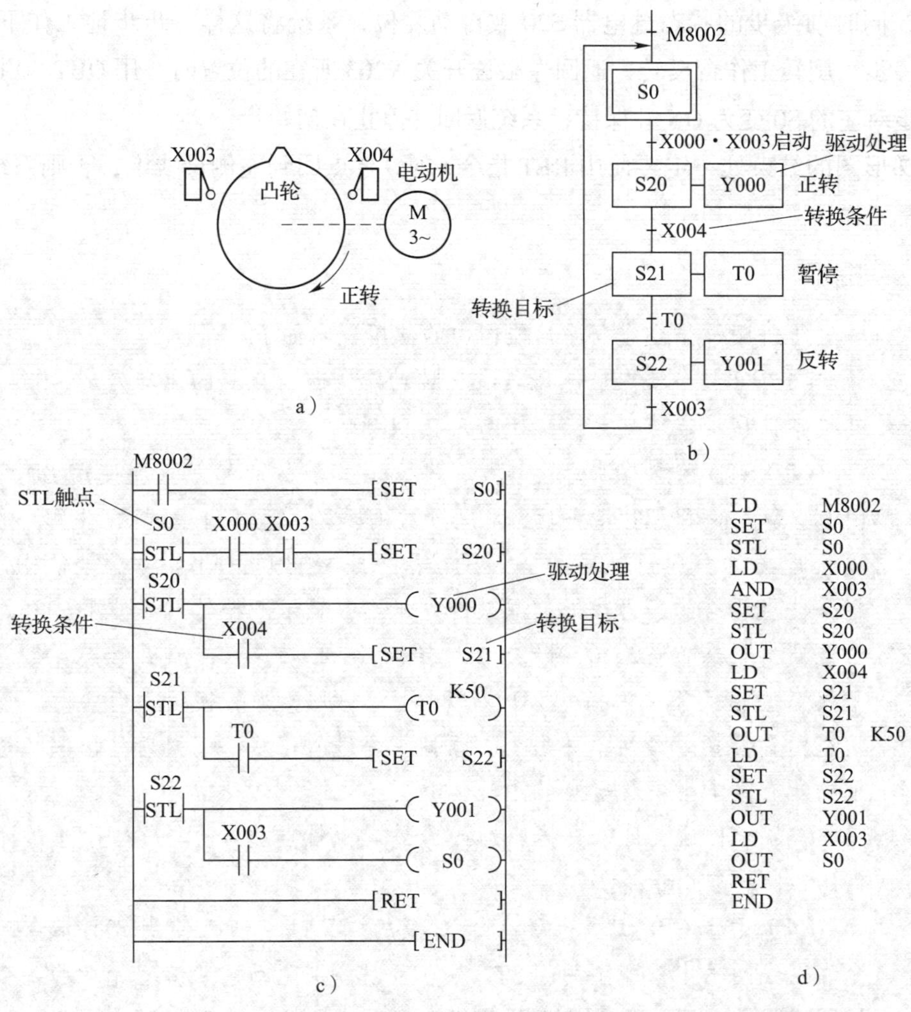

图3-2-9 使用步进顺控指令的编程方法编制旋转工作台的控制程序

a）工作示意图 b）顺序功能图 c）梯形图 d）指令表

在梯形图中，每一个状态的转换条件由指令 LD 或 LDI 引入。当转换条件有效时，该状态由置位指令 SET 激活，并由步进顺控指令进入该状态，接着列出该状态下的所有基本指令及转换条件。

使用 STL 指令的状态继电器的常开触点称为 STL 触点。在梯形图的第二行中，S0 的 STL 触点和 X000、X003 的常开触点组成的串联电路代表转换实现的两个条件，S0 的 STL 触点闭合表示转换 X000・X003 的前级步 S0 是活动步，X000、X003 的常开触点同时闭合表示转换条件满足。在初始步为活动步时，按下启动按钮 X000，转换实现的两个条件同时满足。此时，置位指令 SET S20 被执行，后续步 S20 变为活动步，同时系统程序自动地将前级步 S0 复位为不活动步。

S20 的 STL 触点闭合后，该步的负载被驱动，Y000 的线圈通电，工作台正转。右限位开关 X004 动作时，转换条件得到满足，下一步的状态继电器 S21 被置位，进入暂停步，同时前级步的状态继电器 S20 被自动复位，系统将这样一步步地工作下去。在最后一步，旋转工作台反转，返回左限位开关 X003 所在的位置时，用 OUT S0 指令使初始步对应的 S0 变为 ON 并保持，系统返回并停止在初始步。

在梯形图的结束处一定要使用 RET 指令，使 LD 点回到左侧母线上，否则系统将不能正常工作。

提示

步进顺控指令在顺序功能图中的使用说明如下。

（1）每一个状态继电器具有三种功能，即对负载的驱动处理、指定转换条件和指定转换目标，如图 3–2–9b 所示。

（2）STL 触点与左母线连接，与 STL 相连的起始触点要使用 LD 或 LDI 指令。使用 STL 指令后，相当于左母线右移至 STL 触点的右侧，形成子母线，一直到出现下一条 STL 指令或者出现 RET 指令为止。RET 指令使右移后的子母线返回原来的左母线，表示顺控结束。使用 STL 指令使新的状态置位，前一状态自动复位。STL 触点只有常开触点。每一个状态的转换条件由指令 LD 或 LDI 指令引入，当转换条件有效时，该状态由置位指令激活，并由步进顺控指令进入该状态，接着列出该状态下的所有基本指令及转换条件。

（3）STL 触点可以直接驱动或通过其他触点驱动 Y、M、S、T 等元件的线圈和应用指令。

（4）由于 CPU 只执行活动步对应的电路块，所以使用 STL 指令时允许双线圈输出，即不同的 STL 触点可以分别驱动同一编程元件的一个线圈。但是，同一元件的线圈不能在同时为活动步的 STL 区内出现，在有并行序列的顺序功能图中，应特别注意这一问题。

（5）在步进顺控程序中使用定时器时，不同状态内可以重复使用同一编号的定时器，但相邻状态不可以使用同一编号的定时器。

（6）图 3–2–9c 中 STL 触点及其驱动电路块的画法来自三菱 FX_{3U} 系列 PLC 的编程手册，而编程软件里的画法会有所不同。以状态继电器 S20 的 STL 触点及其驱动电路块为例，其在编程软件里的画法如图 3–2–10 所示。

这两种画法表示的电路是等效的，但是图 3–2–9 中 STL 触点及其驱动电路块的画法更有助于理解步进顺控指令的功能。

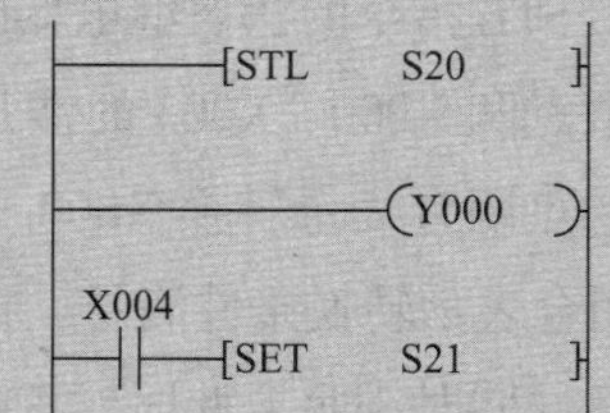

图 3–2–10　STL 触点及其驱动电路块在编程软件里的画法

任务实施

一、分配输入点和输出点，写出 I/O 地址分配表

根据本任务控制要求，可确定 PLC 需要 6 个输入点、4 个输出点，其 I/O 地址分配表见表 3-2-4。

表 3-2-4 I/O 地址分配表

输入			输出		
元器件代号	说明	输入地址	元器件代号	说明	输出地址
SL2	A 液位传感器	X000	YV1	液体 A 电磁阀	Y000
SL1	B 液位传感器	X001	YV2	液体 B 电磁阀	Y001
SL3	混合液位传感器	X002	KM	搅拌机控制	Y002
SB1	启动按钮	X003	YV3	混合液电磁阀	Y003
SB2	停止按钮	X004			
SA	单周 / 连续选择开关	X005			

二、绘制 PLC 接线图

液体自动混合装置控制系统的 PLC 接线图如图 3-2-11 所示。

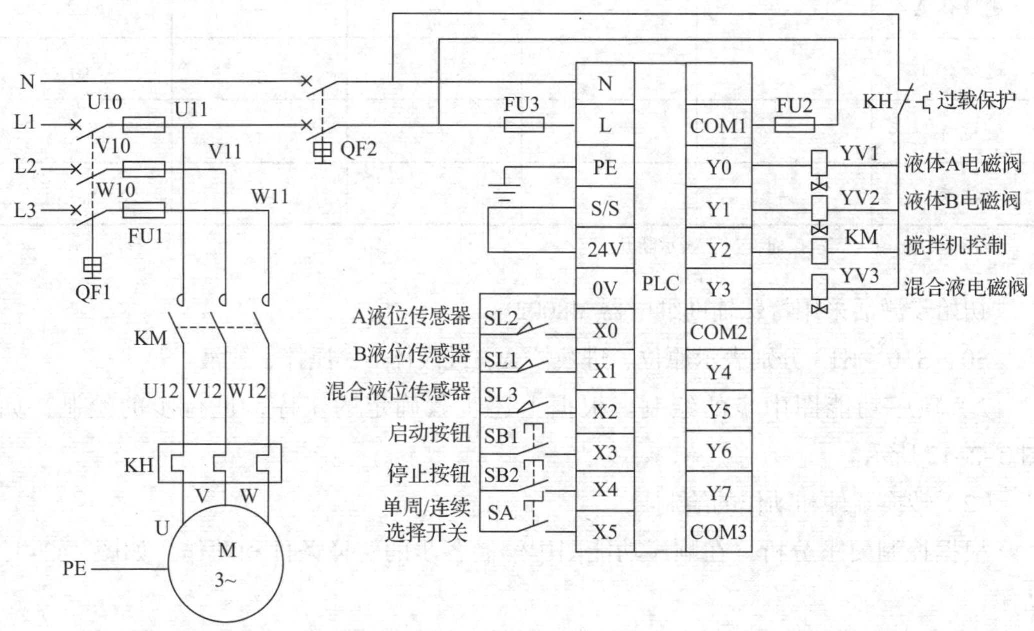

图 3-2-11 液体自动混合装置控制系统的 PLC 接线图

三、设计梯形图程序

1. 顺序功能图的建立

在本任务中，顺序功能图中的步使用的是状态继电器 S。

（1）步的确定与绘制

1）步的确定。通过对本任务控制要求的分析可知，液体自动混合装置控制系统的工作过程可划分为原位、进液体 A、进液体 B、搅拌和放液五步。

①原位：液体自动混合装置的初始状态，此时液体排空。

②进液体 A：按下 SB1，进液体 A。

③进液体 B：当液位到达 A 液位传感器 SL2 所在高度时，进液体 B。

④搅拌：当液位到达 B 液位传感器 SL1 所在高度时，搅拌机开始搅拌。

⑤放液：搅拌机工作 20 s 后，放液。当液位下降到 SL3 所在高度时，SL3 由接通变成断开，再过 20 s 后，容器放空，混合液电磁阀 YV3 关闭，返回初始状态开始下一个周期。

液体自动混合装置控制系统工作过程中各电磁阀和接触器的状态见表 3-2-5。

表 3-2-5　液体自动混合装置控制系统工作过程中各电磁阀和接触器的状态

工作过程	YV1	YV2	YV3	KM	转换条件相关的元件
原位（停止）	–	–	–	–	SB1
进液体 A	+	–	–	–	SL2
进液体 B	–	+	–	–	SL1
搅拌	–	–	–	+	T0
放液	–	–	+	–	SL3，T1

注：表中“+”表示接通，“–”表示断开。

初始步激活采用特殊辅助继电器 M8002。

S0、S10 ~ S13 分别表示原位、进液体 A、进液体 B、搅拌、放液。

2）顺序功能图中步的绘制。根据上述步骤确定的步序，进行步的绘制，如图 3-2-12 所示。

（2）转换条件和动作的绘制

根据控制要求分析，在顺序功能图中绘制各步的转换条件和动作，如图 3-2-13 所示。

（3）初始条件的确定

当 PLC 刚进入程序运行状态时，由于 S0 的前级步 S13 还未曾得电，虽然 SL3 已满足，但 S0 无法得电，其所有的后续步均无法工作。因此，刚开始时应该给初始步一个激活信号，且此信号在激活初始步以后就不再出现，否则会同时出现两个活动步。

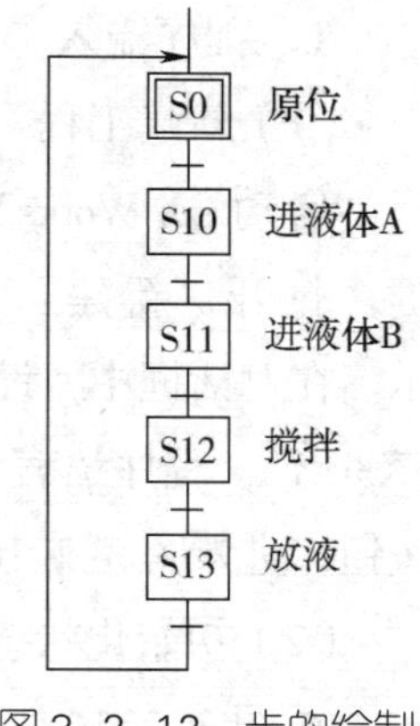

图 3–2–12 步的绘制

初始激活信号可以用 M8002 或其他满足要求的脉冲信号。添加初始条件后的液体自动混合装置控制系统的顺序功能图如图 3–2–14 所示。

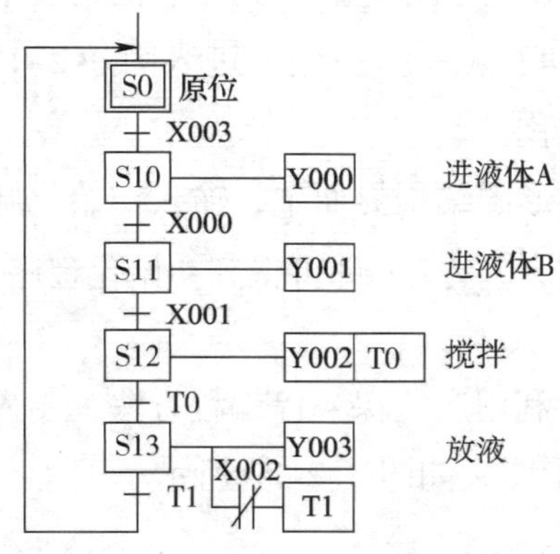

图 3–2–13 转换条件和动作的绘制

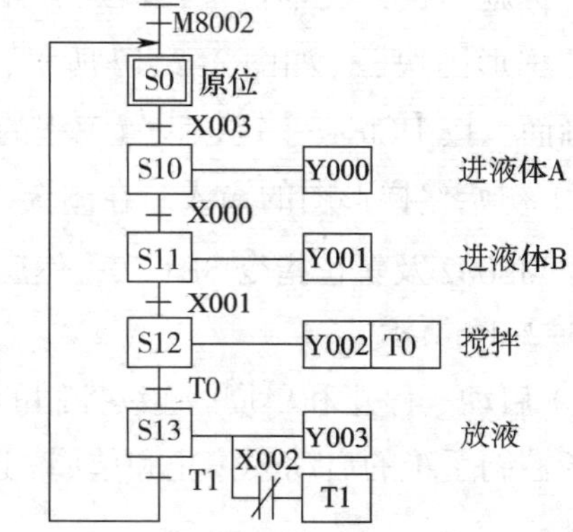

图 3–2–14 添加初始条件后的液体自动混合装置控制系统的顺序功能图

2. 使用步进顺控指令将顺序功能图转换成梯形图

关于程序的设计，在前面的任务中介绍的都是先画出梯形图，然后通过梯形图写出对应的指令表，最后通过梯形图或指令表编程界面输入程序。采用此种方法进行编程设计，要求梯形图的设计水平要高，具有一定的难度。

在进行步进顺序控制编程时，一般都采用顺序功能图（SFC）编程语言设计流程，然后通过编译器将其转换成梯形图得出控制程序，并由此转换成指令表，其过程可概括为顺序功能图→梯形图→指令表。采用顺序功能图编程语言编程，可以将复杂的程序化整为零，即将复杂的梯形图程序化简为每个状态里的简单动作程序，其具有其他编程方法无法比拟的优越性。下面以本任务为例，介绍使用步进顺控指令将顺序功能图转换成梯形图的方法及步骤。

四、程序输入及仿真调试

本任务的程序输入方法有别于前述任务，它是先在顺序功能图编程界面输入顺序功能图，再将其转换成梯形图或指令表。

1. 程序输入

（1）新建工程

启动 GX Works2 编程软件，按【Ctrl+N】键，打开“新建”对话框，如图 3–2–15 所示。在对话框中，设置 PLC 的机型为“FX3U/FX3UC”，程序语言为“SFC”，单击“确定”按钮，进入图 3–2–16 所示画面。

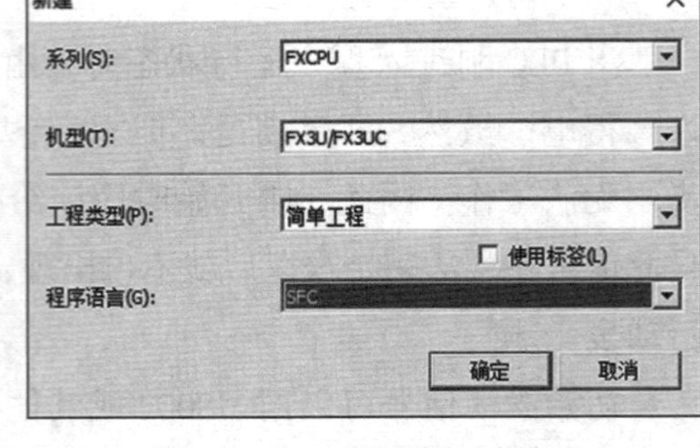

图 3–2–15 “新建”对话框

（2）初始化状态的建立

在图 3–2–16 中的“块信息设置”对话框的“标题（T）”文本框里，输入“程序初始化”，并在“块类型（B）”下拉列表中选择“梯形图块”，如图 3–2–17 所示，然后单击“执行（E）”按钮，进入图 3–2–18 所示画面。按【Ctrl+S】键，设置工程的保存路径和名称。

1）初始化梯形图的输入。在图 3–2–18 右侧的梯形图编程界面中，输入初始化脉冲指令 M8002 及置位指令 SET S0；然后单击转换按钮“ ”，即可得到初始化程序，如图 3–2–19 所示。

2）启动、停止和单周 / 连续控制的梯形图输入。利用启 – 保 – 停编程方法，输入本任务控制系统的启动、停止和单周 / 连续控制的梯形图，如图 3–2–20 所示。

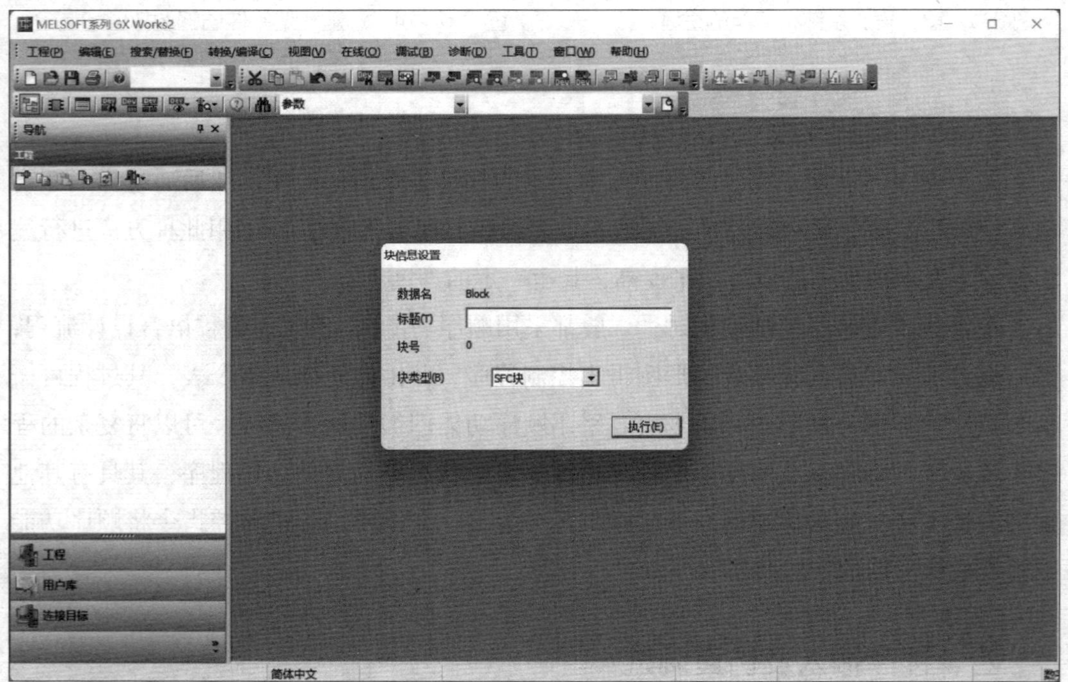

图 3–2–16 进入 SFC 块编程画面

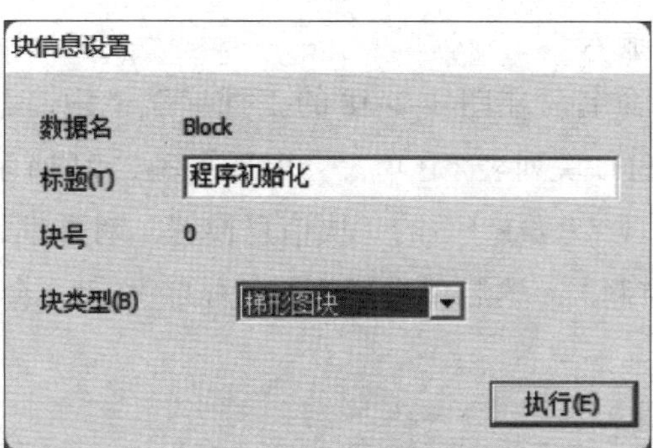

图 3-2-17 “块信息设置”对话框

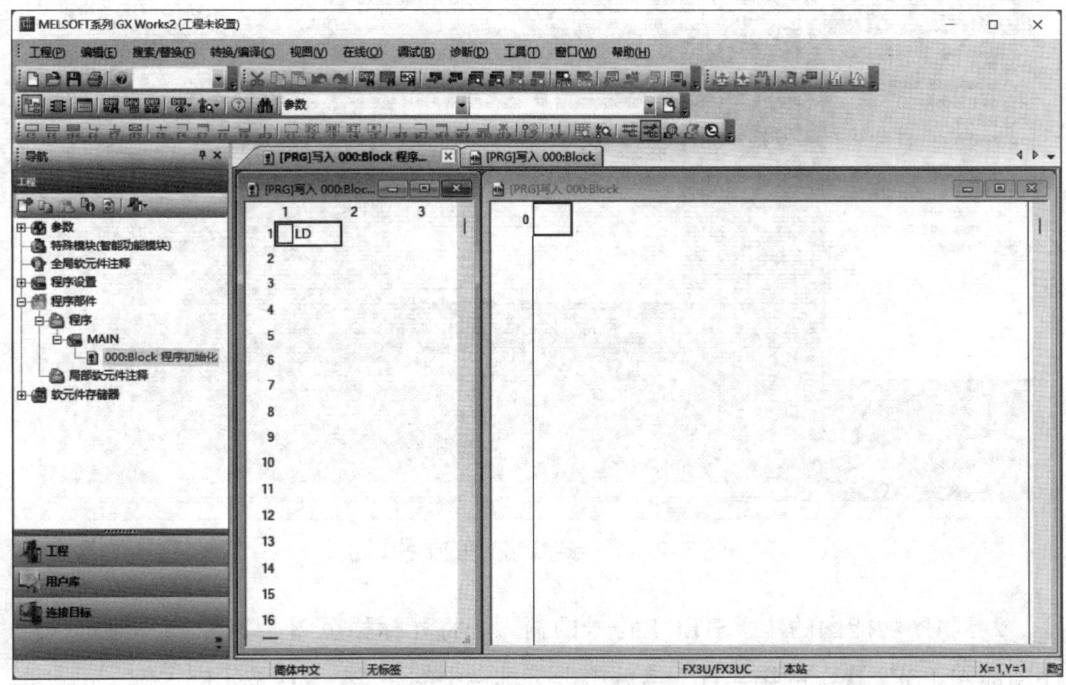

图 3-2-18　程序初始化梯形图编程界面

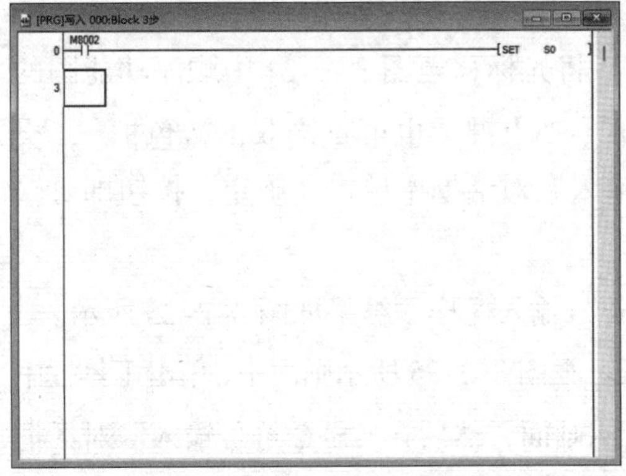

图 3-2-19　程序初始化梯形图画面

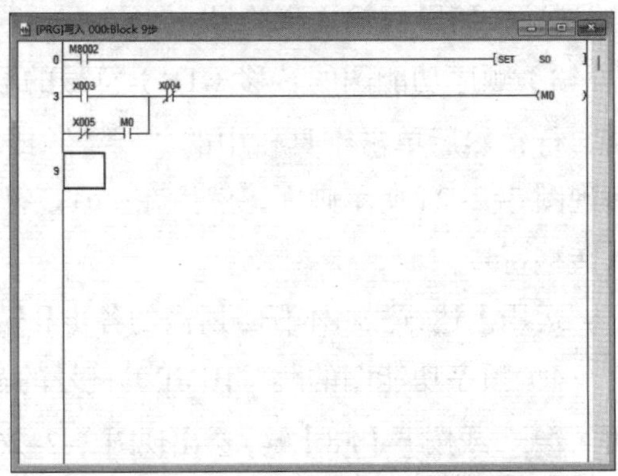

图 3-2-20　启动、停止和单周 / 连续控制梯形图画面

（3）顺序功能图的输入

1）顺序功能图的命名。在图 3–2–18 的工程导航栏中，右键单击“程序”下的“MAIN”，选择“打开 SFC 块列表（B）”，会出现图 3–2–21 所示画面。双击编程区域中的“No.1”行，会出现“Block 1”的“块信息设置”对话框，在“标题（T）”文本框内输入“自动混合控制”，然后单击“执行（E）”按钮，会进入图 3–2–22 所示画面。

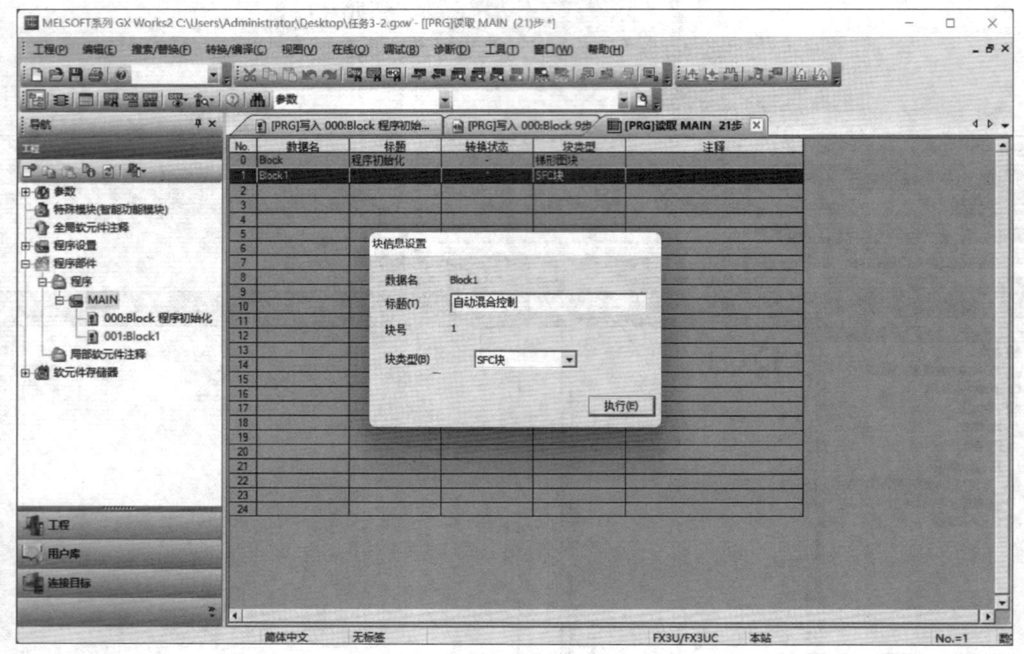

图 3–2–21　顺序功能图的命名画面

2）顺序功能图的步（STEP）符号的输入。将光标移至图 3–2–22 所示画面中顺序功能图（SFC 块）的第 4 行，然后单击工具栏中的“ ”或按【F5】键（也可直接双击蓝色框），会出现图 3–2–23 所示画面，然后在“SFC 符号输入”对话框中单击“确定”按钮即可输入步符号。

3）顺序功能图的转移（TR）符号的输入。将光标移至图 3–2–23 中顺序功能图的第 5 行，然后单击工具栏中的“ ”或按下【F5】键（也可直接双击蓝色框），会出现图 3–2–24 所示画面，然后在“SFC 符号输入”对话框中单击“确定”按钮即可输入转移符号。

运用上述方法将本任务所需的各步和转移符号输入完毕，结果如图 3–2–25 所示。

4）顺序功能图的跳（JUMP）符号的输入。在图 3–2–25 所示画面中，单击工具栏中的“ ”或按下【F8】键，会出现图 3–2–26 所示画面，然后在“SFC 符号输入”对话框的跳（JUMP）对应的文本框内，输入要转移的步号“0”，单击“确定”按钮，会出现完整的顺序功能图画面，如图 3–2–27 所示。

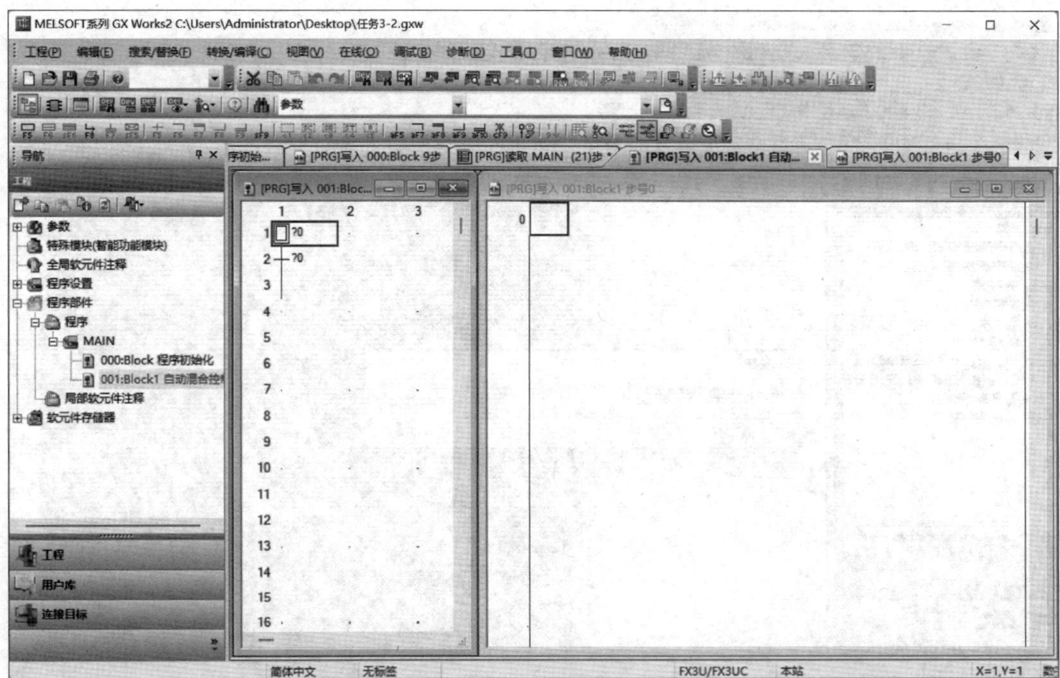

图 3-2-22 顺序功能图的编程界面

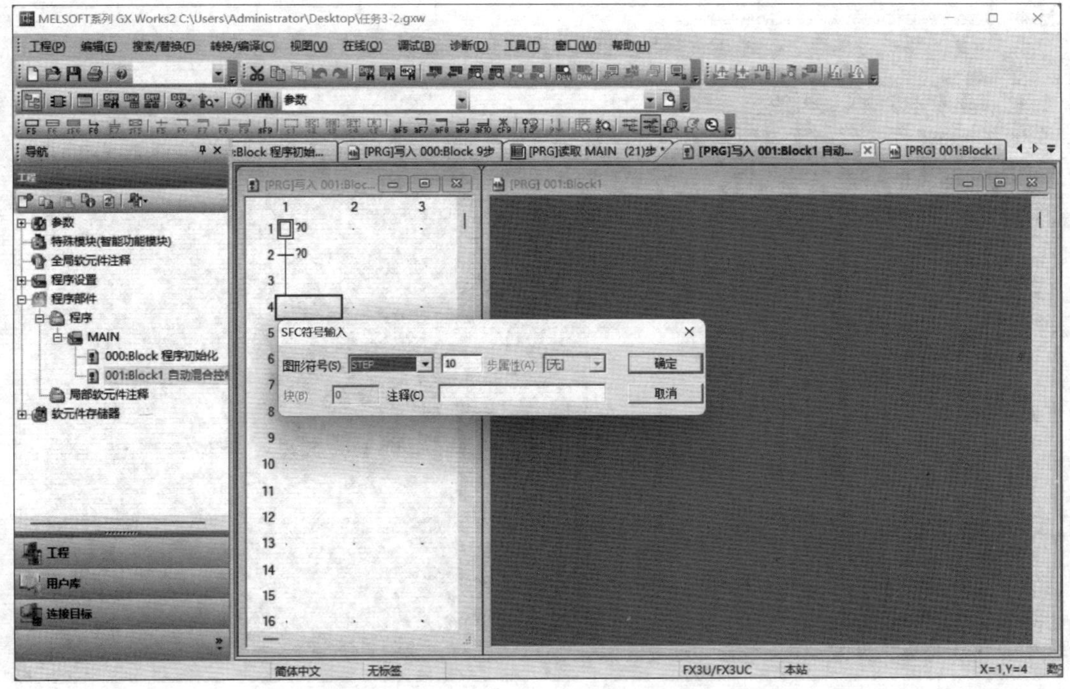

图 3-2-23 顺序功能图的步符号输入画面

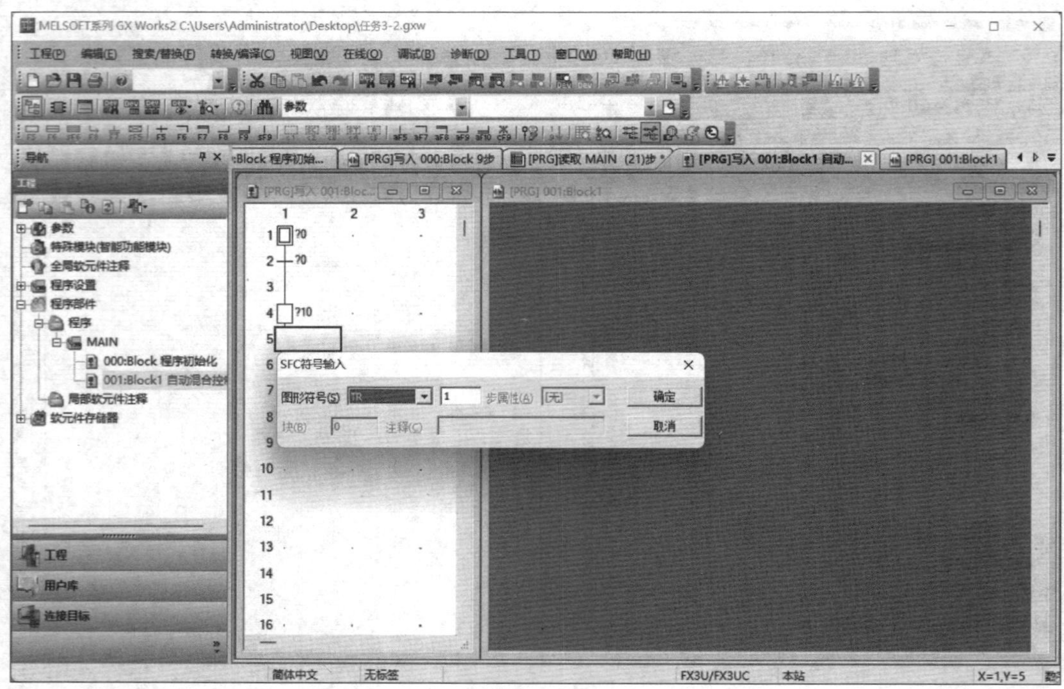

图 3-2-24　顺序功能图的转移符号输入画面

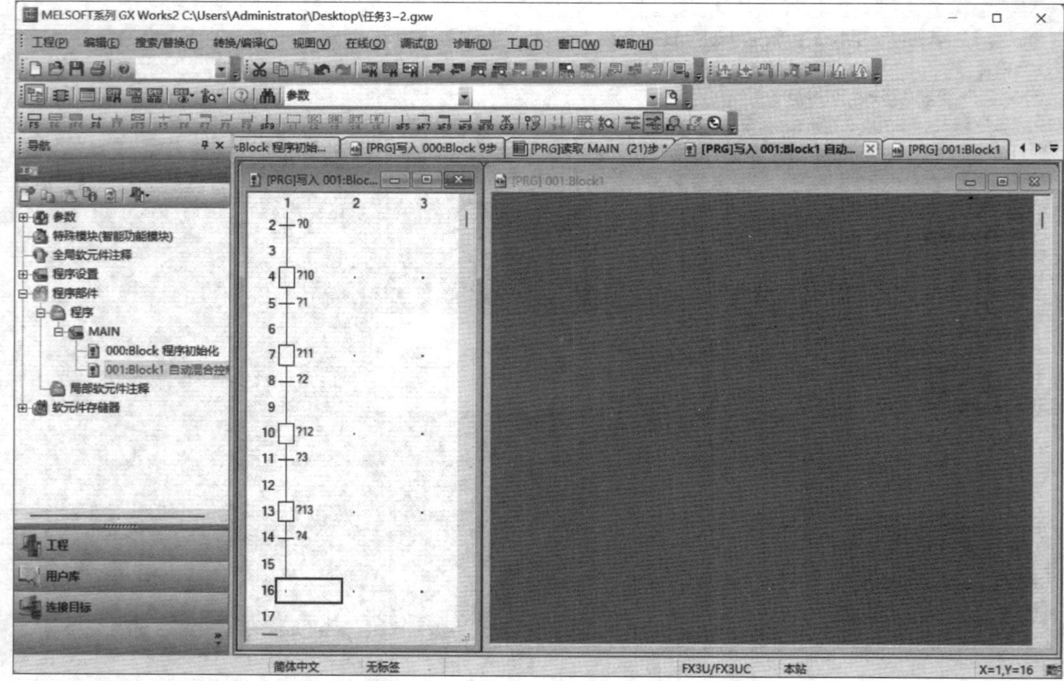

图 3-2-25　输入步和转移符号后的顺序功能图

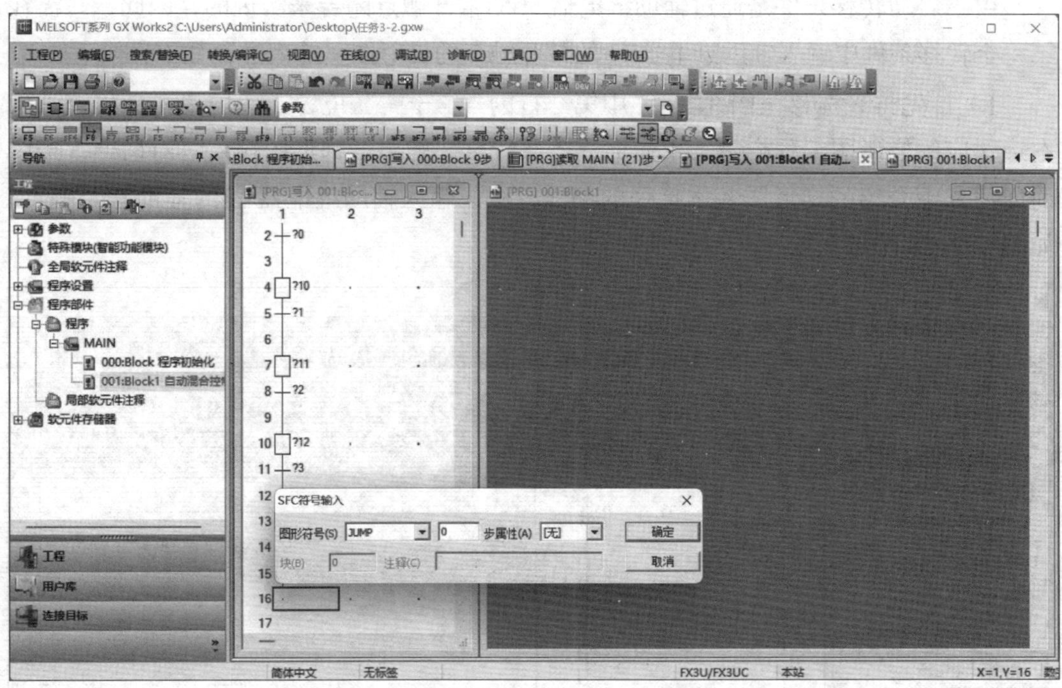

图 3-2-26 顺序功能图的跳（JUMP）符号的输入画面

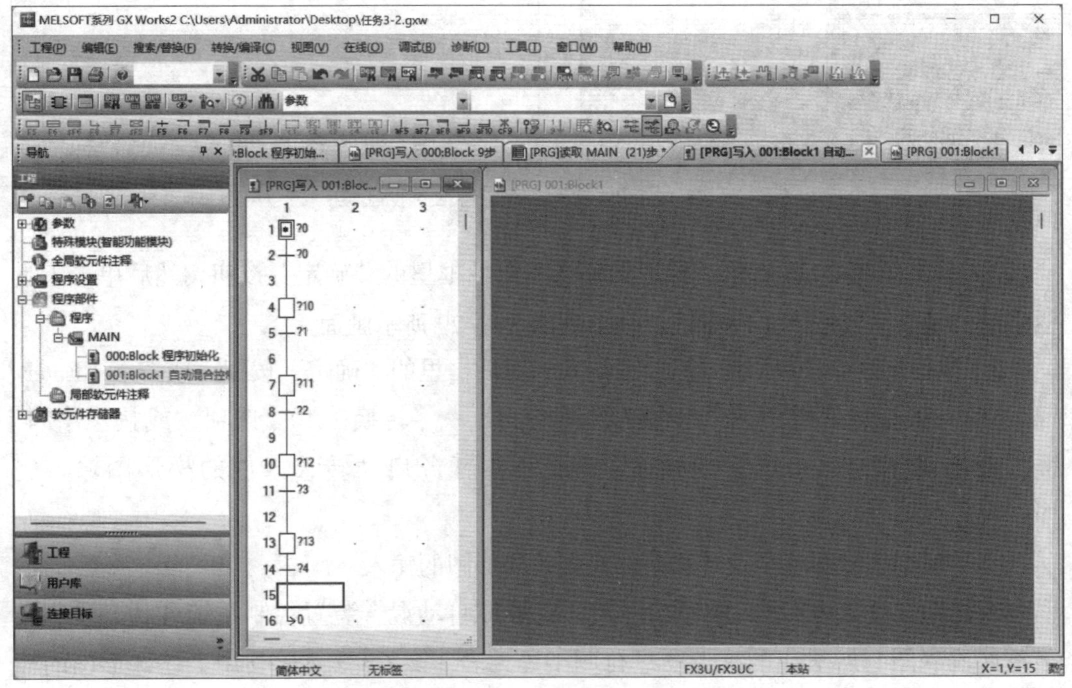

图 3-2-27 完整的顺序功能图画面

（4）启动转移条件梯形图的输入

由于启动转移条件是通过辅助继电器 M 的常开触点闭合来实现的，因此，只需在第一个转移条件中输入辅助继电器 M 的常开触点的梯形图。输入过程如下：

1）首先将光标移至图 3–2–27 中第 2 行的“ 2┼?0 ”位置，然后将光标移至画面右边对应的梯形图编程栏中，用光标双击蓝线框，弹出“梯形图输入”对话框，按照前面任务中介绍的梯形图基本指令的编程方法，输入辅助继电器 M 的辅助常开触点，如图 3–2–28 所示。

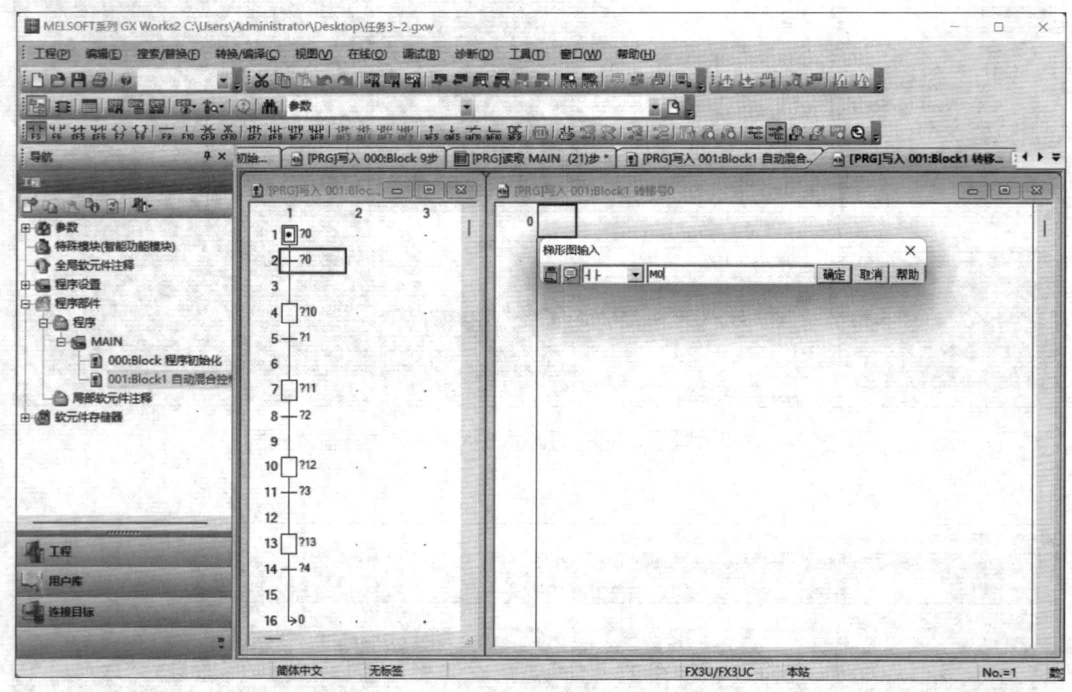

图 3–2–28 启动转移条件梯形图的输入画面（一）

2）单击图 3–2–28 所示“梯形图输入”对话框里的“确定”按钮，然后单击工具栏中的“ ”或按下【F8】键，会出现图 3–2–29 所示画面。

3）单击图 3–2–29 所示“梯形图输入”对话框里的“确定”按钮，或按下【Enter】键。然后单击菜单栏中的“转换 / 编译（C）”→“转换（B）”选项，或按下【F4】键，会出现图 3–2–30 所示的画面，至此，本任务启动转移条件的梯形图输入完毕。

（5）顺序功能图各步及转移条件对应的梯形图的输入

根据图 3–2–14 所示的顺序功能图，将液体自动混合装置控制系统各状态步和转移条件流程图与所对应的梯形图进行归纳（见表 3–2–6），然后利用上述梯形图的输入方法，对应输入各状态步和转移条件的梯形图。

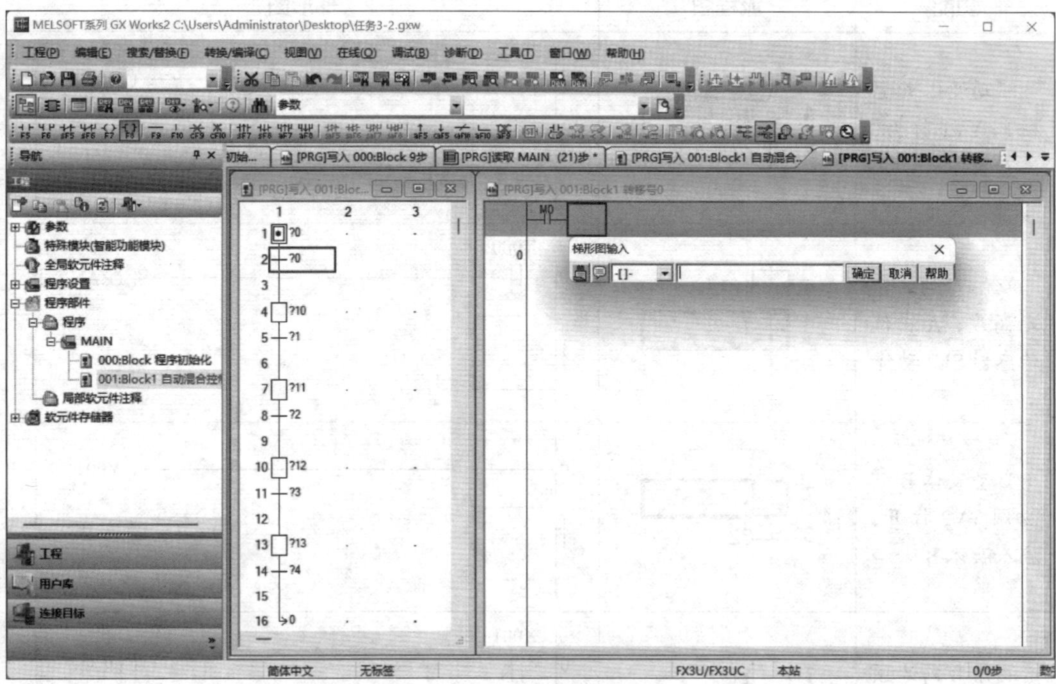

图 3-2-29 启动转移条件梯形图的输入画面（二）

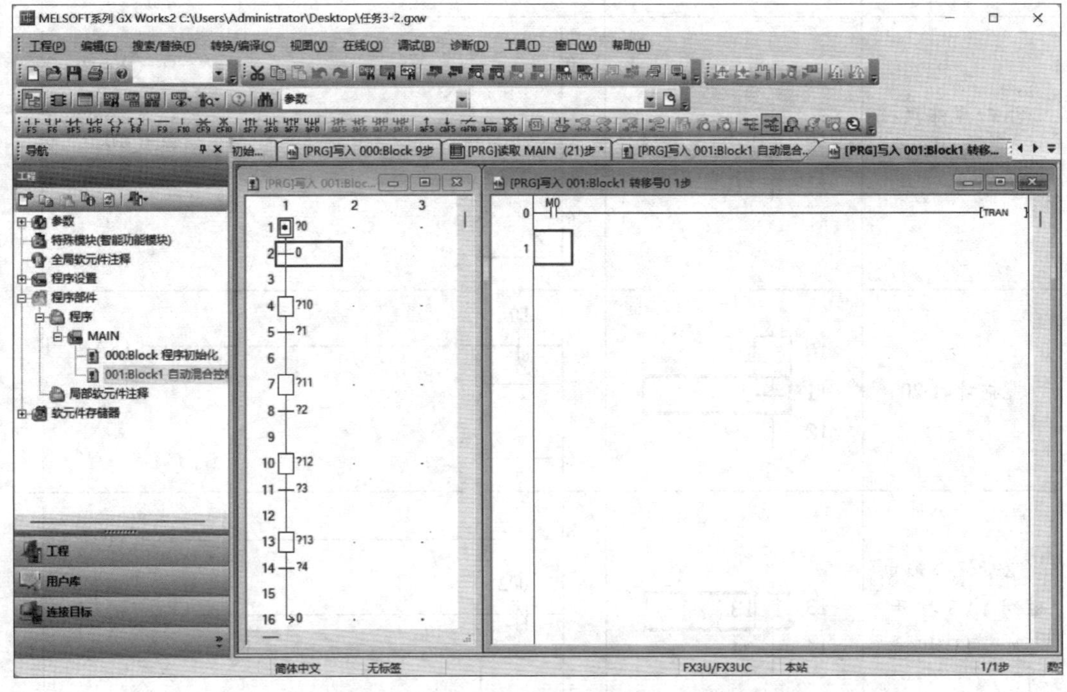

图 3-2-30 启动转移条件梯形图的输入画面（三）

表 3-2-6　液体自动混合装置控制系统各状态步和转移条件流程图及其对应的梯形图

功能	流程图	梯形图
驱动液体 A 电磁阀 YV1 打开，流入液体 A	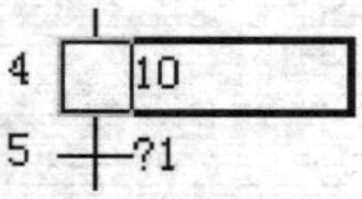 4 10 5 ?1	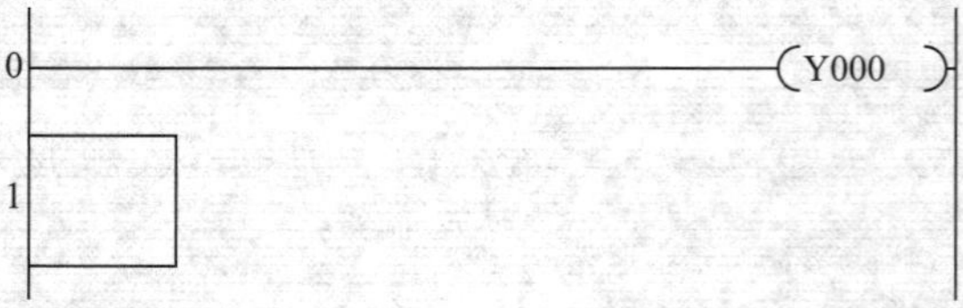 0 (Y000) 1
液体 A 到达预定高度，A 液位传感器 SL2 动作	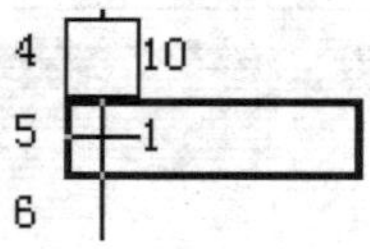 4 10 5 1 6	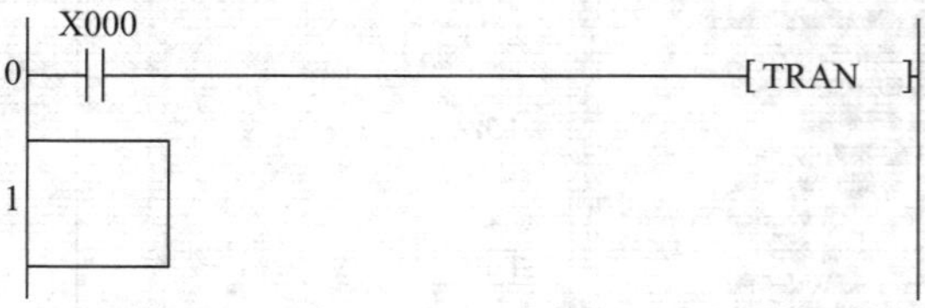 0 X000 [TRAN] 1
驱动液体 B 电磁阀 YV2 打开，流入液体 B	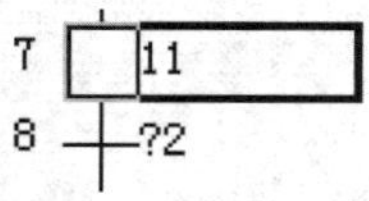 7 11 8 ?2	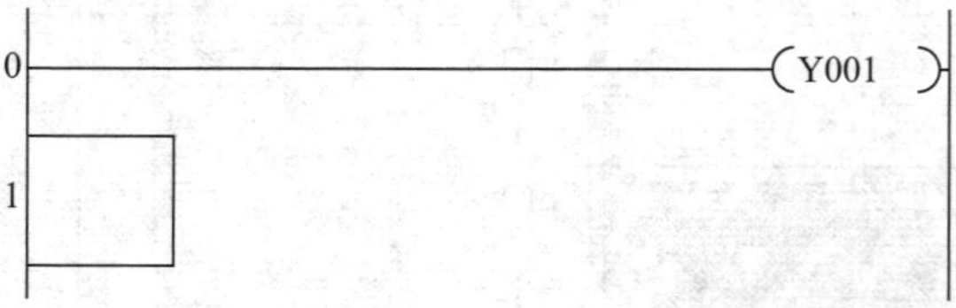 0 (Y001) 1
液体 B 到达预定高度，B 液位传感器 SL1 动作	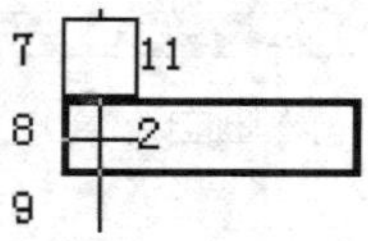 7 11 8 2 9	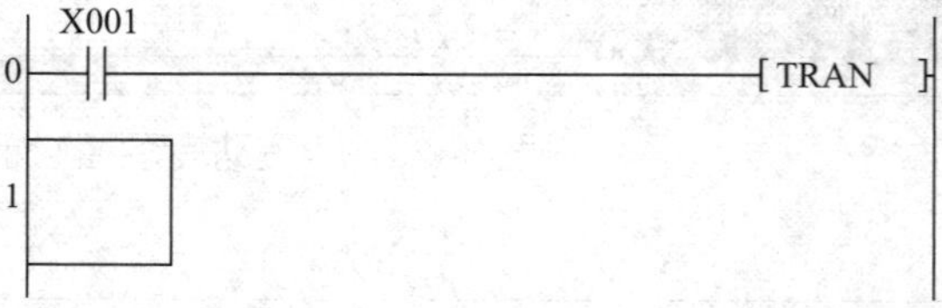 0 X001 [TRAN] 1
驱动搅拌机搅拌，定时器 T0 延时控制	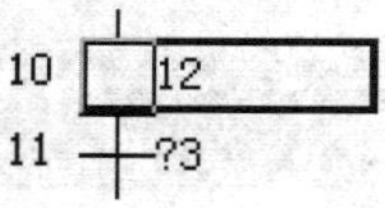 10 12 11 ?3	0 (Y002) K200 (T0) 4
搅拌计时 20 s	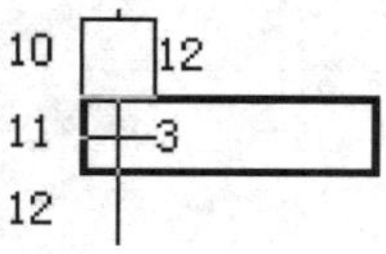 10 12 11 3 12	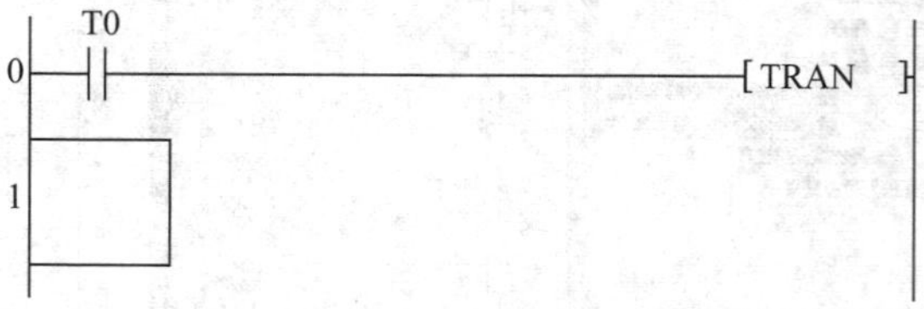 0 T0 [TRAN] 1
驱动混合液电磁阀 YV3 打开，定时器 T1 延时控制	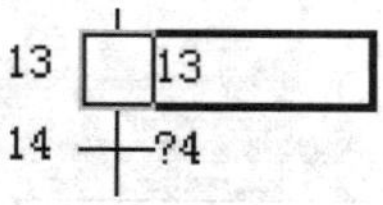 13 13 14 ?4	0 (Y003) 1 X002 K200 (T1) 5

续表

功能	流程图	梯形图
当混合液流出，液位下降到 SL3 时，计时 20 s	13　13 14　4 15	T1 0 ─┤├─ [TRAN] 1

（6）顺序功能图向梯形图的转换

1）当顺序功能图对应的梯形图输入完毕后，单击工具栏中的转换所有程序按钮“ ”，启动顺序功能图向梯形图的转换，如图 3–2–31 所示。

2）单击菜单栏中的“工程（P）”→“工程类型更改”（G）... 选项，如图 3–2–32 所示，打开“工程类型更改”对话框，如图 3–2–33 所示，选择其中的“更改程序语言类型（G）”选项。然后单击“确定”按钮，此时会询问是否从 SFC 语言更改为梯形图语言，单击“确定”按钮，即出现利用顺序功能图编程方法转换成的梯形图，如图 3–2–34 所示。

通过由顺序功能图向梯形图的转换，可以得到液体自动混合装置控制系统的完整梯形图，如图 3–2–35 所示。

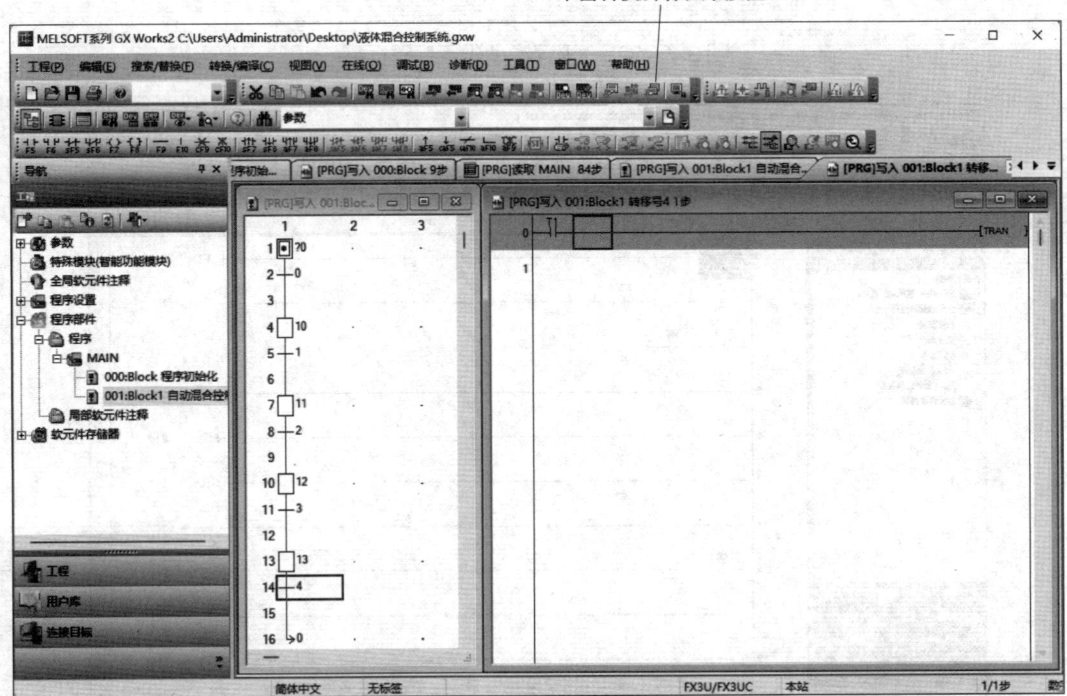

图 3–2–31　单击转换所有程序按钮

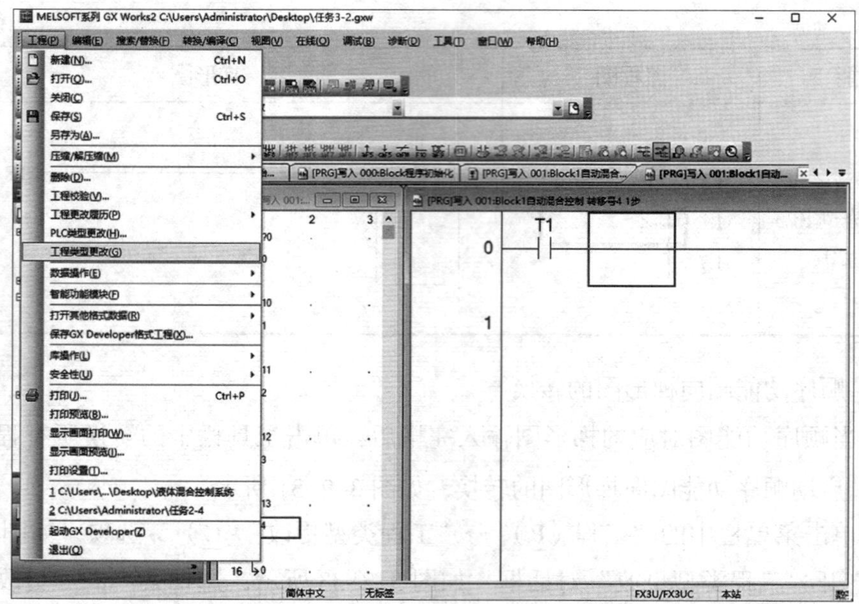

图 3-2-32　单击“工程类型更改（G）...”选项

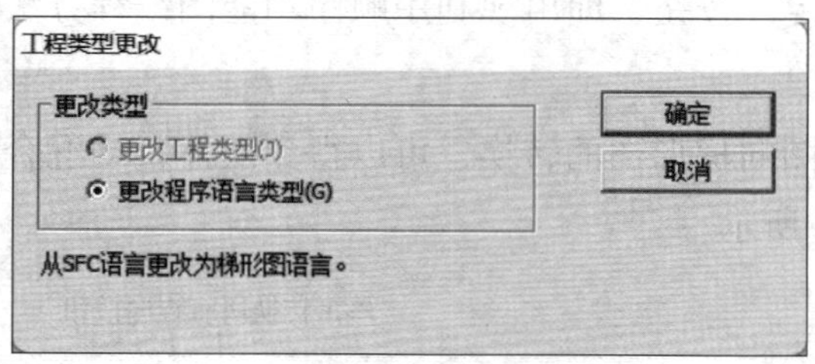

图 3-2-33　“工程类型更改”对话框

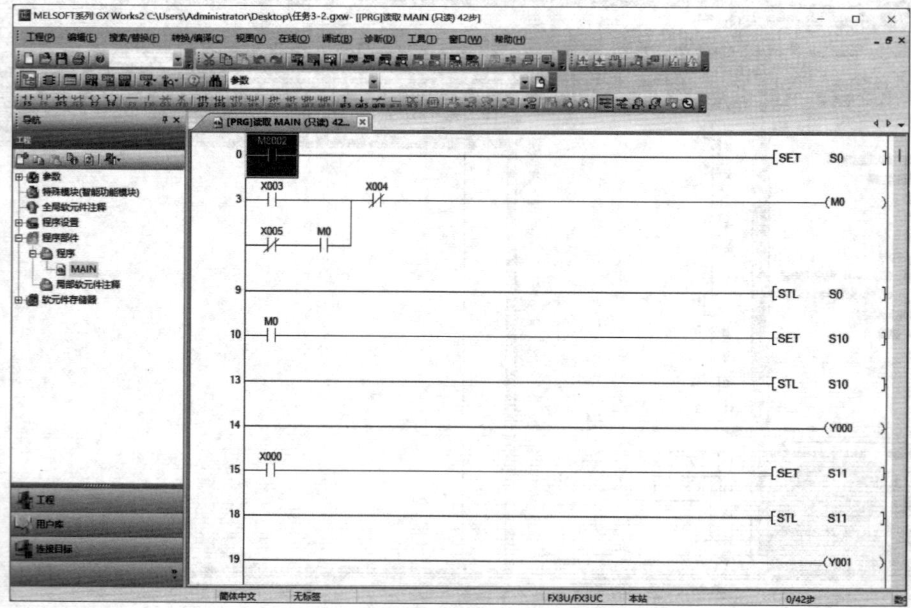

图 3-2-34　转换成的梯形图

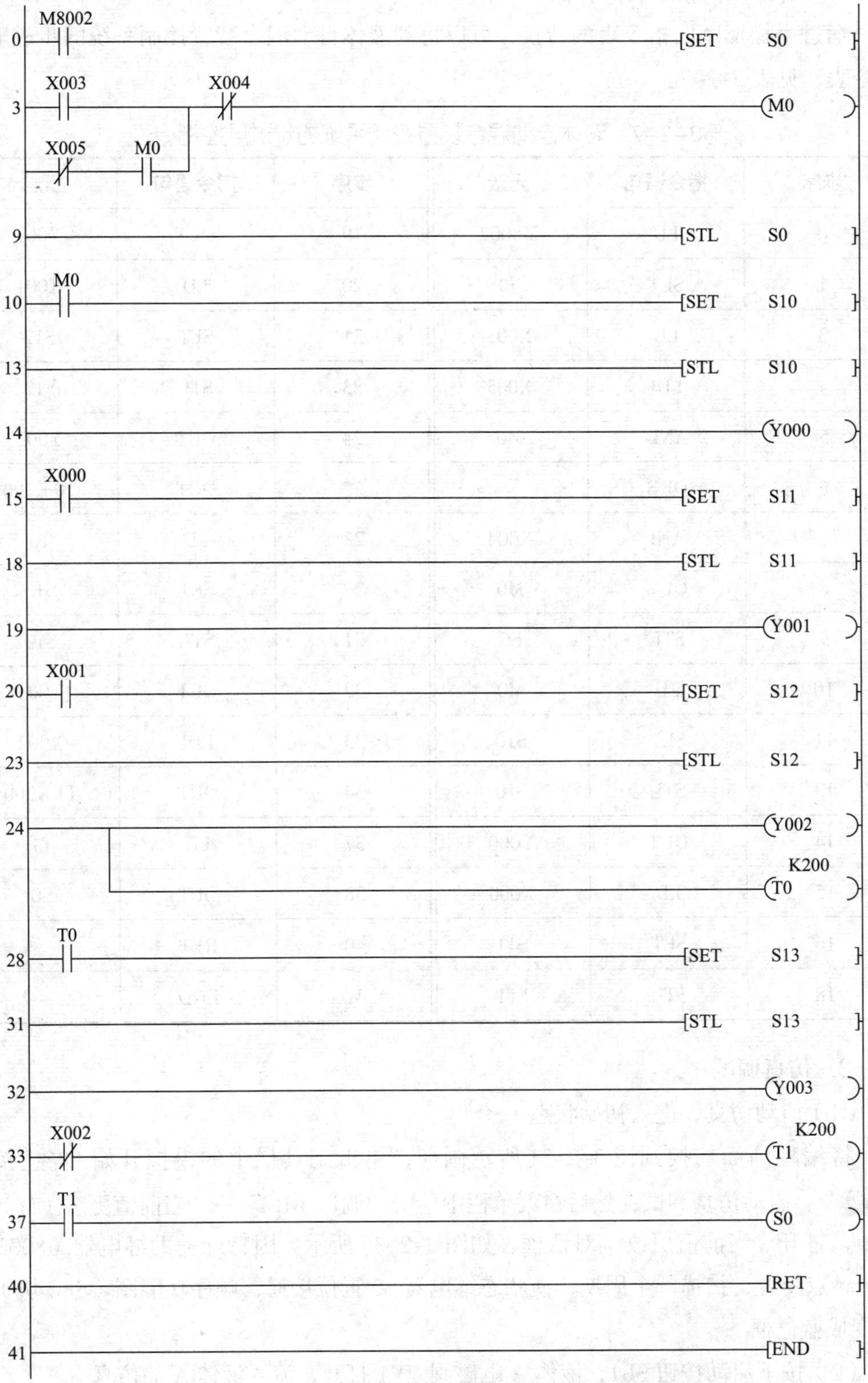

```
0   M8002 ─┤├─────────────────────────[SET  S0 ]
3   X003 ─┤├─┬─ X004 ─┤/├─────────────( M0 )
    X005 ─┤/├─ M0 ─┤├─┘
9   ──────────────────────────────────[STL  S0 ]
10  M0 ─┤├────────────────────────────[SET  S10 ]
13  ──────────────────────────────────[STL  S10 ]
14  ──────────────────────────────────( Y000 )
15  X000 ─┤├──────────────────────────[SET  S11 ]
18  ──────────────────────────────────[STL  S11 ]
19  ──────────────────────────────────( Y001 )
20  X001 ─┤├──────────────────────────[SET  S12 ]
23  ──────────────────────────────────[STL  S12 ]
24  ──┬───────────────────────────────( Y002 )
      │                                 K200
      └───────────────────────────────( T0 )
28  T0 ─┤├────────────────────────────[SET  S13 ]
31  ──────────────────────────────────[STL  S13 ]
32  ──────────────────────────────────( Y003 )
                                        K200
33  X002 ─┤/├─────────────────────────( T1 )
37  T1 ─┤├────────────────────────────( S0 )
40  ──────────────────────────────────[RET ]
41  ──────────────────────────────────[END ]
```

图 3-2-35 液体自动混合装置控制系统的完整梯形图

（7）梯形图向指令表的转换

通过由梯形图向指令表的转换，可以得到液体自动混合装置控制系统的步进顺控指令表，见表 3–2–7。

表 3–2–7　液体自动混合装置控制系统的步进顺控指令表

步序	指令语句	元素	步序	指令语句	元素
0	LD	M8002	19	OUT	Y001
1	SET	S0	20	LD	X001
3	LD	X003	21	SET	S12
4	LDI	X005	23	STL	S12
5	AND	M0	24	OUT	Y002
6	ORB		25	OUT	T0 K200
7	ANI	X004	28	LD	T0
8	OUT	M0	29	SET	S13
9	STL	S0	31	STL	S13
10	LD	M0	32	OUT	Y003
11	SET	S10	33	LDI	X002
13	STL	S10	34	OUT	T1 K200
14	OUT	Y000	37	LD	T1
15	LD	X000	38	OUT	S0
16	SET	S11	40	RET	
18	STL	S11	41	END	

2. 仿真调试

（1）启动仿真，进入初始状态（S0）

将编程画面切换到图 3–2–31 所示画面，单击工具栏中的模拟开始 / 停止按钮“　”，启动仿真调试；然后在菜单栏中单击“调试（B）”→“当前值更改（M）...”选项，打开“当前值更改”对话框，如图 3–2–36 所示。因特殊辅助继电器 M8002 的常开触点闭合，扫描一个周期，使状态继电器 S0 置位接通，顺序功能图（SFC 块）的 S0 变成蓝色框。

（2）按下启动按钮 SB1，液体 A 电磁阀 YV1 打开，流入液体 A 的仿真

在“当前值更改”对话框的“软元件 / 标签（E）”文本框中输入“X003”，单击

"ON"按钮（按下启动按钮 SB1，接通输入继电器 X003 线圈），此时顺序功能图中初始状态 S0 的蓝色框会自动跳到 S10 状态；再单击"OFF"按钮（松开启动按钮 SB1，断开输入继电器 X003 线圈），蓝色框仍然在 S10 状态，S10 和 Y0 处于自保状态。流入液体 A 的仿真画面如图 3-2-37 所示。

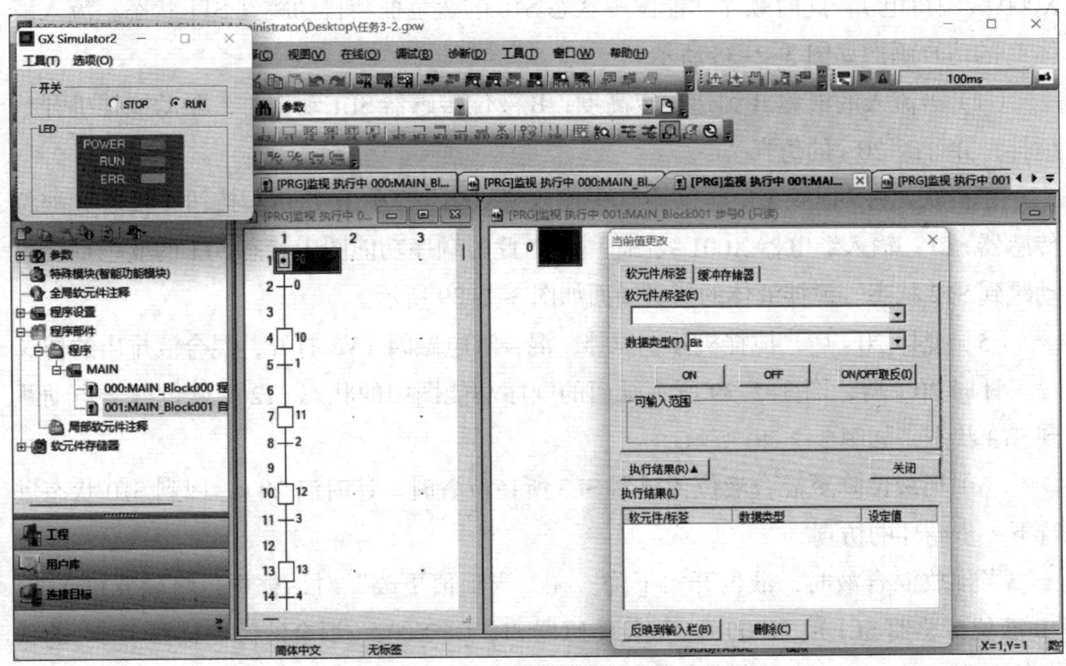

图 3-2-36 初始状态仿真画面

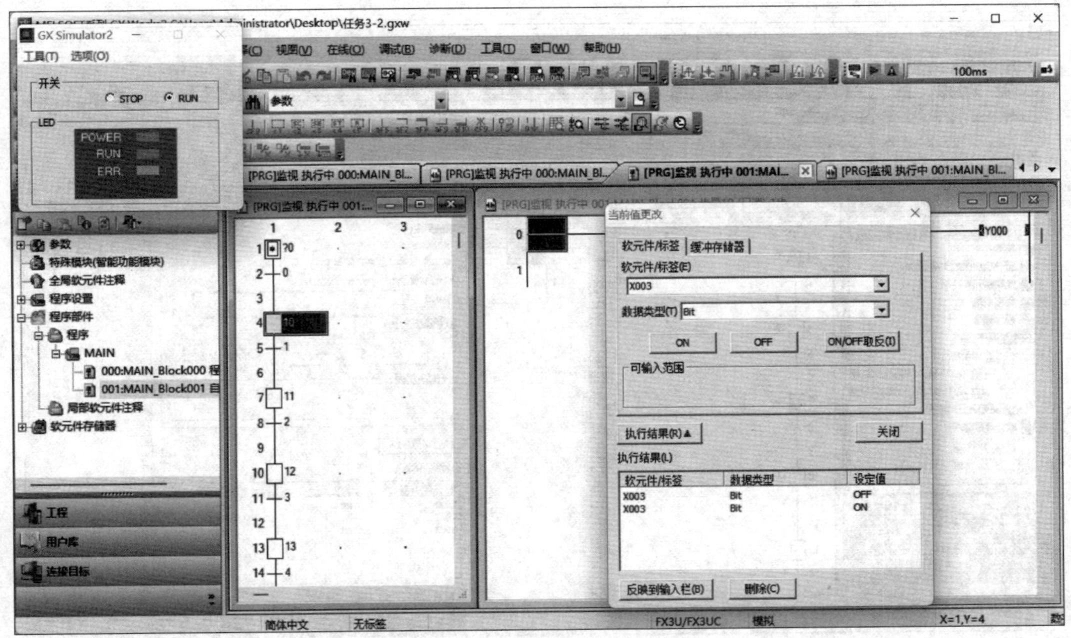

图 3-2-37 流入液体 A 的仿真画面

（3）当流入的液体 A 到达预定高度，A 液位传感器 SL2 动作时，驱动液体 B 电磁阀 YV2 打开，流入液体 B 的仿真

在图 3–2–37 所示的画面中，将“当前值更改”对话框的“软元件 / 标签（E）”文本框的内容修改为“X000”，单击“ON”按钮（接通 A 液位传感器 SL2，输入继电器 X000 线圈得电），此时顺序功能图中状态 S10 的蓝色框会自动跳到 S11 状态。流入液体 B 的仿真画面如图 3–2–38 所示。

（4）当流入的液体 B 到达预定高度，B 液位传感器 SL1 动作时，驱动搅拌机开始搅拌，并计时 20 s 的仿真

在“软元件 / 标签（E）”文本框中输入“X001”，单击“ON”按钮（接通 B 液位传感器 SL1，输入继电器 X001 线圈得电），此时顺序功能图中状态 S11 的蓝色框会自动跳到 S12 状态。搅拌液体的仿真画面如图 3–2–39 所示。

（5）搅拌 20 s 后，搅拌机停止搅拌，混合液电磁阀 YV3 打开，混合液排出的仿真

计时 20 s 后，图 3–2–39 所示画面的顺序功能图中的状态 S12 的蓝色框会自动跳到 S13 状态，如图 3–2–40 所示。

（6）当液位降至混合液位传感器 SL3 所在位置时，计时满 20 s，回到 S10 状态进行下一步循环的仿真

当排放混合液时，液位开始下降。在“当前值更改”对话框中，将软元件 X001（B 液位传感器 SL1）、X000（A 液位传感器 SL2）、X002（混合液位传感器 SL3）的状态依次更改为“OFF”，计时满 20 s 后，顺序功能图中状态 S13 的蓝色框会自动跳到 S10 初始状态，如图 3–2–41 所示。

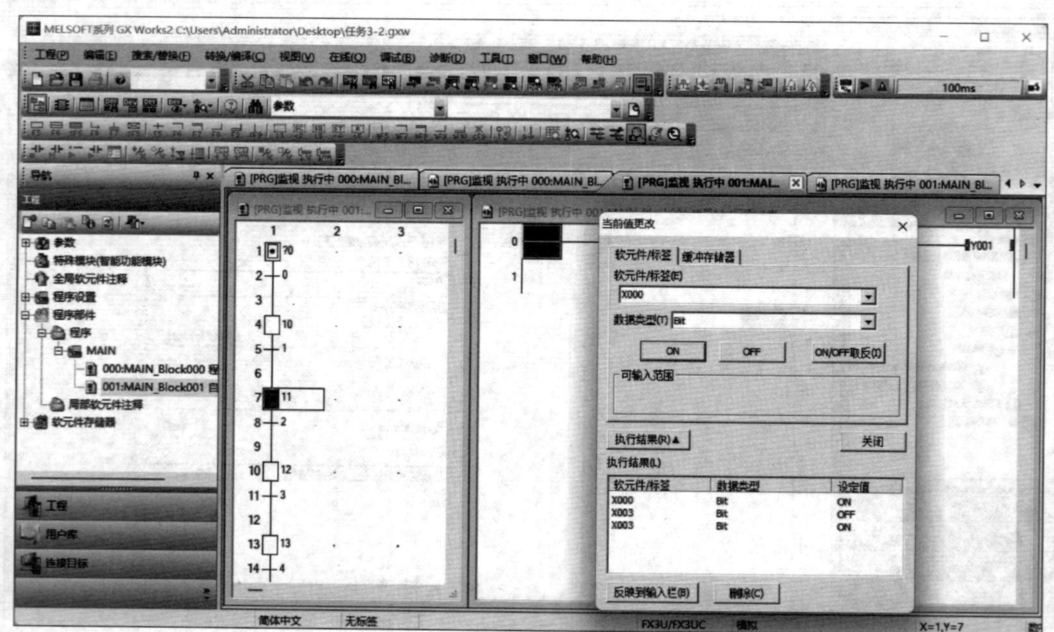

图 3–2–38　流入液体 B 的仿真画面

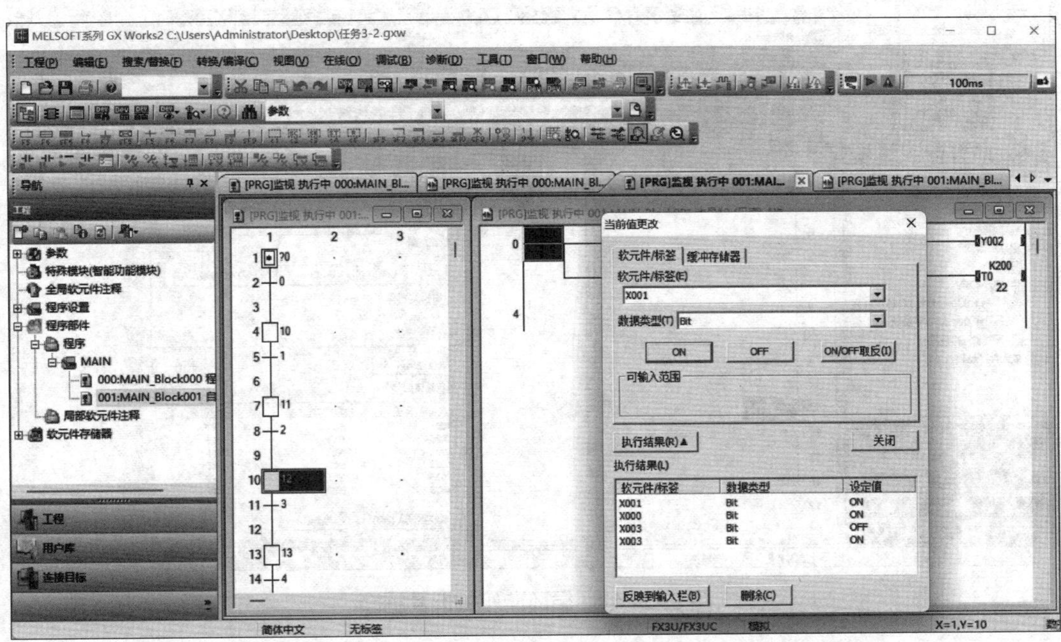

图 3-2-39 搅拌液体的仿真画面

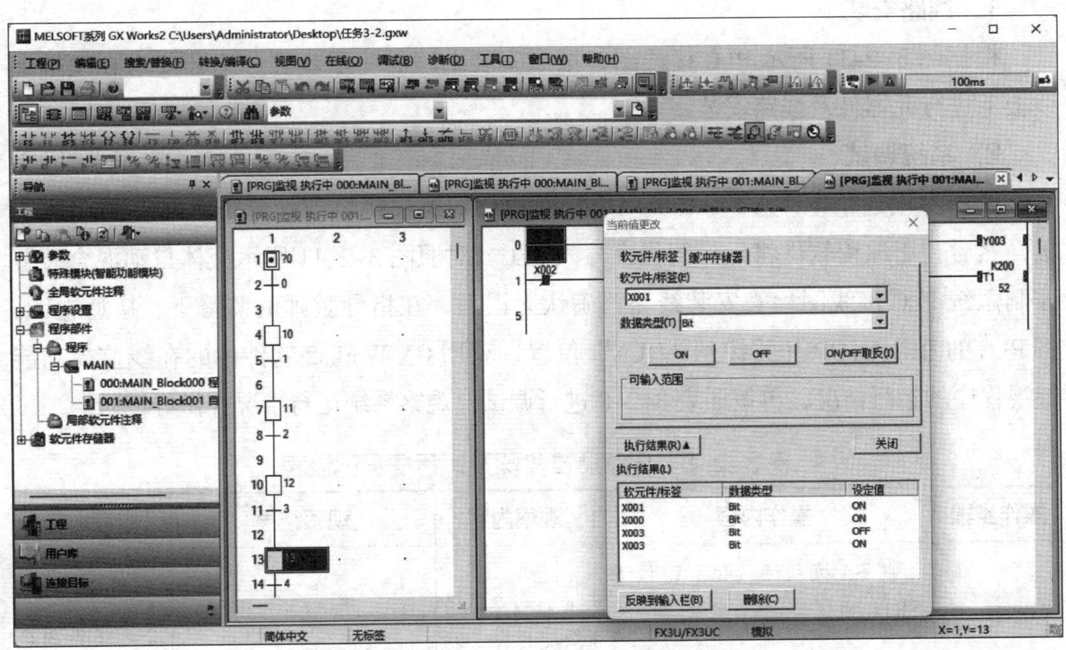

图 3-2-40 混合液排出的仿真画面

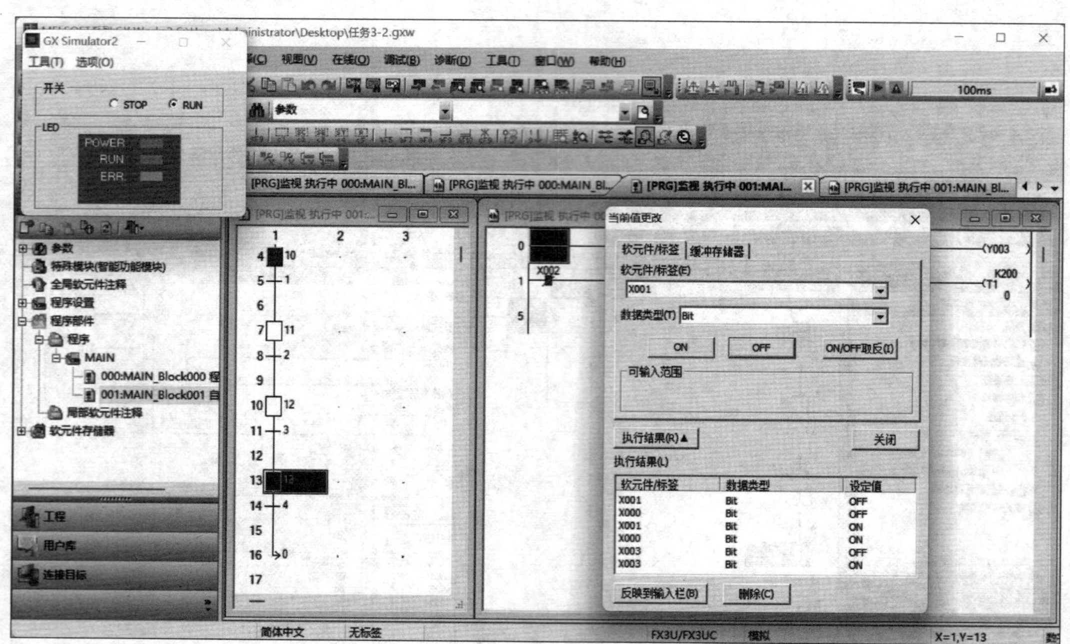

图 3-2-41　循环动作的仿真画面

单周控制和系统停止控制的仿真过程在此不再赘述，读者可自行完成。

五、线路安装与调试

1. 线路安装

根据图 3-2-11 所示 PLC 接线图，按照安装电路的一般步骤和工艺要求在模拟配线板上进行元器件及线路安装。

2. 系统调试

使用专用通信电缆（FX-USB-AW）将 PLC 的编程接口与计算机的 USB 端口相连接，然后利用编程软件将梯形图程序写入 PLC。对照图 3-2-11 所示液体自动混合装置控制系统 PLC 接线图检查安装线路，确认无误后，在指导教师的监督下，接通电源，将 PLC 的 RUN/STOP 开关拨到“RUN”位置，利用 GX Works2 软件中的在线监视功能监视程序的运行情况，再按照表 3-2-8 进行调试，观察系统运行情况并做好记录。

表 3-2-8　程序调试步骤及运行情况记录表

操作步骤	操作内容	观察内容	观察结果	思考内容
1	将 SA 拨到连续位置，按下 SB1	电磁阀 YV1、YV2、YV3 和接触器 KM		分析理解 PLC 的工作过程
2	SL2、SL3 接通，SL1 断开			
3	SL1、SL2、SL3 接通			

续表

操作步骤	操作内容	观察内容	观察结果	思考内容
4	计时 20 s 后	电磁阀 YV1、YV2、YV3 和接触器 KM		分析理解 PLC 的工作过程
5	SL1、SL2、SL3 断开			
6	计时 20 s 后			
7	将 SA 拨到单周位置			
8	按下 SB1			
9	SL2、SL3 接通，SL1 断开			
10	SL1、SL2、SL3 接通			
11	计时 20 s 后			
12	SL1、SL2、SL3 断开			
13	计时 20 s 后			

任务测评

对任务实施的完成情况进行检查，并将检查结果填入表 3-2-9。

表 3-2-9 任务测评表

序号	考核内容	考核要求	评分标准	配分	扣分	得分
1	电路设计	根据任务要求，画出顺序功能图，列出 PLC 的 I/O 地址分配表；根据控制要求，设计梯形图及 PLC 接线图	（1）顺序功能图设计功能不全，每缺一项功能扣 5 分 （2）梯形图程序设计错误，扣 20 分 （3）输入 / 输出地址有遗漏或错误，每处扣 5 分 （4）梯形图画法不规范，每处扣 1 分 （5）接线图表达不正确或画法不规范，每处扣 2 分	50		
2	程序输入及仿真调试	能熟练地将所编程序输入 PLC，并按照被控设备的动作要求进行模拟调试，达到设计要求	（1）不会熟练操作键盘或鼠标输入 PLC 程序，扣 5 分 （2）不会用删除、插入、修改、保存等命令，每项扣 2 分 （3）仿真调试不成功，扣 20 分	20		

续表

序号	考核内容	考核要求	评分标准	配分	扣分	得分
3	安装与接线	按PLC接线图在模拟配线板上正确安装元器件，要求元器件在模拟配线板上布置合理，安装准确、牢固；配线时，线头紧固，外观整齐、美观，导线要有端子标号并进行线槽	（1）试机运行不正常，扣20分 （2）损坏元器件，扣5分 （3）试机运行正常，但未按PLC接线图接线，扣5分 （4）布线未进行线槽，不美观，每根扣1分 （5）接点松动、露铜过长、反圈、压绝缘层，端子标号不清楚、遗漏或误标，引出端未接在端子排上，每处扣1分 （6）损伤导线绝缘或线芯，每根扣1分 （7）不按PLC接线图接线，每处扣5分	20		
4	安全文明生产	劳动保护用品穿戴整齐；电工工具齐全；遵守操作规程；讲文明礼貌，操作结束要清理现场	操作中，违反安全文明生产考核要求的任何一项扣5分，扣完为止	10		
开始时间：			结束时间：	成绩		

知识拓展

1. 多重输出指令在STL区中的使用

在STL触点后不可以直接使用多重输出指令，只有在LD或LDI指令后才可以使用，如图3-2-42所示。

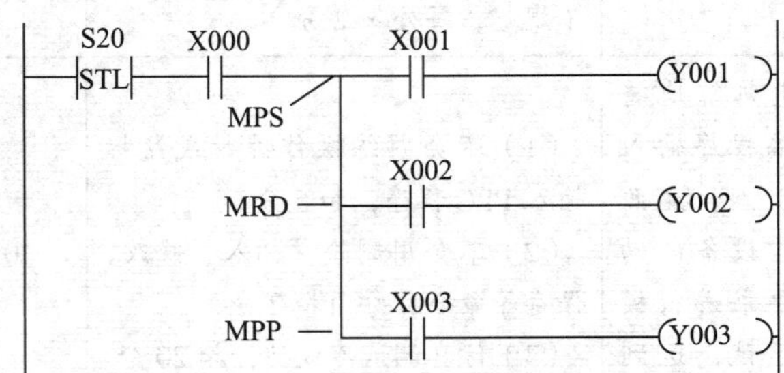

图3-2-42　多重输出指令在STL区中的使用

2. OUT 指令在 STL 区中的使用

OUT 指令和 SET 指令对 STL 指令后的状态继电器具有相同的功能，都会将原来的活动步对应的状态继电器自动复位。但在 STL 区中分离状态（非相连状态）的转移必须使用 OUT 指令，如图 3-2-43 所示。

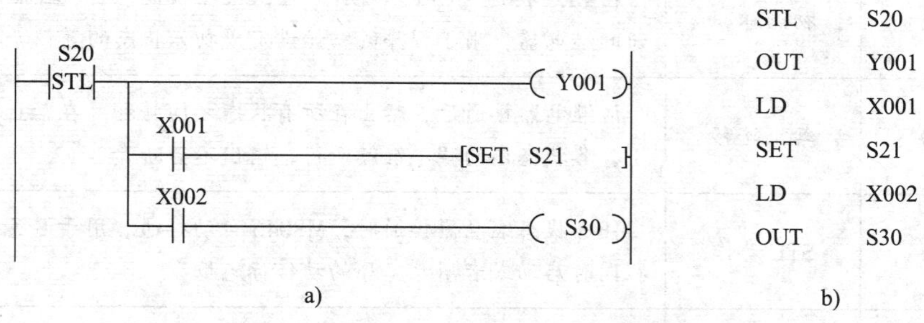

图 3-2-43 STL 区中分离状态的转移

a）梯形图 b）指令表

在 STL 区内的 OUT 指令还用于顺序功能图中的闭环和跳步，如果想跳回已经处理过的步或向前跳过若干步，可对状态继电器使用 OUT 指令，如图 3-2-44 所示。OUT 指令还可以用于远程跳步，即从顺序功能图中的一个序列跳到另外一个序列。以上情况虽然可以使用 SET 指令，但最好使用 OUT 指令。

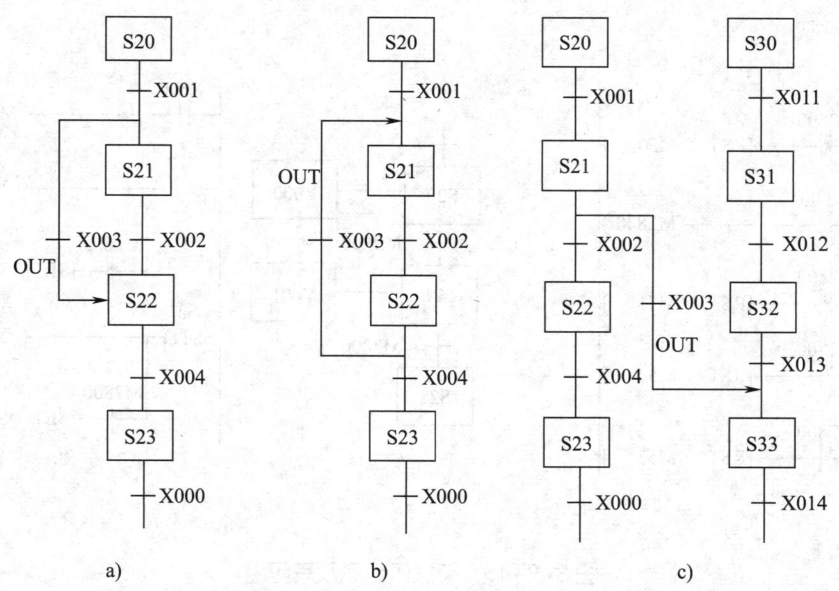

图 3-2-44 STL 区内的闭环和跳步使用 OUT 指令

a）往前跳步 b）往后跳步 c）远程跳步

3. 顺序功能图中常用的特殊辅助继电器

在顺序功能图中，经常会使用一些特殊辅助继电器，其名称和功能见表 3-2-10。

表 3-2-10　顺序功能图中常用的特殊辅助继电器

元件编号	名称	功能和用途
M8000	RUN 监控	在 PLC 运行中始终接通的继电器，可作为驱动程序的输入条件或作为 PLC 运行状态的显示来使用
M8002	初始脉冲	在 PLC 接通（OFF → ON）时，仅在瞬间（1 个扫描周期）接通的继电器，用于程序的初始设定或初始状态的置位 / 复位
M8040	禁止转移	该继电器接通后，禁止在所有状态之间转移。在禁止转移状态下，各状态内的程序继续运行，输出不会断开
M8046	STL 动作	任一状态继电器接通时，M8046 自动接通。用于避免与其他流程同时启动或者用于工序的动作标志位
M8047	STL 监控有效	该继电器接通后，编程功能可自动读出正在工作中的元件状态并加以显示

4. 单操作标志及其应用

M2800 ~ M3071 是单操作标志。当图 3-2-45a 所示的 M2800 的线圈得电时，只有它后面第一个 M2800 的脉冲触点（②号触点）能工作，而 M2800 的①号和③号脉冲触点不会动作。M2800 的④号触点是使用 LD 指令的普通触点，M2800 的线圈得电时，该触点闭合。

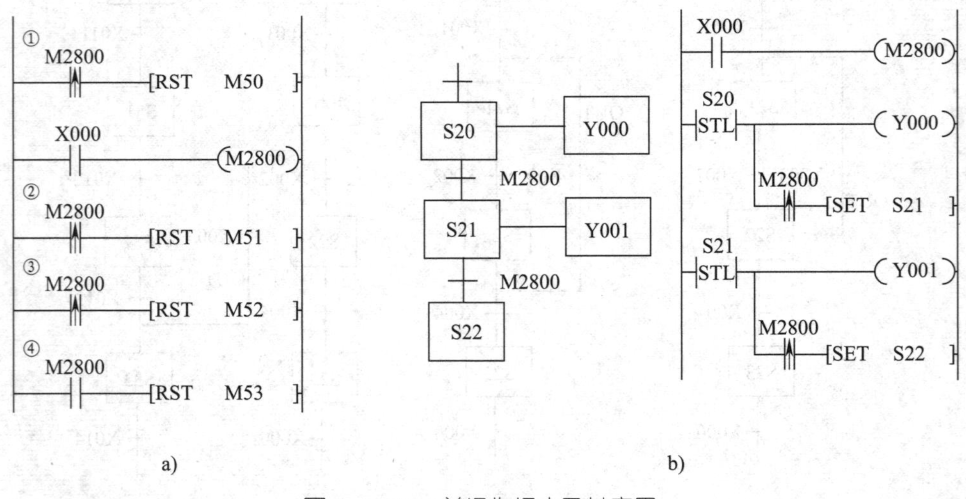

图 3-2-45　单操作标志及其应用

a）单操作标志示例　b）单操作标志的应用

借助单操作标志可以用一个转换条件实现多次转换。如图 3-2-45b 所示，当 S20 为活动步，X000 的常开触点闭合时，M2800 的第一个上升沿检测触点闭合一个扫描周期，实现步 S20 到步 S21 的转换。X000 的常开触点下一次由断开变为接通时，因为

S20是不活动步，所以没有执行图中的第一条LDP M2800指令。而S21的STL触点之后的触点是M2800的线圈之后遇到的它的第一个上升沿检测触点，所以该触点闭合一个扫描周期，系统由步S21转换到步S22。

任务3 自动门控制系统设计与装调

学习目标

1. 掌握选择序列结构顺序功能图的画法，并能通过顺序功能图进行步进顺序控制程序的设计。

2. 能根据控制要求画出选择序列结构的顺序功能图，并能灵活地运用步进顺控指令将其转换成梯形图，完成自动门控制系统的程序设计。

3. 能正确安装、调试自动门控制系统的控制电路。

任务引入

现在许多公共场所都采用自动门，如图3–3–1所示。这种自动门以前多采用继电器控制系统，其受环境的影响，故障频繁，加之元器件较多，线路复杂，不易维修。随着单片机与PLC的广泛应用，利用继电器控制系统控制的自动门，逐渐被利用单片机或PLC控制系统控制的自动门所取代。

本任务将以图3–3–1所示的自动门为例，运用PLC的顺序控制设计法中的选择序列结构的顺序功能图编程法，完成对自动门控制系统的设计。自动门工作示意图如图3–3–2所示。其控制要求如下。

（1）当有人靠近自动门时，红外传感器SQ1（X000）接收到信号而接通，Y000驱动电动机高速开门；当碰到开门减速开关SQ2(X001）时，Y001驱动电动机低速开门；当碰到开门极限开关SQ3（X002）时，电动机停止转动，完成开门控制。

图 3-3-1　自动门

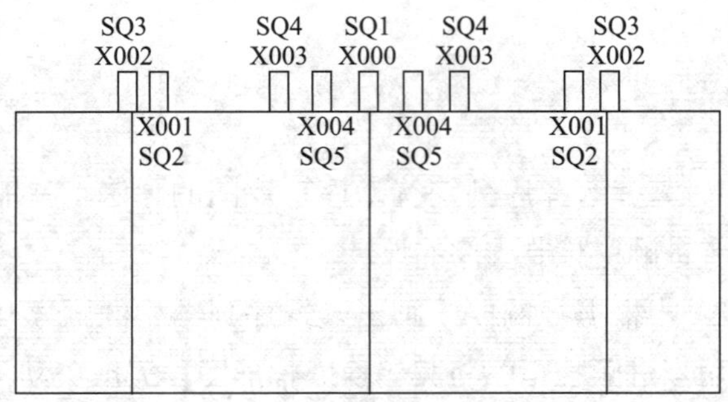

图 3-3-2　自动门工作示意图

（2）在自动门打开后，若在 0.5 s 内红外传感器 SQ1（X000）检测到无人，Y002 驱动电动机高速关门；当碰到关门减速开关 SQ4（X003）时，Y003 驱动电动机低速关门；当碰到关门极限开关 SQ5（X004）时，电动机停止转动，完成关门控制。

（3）在关门期间，若红外传感器 SQ1（X000）检测到有人，自动门会自动停止关门，并且会在 0.5 s 后自动转换成高速开门。

实施本任务所需要的实训设备及工具材料见表 3-3-1。

表 3-3-1　实训设备及工具材料

序号	分类	名称	型号 / 规格	数量	单位
1	工具	电工常用工具		1	套
2	仪表	万用表	型号自定	1	块
3		绝缘电阻表	ZC25-3，500 V	1	块
4	设备器材	计算机	装有 GX Works2 编程软件	1	台
5		可编程序控制器	FX_{3U}-48MR/ES（配备 C45 导轨、通信电缆等）	1	台

续表

序号	分类	名称	型号 / 规格	数量	单位
6	设备器材	模拟配线板	600 mm × 900 mm	1	块
7		低压断路器	Multi9 C65N D20，三极	1	个
			Multi9 C65N D20，二极	1	个
8		熔断器	RT28-32	5	个
9		红外传感器	型号自定	1	个
10		接触器	CJT10-10，AC 220 V	4	个
11		接线端子	TB-1520，20 位	1	条
12		行程开关	型号自定	4	个
13		热继电器	JR36-20	2	个
14		三相交流异步电动机	型号自定（高速用）	1	台
			型号自定（低速用）	1	台
15	消耗材料	同课题一任务 2			

相关知识

一、用步进顺控指令实现的选择序列结构的编程方法

用步进顺控指令实现的选择序列结构的编程方法主要有选择序列分支的编程方法和选择序列合并的编程方法两种。

1. 选择序列分支的编程方法

在图 3-3-3 中，步 S20 之后有一个选择序列分支，当步 S20 为活动步时，如果转换条件 X002 满足，将转换到步 S21；如果转换条件 X003 满足，将转换到步 S22；如果转换条件 X004 满足，将转换到步 S23。

如果某一步的后面有 *N* 条选择序列的分支，则该步的 STL 触点开始的电路中应有 *N* 条分别指明各转换条件和转换目标的并联电路。对于图 3-3-3 中步 S20 之后的这 3 条支路有 3 个转换条件 X002、X003 和 X004，可能进入步 S21、步 S22 和步 S23，所以在步 S20 的 STL 触点开始的电路中，有 3 条由 X002、X003 和 X004 作为置位条件的并联电路。STL 触点具有与主控开始指令（MC）相同的特点，即 LD 点移到了 STL 触点的右端。这一特点使选择序列分支对应的电路设计更为方便，并且在用 STL 指令设计复杂系统梯形图时，更能体现其优越性。

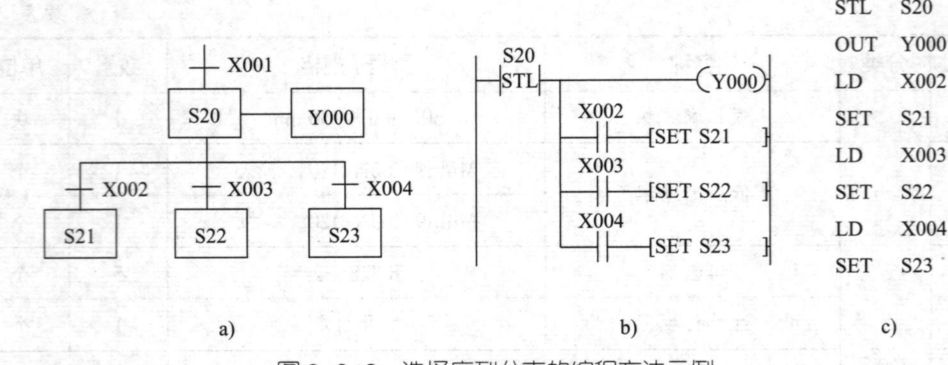

图 3–3–3 选择序列分支的编程方法示例

a）顺序功能图 b）梯形图 c）指令表

2. 选择序列合并的编程方法

在图 3–3–4 中，步 S24 之前有一个由 3 条支路组成的选择序列的合并。当步 S21 为活动步，转换条件 X001 得到满足时；或者步 S22 为活动步，转换条件 X002 得到满足时；或者步 S23 为活动步，转换条件 X003 得到满足时，都将使步 S24 变为活动步，同时将步 S21、步 S22 或步 S23 变为不活动步。

在梯形图中，由 S21、S22 和 S23 的 STL 触点驱动的电路中均有转换目标 S24，对它们的后续步 S24 的置位是用 SET 指令来实现的，对相应的前级步的复位是由系统程序自动完成的。其实在设计梯形图时，无须特别留意选择序列的合并如何处理，只要正确确定每一步的转换条件和转换目标，就能自然地实现选择序列的合并。

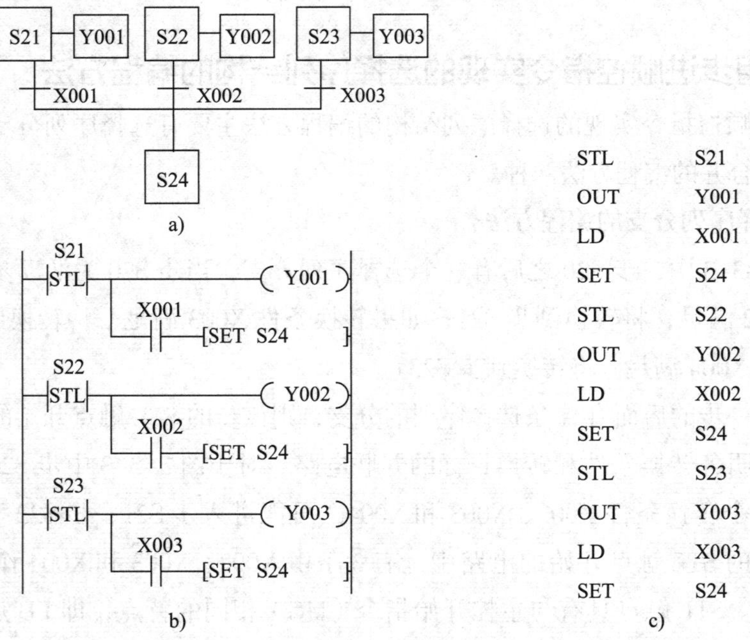

图 3–3–4 选择序列合并的编程方法示例

a）顺序功能图 b）梯形图 c）指令表

提示

（1）在分支、合并的处理程序中，不能用 MPS、MRD、MPP、ANB、ORB 指令。

（2）在采用选择序列合并编程时，同一状态继电器的 STL 触点只能在梯形图中使用 8 次。串联的 STL 触点的个数不能超过 8 次，也就是说，一个并行序列中序列不能超过 8 个。

二、选择序列结构顺序功能图的特点

由上述的选择序列分支和选择序列合并的编程方法可得出选择序列结构顺序功能图的特点。

1. 选择序列分支流程的各分支状态的转移由各自的条件选择执行，不能同时进行两个或两个以上的分支状态的转移。

2. 选择序列分支流程在分支时是先分支后条件。

3. 选择序列分支流程在合并时是先条件后合并。

4. FX 系列 PLC 的选择序列分支电路，最多可允许 8 列，每列最多允许 250 个状态。

任务实施

一、分配输入点和输出点，写出 I/O 地址分配表

根据本任务控制要求，可确定 PLC 需要 5 个输入点、4 个输出点，其 I/O 地址分配表见表 3-3-2。

表 3-3-2　I/O 地址分配表

输入			输出		
元器件代号	说明	输入地址	元器件代号	说明	输出地址
SQ1	红外传感器	X000	KM1	高速开门控制	Y000
SQ2	开门减速开关	X001	KM2	低速开门控制	Y001
SQ3	开门极限开关	X002	KM3	高速关门控制	Y002
SQ4	关门减速开关	X003	KM4	低速关门控制	Y003
SQ5	关门极限开关	X004			

二、绘制 PLC 接线图

自动门控制系统 PLC 接线图如图 3-3-5 所示。

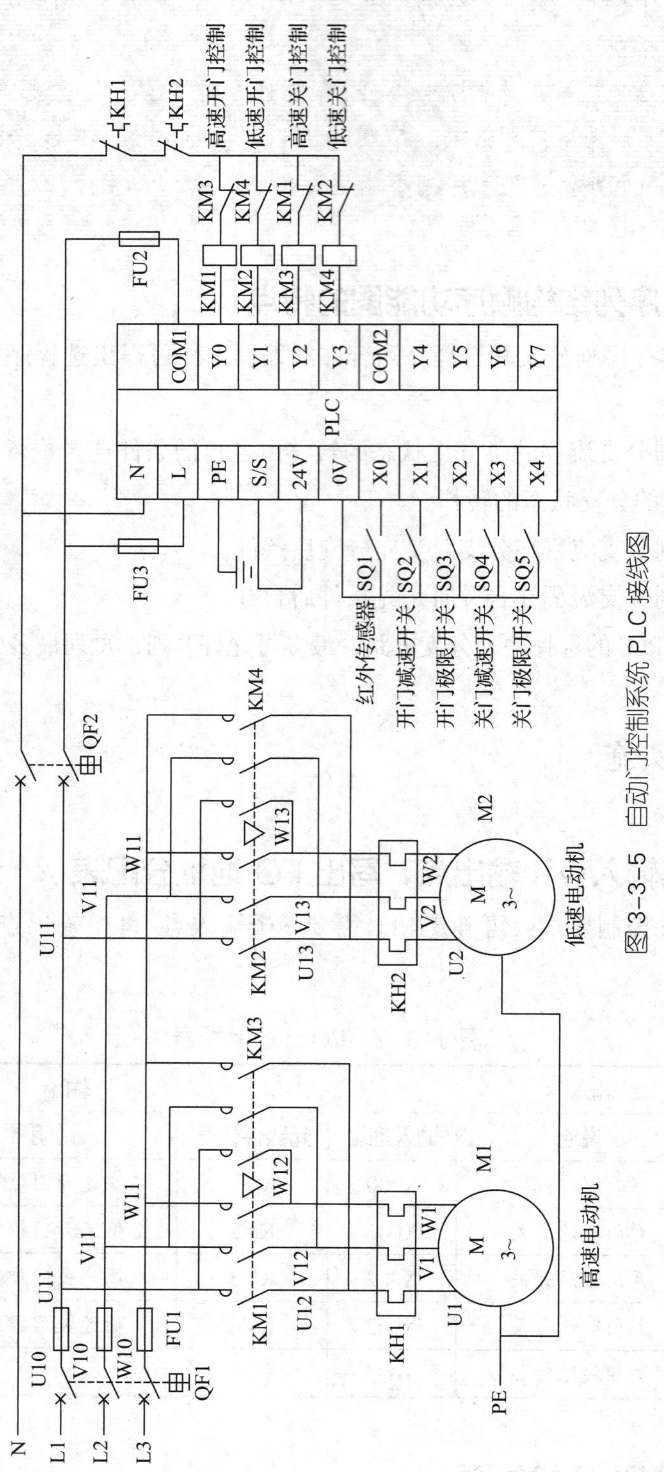

图 3-3-5　自动门控制系统 PLC 接线图

三、设计梯形图程序

通过对自动门控制要求的分析，可得出图 3–3–6 所示的自动门控制时序图。从时序图上可以看到，自动门在关门时会有两种选择：关门期间无人进出时，自动门会继续完成关门动作；关门期间又有人进出时，自动门则会暂停关门动作，继续开门让人进出后再关门。

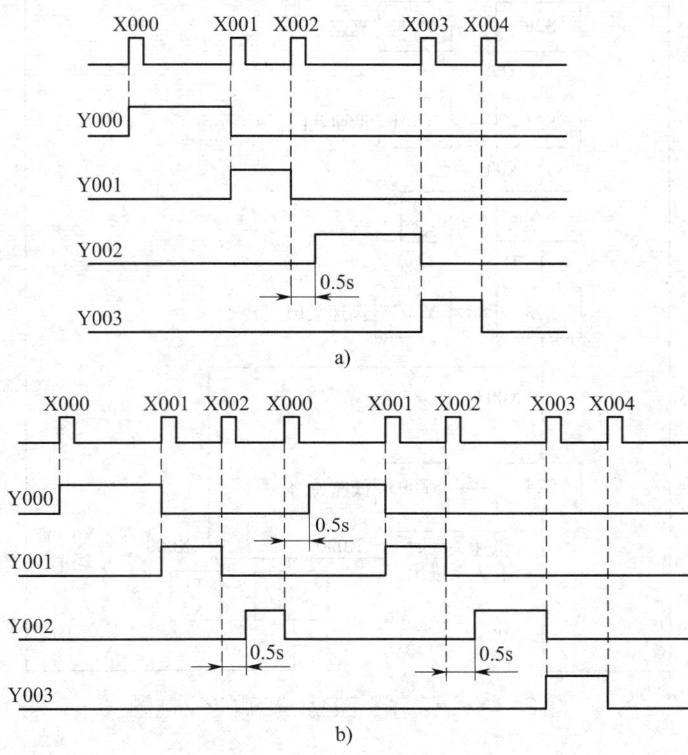

图 3–3–6 自动门控制时序图

a）关门期间无人进出的时序图 b）关门期间有人进出的时序图（以高速关门为例）

1. 根据控制要求画出自动门控制的顺序功能图

根据图 3–3–6 所示的时序图可设计出自动门控制系统的顺序功能图，如图 3–3–7 所示。分析可知，其结构具有以下特点：

（1）状态 S20 之前有一个选择序列合并，当 S0 为活动步并且转换条件 X000 满足时，或者 S25 为活动步并且转换条件 T1 满足时，状态 S20 都应变为活动步。

（2）状态 S23 之后有一个选择序列分支，当它的后续步 S24、S25 变为活动步时，它应变为不活动步。同样，状态 S24 之后也有一个选择序列的分支，当它的后续步 S0、S25 变为活动步时，它应变为不活动步。

2. 使用步进顺控指令将顺序功能图转换成梯形图

利用 PLC 的步进顺控指令按状态转移编写程序，具体的步进顺控程序的编写过程见下述程序输入内容。

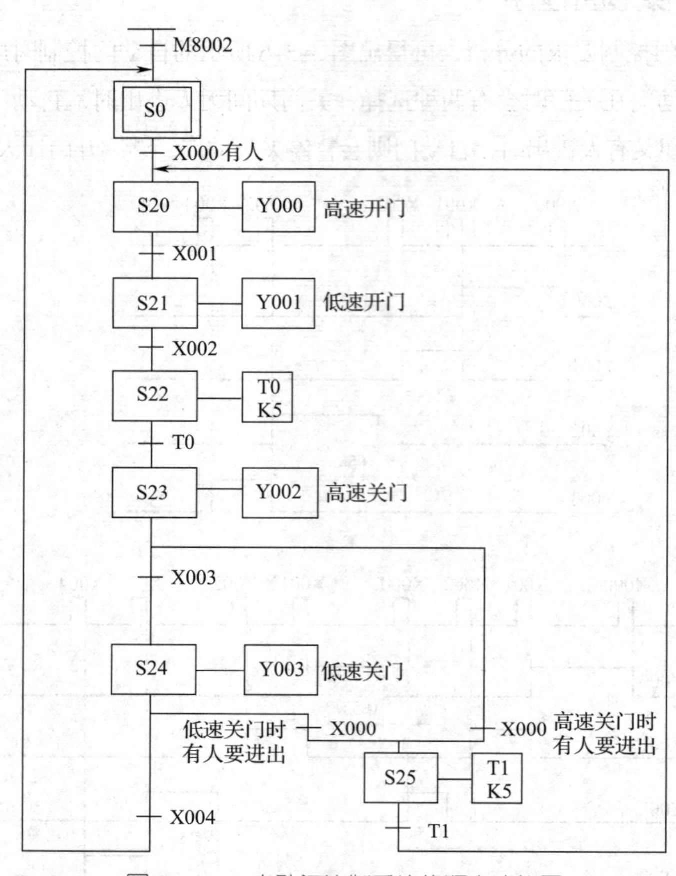

图 3-3-7　自动门控制系统的顺序功能图

四、程序输入及仿真调试

1．程序输入

（1）新建工程

启动 GX Works2 编程软件，新建工程并保存，程序语言选择“SFC”。将初始化块命名为“程序初始化”，块类型选择“梯形图块”。将顺序功能图命名为“自动门控制系统”，如图 3-3-8 所示。

（2）初始化状态的建立

运用本课题任务 2 中的方法完成初始化状态的建立，如图 3-3-9 所示。

（3）顺序功能图的输入

1）高、低速关门期间无人进出的完整顺序功能图的输入。运用本课题任务 2 中介绍的顺序功能图的输入方法，输入图 3-3-10 所示高、低速关门期间无人进出自动门时的顺序功能图，输入后的画面如图 3-3-11 所示。

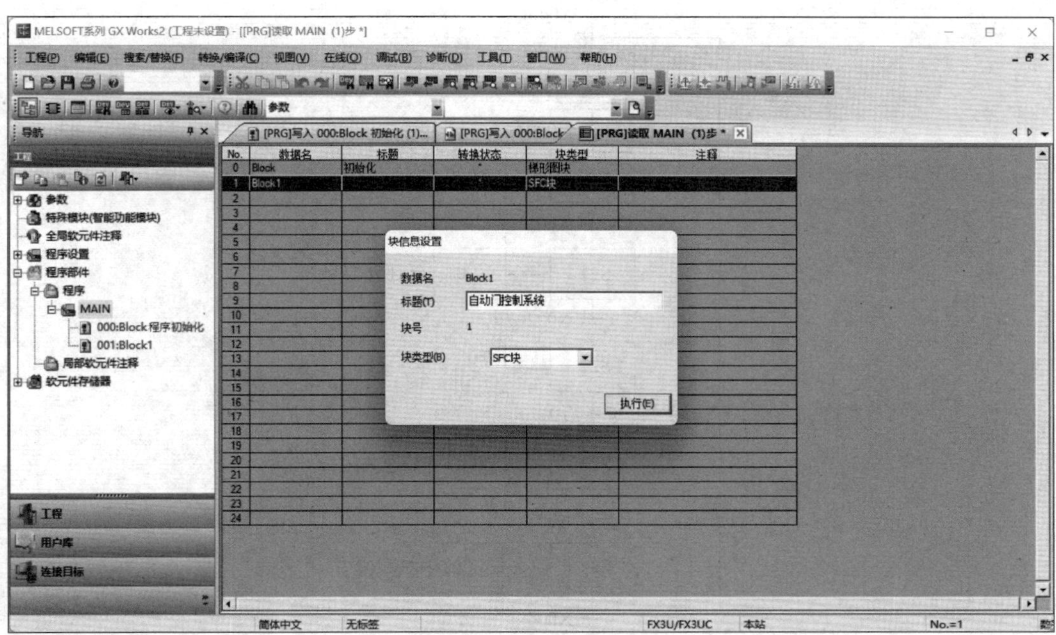

图 3-3-8 顺序功能图的命名

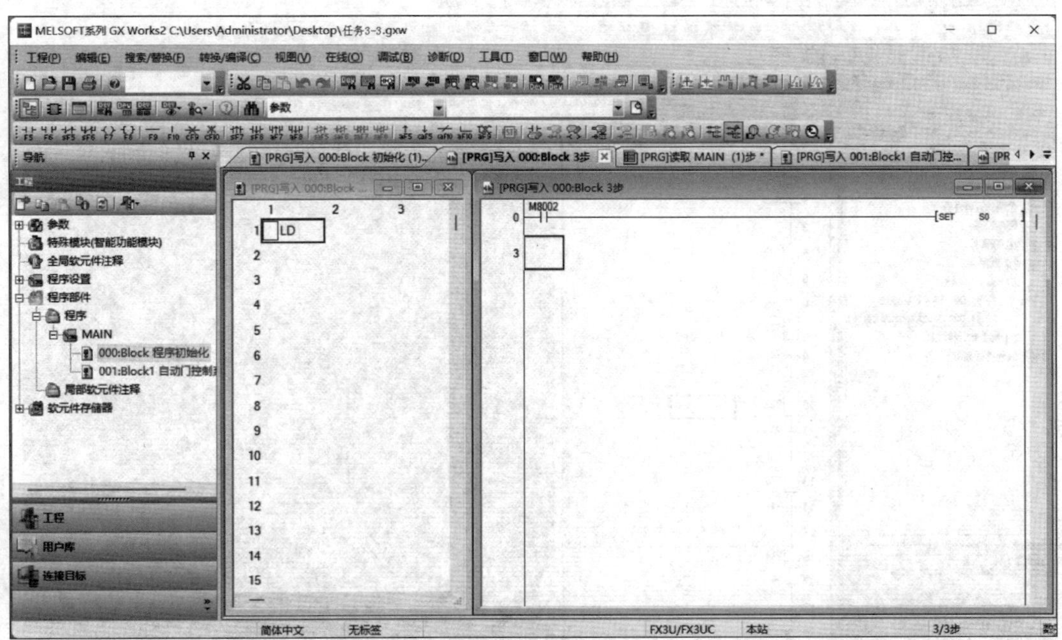

图 3-3-9 初始化梯形图输入画面

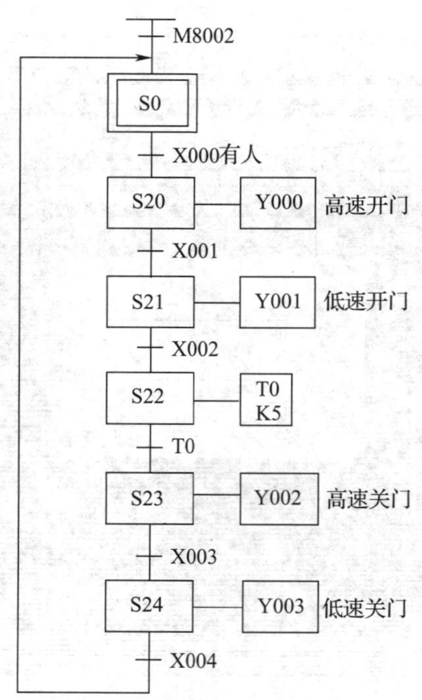

图 3-3-10　高、低速关门期间无人进出的完整顺序功能图

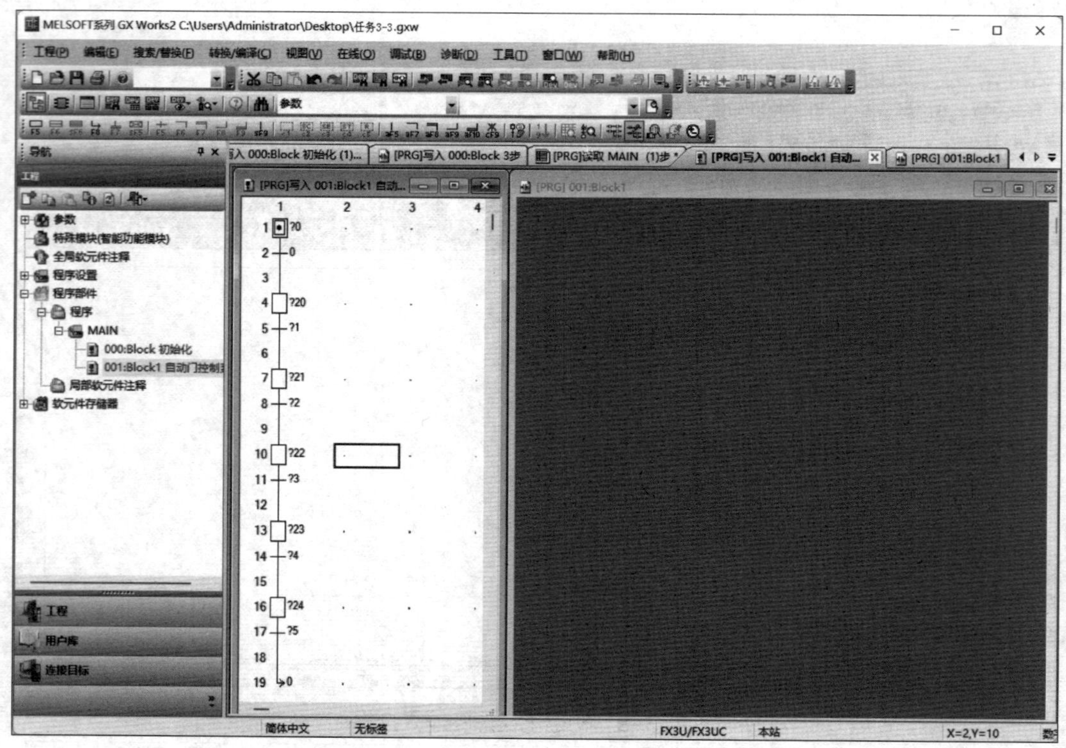

图 3-3-11　高、低速关门期间无人进出的完整顺序功能图画面

2）高速关门期间有人进出的顺序功能图的输入。因为在高速关门时，检测到有人进出时，自动门会立即停止关门，并延时 0.5 s，然后重新高速开门。所以，此时运用选择性分支编程，即在高速关门状态 S23 后进行选择转移条件（X000）的分支输入。当转移条件满足时，就进入状态 S25 活动步。其输入方法及步骤如下。

①在图 3–3–11 所示画面中，将光标移至第 14 行转移条件“4”的位置，然后单击工具栏中的“F6”按钮，弹出图 3–3–12 所示“SFC 符号输入”对话框。

②单击图 3–3–12 所示“SFC 符号输入”对话框中的“确定”按钮，然后根据前面所介绍的顺序功能图的编程方法，输入延时控制的状态 S25，如图 3–3–13 所示。

图 3–3–12 “SFC 符号输入”对话框

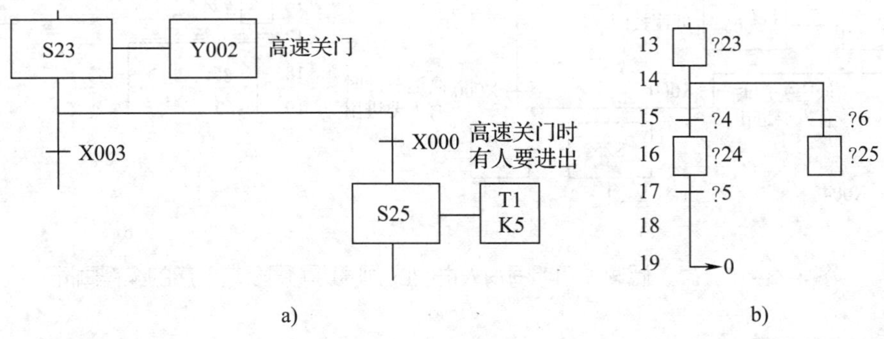

图 3–3–13 高速关门期间有人进出的顺序功能图及其对应的编程画面

3）低速关门期间有人进出的顺序功能图的输入。因为在低速关门时，检测到有人进出时，自动门会立即停止关门，并延时 0.5 s，然后重新高速开门。所以，此时也是运用选择性分支编程，即在低速关门状态 S24 后进行选择转移条件（X000）的分支输入。当转移条件得到满足时，就进入状态 S25 活动步。其输入方法与上一步类似，不同的是，在输入转移条件时，光标应移至第 17 行转移条件“5”的位置进行设置，如图 3–3–14 所示。

需要注意的是，当转移条件（低速关门时有人要进出）得到满足时，会由低速关门状态 S24 进入延时 0.5 s 的 S25 状态；在进行顺序功能图编程时，由于在高速关门时有人出入，已设置了一个 S25 状态，此时不能重复使用该状态的编号，因此，在这里应采用“跳（JUMP）”的编程方法，使其转移到 S25 状态。高、低速关门期间有人进出的顺序功能图及其对应的编程画面如图 3–3–15 所示。

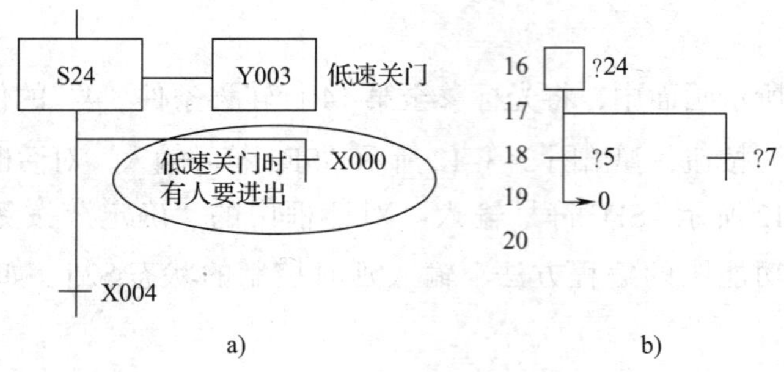

图 3–3–14　低速关门时检测到有人进出时转移条件输入后的对应画面

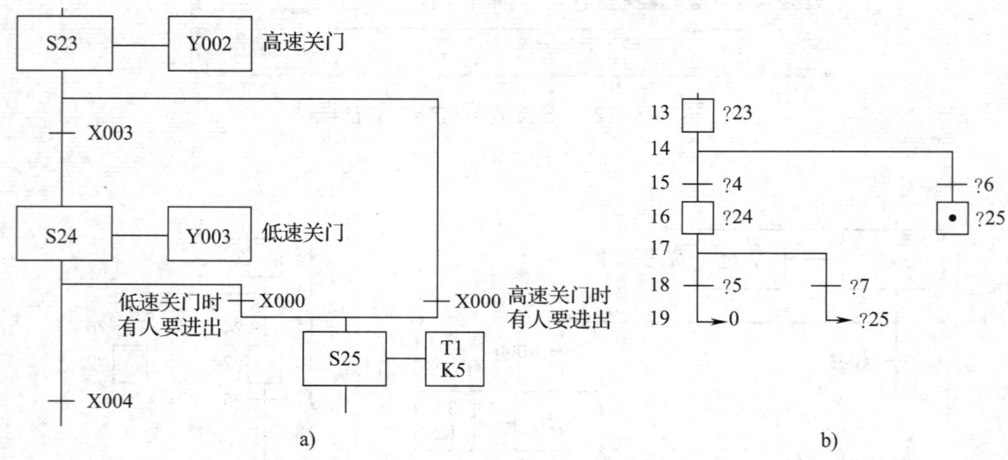

图 3–3–15　高、低速关门期间有人进出的顺序功能图及其对应的编程画面

4）关门期间（无论是低速关门，还是高速关门）检测到有人进出时，都会停止关门，并延时 0.5 s，重新进入高速开门。其顺序功能图的输入方法是将光标移动到图 3–3–15b 所示画面中的第 3 列、第 17 行，输入转移条件“8”，然后跳到高速开门的状态 S20，就可得到完整的自动门控制系统的选择序列结构顺序功能图，如图 3–3–16 所示。

（4）顺序功能图各步及转移条件对应的梯形图的输入

根据图 3–3–7 所示的顺序功能图，将自动门控制系统各状态步和转移条件流程图与所对应的梯形图进行归纳（见表 3–3–3），然后对应输入各状态步和转移条件的梯形图，梯形图输入完毕后再进行顺序功能图向梯形图的转换。

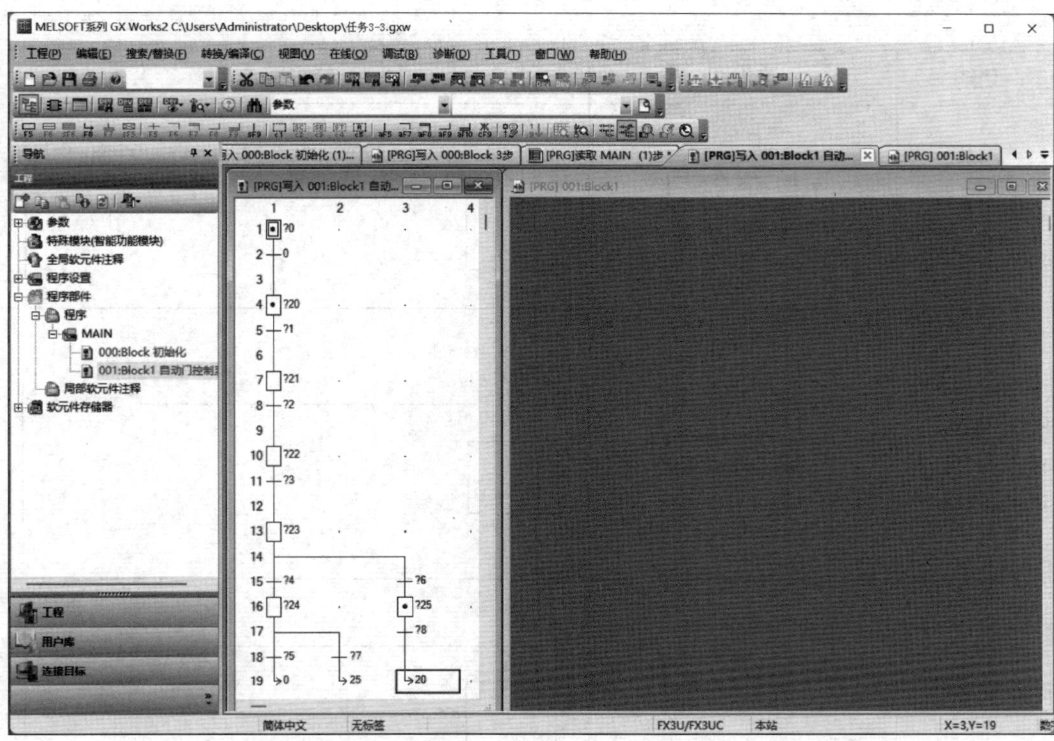

图 3-3-16 完整的自动门控制系统的选择序列结构顺序功能图

表 3-3-3 自动门控制系统各状态步和转移条件流程图及其对应的梯形图

功能	流程图	梯形图
自动门红外传感器 SQ1（X000）检测到有人	1 ?0 2 0 3	0 X000 [TRAN] 1
自动门高速开门（Y000 置 ON）	4 20 5 ?1	0 (Y000) 1
自动门碰到开门减速开关 SQ2（X001）	4 20 5 1 6	0 X001 [TRAN] 1

续表

功能	流程图	梯形图
低速开门	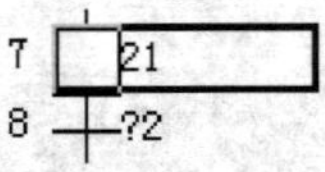 7 21 8 ?2	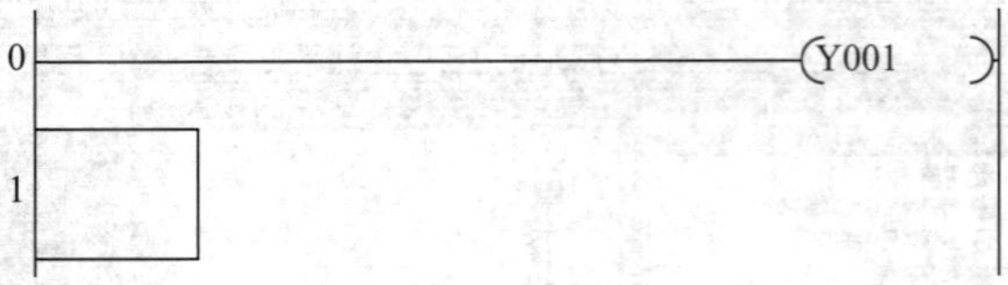 0 (Y001) 1
自动门碰到开门极限开关SQ3（X002），停止关门，并进入延时控制状态	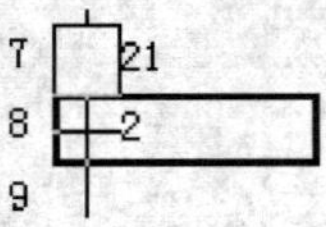 7 21 8 2 9	0 X002 [TRAN] 1
延时控制	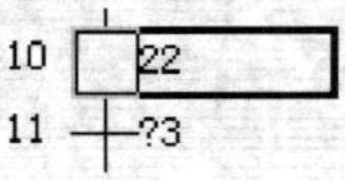 10 22 11 ?3	0 K5 (T0) 3
延时 0.5 s	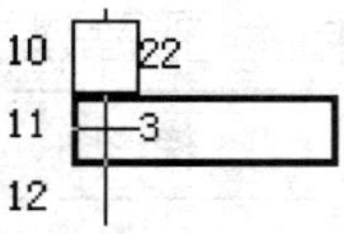 10 22 11 3 12	0 T0 [TRAN] 1
高速关门	 13 23	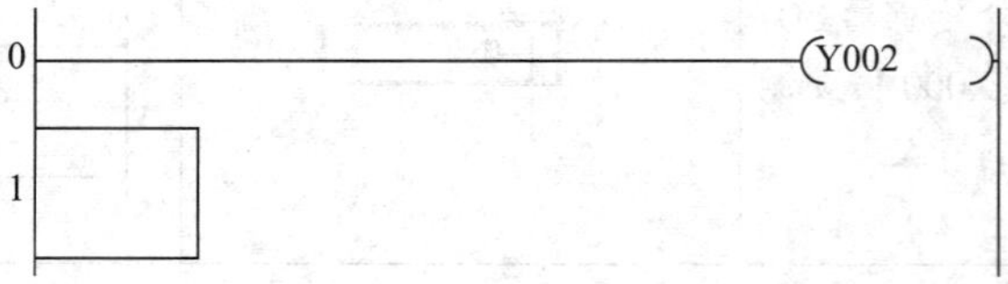 0 (Y002) 1
高速关门无人进出时，碰到关门减速开关 SQ4（X003）	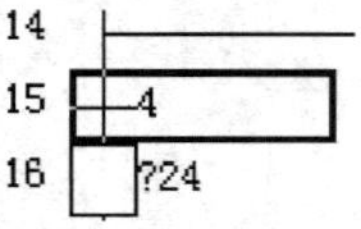 14 15 4 16 ?24	0 X003 [TRAN] 1
低速关门	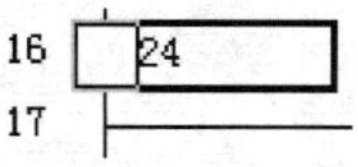 16 24 17	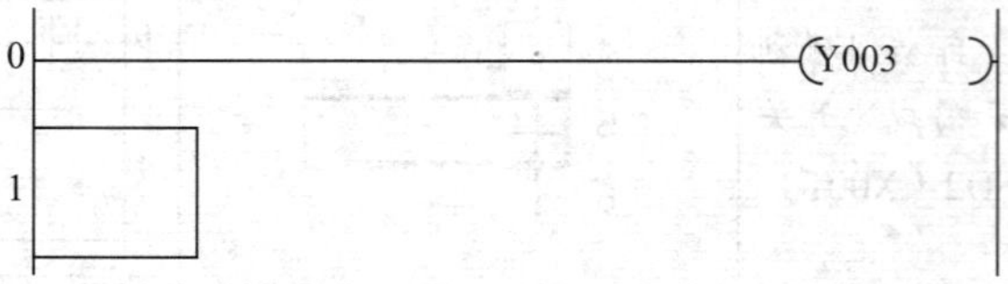 0 (Y003) 1

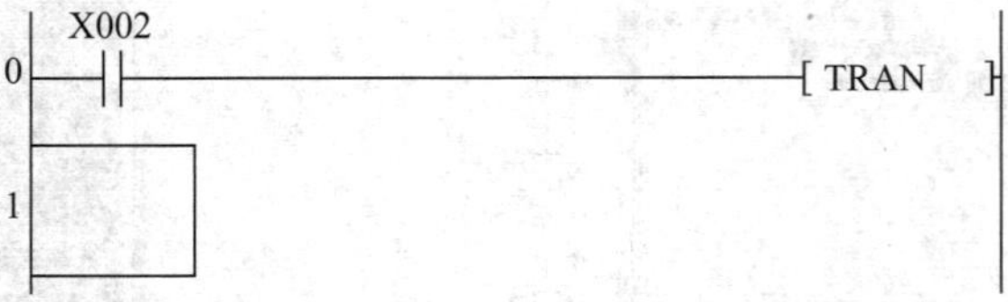

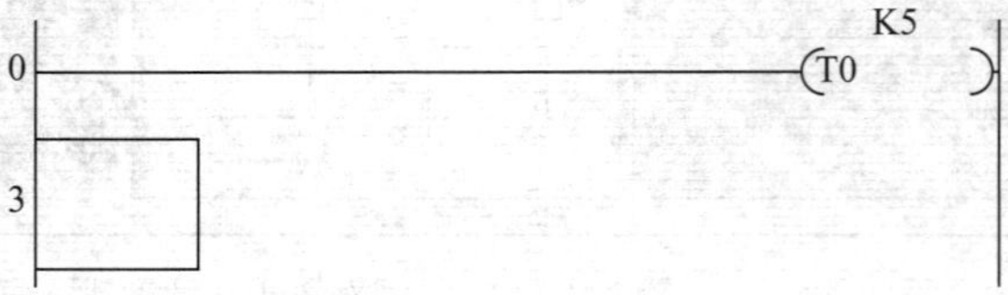

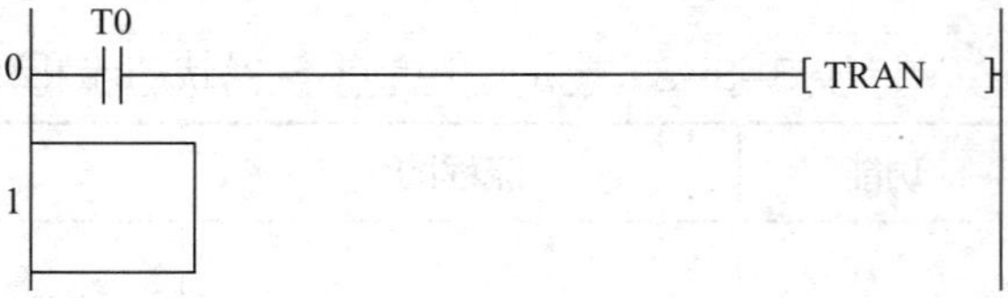

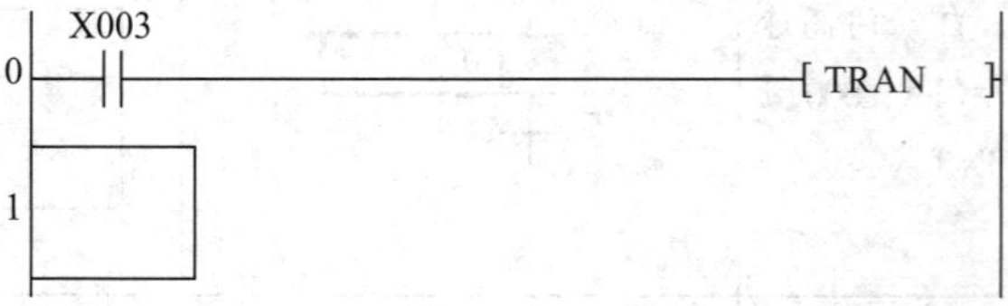

续表

功能	流程图	梯形图
低速关门时碰到关门极限开关 SQ5（X004）	17 18 5 ?7 19 0 25	0 X004 [TRAN] 1
高速关门时检测到有人进出	14 15 4 6 16 24 ?25	0 X000 [TRAN] 1
低速关门时检测到有人进出	17 18 5 7	0 X000 [TRAN] 1
无论是高速关门还是低速关门时检测到有人进出，都会停止关门，并延时 0.5 s 控制	14 15 4 6 16 24 25 17 ?8	0 (T1 K5) 3
延时 0.5 s 后，转入高速开门	6 25 8 20	0 T1 [TRAN] 1

（5）顺序功能图向梯形图的转换

利用编程软件将顺序功能图转换成梯形图，转换出的梯形图如图 3-3-17 所示。

（6）梯形图向指令表的转换

通过由梯形图向指令表的转换，可以得到自动门控制系统的步进顺控指令表，见表 3-3-4。

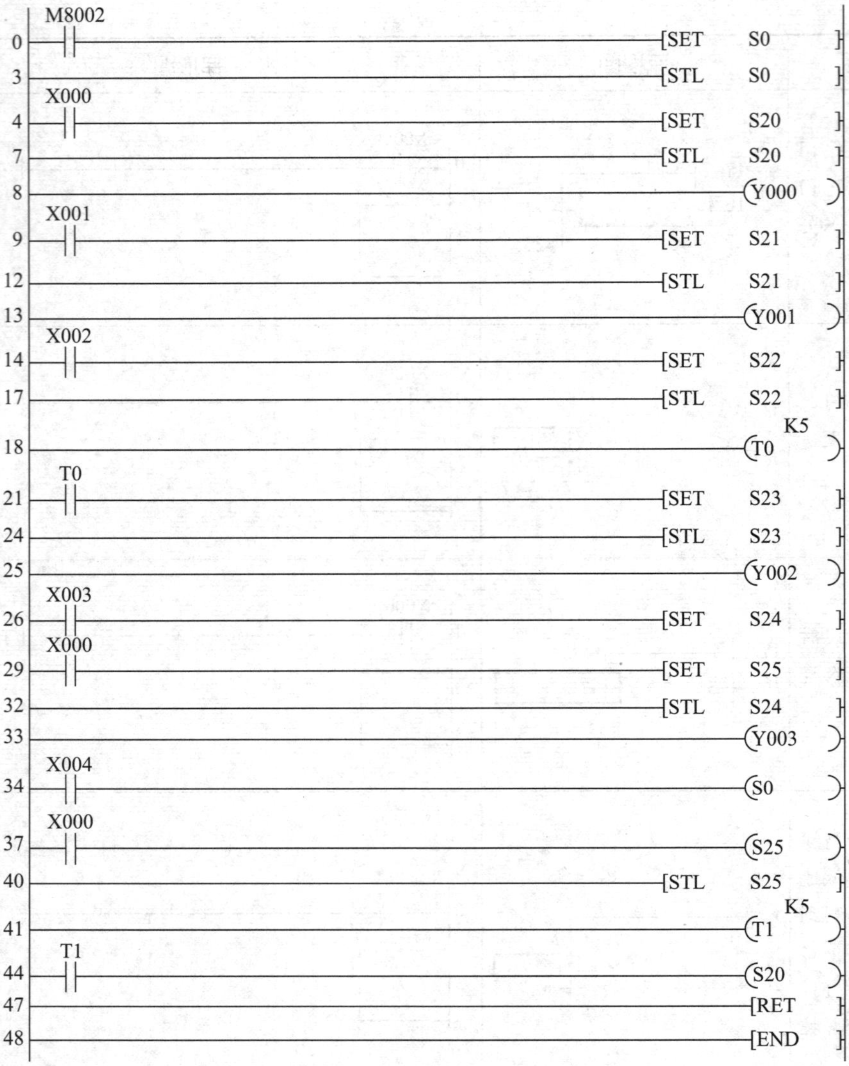

```
0   M8002 ─┤├──────────────[SET   S0  ]
3   ───────────────────────[STL   S0  ]
4   X000 ─┤├───────────────[SET   S20 ]
7   ───────────────────────[STL   S20 ]
8   ───────────────────────(Y000      )
9   X001 ─┤├───────────────[SET   S21 ]
12  ───────────────────────[STL   S21 ]
13  ───────────────────────(Y001      )
14  X002 ─┤├───────────────[SET   S22 ]
17  ───────────────────────[STL   S22 ]
                                 K5
18  ───────────────────────(T0        )
21  T0 ─┤├─────────────────[SET   S23 ]
24  ───────────────────────[STL   S23 ]
25  ───────────────────────(Y002      )
26  X003 ─┤├───────────────[SET   S24 ]
29  X000 ─┤├───────────────[SET   S25 ]
32  ───────────────────────[STL   S24 ]
33  ───────────────────────(Y003      )
34  X004 ─┤├───────────────(S0        )
37  X000 ─┤├───────────────(S25       )
40  ───────────────────────[STL   S25 ]
                                 K5
41  ───────────────────────(T1        )
44  T1 ─┤├─────────────────(S20       )
47  ───────────────────────[RET       ]
48  ───────────────────────[END       ]
```

图 3-3-17　自动门控制系统梯形图

表 3-3-4　自动门控制系统的步进顺控指令表

步序	指令语句	元素	步序	指令语句	元素
0	LD	M8002	8	OUT	Y000
1	SET	S0	9	LD	X001
3	STL	S0	10	SET	S21
4	LD	X000	12	STL	S21
5	SET	S20	13	OUT	Y001
7	STL	S20	14	LD	X002

续表

步序	指令语句	元素	步序	指令语句	元素
15	SET	S22	33	OUT	Y003
17	STL	S22	34	LD	X004
18	OUT	T0 K5	35	OUT	S0
21	LD	T0	37	LD	X000
22	SET	S23	38	OUT	S25
24	STL	S23	40	STL	S25
25	OUT	Y002	41	OUT	T1 K5
26	LD	X003	44	LD	T1
27	SET	S24	45	OUT	S20
29	LD	X000	47	RET	
30	SET	S25	48	END	
32	STL	S24			

2. 仿真调试

仿真调试的方法可参照前面任务，在此不再赘述。

五、线路安装与调试

1. 线路安装

根据图 3–3–5 所示 PLC 接线图，按照安装电路的一般步骤和工艺要求在模拟配线板上进行元器件及线路安装。

2. 系统调试

使用专用通信电缆（FX–USB–AW）将 PLC 的编程接口与计算机的 USB 端口相连接，然后利用编程软件将梯形图程序写入 PLC。对照图 3–3–5 所示自动门控制系统 PLC 接线图检查安装线路，确认无误后，在指导教师的监督下，接通电源，将 PLC 的 RUN/STOP 开关拨到“RUN”位置，利用 GX Works2 软件中的在线监视功能监视程序的运行情况，再按照表 3–3–5 进行调试，观察系统运行情况并做好记录。

表 3-3-5　程序调试步骤及运行情况记录表

<table>
<tr><th>操作步骤</th><th>操作内容</th><th>观察内容</th><th>观察结果</th><th>思考内容</th></tr>
<tr><td>1</td><td>SQ1 检测到有人</td><td rowspan="7">接触器 KM1、KM2、KM3、KM4</td><td></td><td rowspan="7">分析理解 PLC 的工作过程</td></tr>
<tr><td>2</td><td>接通 SQ2</td><td></td></tr>
<tr><td>3</td><td>接通 SQ3</td><td></td></tr>
<tr><td>4</td><td>接通 SQ4</td><td></td></tr>
<tr><td>5</td><td>接通 SQ5</td><td></td></tr>
<tr><td>6</td><td>当高速关门时接通 SQ1</td><td></td></tr>
<tr><td>7</td><td>当低速关门时接通 SQ1</td><td></td></tr>
</table>

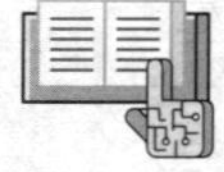

任务测评

对任务实施的完成情况进行检查，并将结果填入任务测评表，参见表 3-2-9。

任务 4　十字路口交通灯控制系统设计与装调

学习目标

1. 掌握并行序列结构顺序功能图的画法，并能通过顺序功能图进行步进顺序控制程序的设计。

2. 能根据控制要求画出并行序列结构的顺序功能图，并能灵活地运用步进顺控指令将其转换成梯形图，完成十字路口交通灯控制系统的程序设计。

3. 能正确安装、调试十字路口交通灯控制系统的控制电路。

任务引入

图 3-4-1 所示是十字路口交通灯示意图。本任务将用 PLC 顺序控制设计法中的并行序列结构的编程方法进行该十字路口交通灯控制系统的设计。其控制要求如下。

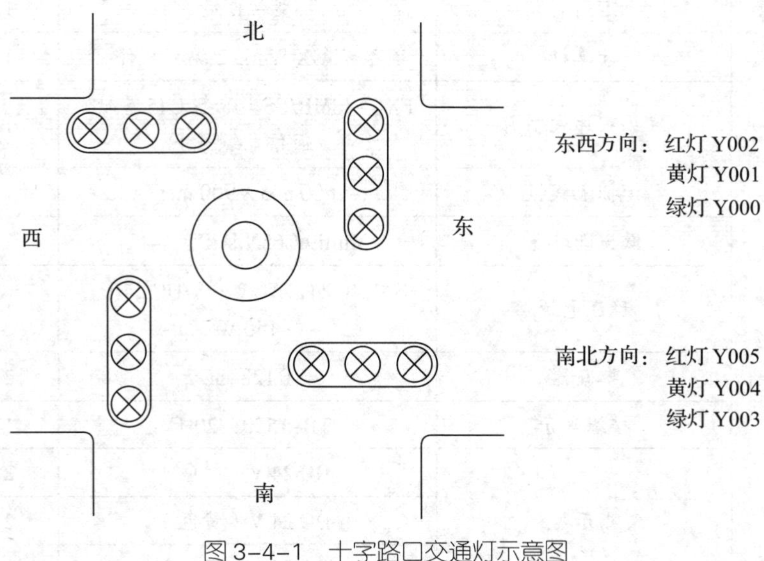

图 3-4-1 十字路口交通灯示意图

当 PLC 运行后，东西、南北方向的交通灯按照图 3-4-2 所示时序图运行，东西方向的绿灯亮 8 s，闪烁 4 s 后熄灭，接着黄灯亮 4 s 后熄灭，红灯亮 16 s 后熄灭；与此同时，南北方向的红灯亮 16 s 后熄灭，绿灯亮 8 s，闪烁 4 s 后熄灭，接着黄灯亮 4 s 后熄灭，如此循环下去。

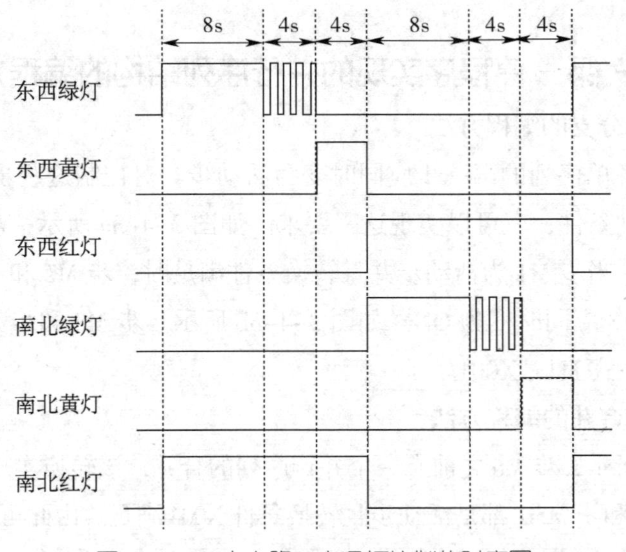

图 3-4-2 十字路口交通灯控制的时序图

实施本任务所需要的实训设备及工具材料见表 3–4–1。

表 3–4–1　实训设备及工具材料

序号	分类	名称	型号 / 规格	数量	单位
1	工具	电工常用工具		1	套
2	仪表	万用表	型号自定	1	块
3	设备器材	计算机	装有 GX Works2 编程软件	1	台
4		可编程序控制器	FX_{3U}–48MR/ES（配备 C45 导轨、通信电缆等）	1	台
5		模拟配线板	600 mm × 900 mm	1	块
6		低压断路器	Multi9 C65N D20，二极	1	个
7		稳压电源	S–150–24，AC 220 V/DC 24 V，150 W	1	台
8		熔断器	RT28–32	2	个
9		接线端子	TB–1520，20 位	1	条
10		指示灯	DC 24 V（红色）	2	只
			DC 24 V（黄色）	2	只
			DC 24 V（绿色）	2	只
11	消耗材料	同课题一任务 2			

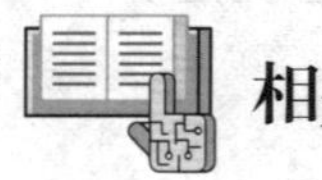

相关知识

一、用启 – 保 – 停程序实现的并行序列结构的编程方法

1. 并行序列分支的编程方法

并行序列中各单序列的第一步应同时变为活动步。对控制这些步的启 – 保 – 停程序使用同样的启动条件，就可以实现这一要求。如图 3–4–3a 所示，步 M1 之后有一个并行序列的分支，当步 M1 为活动步并且转换条件满足时，步 M2 和步 M3 同时变为活动步，即 M2 和 M3 应同时变为 ON，如图 3–4–3b 所示。步 M2 和步 M3 的启动条件相同，都为逻辑关系式 M1 · X001。

2. 并行序列合并的编程方法

如图 3–4–3a 所示，步 M6 之前有一个并行序列的合并，该转换实现的条件是所有的前级步（即步 M4 和步 M5）都是活动步且转换条件 X004 满足。由此可知，应将 M4、M5 和 X004 的常开触点串联，作为控制 M6 的启 – 保 – 停程序的启动条件，如图 3–4–3c 所示。

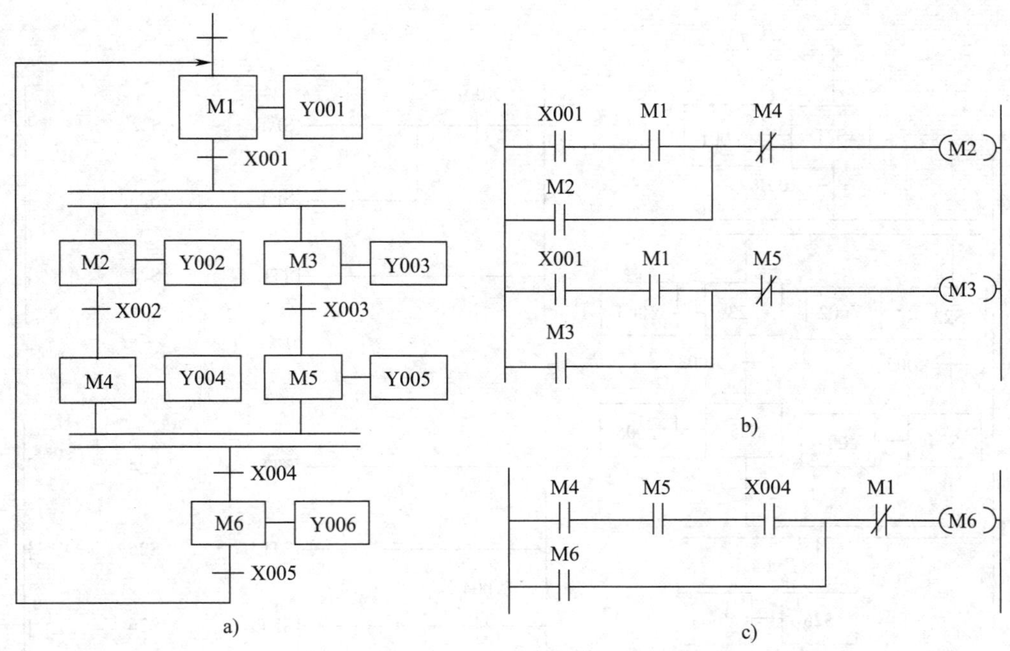

图 3-4-3 用启 - 保 - 停程序实现的并行序列结构的编程方法示例

a）顺序功能图 b）并行序列分支的启动梯形图 c）并行序列合并的启动梯形图

二、用步进顺控指令实现的并行序列结构的编程方法

1. 并行序列分支的编程方法

并行序列中各单序列的第一步应同时变为活动步。通过使用置位指令 SET、步进开始指令 STL 和状态继电器 S，就可以实现这一要求。如图 3-4-4a 所示，步 S21 之后有一个并行序列的分支，当步 S21 为活动步并且转换条件满足时，步 S22 和步 S23 同时变为活动步，即 S22 和 S23 应同时变为 ON，如图 3-4-4b 所示，步 S22 和步 S23 的启动电路相同。

2. 并行序列合并的编程方法

在图 3-4-4a 所示的步 S26 之前有一个并行序列的合并，该转换实现的条件是所有的前级步（即步 S24 和步 S25）都是活动步且转换条件 X004 满足。由此可知，应将 S24、S25 作为控制 S26 的步进开始，当转换条件 X004 得到满足时就使步 S26 变为活动步，如图 3-4-4c 所示。

3. 并行序列结构编程方法的基本编程原则

由上述的并行序列分支的编程方法和并行序列合并的编程方法可知，并行序列编程的原则与选择序列编程的原则基本相同，也是先进行状态转换处理，然后处理动作。在状态转换处理中，先集中处理分支，然后处理分支内部状态转换，最后集中处理合并。

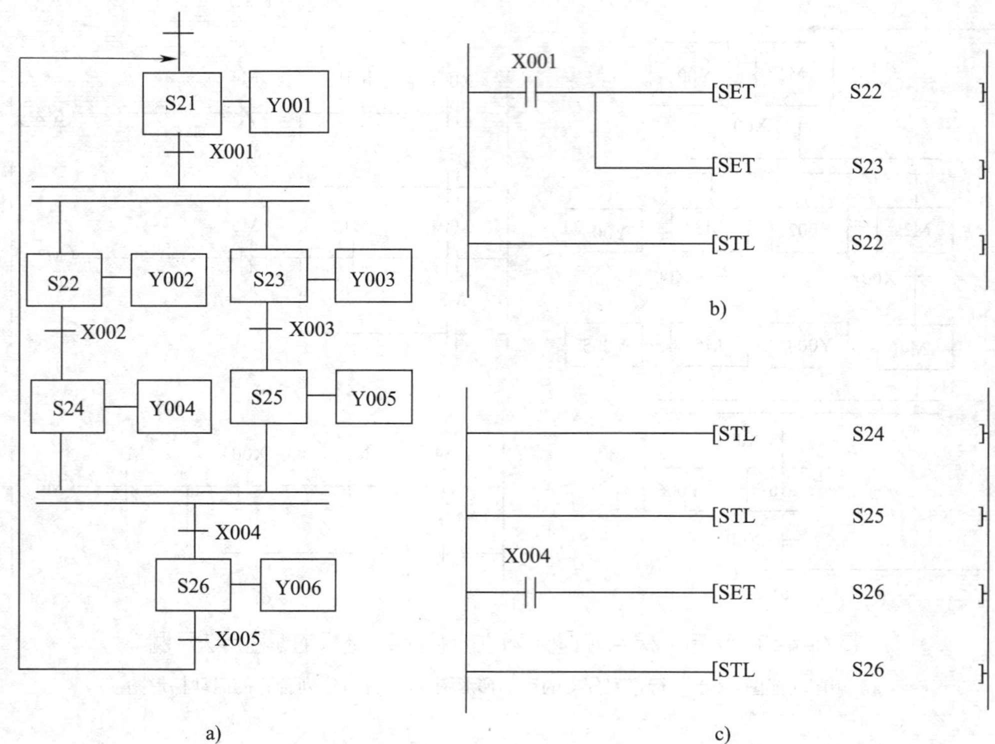

图 3-4-4 用步进顺控指令实现的并行序列结构的编程方法示例

a）顺序功能图 b）并行序列分支的启动梯形图 c）并行序列合并的启动梯形图

任务实施

一、分配输入点和输出点，写出 I/O 地址分配表

根据本任务控制要求，可确定 PLC 不需要输入点，有 6 个输出点，其 I/O 地址分配表见表 3-4-2。

表 3-4-2 I/O 地址分配表

输出			输出		
元器件代号	说明	输出地址	元器件代号	说明	输出地址
HL1	东西绿灯	Y000	HL4	南北绿灯	Y003
HL2	东西黄灯	Y001	HL5	南北黄灯	Y004
HL3	东西红灯	Y002	HL6	南北红灯	Y005

二、绘制 PLC 接线图

十字路口交通灯控制系统 PLC 接线图如图 3-4-5 所示。

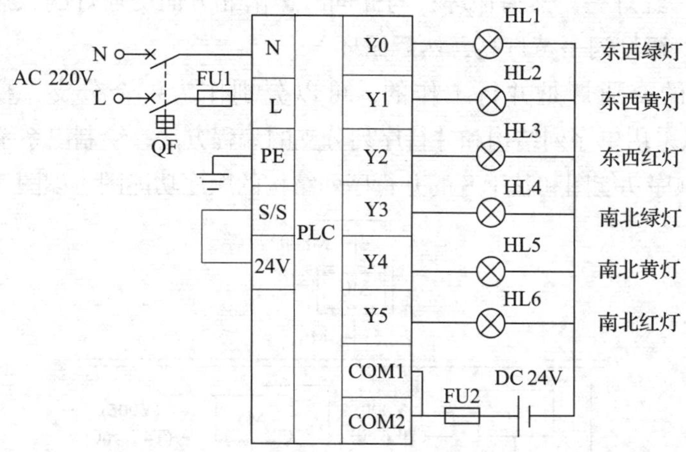

图 3-4-5 十字路口交通灯控制系统 PLC 接线图

三、设计梯形图程序

根据 I/O 地址分配表及任务控制要求分析，画出本任务控制系统的顺序功能图，并转换成对应的梯形图，再由梯形图转换成指令表。

1. 顺序功能图的编制

（1）列出十字路口交通灯东西方向和南北方向控制状态表

根据本任务的控制要求和图 3-4-2 所示的时序图，可以列出十字路口交通灯东西方向控制状态表（见表 3-4-3）和十字路口交通灯南北方向控制状态表（见表 3-4-4）。

表 3-4-3 十字路口交通灯东西方向控制状态表

东西方向	状态 1	状态 2	状态 3	状态 4
交通灯状态	绿灯亮	绿灯闪	黄灯亮	红灯亮
辅助继电器	M1	M2	M3	M4
状态继电器	S21	S22	S23	S24

表 3-4-4 十字路口交通灯南北方向控制状态表

南北方向	状态 1	状态 2	状态 3	状态 4
交通灯状态	红灯亮	绿灯亮	绿灯闪	黄灯亮
辅助继电器	M5	M6	M7	M8
状态继电器	S25	S26	S27	S28

（2）编制顺序功能图

从表 3–4–3 和表 3–4–4 中可以看到，东西和南北两个方向的交通灯是在满足配合关系的前提下独立并行工作的。其中，东西方向交通灯的状态转换规律为绿灯亮→绿灯闪→黄灯亮→红灯亮，然后循环；与此同时，南北方向交通灯的状态转换规律为红灯亮→绿灯亮→绿灯闪→黄灯亮，然后循环。

两个方向的交通灯是并行工作的，可以分别作为一个分支，根据表 3–4–3 和表 3–4–4，可以采用单序列结构和并行序列分支的编程方法，绘制出系统的基于 M 的并行序列结构的顺序功能图和基于 S 的并行序列结构的顺序功能图，如图 3–4–6 所示。

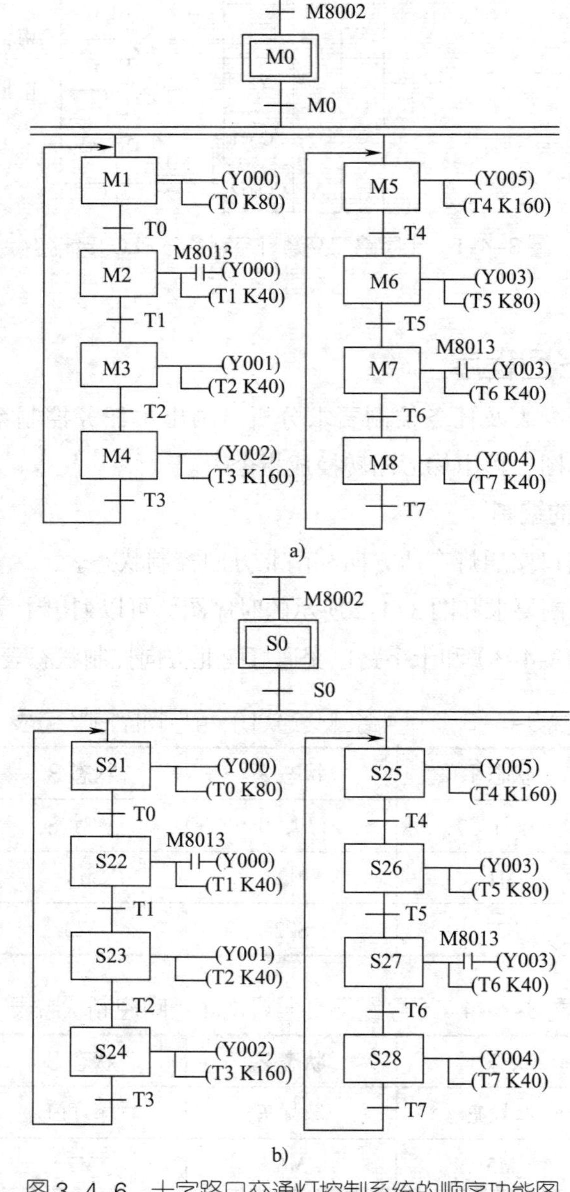

图 3–4–6　十字路口交通灯控制系统的顺序功能图

a）基于 M 的并行序列结构的顺序功能图　b）基于 S 的并行序列结构的顺序功能图

提示

上述的并行序列结构的顺序功能图中只有并行序列分支，没有合并，这在实践中是可以的。如果严格按照并行序列顺序功能图的结构进行设计，可以在两个序列之后添加一个空状态用来作为合并的目标状态，合并后的转换条件可以使用该状态元件的普通常开触点，或者使用“= 1”无条件转换。

2. 顺序功能图向梯形图的转换

将图 3-4-6b 所示顺序功能图转换为梯形图，结果如图 3-4-7 所示。

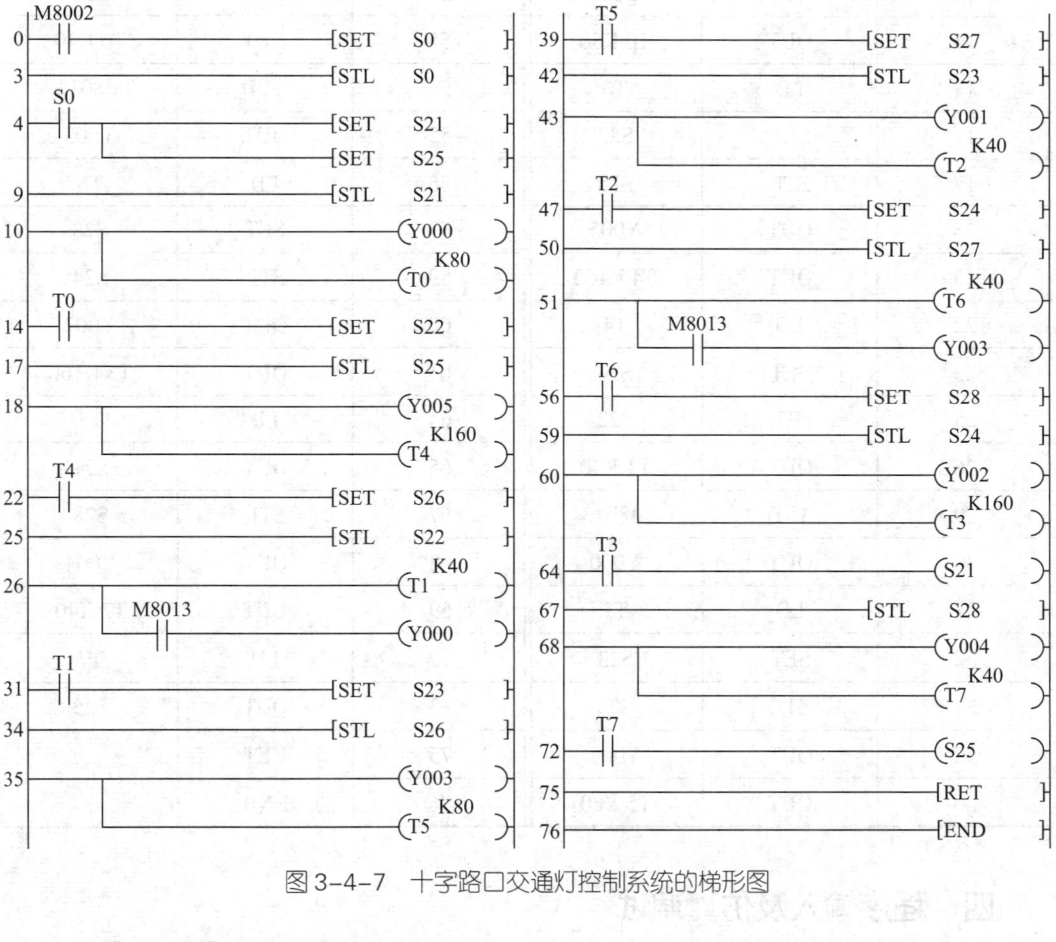

```
0   M8002 ─┤ ├──────────[SET  S0 ]
3   ────────────────────[STL  S0 ]
4   S0 ─┤ ├─┬───────────[SET  S21]
            └───────────[SET  S25]
9   ────────────────────[STL  S21]
10  ─────┬──────────────(Y000)
         │           K80
         └──────────────(T0)
14  T0 ─┤ ├─────────────[SET  S22]
17  ────────────────────[STL  S25]
18  ─────┬──────────────(Y005)
         │           K160
         └──────────────(T4)
22  T4 ─┤ ├─────────────[SET  S26]
25  ────────────────────[STL  S22]
26  ─────┬───────────K40(T1)
         └─ M8013 ─┤ ├──(Y000)
31  T1 ─┤ ├─────────────[SET  S23]
34  ────────────────────[STL  S26]
35  ─────┬──────────────(Y003)
         │           K80
         └──────────────(T5)
39  T5 ─┤ ├─────────────[SET  S27]
42  ────────────────────[STL  S23]
43  ─────┬──────────────(Y001)
         │           K40
         └──────────────(T2)
47  T2 ─┤ ├─────────────[SET  S24]
50  ────────────────────[STL  S27]
51  ─────┬───────────K40(T6)
         └─ M8013 ─┤ ├──(Y003)
56  T6 ─┤ ├─────────────[SET  S28]
59  ────────────────────[STL  S24]
60  ─────┬──────────────(Y002)
         │           K160
         └──────────────(T3)
64  T3 ─┤ ├─────────────(S21)
67  ────────────────────[STL  S28]
68  ─────┬──────────────(Y004)
         │           K40
         └──────────────(T7)
72  T7 ─┤ ├─────────────(S25)
75  ────────────────────[RET]
76  ────────────────────[END]
```

图 3-4-7　十字路口交通灯控制系统的梯形图

3. 梯形图向指令表的转换

通过由梯形图向指令表的转换，可以得到十字路口交通灯控制系统的步进顺控指令表，见表 3-4-5。

表 3-4-5　十字路口交通灯控制系统的步进顺控指令表

步序	指令语句	元素	步序	指令语句	元素
0	LD	M8002	39	LD	T5
1	SET	S0	40	SET	S27
3	STL	S0	42	STL	S23
4	LD	S0	43	OUT	Y001
5	SET	S21	44	OUT	T2 K40
7	SET	S25	47	LD	T2
9	STL	S21	48	SET	S24
10	OUT	Y000	50	STL	S27
11	OUT	T0 K80	51	OUT	T6 K40
14	LD	T0	54	AND	M8013
15	SET	S22	55	OUT	Y003
17	STL	S25	56	LD	T6
18	OUT	Y005	57	SET	S28
19	OUT	T4 K160	59	STL	S24
22	LD	T4	60	OUT	Y002
23	SET	S26	61	OUT	T3 K160
25	STL	S22	64	LD	T3
26	OUT	T1 K40	65	OUT	S21
29	AND	M8013	67	STL	S28
30	OUT	Y000	68	OUT	Y004
31	LD	T1	69	OUT	T7 K40
32	SET	S23	72	LD	T7
34	STL	S26	73	OUT	S25
35	OUT	Y003	75	RET	
36	OUT	T5 K80	76	END	

四、程序输入及仿真调试

1. 程序输入

参照本课题任务 3 所述的方法，输入本任务的顺序功能图以及各状态步和转移条件的梯形图，具体方法在此不再赘述。需要说明的是，本课题任务 3 采用的是选择序列结构编程方法，而本任务采用的是并行序列结构编程方法，因此，在程序输入时采用并行分支双实线画法，其编程画面如图 3-4-8 所示。

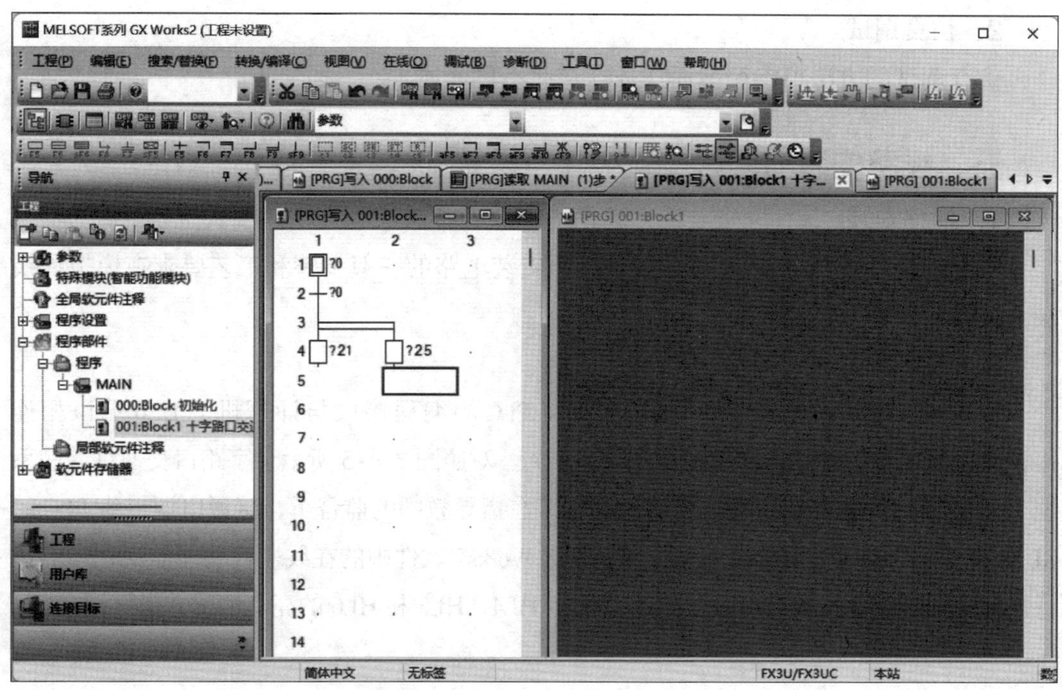

图 3-4-8　并行序列分支编程画面

本任务的顺序功能图输入完毕后的画面如图 3-4-9 所示。利用编程软件可以将顺序功能图转换成梯形图，结果如图 3-4-7 所示。

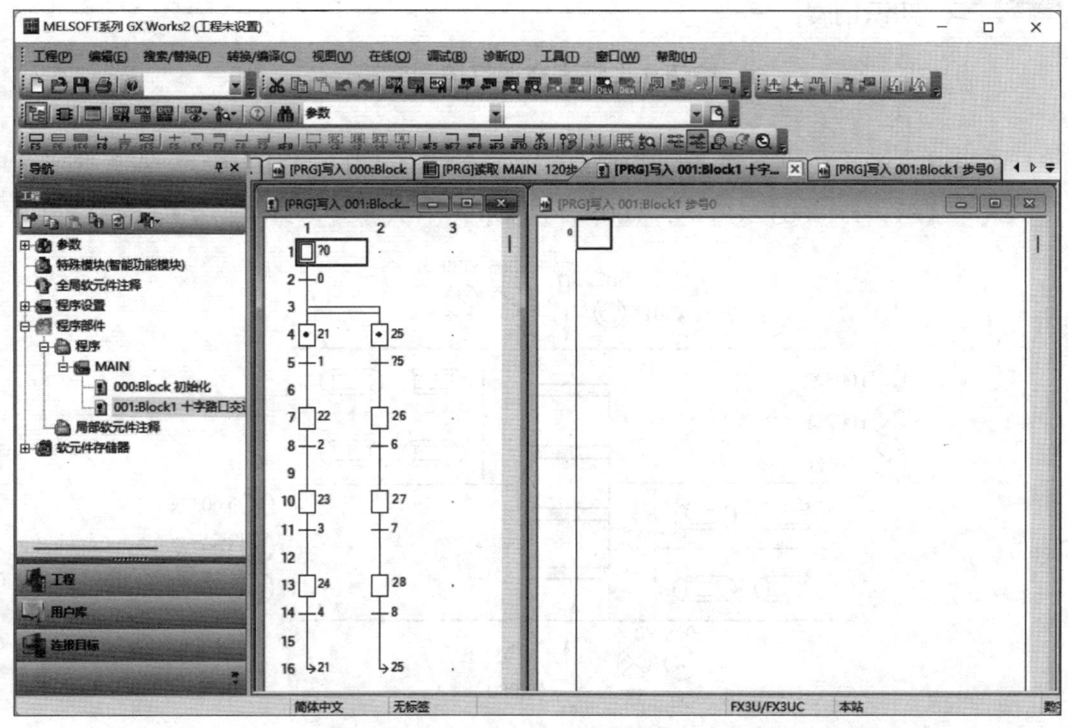

图 3-4-9　完整的十字路口交通灯控制系统的并行序列结构顺序功能图

2．仿真调试

仿真调试的方法可参照前面任务，在此不再赘述。

五、线路安装与调试

1．线路安装

根据图 3–4–5 所示 PLC 接线图，按照安装电路的一般步骤和工艺要求在模拟配线板上进行元器件及线路安装。

2．系统调试

使用专用通信电缆（FX–USB–AW）将 PLC 的编程接口与计算机的 USB 端口相连接，然后利用编程软件将梯形图程序写入 PLC。对照图 3–4–5 所示十字路口交通灯控制系统 PLC 接线图检查安装线路，确认无误后，在指导教师的监督下，接通电源，将 PLC 的 RUN/STOP 开关拨到“RUN”位置，利用 GX Works2 软件中的在线监视功能监视程序的运行情况。同时观察指示灯 HL1、HL2、HL3、HL4、HL5 和 HL6 的亮灯情况并做好记录。

任务测评

对任务实施的完成情况进行检查，并将结果填入任务测评表，参见表 3–2–9。

知识拓展

按钮式人行道交通灯控制系统

在道路交通系统中有许多按钮式人行道交通灯，如图 3–4–10 所示。在正常情况下，汽车通行，即 Y003 绿灯亮，Y005 红灯亮；当行人想过马路时，就按下按钮。当

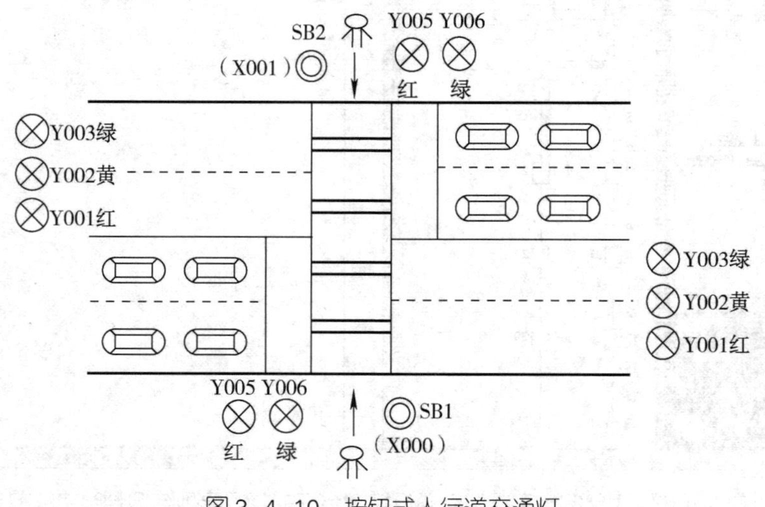

图 3–4–10　按钮式人行道交通灯

按下按钮 SB1（或 SB2）后，主干道交通灯的状态按绿灯亮（5 s）→绿灯闪（3 s）→黄灯亮（3 s）→红灯亮（20 s）变化，行人通行；当主干道红灯亮时，人行道从红灯亮转为绿灯亮，15 s 后，人行道绿灯开始闪烁，闪烁 5 s 后转入主干道绿灯亮，人行道红灯亮。要求利用 PLC 控制按钮式人行道交通灯，并用并行序列结构的顺序功能图编程。

1．分配输入点和输出点，写出 I/O 地址分配表

根据上述控制要求，可确定 PLC 需要 2 个输入点、5 个输出点，其 I/O 地址分配表见表 3-4-6。

表 3-4-6　I/O 地址分配表

输入			输出		
元器件代号	说明	输入地址	元器件代号	说明	输出地址
SB1	启动按钮 1	X000	HL1	主干道红灯	Y001
SB2	启动按钮 2	X001	HL2	主干道黄灯	Y002
			HL3	主干道绿灯	Y003
			HL4	人行道红灯	Y005
			HL5	人行道绿灯	Y006

2．绘制 PLC 接线图

按钮式人行道交通灯控制系统的 PLC 接线图如图 3-4-11 所示。

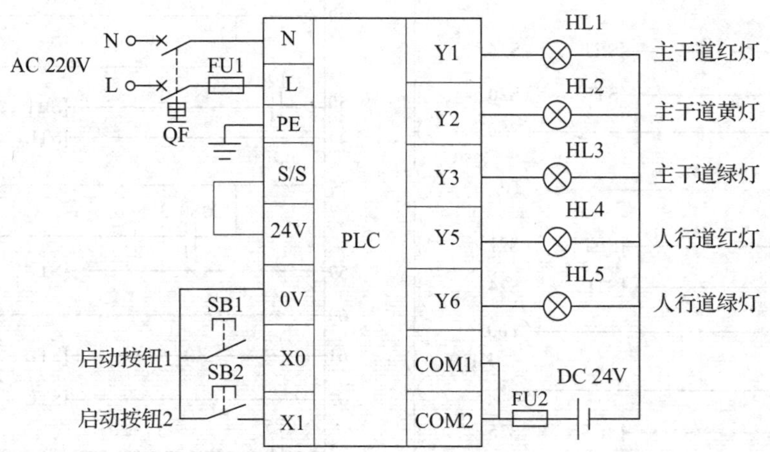

图 3-4-11　按钮式人行道交通灯控制系统的 PLC 接线图

3．画出顺序功能图

根据控制要求，画出按钮式人行道交通灯控制系统的并行序列结构顺序功能图，如图 3-4-12 所示。

4．画出梯形图

根据顺序功能图画出梯形图，如图 3-4-13 所示。

M8002
S0
Y003
Y005
X000+X001
主干道
人行道
S20
Y003
T0
5s
绿灯亮
T0
S21
Y003
T1
3s
绿灯闪
T1
S22
Y002
T2
3s
黄灯亮
T2
S23
Y001
红灯亮
S24
Y005
T3
11s
红灯亮
T3
S25
Y006
T4
15s
绿灯亮
T4
S26
Y006
T5
5s
绿灯闪
T5

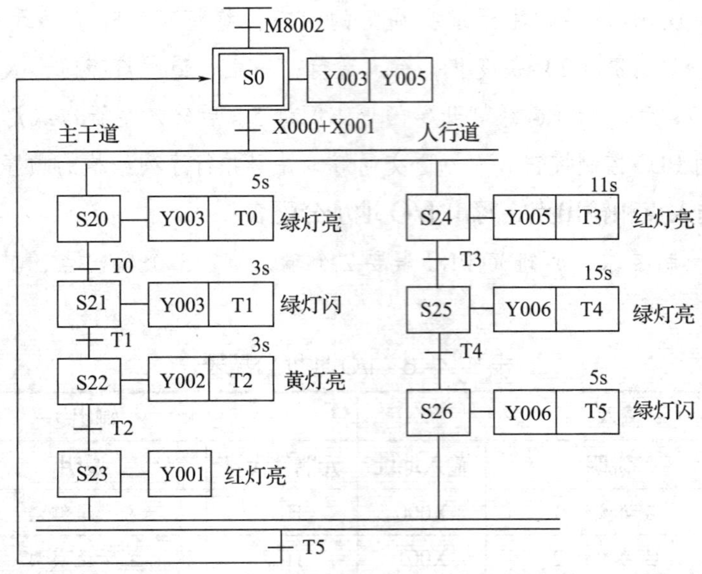

图 3-4-12　按钮式人行道交通灯控制系统的并行序列结构顺序功能图

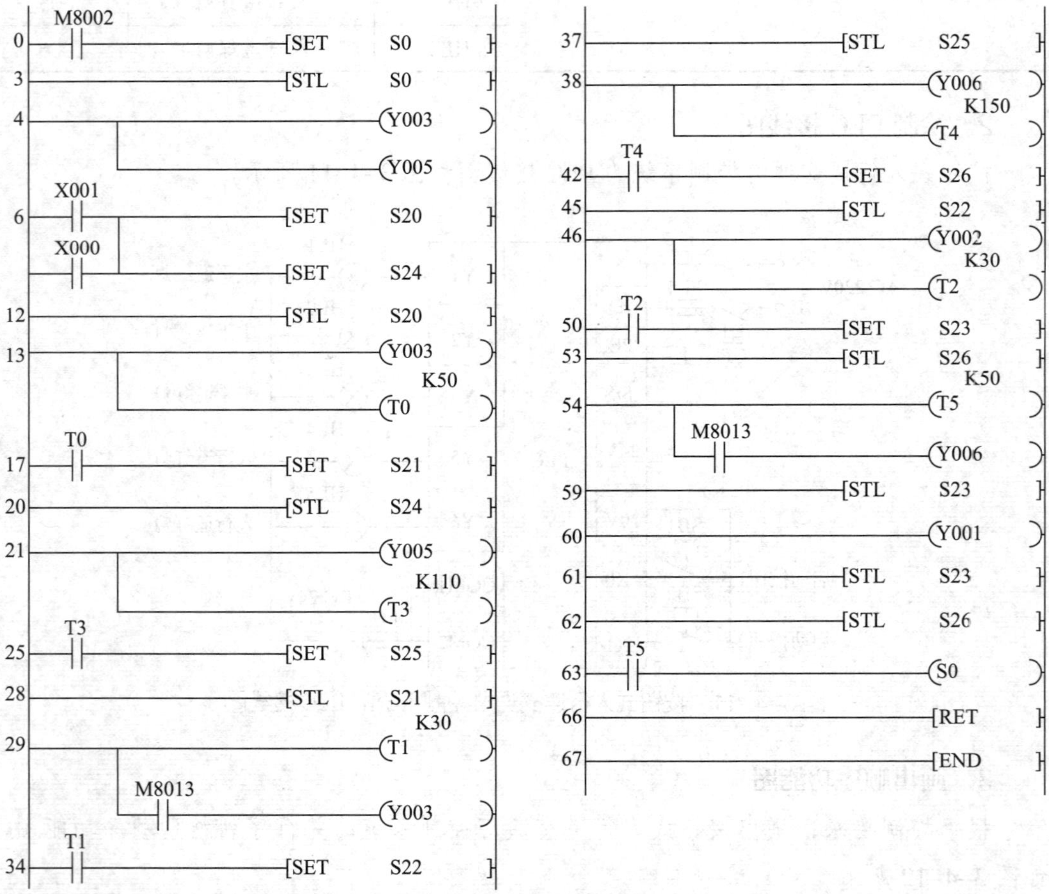

0 M8002 [SET S0]
3 [STL S0]
4 (Y003)
(Y005)
6 X001 [SET S20]
X000 [SET S24]
12 [STL S20]
13 (Y003)
K50 (T0)
17 T0 [SET S21]
20 [STL S24]
21 (Y005)
K110 (T3)
25 T3 [SET S25]
28 [STL S21]
29 K30 (T1)
M8013 (Y003)
34 T1 [SET S22]
37 [STL S25]
38 (Y006)
K150 (T4)
42 T4 [SET S26]
45 [STL S22]
46 (Y002)
K30 (T2)
50 T2 [SET S23]
53 [STL S26]
54 K50 (T5)
M8013 (Y006)
59 [STL S23]
60 (Y001)
61 [STL S23]
62 [STL S26]
63 T5 (S0)
66 [RET]
67 [END]

图 3-4-13　按钮式人行道交通灯控制系统的梯形图

课题四
功能指令应用

任务 1　霓虹灯控制系统设计与装调

学习目标

1. 掌握数据寄存器 D 的分类和功能。
2. 了解功能指令的组成要素和格式。
3. 掌握传送、循环及移位等指令的功能及使用原则。
4. 能根据控制要求，灵活地应用传送、循环及移位等指令完成霓虹灯控制系统的程序设计。
5. 能正确安装、调试霓虹灯的 PLC 控制系统。

任务引入

生活中常见的各种装饰彩灯、广告彩灯，在控制设备的控制下能变幻出各式各样的效果。其中，中小型彩灯的控制设备多为数字电路；而大型楼宇的轮廓装饰或大型晚会的灯光布景等，由于其变化多、功率大，数字电路难以胜任，更多地应用 PLC 进行控制。图 4–1–1 所示为常见的装饰彩灯，这些彩灯的亮灭、闪烁时间及流动方向的控制均是通过 PLC 来完成的。

在实际生活中，应用霓虹灯进行装饰时，往往要求霓虹灯能有多种运行方式可供选择。由于在 PLC 指令系统中设置了一些功能指令，因而用 PLC 进行霓虹灯控制显得尤为方便。本任务就是利用传送、移位等简单的功能指令实现某霓虹灯的控制。

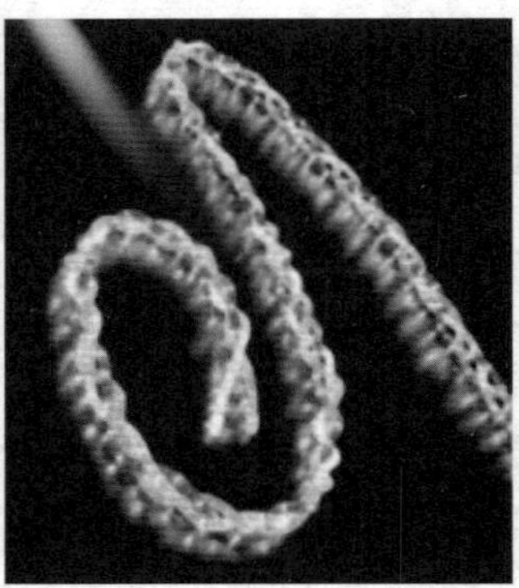

图 4–1–1　常见的装饰彩灯

已知该霓虹灯由 HL1 ~ HL8 八盏彩灯组成，要求当按下启动按钮时，系统开始工作，工作示意图如图 4–1–2 所示，工作方式如下。

（1）按下启动按钮后，彩灯 HL1 ~ HL8 以正序（从左到右）每隔 1 s 单灯依次点亮。

（2）当第八盏彩灯 HL8 点亮后，再反序（从右到左）每隔 1 s 单灯依次点亮。

（3）当第一盏彩灯 HL1 再次点亮后，重复循环上述过程。

（4）按下停止按钮后，霓虹灯停止工作。

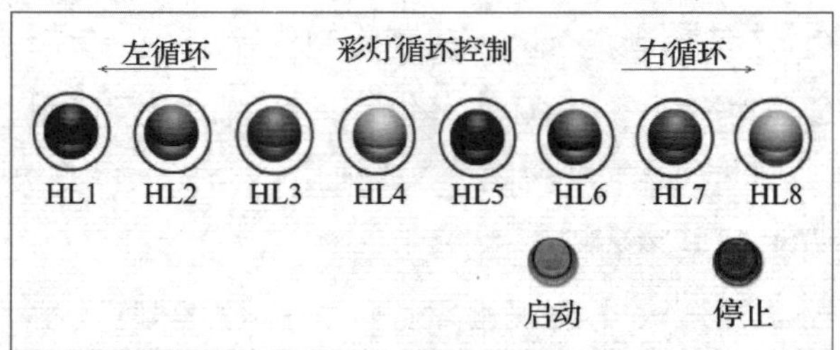

图 4–1–2　霓虹灯工作示意图

实施本任务所需要的实训设备及工具材料见表 4–1–1。

表 4–1–1　实训设备及工具材料

序号	分类	名称	型号 / 规格	数量	单位
1	工具	电工常用工具		1	套
2	仪表	万用表	型号自定	1	块
3	设备器材	计算机	装有 GX Works2 编程软件	1	台
4		可编程序控制器	FX_{3U}–48MR/ES（配备 C45 导轨、通信电缆等）	1	台
5		模拟配线板	600 mm × 900 mm	1	块
6		低压断路器	Multi9 C65N D20，二极	1	个

续表

序号	分类	名称	型号 / 规格	数量	单位
7	设备器材	熔断器	RT28-32	2	个
8		按钮	LA10-2H	1	个
9		彩灯	型号自定	8	盏
10		接线端子排	TB-1520，20 位	1	条
11	消耗材料	同课题一任务 2			

相关知识

一、位元件、字元件和位组合元件

在前面任务中介绍的输入继电器 X、输出继电器 Y、辅助继电器 M 以及状态继电器 S 等编程元件在 PLC 内部反映的是“位”的变化，主要用于开关量信息的传递、变换及逻辑处理，称为位元件。而在 PLC 内部，由于功能指令的引入，需要进行大量的数据处理，因而需要设置大量用于存储数值的元件，这些元件大多以存储器字节或者字为存储单位，所以将这些能处理数值数据的元件统称为字元件。

位组合元件是一种字元件。在 PLC 中，人们常希望能直接使用十进制数据。为此，FX 系列 PLC 中使用 4 位 BCD 码表示一位十进制数据，由此产生了位组合元件，它将 4 个位元件成组使用。位组合元件由输入继电器、输出继电器、辅助继电器或状态继电器组成，用 K*n*X*m*、K*n*Y*m*、K*n*M*m*、K*n*S*m* 表示，其中 K 表示十进制，*n* 为位元件组数，X、Y、M 或 S 为位元件，*m* 为位元件首地址。例如，K1Y000 就是从 Y000 开始的 4 个连续位元件（Y003、Y002、Y001、Y000）的组合。K2M0 就是从 M0 开始的 8 个连续位元件的组合。

二、数据寄存器

数据寄存器 D 是用来存储数值数据的字元件，其数值可以通过功能指令、数据存取单元及编程装置读出与写入。FX 系列 PLC 的数据寄存器容量为双字节（16 位），而且最高位为符号位；也可以把两个数据寄存器合并起来存放一个四字节（32 位）的数据，最高位仍为符号位。最高位为 0，表示正数；最高位为 1，表示负数。

FX_{3U}/FX_{3UC} 系列 PLC 的数据寄存器分为以下四类。

1. 通用型数据寄存器（D0~D199，共 200 点）

存放在该类数据寄存器中的数据，只要不写入其他数据，其内容保持不变。它具有易失性，当 PLC 由运行状态（RUN）转为停止状态（STOP）时，该类数据寄存器的数据均为 0。当特殊辅助继电器 M8033 置 1 时，PLC 由运行状态（RUN）转为停止状态（STOP）后，数据可以保持。

2. 断电保持型数据寄存器（D200~D7999，共 7 800 点）

断电保持型数据寄存器与通用型数据寄存器一样，除非改写，否则原有数据不会变化。它与通用型数据寄存器不同的是，无论电源是否掉电、PLC 运行与否，其内容不会变化，除非向其中写入新的数据。需要注意的是，当两台 PLC 做点对点的通信时，D490 ~ D509 用于通信操作。

以上的设定范围是出厂时的设定值。数据寄存器的断电保持功能也可通过外围设备设定，实现通用型与断电保持型之间的调整转换。

3. 特殊型数据寄存器（D8000~D8511，共 512 点）

这些数据寄存器用于监控 PLC 中各种元件的运行方式。其内容在电源接通时写入初始值（先全部清 0，然后由系统 ROM 安排写入初始值）。例如，D8000 所存警戒监视时钟的时间由系统 ROM 设定。若要改变，需用传送指令将目的时间送入 D8000。该值在 PLC 由运行状态（RUN）转为停止状态（STOP）时保持不变。没有定义的数据寄存器用户不能使用。

4. 文件数据寄存器（D1000~D7999，共 7 000 点）

文件数据寄存器实际上是一类专用数据寄存器，用于存储大量的数据，例如采集数据、统计计算数据、多组控制参数等。其数值由 CPU 的监视软件决定，但可通过扩充存储器的方法加以扩充。

文件数据寄存器占用用户程序存储器（EPROM、EEPROM）的一个存储区，以 500 点为一个单位，最多可设置 7 000 点，用编程器可进行写入操作。

三、功能指令的组成要素和格式

PLC 的功能指令也称为应用指令，是指在完成基本逻辑控制、定时控制、顺序控制的基础上，PLC 制造商为满足用户不断提出的一些特殊控制要求而开发的指令，如程序控制类指令、数据处理类指令、特殊功能类指令、外部设备类指令等。

与基本指令不同，功能指令不是表达梯形图符号间的相互关系，而是直接表达指令的功能。FX 系列 PLC 在梯形图中使用功能框（中括号）表示功能指令。图 4-1-3a 所示是功能指令梯形图示例。图中 M8002 的常开触点是功能指令的执行条件（工作条件），其后的功能框中的分栏表示指令的名称、相关数据和数据的存储地址。这种表达方式的优点是直观、易懂。图 4-1-3a 中指令的功能是，当 M8002 接通时，十进制常数 10 被送到输出继电器 Y000 ~ Y003 中去（传送时 K10 自动做二进制变换），相当于图 4-1-3b 所示的用基本指令实现的程序。可见，完成同样任务，用功能指令编写的程序要简练得多。

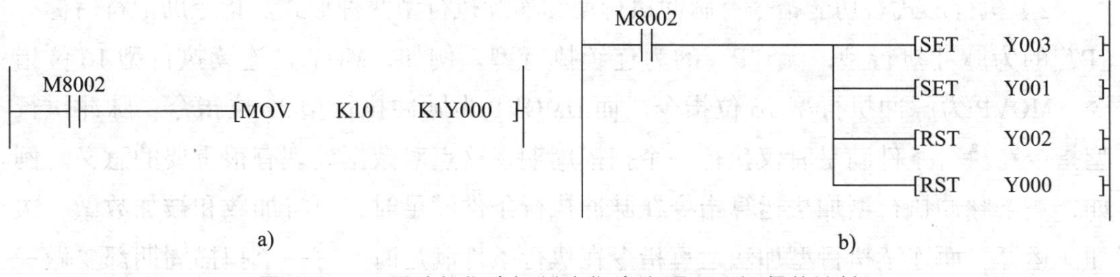

图 4-1-3 用功能指令与基本指令实现同一任务的比较

a）功能指令梯形图示例 b）基本指令梯形图示例

1. 功能指令的格式

功能指令的格式如图 4-1-4 所示。

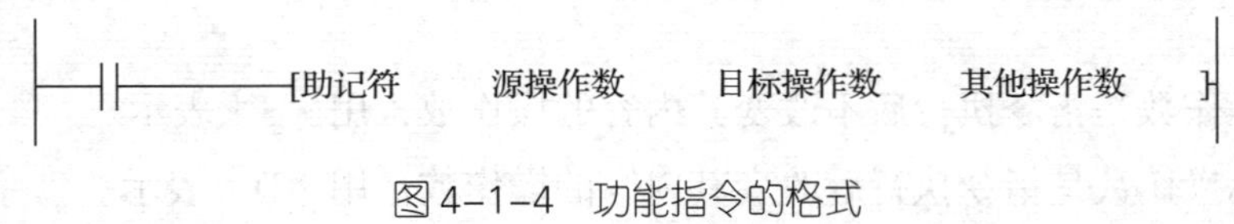

图 4-1-4 功能指令的格式

2. 功能指令的组成要素

（1）编号

功能指令用编号 FNC00 ~ FNC305 表示，并给出对应的助记符。例如，FNC12 的助记符是 MOV（传送），FNC45 的助记符是 MEAN（求平均数）。使用简易编程器时应键入编号，如 FNC12、FNC45 等；使用编程软件时应键入助记符，如 MOV、MEAN 等。

（2）助记符

指令名称用助记符表示，功能指令的助记符用来表明指令的功能，通常为该指令的英文缩写。如传送指令 MOVE 简写为 MOV，加法指令 ADDITION 简写为 ADD，采用这种方式便于用户了解指令的功能。图 4-1-5 所示梯形图中的助记符为 MOV、DMOVP，其中 DMOVP 中的“D”表示数据长度，“P”表示执行形式。

X000
[MOV K10 K2Y000]
X001
[DMOVP H98FC K8M0]

图 4-1-5 说明功能指令助记符的梯形图

1）数据长度。功能指令按处理数据的长度分为16位指令和32位指令。其中，32位指令在助记符前加“D”，若助记符前无“D”则为16位指令。例如，MOV是16位指令，DMOV是32位指令。

2）执行形式。功能指令有脉冲执行型和连续执行型两种形式。指令助记符后标有“P”的为脉冲执行型，无“P”的为连续执行型。例如，MOV是连续执行型16位指令，MOVP为脉冲执行型16位指令，而DMOVP为脉冲执行型32位指令。脉冲执行型指令在执行条件满足时仅执行一个扫描周期，这点对数据处理有很重要的意义。例如，一条脉冲执行型加法运算指令在脉冲执行条件满足时，只将加数和被加数做一次加法运算。而连续执行型加法运算指令在执行条件满足时，每一个扫描周期都要做一次加法运算。

（3）操作数

操作数用来表明参与操作的对象，即功能指令涉及或产生的数据。有的功能指令没有操作数，大多数功能指令有1~4个操作数。操作数分为源操作数、目标操作数及其他操作数。

1）源操作数是指令执行后不改变其内容的操作数，用［S］表示。

2）目标操作数是指令执行后改变其内容的操作数，用［D］表示。

3）其他操作数常用来表示常数或者对源操作数和目标操作数做出补充说明，用 m 与 n 表示。表示常数时，K为十进制常数，H为十六进制常数。

某种操作数为多个时，可用数码区别，如［S1］、［S2］。

操作数从根本上来说，是参加运算数据的地址。地址是依元件的类型分布在存储区中的。由于不同指令对参与操作的元件类型有一定限制，因此，操作数的取值就有一定的范围。正确地选取操作数类型，对正确使用指令有很重要的意义。

四、传送指令

1. 指令的助记符及功能

传送指令的助记符及功能见表4–1–2。

表4–1–2 传送指令的助记符及功能

助记符	功能	操作数	
		［S］	［D］
MOV（FNC12）	将一个存储单元的数据复制存储到另一个存储单元	K、H、KnX、KnY、KnM、KnS、T、C、D、V、Z、R、U□\G□（缓冲存储器）	KnY、KnM、KnS、T、C、D、V、Z、R、U□\G□

2. 指令的使用方法

MOV 指令的使用方法如图 4-1-6 所示。

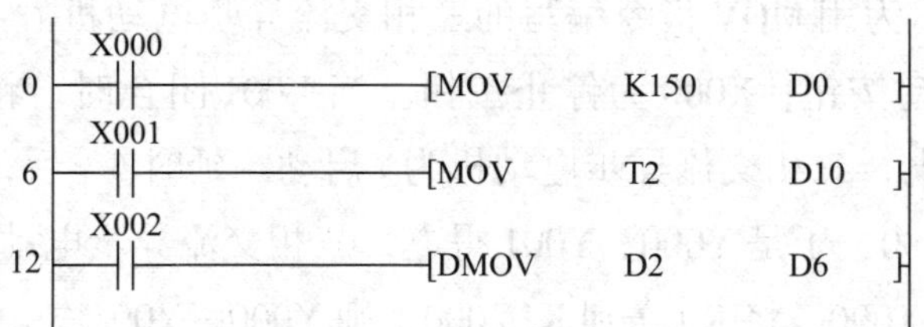

图 4-1-6 MOV 指令的使用方法

指令使用说明如下。

（1）在图 4-1-6 中，当 X000 闭合时，将 K150 传送到 D0 中；当 X001 闭合时，将 T2 的当前值传送到 D10 中。传送时，K150 自动做二进制变换。

（2）32 位传送时，用 DMOV 指令。当 X002 闭合时，源操作数为 D3、D2，目标操作数为 D7、D6，D3、D7 自动被占用，将 D3 和 D2 中的数据分别传送到 D7 和 D6 中。

3. 编程实例

（1）定时器、计数器的设定值可以由 MOV 指令间接指定，如图 4-1-7 所示，T0 的设定值为 50。

（2）利用 MOV 指令可以读出定时器、计数器的当前值，如图 4-1-8 所示。当 X000=ON 时，T0 的当前值被读出到 D1 中。

（3）图 4-1-9a 所示用基本指令编写的程序可用图 4-1-9b 所示用 MOV 指令编写的程序来完成。

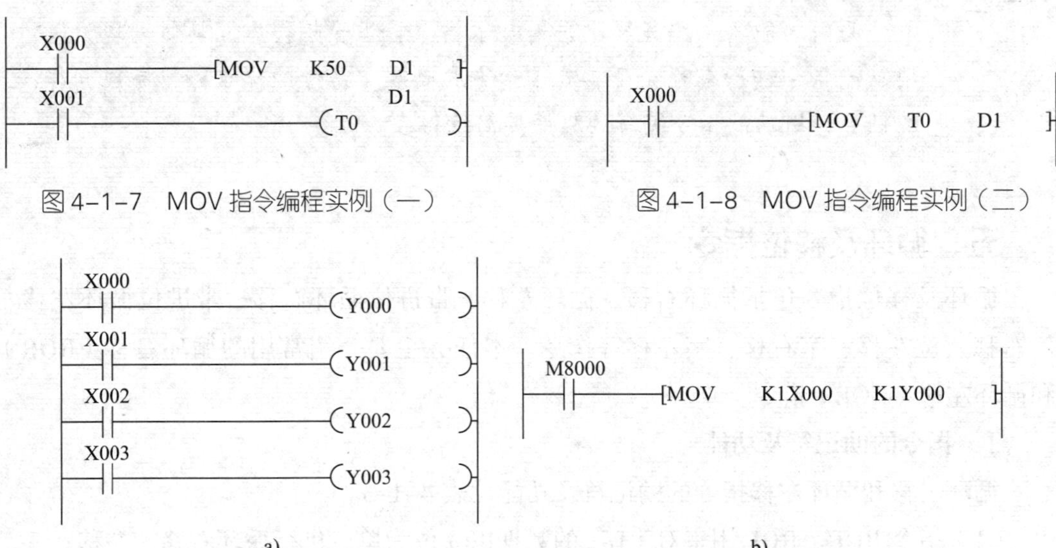

图 4-1-7 MOV 指令编程实例（一）

图 4-1-8 MOV 指令编程实例（二）

图 4-1-9 MOV 指令编程实例（三）

a）用基本指令编写的程序 b）用 MOV 指令编写的程序

（4）使用传送指令编写课题二任务 3 的三相交流异步电动机Y－△降压启动控制程序。

图 4-1-10 所示为用 MOV 指令编写的三相交流异步电动机Y－△降压启动程序。图中的 X001 为启动按钮，X000 为停止按钮。当 X001 闭合时，将 K5 送到 K1Y000，则 Y000、Y002 得电，三相交流异步电动机为Y启动。延时 5 s 后，将 Y002 复位，同时将 K3 送到 K1Y000，于是 Y000、Y001 得电，三相交流异步电动机为△运行。需要停止时，只需按下 X000，将 K0 送到 K1Y000，则 Y000、Y001 失电，三相交流异步电动机停止运行。

```
     X001
 0 ──┤├──────────────[MOVP  K5   K1Y000 ]
     Y000                        K50
 6 ──┤├──────────────────────(T0       )
     T0
10 ──┤├──────────────────[RST   Y002    ]
     T0
12 ──┤├──────────────[MOV   K3   K1Y000 ]
     X000
18 ──┤├──────────────[MOV   K0   K1Y000 ]

24 ──────────────────────────[END       ]
```

图 4-1-10　用 MOV 指令编写的三相交流异步电动机Y－△降压启动程序

提示

采用功能指令编程要比采用基本指令编程优越得多，具体表现为采用功能指令进行编程除了具有表达方式直观、易懂的优点外，完成同样的任务，用功能指令编写的程序要简练得多。

五、循环及移位指令

循环及移位指令包括循环右移、循环左移、带进位循环右移、带进位循环左移、位右移、位左移、字右移、字左移等指令。本任务主要介绍常用的循环右移（ROR）和循环左移（ROL）指令。

1．指令的助记符及功能

循环右移和循环左移指令的助记符及功能见表 4-1-3。

（1）指令 ROR、ROL 用来对［D］的数据以 n 位为单位进行循环右移、左移。

（2）目标操作数［D］可以是如下形式：KnY、KnM 、KnS、T、C、D、V、Z、R、U□\G□；操作数 n 用来指定每次移位的位数，其形式可以为 K、H、D、R。若

［D］使用位组合元件，则只有 K4（16 位指令）或 K8（32 位指令）有效，如 K4Y10、K8M0 等。

表 4-1-3 循环右移和循环左移指令的助记符及功能

助记符	功能	操作数	
		［D］	n
ROR（FNC30）	将目标元件的位循环右移 n 次	KnY、KnM、KnS、T、C、D、V、Z、R、U□\G□	K、H、D、R 16 位，$n \leqslant 16$ 32 位，$n \leqslant 32$
ROL（FNC31）	将目标元件的位循环左移 n 次		

（3）目标操作数［D］可以是 16 位或者 32 位数据。若为 16 位操作，则 $n \leqslant 16$；若为 32 位操作，需在指令前加“D”，并且此时的 $n \leqslant 32$。

（4）指令通常使用脉冲执行型，即在指令后加字母“P”；若使用连续执行型，则循环移位操作每个周期都执行一次。

2. 指令的使用格式

循环右移和循环左移指令的使用格式分别如图 4-1-11 和图 4-1-12 所示。

图 4-1-11 ROR 指令的使用格式　　图 4-1-12 ROL 指令的使用格式

3. 指令的使用方法

循环右移和循环左移指令的使用方法，如图 4-1-13 所示。

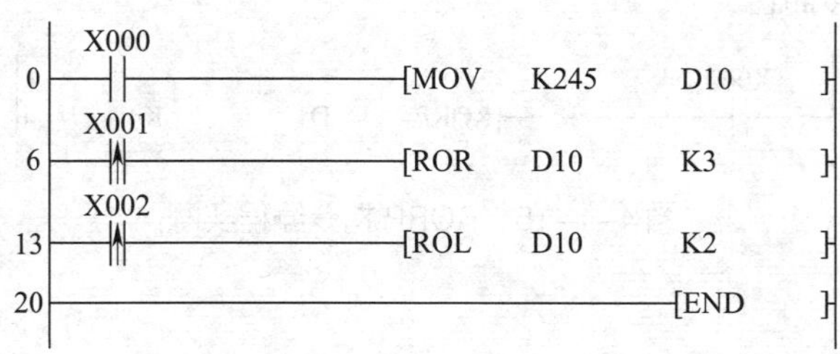

图 4-1-13 循环右移和循环左移指令的使用方法

指令使用说明如下。

（1）每执行一次 ROR 指令，目标元件中的位循环右移 n 位，最后移出一位的状态同时存入进位标志 M8022 中。

（2）每执行一次 ROL 指令，目标元件中的位循环左移 n 位，最后移出一位的状态同时存入进位标志 M8022 中。

（3）执行图4-1-13所示程序时，若X000闭合，则D10的值为245。之后，当X001闭合1次时，执行ROR指令1次，D10中的数据右移3位，此时D10中的数据为-24 546，同时进位标志M8022为“1”，如图4-1-14a所示。当X002闭合1次时，执行ROL指令1次，D10中的数据左移2位，此时D10中的数据为980，同时进位标志M8022为“0”，如图4-1-14b所示。

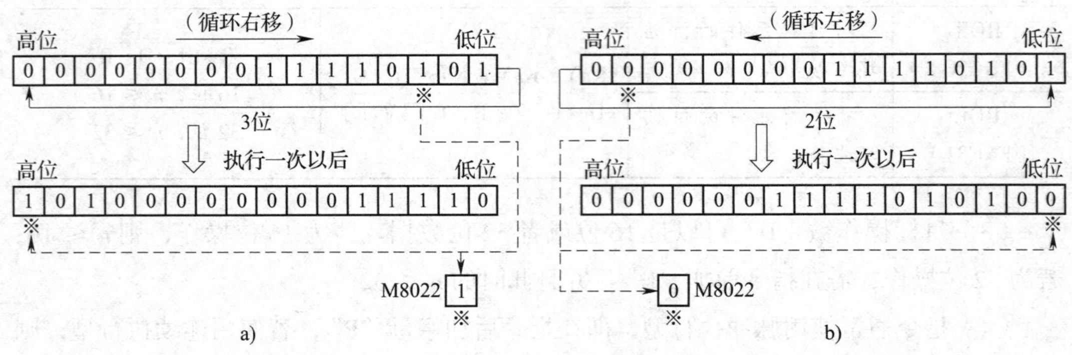

图4-1-14　循环右移和循环左移指令的执行情况

a）循环右移3位　b）循环左移2位

（4）在指定位组合元件的场合，只有K4（16位指令）或K8（32位指令）才有效，例如K4Y10、K8M0有效，而K1Y0、K2M0无效。

4．编程实例

在图4-1-15所示梯形图中，当X002的状态由OFF向ON变化一次时，D1中的16位数据向右移4位，并将最后一位从最右位移出的状态送入进位标志位M8022中。若D1中的数据为1111 0000 1111 0000，则执行上述移位后，D1中的数据为0000 1111 0000 1111，进位标志M8022为“0”。循环左移的功能与循环右移类似，只是移位方向是向左移而已。

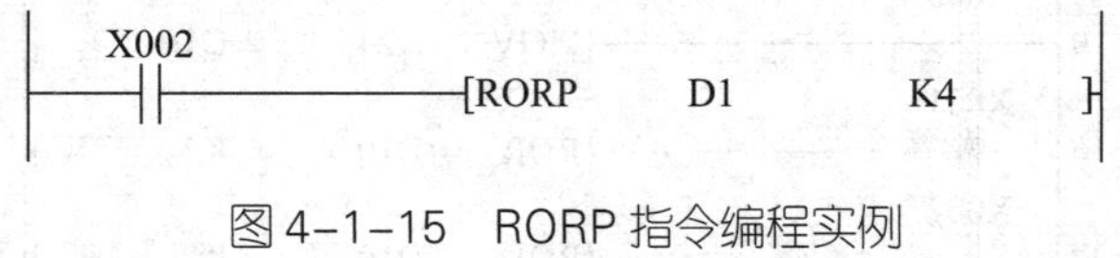

图4-1-15　RORP指令编程实例

任务实施

一、分配输入点和输出点，写出I/O地址分配表

根据本任务控制要求，可确定PLC需要2个输入点、8个输出点，其I/O地址分配表见表4-1-4。

表 4-1-4 I/O 地址分配表

输入			输出					
元器件代号	说明	输入地址	元器件代号	说明	输出地址	元器件代号	说明	输出地址
SB1	启动按钮	X000	HL1	第一盏彩灯	Y000	HL5	第五盏彩灯	Y004
SB2	停止按钮	X001	HL2	第二盏彩灯	Y001	HL6	第六盏彩灯	Y005
			HL3	第三盏彩灯	Y002	HL7	第七盏彩灯	Y006
			HL4	第四盏彩灯	Y003	HL8	第八盏彩灯	Y007

二、绘制 PLC 接线图

霓虹灯控制系统 PLC 接线图如图 4-1-16 所示。

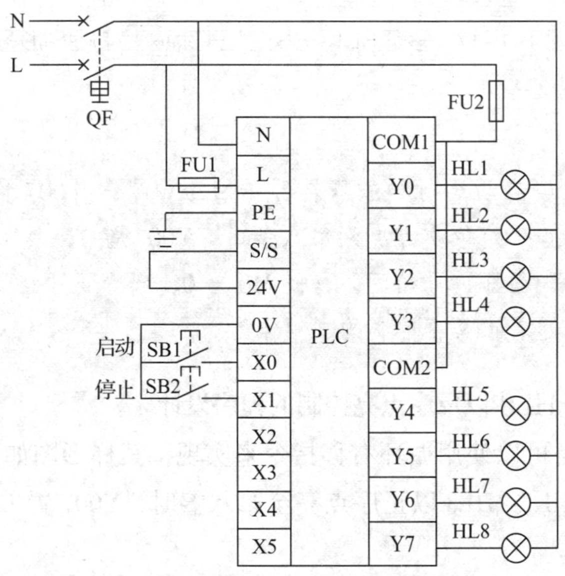

图 4-1-16 霓虹灯控制系统 PLC 接线图

三、设计梯形图程序

根据 I/O 地址分配表及任务控制要求分析可知，可采用传送指令和循环移位指令进行梯形图的设计，编程思路如下。

1. 彩灯 HL1～HL8 以正序点亮控制的程序设计

当按下启动按钮 SB1 时，输入继电器 X000 接通，彩灯 HL1～HL8 以正序（从左到右）点亮，此时 Y007～Y000 的状态依次应该是 0000 0001、0000 0010、…、1000 0000，此操作可以使用循环左移指令实现，其梯形图如图 4-1-17 所示。控制原理是，当 X000 置 1 时，上升沿置初值，Y000 = 1；Y000 常开触点接通控制正序启动程序的辅助继电器 M0，M0 的常开触点与 1 s 时钟脉冲 M8013 串联，并通过循环左移指令控制彩灯按正序每秒亮灯左移 1 位。当需要停止时，只要按下停止按钮 SB2，使 X001 置 1，通过传送指令使 K2Y000=0，关灯。

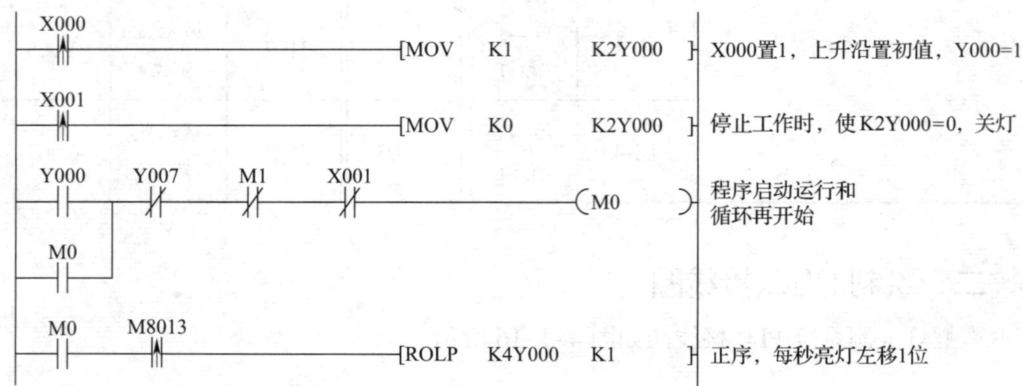

图 4-1-17　彩灯 HL1～HL8 以正序点亮控制的梯形图

提示

在程序启动运行和循环再开始回路中串入 Y007 和 M1 常闭触点的目的是，当彩灯依次点亮到第八盏时，Y007 置 1，其常闭触点断开程序启动运行和循环再开始回路，使 M0 置 0，断开正序控制回路。而 M1 的常闭触点起着正反序控制的联锁作用。

2. 彩灯 HL1～HL8 以反序点亮控制的程序设计

同理，反序点亮可以使用循环右移指令来实现，其梯形图如图 4-1-18 所示。控制原理是，当彩灯 HL1～HL8 以正序点亮至第八盏时，Y007 置 1，其常闭触点断开，

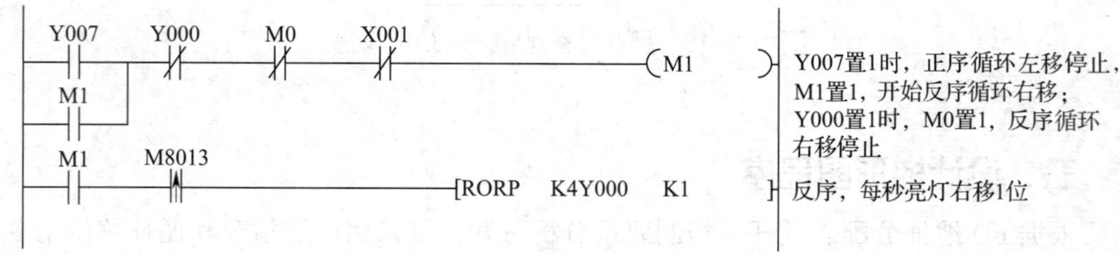

图 4-1-18　彩灯 HL1～HL8 以反序点亮控制的梯形图

正序循环左移停止；M1 置 1，其常开触点接通反序点亮控制回路，彩灯 HL1 ~ HL8 以反序每秒亮灯右移 1 位。当彩灯 HL1 ~ HL8 以反序点亮至第一盏彩灯时，Y000 置 1，其常闭触点断开，反序循环右移停止；M0 置 1，其常开触点接通正序点亮控制回路，彩灯开始下一次点亮循环控制。

提示

在彩灯反序点亮控制过程中，若需停止，只要按下停止按钮 SB2，使 X001 置 1，其常闭触点就会断开辅助继电器 M1，使反序点亮控制回路断开，彩灯熄灭。

3. 完整的梯形图设计

综上所述，最后设计出来的八盏彩灯控制梯形图如图 4-1-19 所示，其指令表见表 4-1-5。

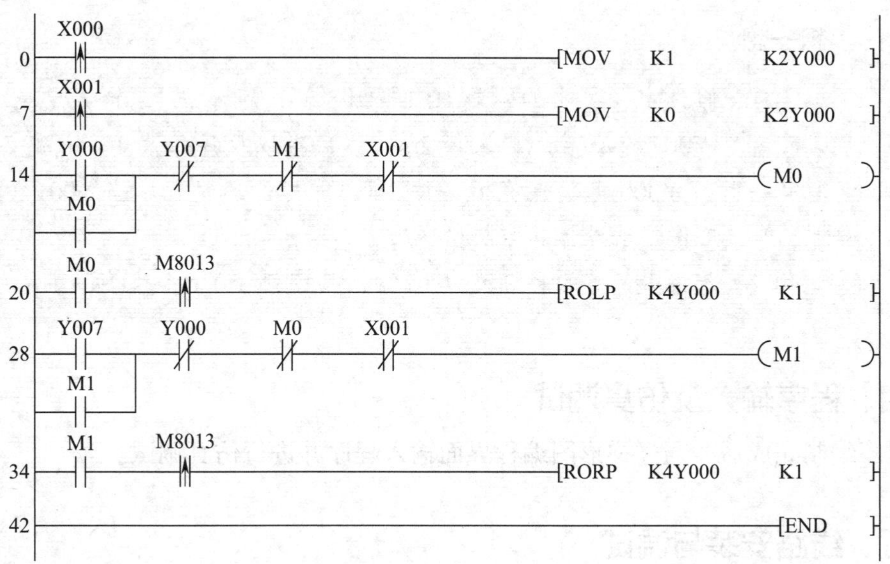

图 4-1-19 八盏彩灯控制梯形图

表 4-1-5 八盏彩灯控制指令表

步序	指令语句	元素	步序	指令语句	元素
0	LDP	X000	15	OR	M0
2	MOV	K1 K2Y000	16	ANI	Y007
7	LDP	X001	17	ANI	M1
9	MOV	K0 K2Y000	18	ANI	X001
14	LD	Y000	19	OUT	M0

续表

步序	指令语句	元素	步序	指令语句	元素
20	LD	M0	32	ANI	X001
21	ANDP	M8013	33	OUT	M1
23	ROLP	K4Y000 K1	34	LD	M1
28	LD	Y007	35	ANDP	M8013
29	OR	M1	37	RORP	K4Y000 K1
30	ANI	Y000	42	END	
31	ANI	M0			

想一想

（1）假设本任务中的彩灯 HL1～HL8 以正序每隔 1 s 轮流点亮，当第八盏灯 Y007 点亮后，要求停 2 s，然后再以反序每隔 1 s 轮流点亮，当第一盏灯 Y000 再次点亮后，停 2 s，重复上述过程。当 X001 为 ON 时，停止工作。试设计其控制程序。

（2）若将本任务的彩灯改为 16 盏，其控制程序又该如何设计？

四、程序输入及仿真调试

程序编制完成后，通过梯形图编程界面输入程序并进行仿真调试。

五、线路安装与调试

1. 线路安装

根据图 4–1–16 所示 PLC 接线图，按照安装电路的一般步骤和工艺要求在模拟配线板上进行元器件及线路安装。

2. 系统调试

使用专用通信电缆（FX–USB–AW）将 PLC 的编程接口与计算机的 USB 端口相连接，然后利用编程软件将梯形图写入 PLC。对照图 4–1–16 所示霓虹灯控制系统 PLC 接线图检查安装线路，确认无误后，在指导教师的监督下，接通电源，将 PLC 的 RUN/STOP 开关拨到“RUN”位置，利用 GX Works2 软件中的在线监视功能监视程序的运行情况，再按照表 4–1–6 进行调试，观察系统运行情况并做好记录。

表 4-1-6　程序调试步骤及运行情况记录表

操作步骤	操作内容	观察内容	观察结果	思考内容
1	按下 SB1	彩灯 HL1～HL8		分析理解 PLC 的工作过程
2	按下 SB2			

任务测评

对任务实施的完成情况进行检查，并将结果填入任务测评表，参见表 2-1-7。

知识拓展

1．位左移、位右移指令

（1）指令的助记符及功能

位左移、位右移指令的助记符及功能见表 4-1-7。

表 4-1-7　位左移、位右移指令的助记符及功能

助记符	功能	操作数			
		[S]	[D]	n_1	n_2
SFTL（FNC35）	将数据向左移动指定位数	X、Y、M、S、D□.b	Y、M、S	K、H $n_2 \leqslant n_1 \leqslant 1\,024$	K、H、D、R $n_2 \leqslant n_1 \leqslant 1\,024$
SFTR（FNC34）	将数据向右移动指定位数	X、Y、M、S、D□.b	Y、M、S	K、H $n_2 \leqslant n_1 \leqslant 1\,024$	K、H、D、R $n_2 \leqslant n_1 \leqslant 1\,024$

（2）指令的使用格式

位左移、位右移指令的使用格式分别如图 4-1-20 和图 4-1-21 所示。

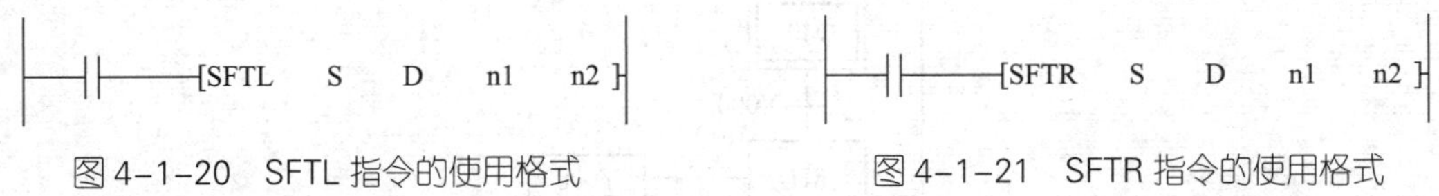

图 4-1-20　SFTL 指令的使用格式　　图 4-1-21　SFTR 指令的使用格式

（3）编程实例

图 4-1-22 所示为 SFTRP 指令编程实例。当 X010=ON 时，由 M10 开始的 16 位数据（M25～M10）向右移动 4 位，移出的低 4 位（M13～M10）溢出，空出的高 4 位（M25～M22）分别由 X000 开始的 4 位数据（X003～X000）补充。若 M25～M10 的状

态为 1100 1010 1100 0011，X003～X000 的状态为 0100，则 M25～M10 执行移位后的状态为 0100 1100 1010 1100。

图 4–1–23 所示梯形图与图 4–1–22 所示梯形图的功能类似，只是移动方向为向左移动，不再赘述。

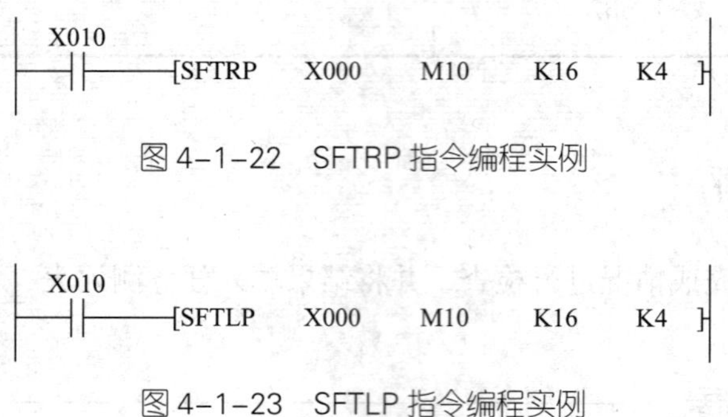

图 4–1–22　SFTRP 指令编程实例

图 4–1–23　SFTLP 指令编程实例

（4）位左移、位右移指令的使用说明

1）SFTL、SFTR 指令使位元件中的状态向左、向右移位。

2）源操作数［S］为数据位的起始位置，目标操作数［D］为移位数据位的起始位置，n_1 指定位元件长度，n_2 指定移位位数（$n_2 \leqslant n_1 \leqslant 1\,024$）。

3）SFTL、SFTR 指令通常使用脉冲执行型，即使用时在指令后加“P”，SFTL、SFTR 在执行条件的上升沿时执行。用连续执行型指令时，若执行条件满足，则每个扫描周期执行一次。

（5）利用 SFTR、SFTL 指令实现步进顺序控制

通过前面任务的学习，可以知道步进顺序控制时一般都是每次移动一个状态，在实际工作中，对于步进顺序控制除了常用的步进顺控设计法外，也可以利用 SFTR、SFTL 指令，实现步进顺序控制中不同状态的切换。下面以图 4–1–24 所示顺序功能图为例来解释这种方法。

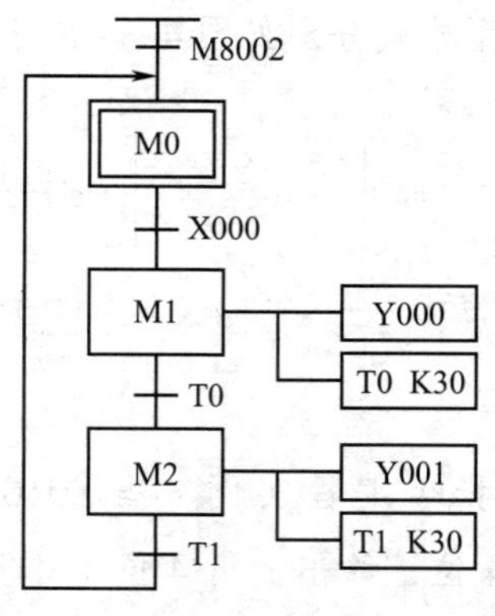

图 4–1–24　顺序功能图

首先，必须设置一个初始状态，可以用 SET 指令实现，图 4–1–25 所示梯形图是通过 M8002 进行设置，另外在最后一个状态结束时也要对初始状态进行设置，图中用 Y001 的下降沿来实现。其次，按照步进顺控设计法的转换规则，下一步若要激活，必须满足两个条件：前级步处于活动状态和相应转换条件满足，这两个条件也是移位的条件。所有的移位条件并联使用即可。上述是转换的处理，输出的处理与一般步进顺控设计法一样，最后的梯形图如图 4–1–25 所示。

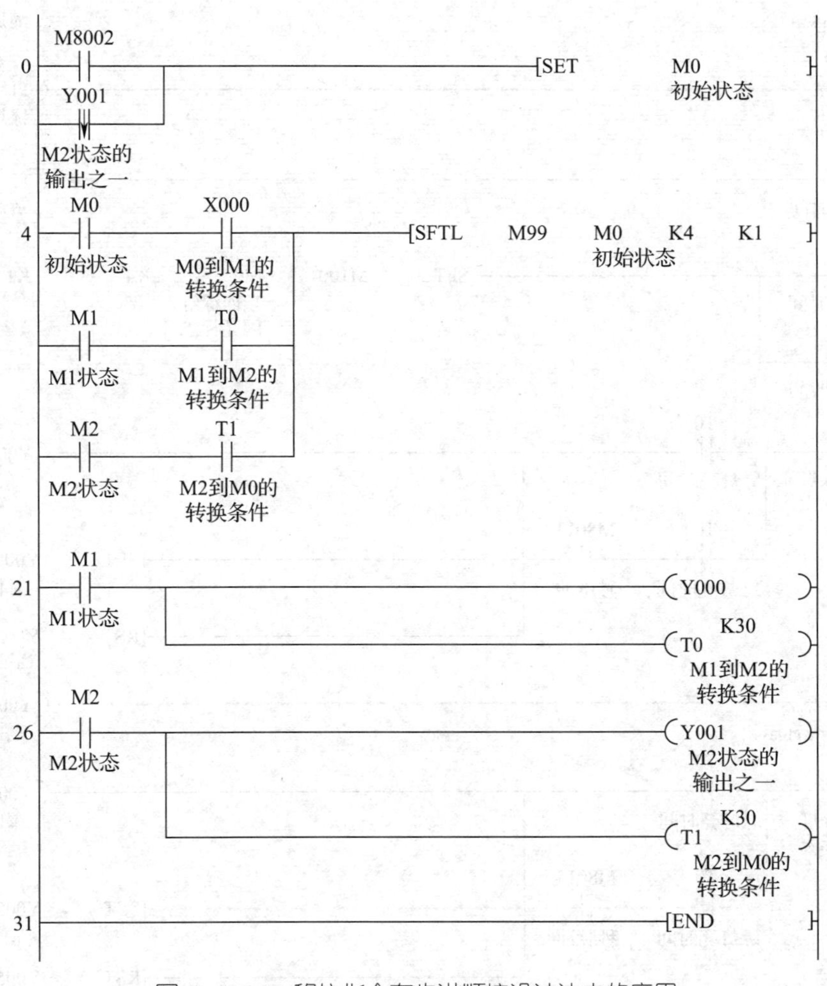

图 4–1–25　移位指令在步进顺控设计法中的应用

2. 用 SFTL 移位指令实现课题三任务 4 十字路口交通灯的控制

把十字路口交通灯的运行分为四个阶段：东西绿灯闪亮、东西黄灯亮、南北绿灯闪亮和南北黄灯亮，分别用 M0～M3 代表这些阶段。然后用移位指令实现各阶段的切换，具体的梯形图如图 4–1–26 所示。

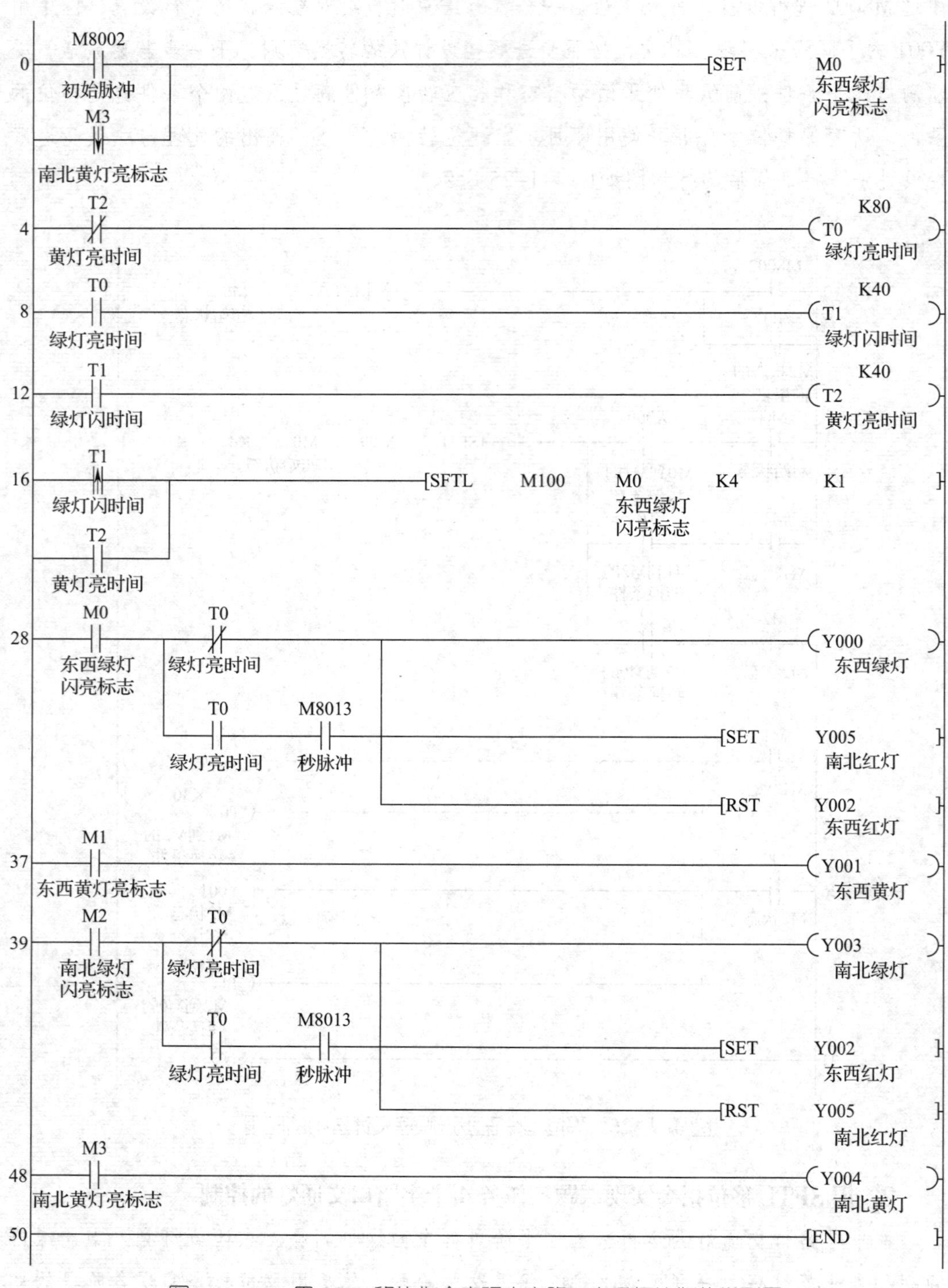

图 4-1-26　用 SFTL 移位指令实现十字路口交通灯控制的梯形图

任务2 自动售货机控制系统设计与装调

学习目标

1. 了解自动售货机控制系统的工作原理。

2. 掌握比较、区间复位和四则运算等指令的功能及使用原则。

3. 能根据控制要求，灵活地应用比较、区间复位、四则运算等指令，完成自动售货机控制系统的程序设计。

4. 能正确安装、调试自动售货机的 PLC 控制系统。

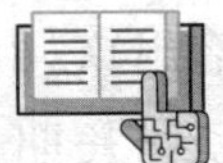

任务引入

图 4-2-1 所示是一款集投币（计币）、比较、选择、饮料供应、退币和报警等多功能于一体的自动售货机，可以提供汽水（单价 2 元）和咖啡（单价 3 元）两种饮料。本任务将利用 PLC 功能指令实现对这款自动售货机的控制，其各系统的控制要求如下。

1. 计币系统

当有顾客买饮料时，投入的钱币经过感应器，感应器记忆投币的个数并传送到检

图 4-2-1 自动售货机

测系统（即电子天平）和计币系统。只有当电子天平检测的质量小于误差值时，才允许计币系统进行钱币叠加，叠加的钱币数据存放在数据寄存器 D2 中。如果超出误差值，则认为是假币，退出钱币，等待新顾客。

2. 比较系统

投币后，系统会把 D2 内钱币数据和可以购买的价格进行区间比较，当投入的钱币小于 2 元时，指示灯 Y000 亮，显示投入的钱币不足。此时可以再投币或选择退币。当投入的钱币为 2 ~ 3 元时，汽水选择指示灯长亮。当投入的钱币大于 3 元时，汽水和咖啡选择指示灯同时长亮，此时可以选择饮料或选择退币。

3. 选择系统

比较系统完成所投钱币和饮料价格比较且饮料选择指示灯长亮时，按下汽水或咖啡选择按钮后，相应的选择指示灯由长亮转为以 1 s 为周期的闪烁。当饮料供应完毕后，闪烁同时停止。

4. 饮料供应系统

当按下饮料选择按钮时，相应的电磁阀（Y004 或 Y006）和电动机（Y003 或 Y005）同时启动。在饮料输出的同时，减去相应的购买钱币数。当饮料输出达到 8 s 时，电磁阀首先关断，电动机继续工作 0.5 s 后停机。此电动机的作用是在输出饮料时，加快输出；在电磁阀关断时，给电磁阀加压，加速电磁阀关断。由于售货机长期使用后，电磁阀使用过多时，返回弹力会减小，若不能完全关断会出现漏饮料现象。此时，电动机 Y003 或 Y005 延长工作 0.5 s，给电磁阀加压，可使电磁阀完好关断。

5. 退币系统

顾客购买饮料后，如果有多余的钱币，只要按下退币按钮，就可通过退币系统控制实现退币。

6. 报警系统

如果是非故障报警，则通过网络通知送液车或者送币车。如果是故障报警，则需要通知维修人员到现场进行维修，同时停止服务，避免造成顾客的损失。

实施本任务所需要的实训设备及工具材料见表 4–2–1。

表 4–2–1　实训设备及工具材料

序号	分类	名称	型号 / 规格	数量	单位
1	工具	电工常用工具		1	套
2	仪表	万用表	型号自定	1	块
3		绝缘电阻表	ZC25–3，500 V	1	块
4	设备器材	计算机	装有 GX Works2 编程软件	1	台

续表

序号	分类	名称	型号 / 规格	数量	单位
5	设备器材	可编程序控制器	FX_{3U}-48MR/ES（配备 C45 导轨、通信电缆等）	1	台
6		模拟配线板	600 mm × 900 mm	1	块
7		低压断路器	Multi9 C65N D20，二极	1	个
			Multi9 C65N D20，三极	1	个
8		熔断器	RT28–32	2	个
9		按钮	LA19–11	5	个
10		传感器	型号自定	11	个
11		指示灯	AC 220 V	6	只
12		接触器	CJX1–9，AC 220 V	5	个
13		热继电器	型号自定	5	个
14		电磁阀	AC 220 V，型号自定	2	个
15		电动机	型号自定	5	台
16		接线端子	TB–1520，20 位	2	条
17	消耗材料	同课题一任务 2			

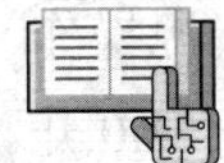

相关知识

一、比较指令

1. 指令的助记符及功能

比较指令的助记符及功能见表 4–2–2。

表 4–2–2　比较指令的助记符及功能

助记符	功能	操作数		
		[S1]	[S2]	[D]
CMP（FNC10）	比较两个数的大小	K、H、KnX、KnY、KnM、KnS、T、C、D、V、Z、R、U□\G□		Y、M、S、D□.b

2. 指令的使用格式

比较指令的使用格式如图 4-2-2 所示。

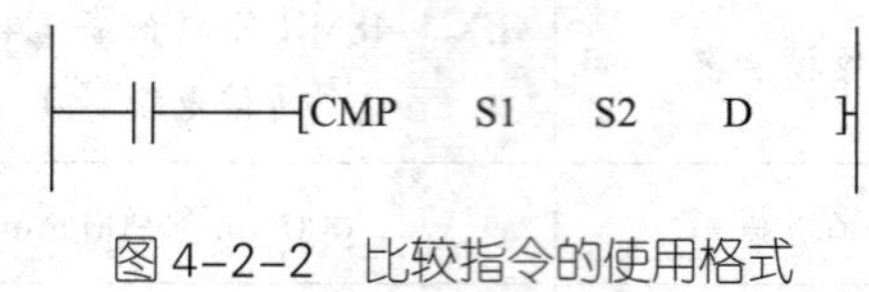

图 4-2-2　比较指令的使用格式

比较指令的使用说明如下。

（1）CMP 指令比较两个源操作数［S1］和［S2］的大小，并把比较结果送到目标操作数［D］~［D+2］中。

（2）两个源操作数［S1］和［S2］都被看成二进制数，其最高位为符号位。如果该位为“0”，则该数为正；如果该位为“1”，则该数为负。

（3）目标操作数［D］由 3 个位元件组成，指令中标明的是第一个位元件，另外两个位元件紧随其后。

（4）当执行条件满足时，比较指令执行，每扫描一次该梯形图，就对两个源操作数［S1］和［S2］进行比较。结果判定：当［S1］>［S2］时，［D］= ON；当［S1］=［S2］时，［D+1］= ON；当［S1］<［S2］时，［D+2］= ON。

（5）在指令前加“D”表示操作数为 32 位。在指令后加“P”表示指令为脉冲执行型。

3. 编程实例

（1）图 4-2-3 所示为 CMP 指令的用法，当指明 M0 为目标元件时，M0、M1、M2 被自动同时占用。图 4-2-3 的控制原理：当 X000 接通时，执行比较指令 CMP。若源操作数 K120 大于源操作数 D10 当前值，则 M0 为 ON，驱动 Y000；若源操作数 K120 等于源操作数 D10 当前值，则 M1 为 ON，驱动 Y001；若源操作数 K120 小于源操作数 D10 当前值，则 M2 为 ON，驱动 Y002。X000 断开时，不执行 CMP 指令，M0 开始的 3 个连续位元件（M0 ~ M2）保持 X000 断开之前的状态。

（2）图 4-2-4 所示为 CMP 指令的应用实例。有三盏指示灯 HL1（Y000）、HL2（Y001）和 HL3（Y002），按下复位按钮 SB1（X000）、启动按钮 SB2（X002），当分别按计数按钮 SB3（X001）3 次、10 次、15 次时，指示灯 HL1（Y000）、HL2（Y001）和 HL3（Y002）哪个亮？

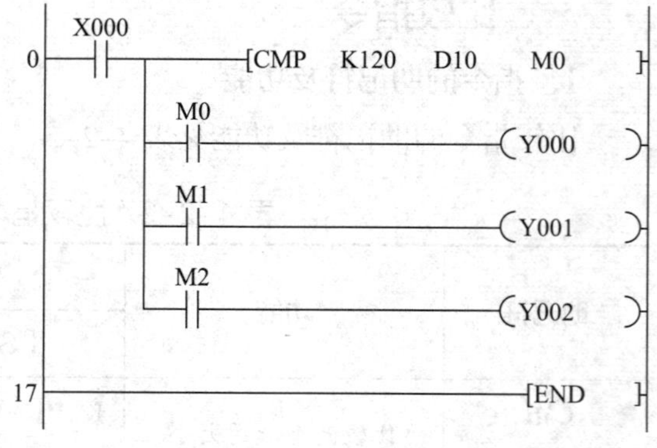

图 4-2-3　CMP 指令的用法

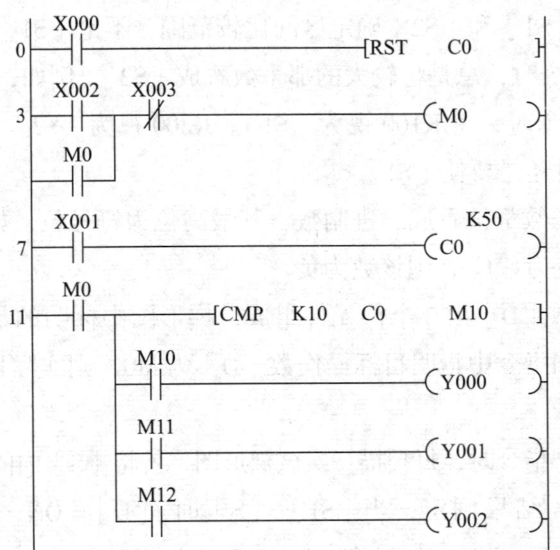

图 4-2-4 CMP 指令的应用实例

执行比较指令 CMP 时，其控制触点必须一直闭合。因此设置 X002 用 M0 自锁实现。当 X001 闭合 3 次时，K10 大于 C0 当前值，M10 得电，M10 常开触点闭合，Y000 得电，HL1 灯亮；当 X001 闭合 10 次时，K10 等于 C0 当前值，M11 得电，M11 常开触点闭合，Y001 得电，HL2 灯亮；当 X001 闭合 15 次时，K10 小于 C0 当前值，M12 得电，M12 常开触点闭合，Y002 得电，HL3 灯亮。

二、区间比较指令

1．指令的助记符及功能

区间比较指令的助记符及功能见表 4-2-3。

表 4-2-3 区间比较指令的助记符及功能

助记符	功能	操作数			
		[S1]	[S2]	[S]	[D]
ZCP（FNC11）	将一个数与两个数（区间）比较	K、H、K*n*X、K*n*Y、K*n*M、K*n*S、T、C、D、V、Z、R、U□\G□			Y、M、S、D□.b

2．指令的使用格式

区间比较指令的使用格式如图 4-2-5 所示。其使用说明如下。

ZCP S1 S2 S D

图 4-2-5 区间比较指令的使用格式

（1）ZCP 指令将［S1］、［S2］的值与［S］

的内容进行比较，然后用位元件［D］~［D+2］来反映比较的结果。

（2）源操作数［S1］和［S2］确定区间比较范围，不论［S1］>［S2］还是［S1］<［S2］，执行 ZCP 指令时，总是将较大的那个数看成［S2］。例如，［S1］= K200，［S2］= K100，执行 ZCP 指令时，将 K100 视为［S1］，K200 视为［S2］。尽管如此，为了程序清晰易懂，使用时还是要使［S1］<［S2］。

（3）所有源操作数都被看成二进制数，其最高位为符号位，如果该位为“0”，则该数为正；如果该位为“1”，则该数为负。

（4）目标操作数［D］由 3 个位元件组成，梯形图中标明的是首地址，另外两个位元件紧随其后。如指令中指明目标操作数［D］为 M0，则实际目标操作数还包括紧随其后的 M1、M2。

（5）当执行 ZCP 指令时，每扫描一次该梯形图，就将［S］内的数与源操作数［S1］和［S2］进行比较，结果判定：当［S1］>［S］时，［D］= ON；当［S1］≤［S］≤［S2］时，［D+1］= ON；当［S］>［S2］时，［D+2］= ON。

（6）执行比较指令后，即使其执行条件被破坏，目标操作数的状态仍保持不变，除非用 RST 指令复位。

（7）在指令前加“D”表示操作数为 32 位，在指令后加“P”表示指令为脉冲执行型。

3. 编程实例

图 4-2-6 所示是 ZCP 指令编程实例。从图中可以看出，当指明目标为 M3 时，M3、M4、M5 自动被占用。其控制原理分析如下：X000 闭合时，执行 ZCP 指令。当 C20 当前值小于 K100 时，M3 为 ON；当 K100 ≤ C20 当前值 ≤ K105 时，M4 为 ON；当 C20 当前值大于 K105 时，M5 为 ON。当控制触点 X000 断开时，不执行 ZCP 指令，M3、M4、M5 保持 X000 断开前的状态。

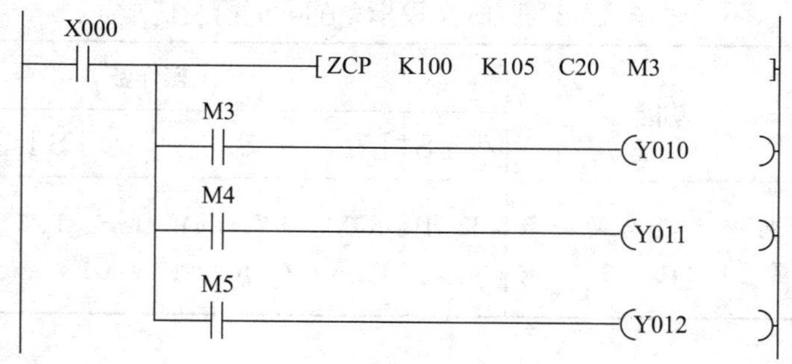

图 4-2-6　ZCP 指令编程实例

三、区间复位指令

1. 指令的助记符及功能

区间复位指令的助记符及功能见表 4-2-4。

表 4-2-4 区间复位指令的助记符及功能

助记符	功能	操作数	
		[D1]	[D2]
ZRST（FNC40）	将指定范围内同一类型的元件复位	Y、M、S、T、C、D、R、U□\G□（目标 D1 < D2）	

2. 指令的使用格式

区间复位指令的使用格式如图 4-2-7 所示。

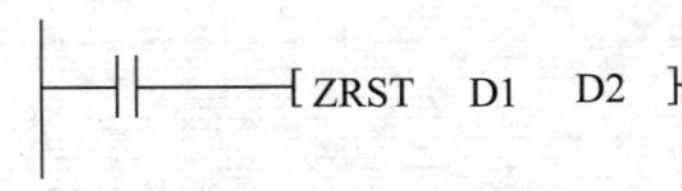

图 4-2-7 区间复位指令的使用格式

区间复位指令的使用说明如下。

（1）ZRST 指令可将［D1］~［D2］指定的元件号范围内的同类元件成批复位。

（2）操作数［D1］、［D2］必须指定同一类型的元件。

（3）［D1］的元件编号必须小于［D2］的元件编号，若［D1］的元件编号大于［D2］的元件编号，则只有［D1］指定的元件被复位。

（4）此功能指令只有 16 位，但可以指定 32 位的计数器。

（5）若要复位单个元件，可以使用 RST 指令。

（6）在指令后加“P”表示指令为脉冲执行型。

3. 编程实例

从图 4-2-8 所示的编程实例中可以看出，当 X000 闭合时，从目标 1（C0）到目标 2（C3）成批复位为零；当 X001 闭合时，从目标 1（M10）到目标 2（M25）成批复位为零；当 X002 闭合时，从目标 1（S0）到目标 2（S20）成批复位为零。

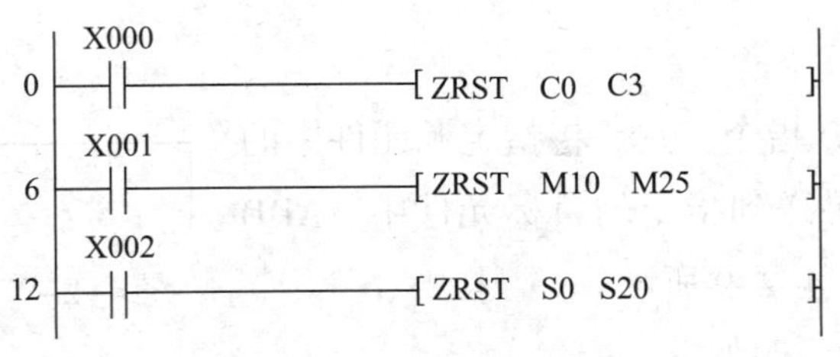

图 4-2-8 ZRST 指令编程实例

四、四则运算指令

四则运算指令包括二进制的加、减、乘、除等指令。二进制的加、减、乘、除运算指令的助记符及功能见表 4-2-5。

表 4-2-5　二进制的加、减、乘、除运算指令的助记符及功能

助记符	功能	操作数		
		[S1]	[S2]	[D]
ADD（FNC20）	将两数相加，结果存放到目标元件中	K、H、KnX、KnY、KnM、KnS、T、C、D、V、Z、R、U□\G□		KnY、KnM、KnS、T、C、D、V、Z、R、U□\G□
SUB（FNC21）	将两数相减，结果存放到目标元件中	K、H、KnX、KnY、KnM、KnS、T、C、D、V、Z、R、U□\G□		KnY、KnM、KnS、T、C、D、V、Z、R、U□\G□
MUL（FNC22）	将两数相乘，结果存放到目标元件中	K、H、KnX、KnY、KnM、KnS、T、C、D、V、Z、R、U□\G□		KnY、KnM、KnS、T、C、D、Z（仅 16 位运算时可以）、R、U□\G□
DIV（FNC23）	将两数相除，结果存放到目标元件中	K、H、KnX、KnY、KnM、KnS、T、C、D、V、Z、R、U□\G□		KnY、KnM、KnS、T、C、D、Z（仅 16 位运算时可以）、R、U□\G□

1. 加法指令

（1）指令功能

加法指令即 ADD 指令，它是将指定源元件中的二进制数相加，结果送到指定的目标元件中。ADD 指令的使用格式如图 4-2-9 所示。

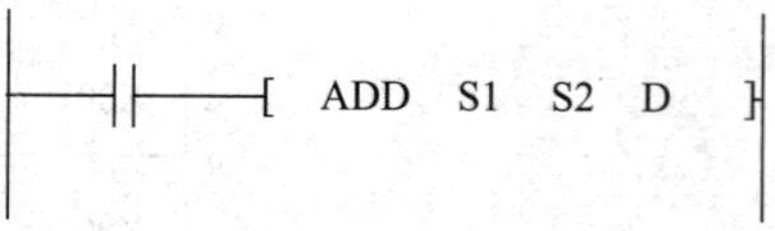

```
|——| |——[ ADD  S1  S2  D ]
```

图 4-2-9　ADD 指令的使用格式

加法指令的使用说明如下。

1）ADD 指令将两个源操作数 [S1] 与 [S2] 的数据内容相加，然后存放于目标操作数 [D] 中。

2）指定的源操作数必须是二进制数，其最高位为符号位。如果该位为“0”，则表示该数为正；如果该位为“1”，则表示该数为负。

3）操作数是16位的二进制数时，数据范围是 -32 768 ~ +32 767。操作数是32位的二进制数时，数据范围是 -2 147 483 648 ~ +2 147 483 647。

4）运算结果为零时，零标志 M8020 = ON；运算结果为负时，借位标志 M8021 = ON；运算结果溢出时，进位标志 M8022 = ON。

5）在指令前加“D”表示操作数为32位，在指令后加“P”表示指令为脉冲执行型。

（2）编程实例

如图4-2-10所示，当PLC运行时，将K123与K456相加，结果存于D2中。

如图4-2-11所示，当PLC运行时，将K1X000与K1X004中的两值相加，结果存于D2中。

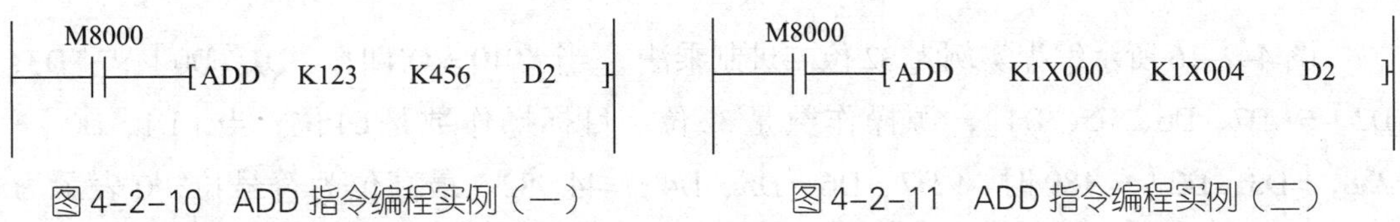

图4-2-10 ADD指令编程实例（一）　　图4-2-11 ADD指令编程实例（二）

2. 减法指令

（1）指令功能

减法指令即SUB指令，其使用格式如图4-2-12所示。

SUB指令是将两个源操作数［S1］与［S2］的数据内容相减，然后存放于目标操作数［D］中。减法指令的各种标志的动作、32位运算中软元件的指定方法、连续执行型和脉冲执行型的差异等与加法指令相同。

（2）编程实例

如图4-2-13所示，当X000=ON时，将D0的数值减去D1的数值，结果存放在D2中。

图4-2-12 SUB指令的使用格式　　图4-2-13 SUB指令编程实例

3. 乘法指令

（1）指令功能

乘法指令即MUL指令，其使用格式如图4-2-14所示。MUL指令的使用说明如下。

1）MUL指令将两个源操作数［S1］与［S2］的数据内容相乘，然后存放于目标操作数［D+1］~［D］中。

2）若源操作数［S1］、［S2］为32位二进制数，则结果为64位，存放在［D+3］~［D］中。

3）在指令前加“D”表示操作数为32位，在指令后加“P”表示指令为脉冲执行型。

（2）编程实例

图4-2-15所示编程实例为16位二进制乘法。当X010=ON时，［D1］×［D2］=［D4、D3］，源操作数是16位，目标操作数是32位。当［D1］=8，［D2］=9时，［D4、D3］=72。最高位为符号位，0表示为正数，1表示为负数。

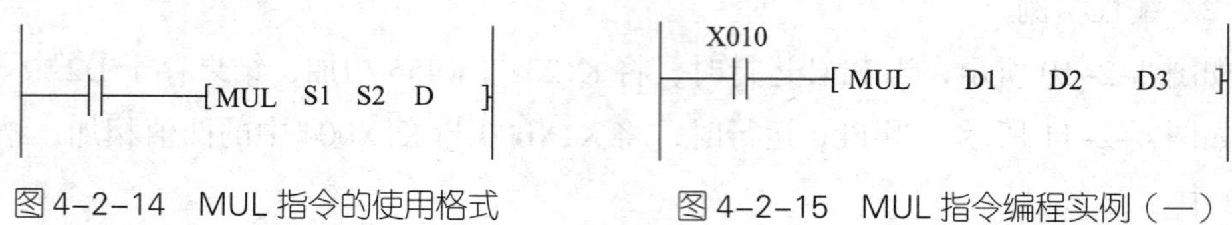

图4-2-14 MUL指令的使用格式　　图4-2-15 MUL指令编程实例（一）

图4-2-16所示编程实例为32位二进制乘法。当X010=ON时，［D1、D0］×［D3、D2］=［D7、D6、D5、D4］，源操作数是32位，目标操作数是64位。当［D1、D0］=238，［D3、D2］=189时，［D7、D6、D5、D4］=44 982。最高位为符号位，0表示为正数，1表示为负数。

4. 除法指令

（1）指令功能

DIV指令是二进制除法指令，其使用格式如图4-2-17所示。

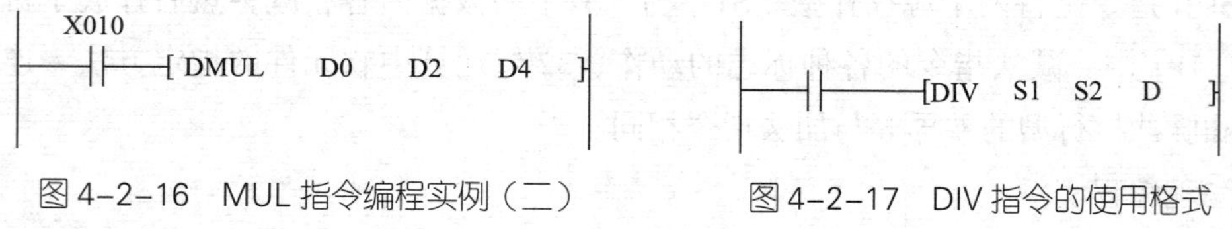

图4-2-16 MUL指令编程实例（二）　　图4-2-17 DIV指令的使用格式

DIV指令的使用说明如下。

1）DIV指令将两个源操作数［S1］与［S2］的数据内容相除，然后将商存放于目标操作数［D］中，将余数存放于［D+1］中。

2）在指令前加“D”表示操作数为32位，在指令后加“P”表示指令为脉冲执行型。

（2）编程实例

图4-2-18所示编程实例为两个16位二进制数相除。当X010=ON时，［D1］/［D2］=［D3］···［D4］。当［D1］=19，［D2］=3时，［D3］=6，［D4］=1。

图4-2-19所示编程实例为两个32位二进制数相除。当X010=ON时，［D1、D0］/［D3、D2］=［D5、D4］···［D7、D6］。

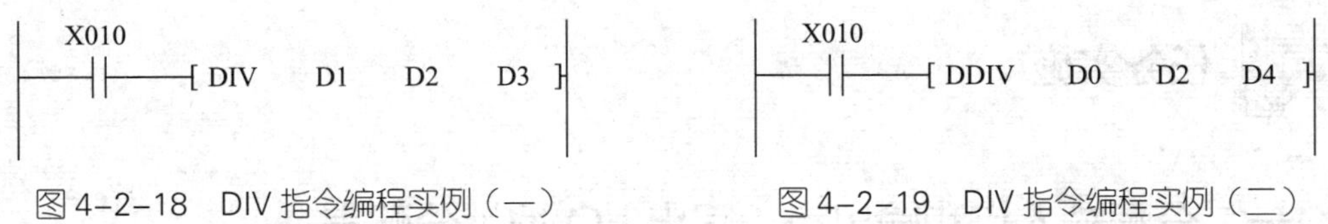

图 4-2-18 DIV 指令编程实例（一）　　图 4-2-19 DIV 指令编程实例（二）

五、二进制加 1 和减 1 指令

1. 指令的助记符和功能

二进制加 1 和减 1 指令的助记符和功能见表 4-2-6。

表 4-2-6 二进制加 1 和减 1 指令的助记符和功能

助记符	功能	操作数
		[D]
INC（FNC 24）	目标元件加 1	KnY、KnM、KnS、T、C、D、R、U □ \G □、V、Z
DEC（FNC 25）	目标元件减 1	KnY、KnM、KnS、T、C、D、R、U □ \G □、V、Z

2. 指令说明

（1）INC 指令的功能为目标元件当前值 D1+1 → D1。在 16 位运算中，+32 767 加 1 则为 −32 768；在 32 位运算中，+2 147 483 647 加 1 则为 −2 147 483 648。

（2）DEC 指令的功能为目标元件当前值 D2−1 → D2。在 16 位运算中，−32 768 减 1 则成 +32 767；在 32 位运算中，−2 147 483 648 减 1 则成 +2 147 483 647。

（3）采用连续执行型指令时，INC 和 DEC 指令都是在各扫描周期做加 1 运算和减 1 运算。

3. 编程实例

二进制加 1 和减 1 指令的编程实例如图 4-2-20 所示。

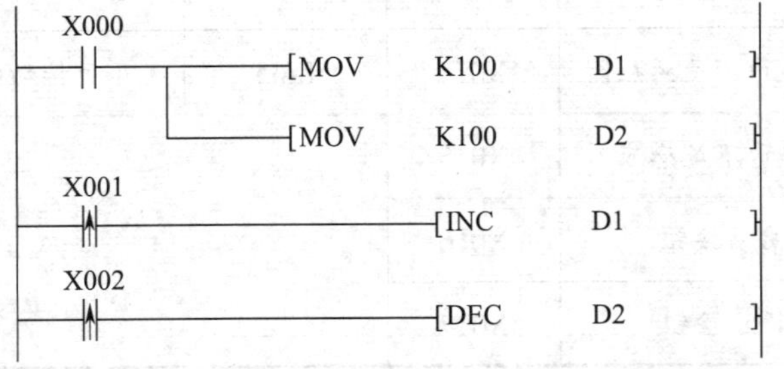

图 4-2-20 二进制加 1 和减 1 指令的编程实例

在图 4-2-20 中，X001 和 X002 都使用上升沿检测指令。每次 X001 闭合，D1 当前值加 1；每次 X002 闭合，D2 当前值减 1。

任务实施

一、分配输入点和输出点，写出 I/O 地址分配表

根据本任务控制要求，可确定 PLC 需要 16 个输入点、13 个输出点，其 I/O 地址分配表见表 4–2–7。

表 4–2–7　I/O 地址分配表

输入			输出		
元器件代号	说明	输入地址	元器件代号	说明	输出地址
SL1	1 角钱币入口感应器	X000	HL1	钱币不足指示灯	Y000
SL2	5 角钱币入口感应器	X001	HL2	汽水选择指示灯	Y001
SL3	1 元钱币入口感应器	X002	HL3	咖啡选择指示灯	Y002
SB2	汽水选择按钮	X003	KM1	汽水电动机	Y003
SB3	咖啡选择按钮	X004	YV1	汽水电磁阀	Y004
SL4	1 元退币感应器	X005	KM2	咖啡电动机	Y005
SL5	5 角退币感应器	X006	YV2	咖啡电磁阀	Y006
SL6	1 角退币感应器	X007	HL4	没有钱币报警	Y007
SB4	退币按钮	X010	HL5	没有汽水报警	Y011
SL7	汽水液量不足感应器	X011	HL6	没有咖啡报警	Y012
SL8	咖啡液量不足感应器	X012	KM3	1 元传动电动机	Y013
SL9	1 元钱币不足感应器	X013	KM4	5 角传动电动机	Y014
SL10	5 角钱币不足感应器	X014	KM5	1 角传动电动机	Y015
SL11	1 角钱币不足感应器	X015			
SB0	启动按钮	X016			
SB1	停止按钮	X017			

二、绘制 PLC 接线图

自动售货机控制系统 PLC 接线图如图 4–2–21 所示。电动机控制主电路略。

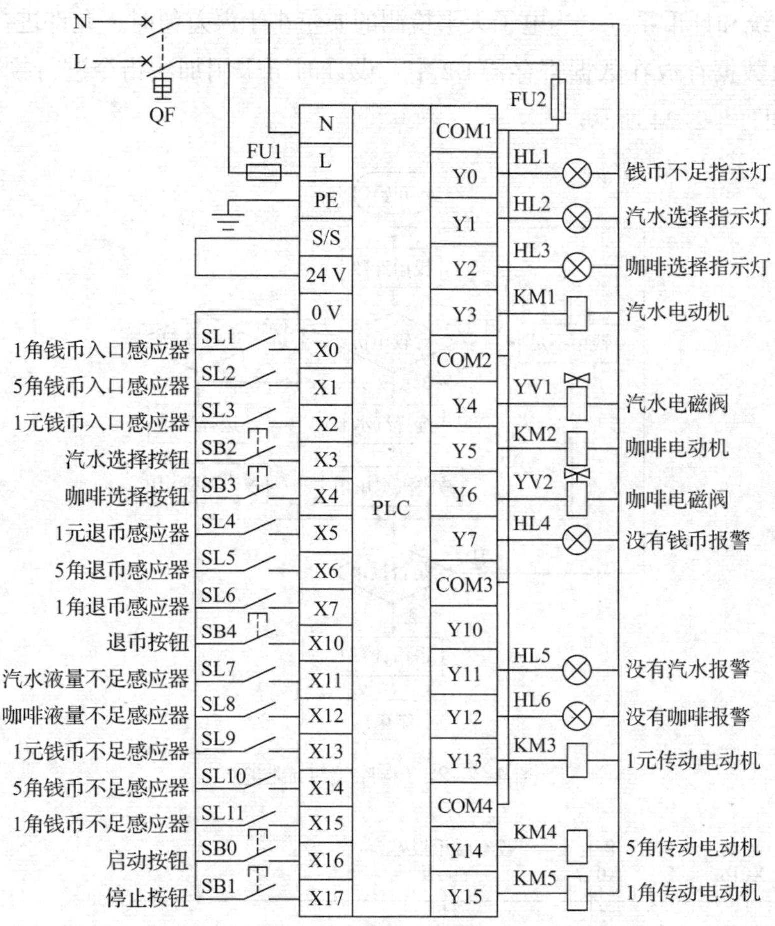

图 4–2–21　自动售货机控制系统 PLC 接线图

三、设计梯形图程序

根据 I/O 地址分配表及任务控制要求分析，画出本任务控制的程序设计流程图，并设计梯形图。

1. 画出程序设计流程图

根据任务控制要求分析，可画出本任务的程序设计流程图，如图 4–2–22 所示。

2. 设计梯形图

（1）自动售货机启停控制程序设计

自动售货机的启停控制是通过启动按钮 SB0（X016）、停止按钮 SB1（X017）和辅助继电器 M50 进行控制的，其控制程序如图 4–2–23 所示。

（2）计币系统控制程序设计

当有顾客购买饮料时，投入的钱币经过 1 角钱币入口感应器（X000）、5 角钱币入口感应器（X001）和1元钱币入口感应器（X002）时，感应器记忆投币的个数并传送到检测系统和计币系统。当电子天平检测的质量小于误差值时，允许进行钱币叠加，叠加的钱币数据存放在数据寄存器D2中。设计时可采用加法指令进行投币计数，其控制程序如图4-2-24所示。

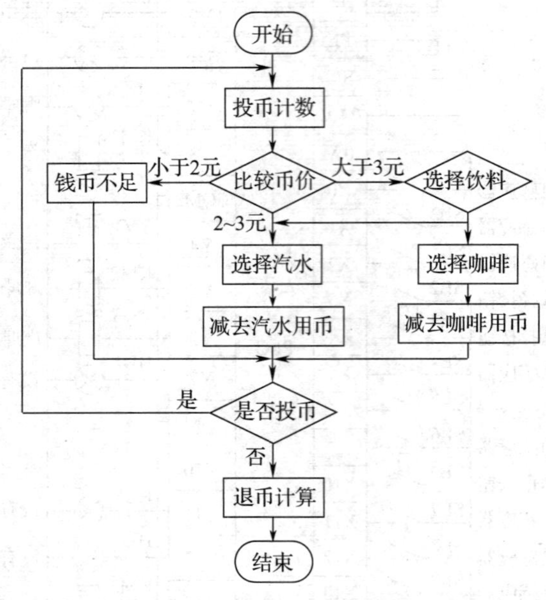

图4-2-22 程序设计流程图

图4-2-23 自动售货机启停控制程序

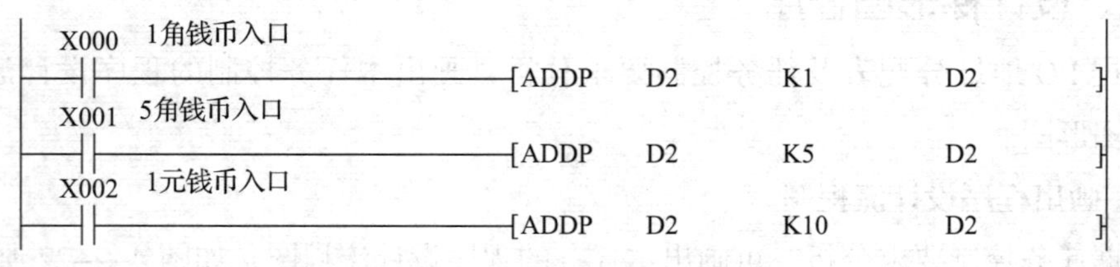

图4-2-24 自动售货机投币计数控制程序

（3）钱币数据比较系统控制程序设计

当钱币投入完毕后，可采用区间比较指令ZCP把D2内的钱币数据和可以购买的饮料价格进行区间比较。若投入的钱币小于2元，辅助继电器M1常开触点闭合，指示灯Y000亮，显示投入钱币不足，此时可以再投币或选择退币。当投入的钱币在2～3元时，辅助继电器M2常开触点闭合，接通辅助继电器M4，M4的常开触点闭合，接通 Y001，汽水选择指示灯长亮。当大于 3 元时，辅助继电器 M3 常开触点闭合，接通辅助继电器 M5，M5 的常开触点闭合，同时接通 Y001 和 Y002，汽水选择和咖啡选择的指示灯长亮，此时可以选择饮料或选择退币。自动售货机比较币值控制程序如图 4–2–25 所示。

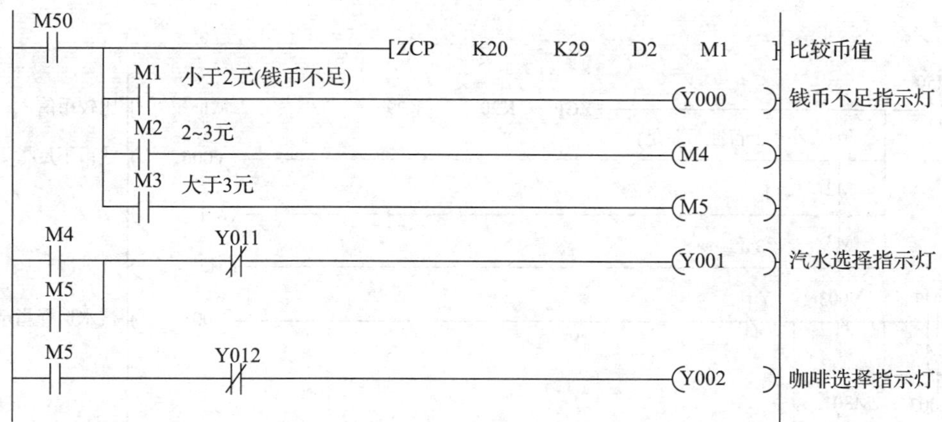

图 4–2–25 自动售货机比较币值控制程序

图中 Y011 和 Y012 常闭触点的作用是，当自动售货机出现没有汽水和没有咖啡报警时，会自动切断汽水选择和咖啡选择指示灯。

（4）选择系统控制程序设计

币值比较完成后饮料选择指示灯是长亮的，如图 4–2–25 所示。当按下汽水或者咖啡的选择按钮后，相应的选择指示灯 Y001 或 Y002 由长亮转为以 1 s 为周期的闪烁，在此可采用时钟脉冲指令 M8013 进行编程，其控制程序如图 4–2–26 所示。图中，Y003 和 Y005 的常闭触点是选择指示灯长亮和闪烁的联锁触点。

（5）饮料供应系统控制程序设计

1）饮料供应控制。当按下汽水选择按钮 SB2（X003）或咖啡选择按钮 SB3（X004）时，相应的电磁阀（Y004 或 Y006）和电动机（Y003 或 Y005）同时启动。当饮料输出达到 8 s 时，电磁阀首先关断，电动机继续工作 0.5 s 后停机。自动售货机供应饮料的控制程序如图 4–2–27 所示。

2）在饮料输出的同时，系统会减去相应的购买钱币数。设计时可采用 SUB 减法指令进行设计，其程序如图 4–2–28 所示。

（6）退币系统控制程序设计

当顾客购买完饮料后，多余的钱币只要按下退币按钮 SB4（X010），系统就会把数据寄存器 D2 内的钱币数首先除以 10，得到的整数部分是 1 元钱需要退回的数量，存放在 D10 里，余数存放在 D11 里。再用 D11 除以 5，得到的整数部分是 5 角钱需要退回的数量，存放在 D12 里，余数存放在 D13 里。最后 D13 里面的数值，就是 1 角钱需要退回的数量。在选择退币的同时启动 3 个退币电动机（Y013、Y014 和 Y015）。3 个退币感应器（X005、X006 和 X007）开始计数，当退币感应器记录的个数等于数据寄存器退回的钱币数时，退币电动机（Y013、Y014 和 Y015）停止运转。设计时分别采用除法指令 DIV 和比较指令 CMP 进行编程。其控制程序如图 4-2-29 所示。

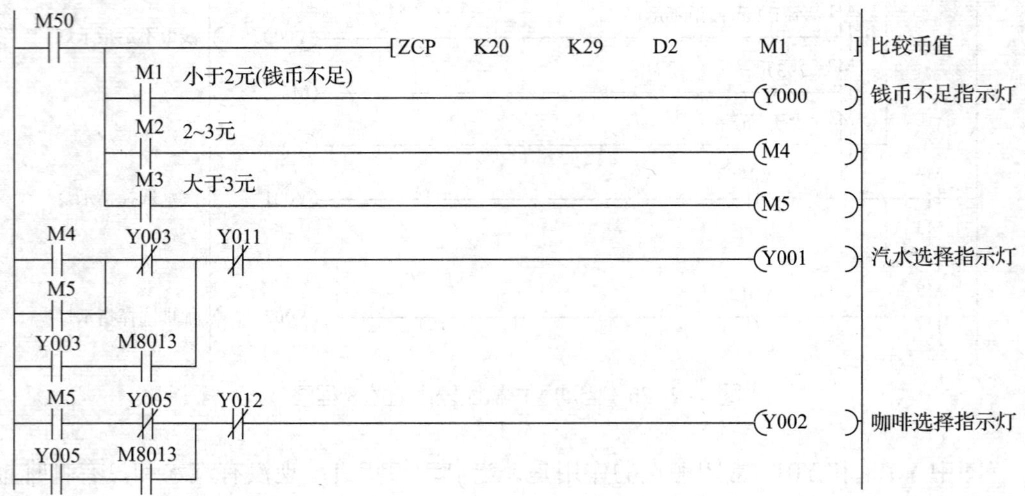

图 4-2-26　自动售货机选择系统控制程序

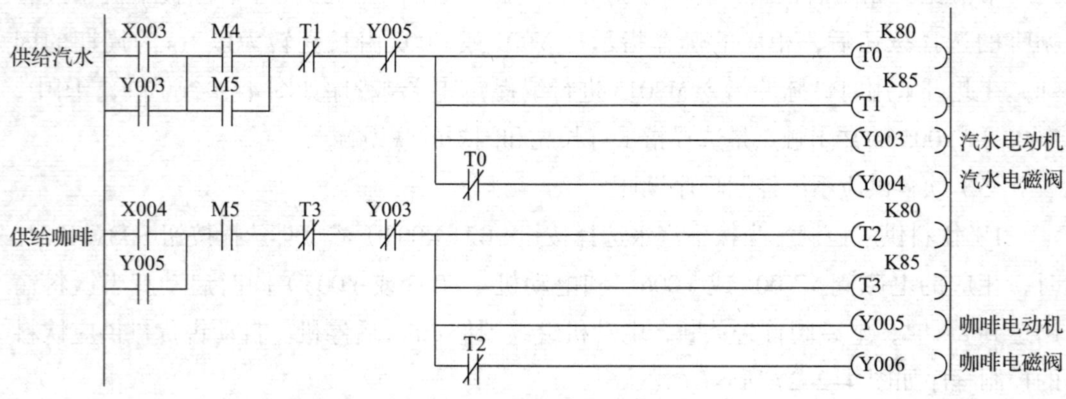

图 4-2-27　自动售货机供应饮料的控制程序

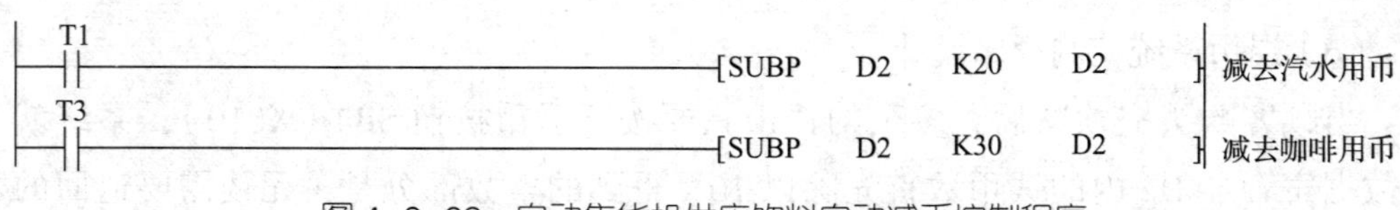

图 4-2-28　自动售货机供应饮料自动减币控制程序

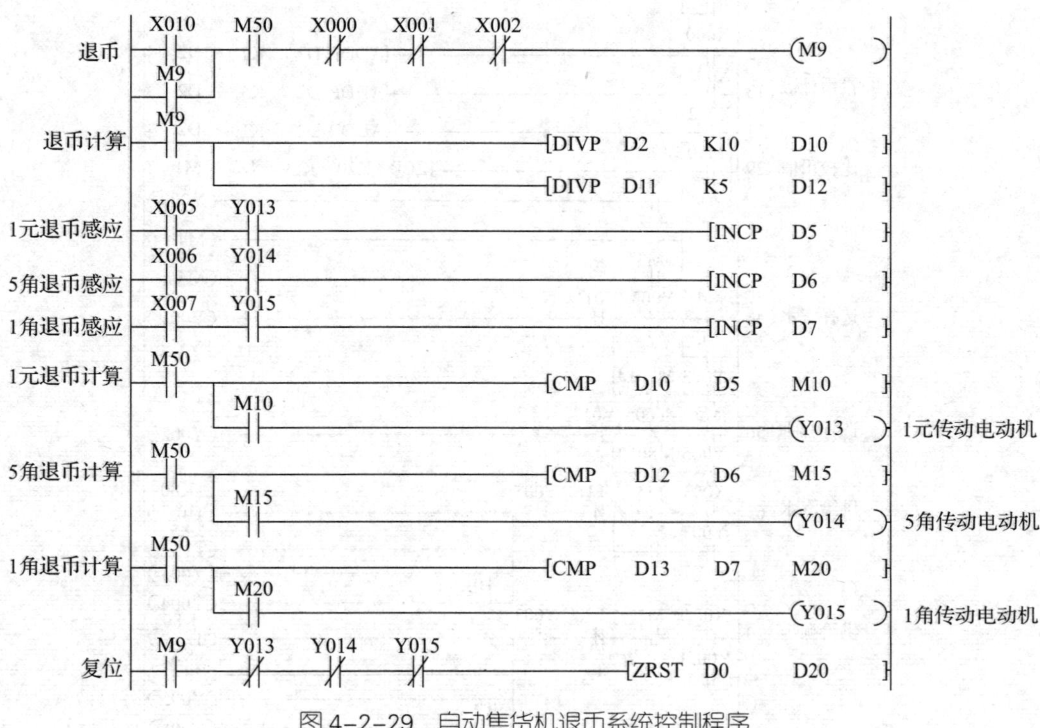

图 4-2-29 自动售货机退币系统控制程序

（7）报警系统控制程序设计

报警系统控制程序在设计时应考虑两方面，即无币报警和无饮料报警，其控制程序如图 4-2-30 所示。

图 4-2-30 自动售货机报警系统控制程序

（8）自动售货机完整控制程序

图 4-2-31 所示是自动售货机控制系统的完整梯形图。

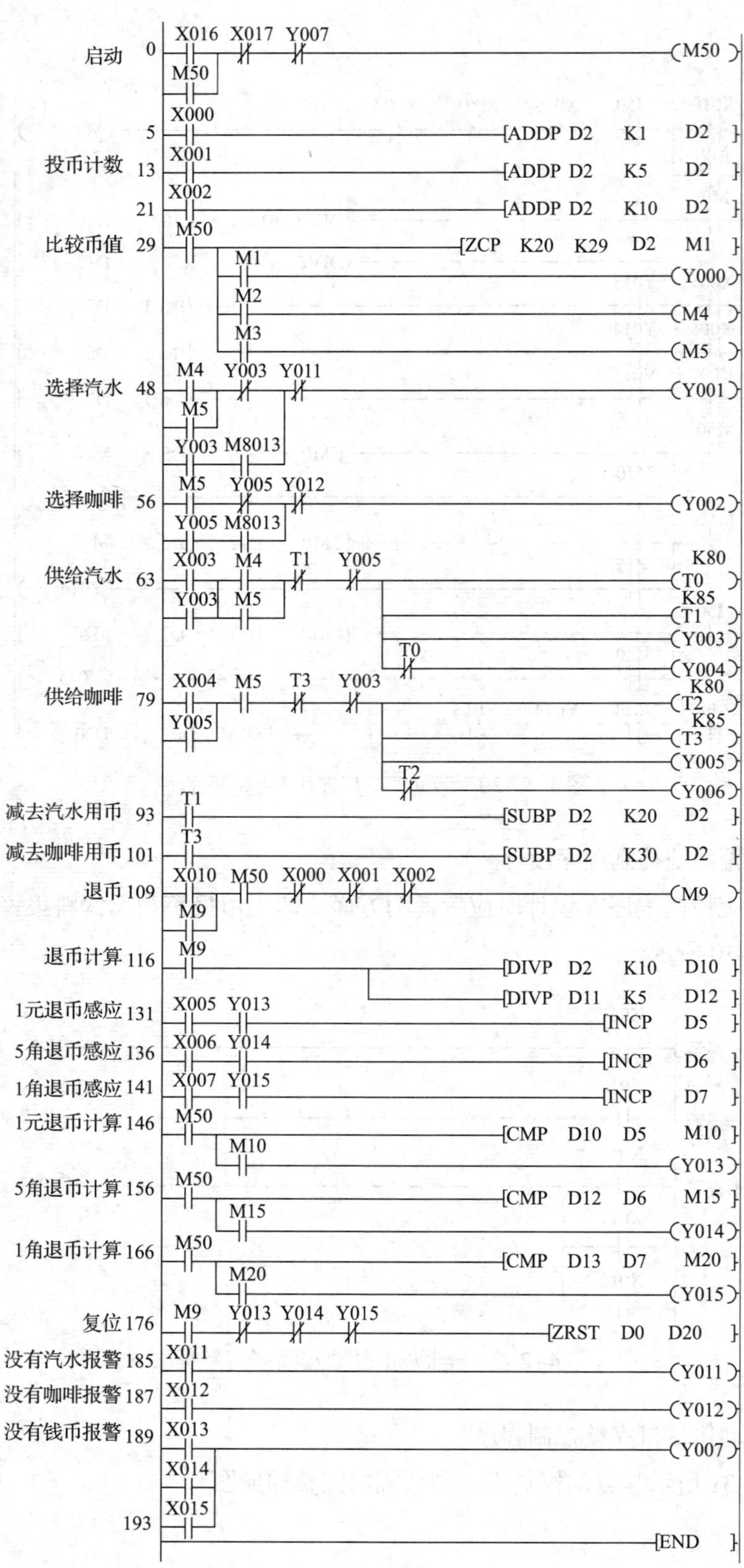

图 4–2–31　自动售货机控制系统的完整梯形图

四、程序输入及仿真调试

程序编制完成后，通过梯形图编程界面输入程序并进行仿真调试。

五、线路安装与调试

1. 线路安装

根据图 4–2–21 所示 PLC 接线图，按照安装电路的一般步骤和工艺要求在模拟配线板上进行元器件及线路安装。

2. 系统调试

使用专用通信电缆（FX–USB–AW）将 PLC 的编程接口与计算机的 USB 端口相连接，然后利用编程软件将梯形图程序写入 PLC。对照图 4–2–21 所示自动售货机控制系统 PLC 接线图检查安装线路，确认无误后，在指导教师的监督下，接通电源，将 PLC 的 RUN/STOP 开关拨到“RUN”位置，利用 GX Works2 软件中的在线监视功能监视程序的运行情况，再按照表 4–2–8 进行调试，观察系统运行情况并做好记录。

表 4–2–8 程序调试步骤及运行情况记录表

操作步骤	操作内容	观察内容	观察结果	思考内容
1	按下启动按钮 SB0	指示灯 HL1 ~ HL6，接触器 KM1 ~ KM5，以及电磁阀 YV1、YV2		分析理解 PLC 的工作过程
2	分别接通 SL1、SL2 和 SL3			
3	按下 SB2			
4	按下 SB3			
5	按下 SB4			
6	分别接通 SL4、SL5 和 SL6			
7	分别接通 SL7、SL8			
8	分别接通 SL9、SL10 和 SL11			
9	按下停止按钮 SB1			

任务测评

对任务实施的完成情况进行检查，并将结果填入任务测评表，参见表 2–1–7。

知识拓展

使用乘除运算指令实现灯组的移位点亮循环控制

有一组灯共 16 盏，分别接于 Y000 ~ Y017。要求：当 X000 为 ON 时，灯正序每隔 1 s 单个移位，并循环；当 X000 为 OFF 时，灯反序每隔 1 s 单个移位，至 Y000 为 ON，停止。其控制程序如图 4-2-32 所示。

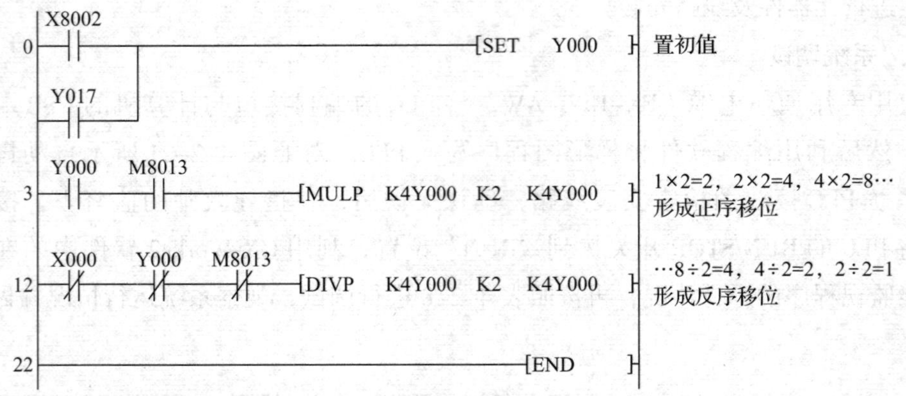

图 4-2-32 使用乘除运算指令实现灯组移位点亮循环的控制程序

课题五
PLC 综合应用技术

任务 1　应用 PLC 改造 X62W 型万能铣床电气控制系统

学习目标

1. 掌握应用 PLC 改造常用机床的原则及工艺流程。
2. 能应用 PLC 改造常用机床。
3. 能综合调试常用机床 PLC 控制硬件和软件系统。

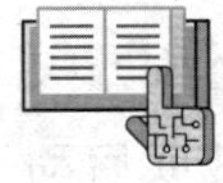

任务引入

目前采用继电器控制的旧式普通机床仍在企业中广泛使用，特别是在一些工业欠发达地区，其使用率还比较高，在企业中仍然起着较大的作用。由于这些设备使用多年后故障率高、维修量大、可靠性差，且其精度、效率、自动化程度已不能满足当前生产需要，这些问题严重影响了正常的生产。用 PLC 改造机床电气控制系统，具有投资少、见效快的特点，是切实可行的技术改造方案。特别是一些加工工艺较特殊的机床设备，采用 PLC 实现机床电气系统的控制更有优势。所以对这类普通机床控制系统进行改造是非常必要的。

铣床主要用于加工零件的平面、斜面、沟槽等，装上分度头后可以加工齿轮或螺旋面，装上回转圆工作台还可以加工凸轮和弧形槽。万能铣床主要用于加工中小型零件，应用最广，如图 5-1-1 所示是 X62W 型卧式万能铣床的外形图，其继电器控制系统的电气控制原理图如图 5-1-2 所示。

本任务的主要内容是：运用 PLC 升级改造原 X62W 型卧式万能铣床的继电器控制系统，并完成模拟安装和调试。

图 5-1-1　X62W 型卧式万能铣床的外形图

控制要求如下。

（1）合上电源开关 QS1，接通开关 SA4，照明灯 EL 亮。

（2）主轴电动机 M1 的控制。

1）按下按钮 SB1 或 SB2，接触器 KM1 通电闭合，主轴电动机 M1 启动运转，如合上 QS2，则冷却泵电动机 M3 启动运转。按下按钮 SB5 或 SB6，主轴电动机 M1 停止，冷却泵电动机 M3 也停止。

2）当主轴变速盘瞬时压合行程开关 SQ1 时，接触器 KM1 瞬时通电闭合，主轴电动机 M1 瞬时启动运转，对主轴变速齿轮进行冲动。

3）将换刀制动转换开关 SA1 扳至“换刀”位置，常开触点 SA1-1 接通制动电磁离合器 YC1 线圈的电源，主轴被制动，操作人员可进行换刀操作。

（3）进给电动机 M2 的控制。主轴电动机 M1 启动后，将圆工作台开关 SA2 扳至“断开”位置，SA2-1、SA2-3 触点闭合，SA2-2 触点断开。

1）将工作台左右进给操作手柄扳至“向左”或“向右”位置，行程开关 SQ5 或 SQ6 压合，接触器 KM3 或 KM4 通电闭合，进给电动机 M2 启动正转或启动反转，通过机械装置带动工作台向左或向右运动。

2）将工作台上下与前后进给操作手柄扳至“向下”或“向上”位置，行程开关 SQ3 或 SQ4 被压合，接触器 KM3 或 KM4 通电闭合，进给电动机 M2 启动正转或启动反转，通过机械装置带动工作台向下或向上运动。

3）将工作台上下与前后进给操作手柄扳至“向前”或“向后”位置，行程开关 SQ3 或 SQ4 被压合，接触器 KM3 或 KM4 通电闭合，进给电动机 M2 启动正转或启动反转，通过机械装置带动工作台向前或向后运动。

4）当进给变速盘瞬时压合行程开关 SQ2 时，接触器 KM3 瞬时通电闭合，进给电动机 M2 瞬时启动正转，对进给变速齿轮进行冲动。

（4）工作台快速移动的控制。按下点动按钮 SB3 或 SB4，电磁离合器 YC2 线圈失电（YC2 线圈仅在工作台快速移动时断电，其余时间一直处于通电状态），YC3 线圈通电，工作台可向六个进给方向（左、右、上、下、前、后）中任意一个方向快速移动（圆工作台开关 SA2 要扳至“断开”位置）。

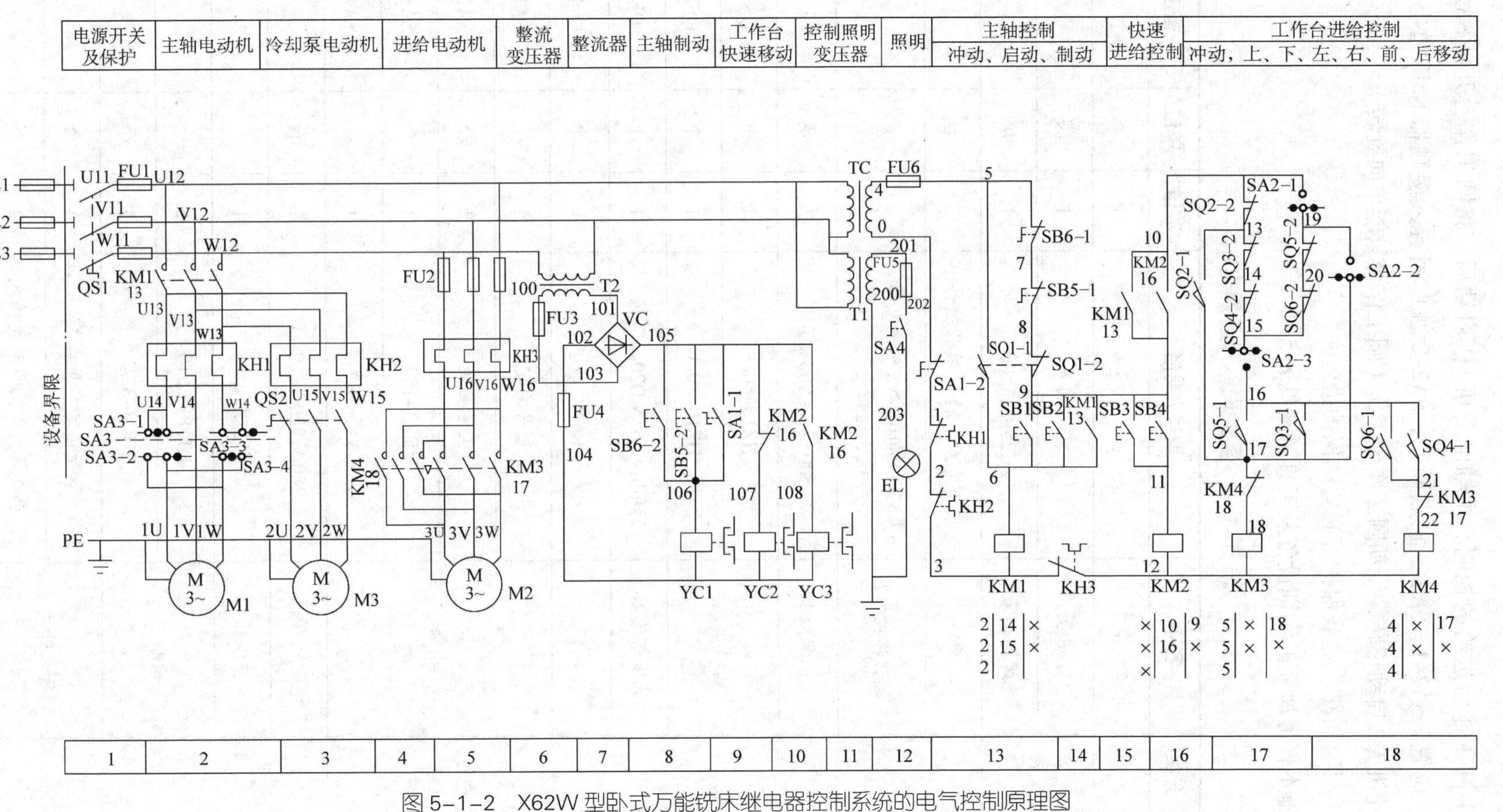

图 5-1-2 X62W 型卧式万能铣床继电器控制系统的电气控制原理图

（5）圆工作台进给的控制。主轴电动机 M1 启动后，将圆工作台开关 SA2 扳至“接通”位置，SA2-1、SA2-3 触点断开，SA2-2 触点闭合，接触器 KM3 通电闭合，进给电动机 M2 启动正转，带动圆工作台工作（圆工作台只能单向旋转）。

（6）具有短路、过载保护等必要的保护措施。

实施本任务所需的实训设备及工具材料见表 5-1-1。

表 5-1-1　实训设备及工具材料

序号	分类	名称	型号 / 规格	数量	单位	备注
1	工具	电工常用工具		1	套	
2	仪表	万用表	型号自定	1	块	
3		绝缘电阻表	ZC25-3，500 V	1	块	
4	设备器材	计算机	装有 GX Works2 编程软件	1	台	
5		可编程序控制器	FX_{3U}-48MR/ES（配备 C45 导轨、通信电缆等）	1	台	
6		模拟配线板	600 mm × 900 mm	1	块	
7		电源开关	HZ10-60/3	1	个	QS1
			HZ10-10/3	1	个	QS2
8		低压断路器	Multi9 C65N D20，二极	1	个	QF
9		按钮	LA19-11	6	个	SB1 ~ SB6
10		开关	型号自定	1	个	SA1
			型号自定	1	个	SA2
			HZ3-133	1	个	SA3
			LAY3-01Y/2	1	个	SA4
11		电源变压器	380 V/220 V、24 V	1	台	
12		整流器	2CZ × 4	1	个	
13		熔断器	RT28-32/10	6	个	
			RT28-32/2	3	个	
14		行程开关	型号自定，开启式	4	个	
			型号自定，单轮自动复位式	2	个	

续表

序号	分类	名称	型号 / 规格	数量	单位	备注
15	设备器材	热继电器	JR36–20	3	个	KH1 ~ KH3
16		接触器	CJX1–22/22，AC 220 V	3	个	
17		电磁离合器	B1DL–Ⅲ	1	个	主轴制动
			B1DL–Ⅱ	2	个	冲动
18		照明灯	JC11，24 V	1	个	EL
19		电动机	型号自定	3	台	
20		接线端子排	TB1520，20 位	2	条	
21	消耗材料	同课题一任务 2				

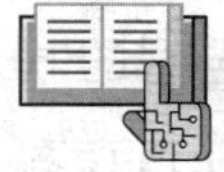

相关知识

一、机床改造的原则

将常用机床继电器控制系统升级改造为 PLC 控制系统时，在满足控制功能的前提下应尽量使用原有的器件，通常按以下原则进行处理：

1. 如果在升级改造中不增加新的控制功能，则主电路保持不变，主电路中的电源开关、低压断路器、熔断器、热继电器和电动机保留。

2. 如果控制电路中的接触器、电磁阀、电磁离合器等负载线圈的额定电压为 220 V 及以下，可保留。如果线圈额定电压为 380 V，应更换为额定电压为 220 V 及以下的线圈。

3. 控制电路中的中间继电器、时间继电器、计数装置全部去除，其功能分别由 PLC 软元件辅助继电器 M、定时器 T、计数器 C 实现。

4. 启动按钮、停止按钮、行程开关、转换开关等保留，并且仍使用原来的常开或常闭触点。

5. 酌情保留原控制系统的控制变压器，妥善处理 PLC 使用的电源。

6. 对于原控制系统的一般联锁功能可以用软件联锁来实现，但对于正反转接触器之类的重要联锁，除软件联锁外，还必须具有接触器触点的硬件联锁。

7. 改造完成后将 PLC 控制系统的 I/O 地址分配表、电气控制原理图、安装接线图、元件明细表、PLC 程序等作为资料保存，以便于今后维修和保养。

二、机床改造的流程

1．确定控制对象，明确控制任务和设计要求

要了解工艺过程和机械运动与电气执行元件之间的关系以及对电控系统的控制要求，拟定控制系统设计的技术条件。要深入、全面地了解需改造机床的工作过程，分析整理其控制的基本方式、完成动作的条件关系以及相关的保护联锁关系，了解是否需要对现有机床的操作控制加以改进，如有需要，后续设计中应予以实现。根据整理结果，确定所需输入、输出设备。在保证满足工艺要求的前提下，力求系统简单，并最大限度地使用原有的输入、输出设备，降低改造成本。

2．制定控制方案，进行 PLC 选型

根据生产工艺和机械运动的控制要求，确定电控系统的工作方式。通过研究工艺过程和机械运动的各个步骤和状态，确定哪些信号需要输入 PLC，哪些信号要由 PLC 输出，哪些负载要由 PLC 驱动，分门别类设计出各输入 / 输出点。PLC 机型的选择和 I/O 配置是硬件设计的重要内容。PLC 选型的基本原则是满足控制系统的功能需要，准确地设计出被控设备对输入 / 输出点数的总需求量是 PLC 选型的基础。确定 I/O 点数时应留有 15% ~ 20% 的余量，为系统改造预留余量。对 PLC 输入、输出进行合理的地址编号，会给 PLC 系统的硬件设计、软件设计和系统调整带来方便。

3．设计、绘制 PLC 的接线图

编制 I/O 地址分配表，绘制 PLC 接线图。同类型的输入或输出点应尽量集中在一起，连续分配，这样有利于程序编写和阅读。

4．程序设计

用户程序的编写可基于原有机床继电器控制电路原理图进行修改完善，也可根据控制要求应用各种基本指令和功能指令采取其他方法进行灵活编程。程序应简单易读。

5．模拟调试

将设计好的程序输入 PLC 后应仔细检查和验证，并在实验室进行模拟调试，观察各输入量、输出量之间的变化关系及逻辑状态是否符合设计要求，发现问题及时修改，调试成功后还应进行技术资料整理、归档。

6．现场调试

进行现场调试的前提是 PLC 的外部接线一定要准确无误，应反复进行现场调试，发现问题现场解决。如果系统调试达不到指标要求，则可对硬件和软件做调整，通常只要修改用户程序即可达到调整的目的。

PLC 系统设计流程图如图 5–1–3 所示。

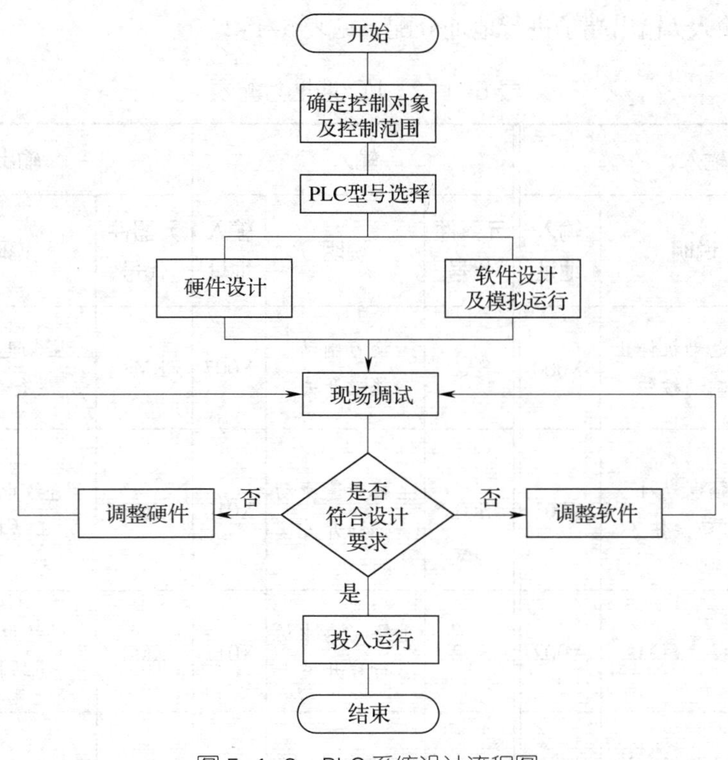

图 5-1-3 PLC 系统设计流程图

任务实施

一、分配输入点和输出点，写出 I/O 地址分配表

根据原 X62W 型万能铣床的电气控制要求及应用 PLC 改造常用机床的原则，确定以下输入、输出器件。

1. 输入器件

（1）原机床所有的按钮、开关、热继电器等都保留，分别连接 PLC 输入端子。

（2）为了节省输入点数，热继电器 KH1、KH2 的常闭触点串联后连接到 PLC 的一个输入端子。

（3）照明灯不受 PLC 控制，保留原电路，因此不需要另外分配 PLC 输入端子。

2. 输出器件

（1）原线圈电压为 AC 110 V 的接触器可以保留。这里为了教学方便，统一选用线圈电压为 AC 220 V 的交流接触器，分别连接 PLC 输出端子。

（2）原线圈电压为 DC 24 V 的电磁离合器都保留，分别连接 PLC 输出端子。

（3）照明灯不受 PLC 控制，保留原电路，因此，不需要另外分配 PLC 输出端子。

对 PLC 输入 / 输出端子进行地址分配，见表 5–1–2。

表 5–1–2　I/O 地址分配表

输入			输入			输出		
元器件代号	说明	输入地址	元器件代号	说明	输入地址	元器件代号	说明	输出地址
SB5、SB6	主轴电动机停止及制动按钮	X000	SA1	换刀制动转换开关	X007	KM1	主轴电动机运行控制	Y000
SB1、SB2	主轴电动机启动按钮	X001	SQ1	主轴变速冲动行程开关	X010	KM3	进给电动机正转控制	Y001
SB3、SB4	快速进给按钮	X002	SQ2	进给变速冲动行程开关	X011	KM4	进给电动机反转控制	Y002
KH1、KH2	主轴电动机和冷却泵电动机过载保护	X003	SQ3	工作台向下、向前进给行程开关	X012	YC1	主轴制动	Y004
KH3	进给电动机过载保护	X004	SQ4	工作台向上、向后进给行程开关	X013	YC2	工作台正常速度进给	Y005
SA2–1	正常进给转换开关	X005	SQ5	工作台向左进给行程开关	X014	YC3	工作台快速进给	Y006
SA2–2	圆工作台进给转换开关	X006	SQ6	工作台向右进给行程开关	X015			

二、绘制 PLC 控制系统电路图

PLC 控制系统电路图如图 5–1–4 所示。其中，为了提高 PLC 控制系统的抗干扰能力，在 PLC 控制电路中增加了隔离变压器 TC，在 PLC 交流负载两端并联阻容电路，在直流负载两端并联放电二极管。模拟安装时，接触器 KM1、KM3、KM4 和电磁离合器 YC1、YC2、YC3 暂时先不接到 PLC 输出端，待模拟调试程序通过后再连接。

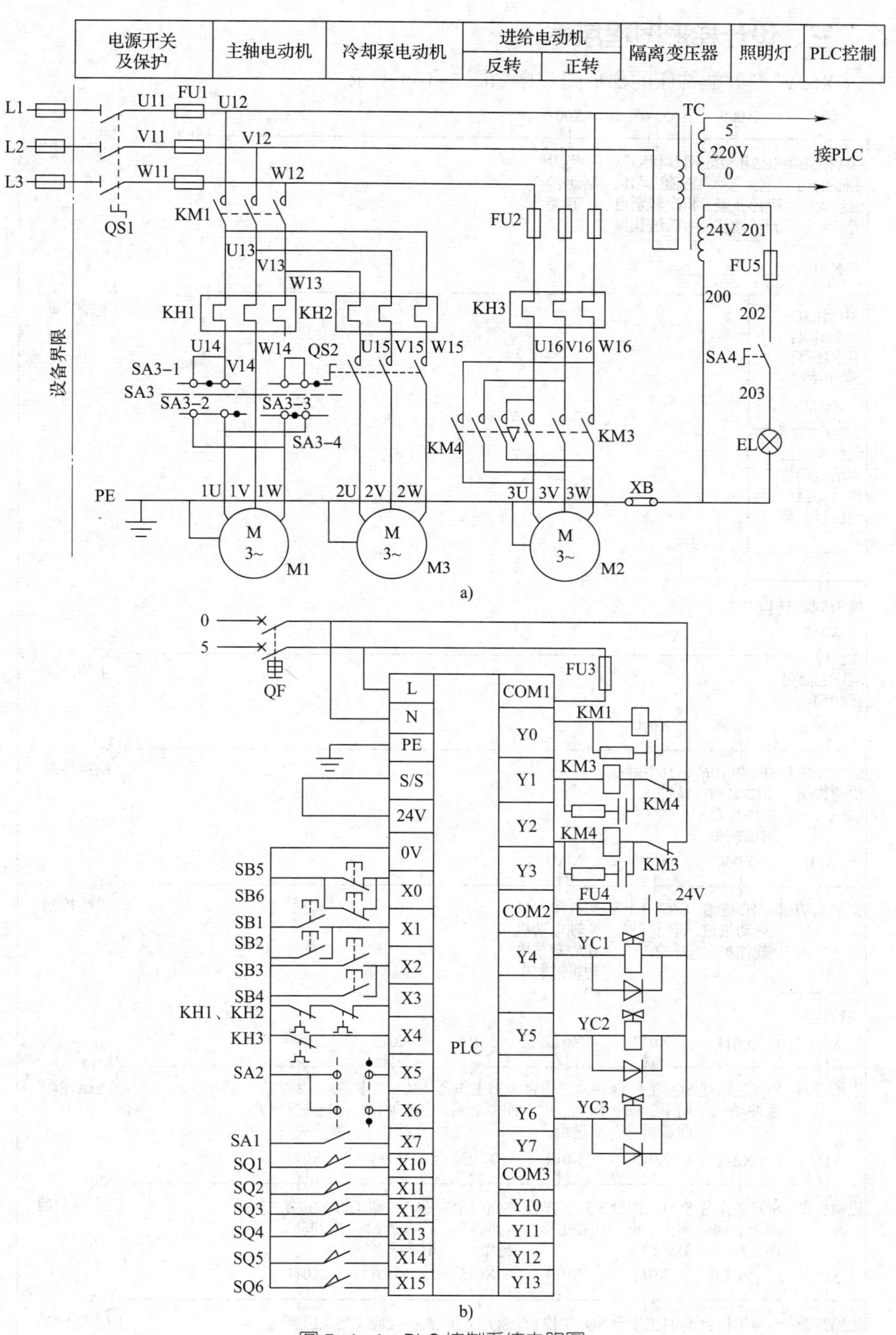

图 5-1-4 PLC控制系统电路图

a）主电路及照明电路 b）控制电路

三、设计梯形图程序

X62W 型万能铣床的梯形图程序如图 5-1-5 所示。

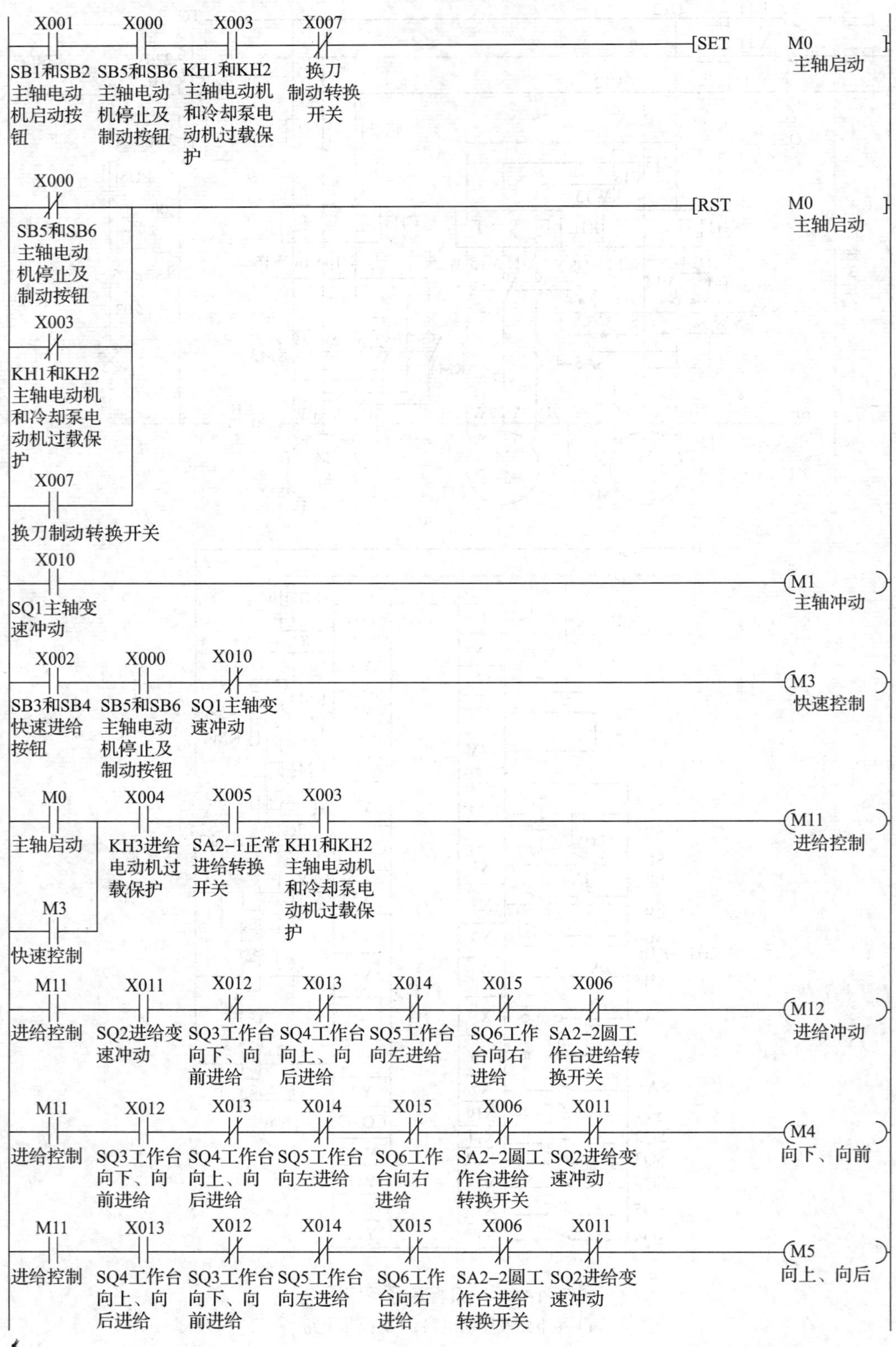

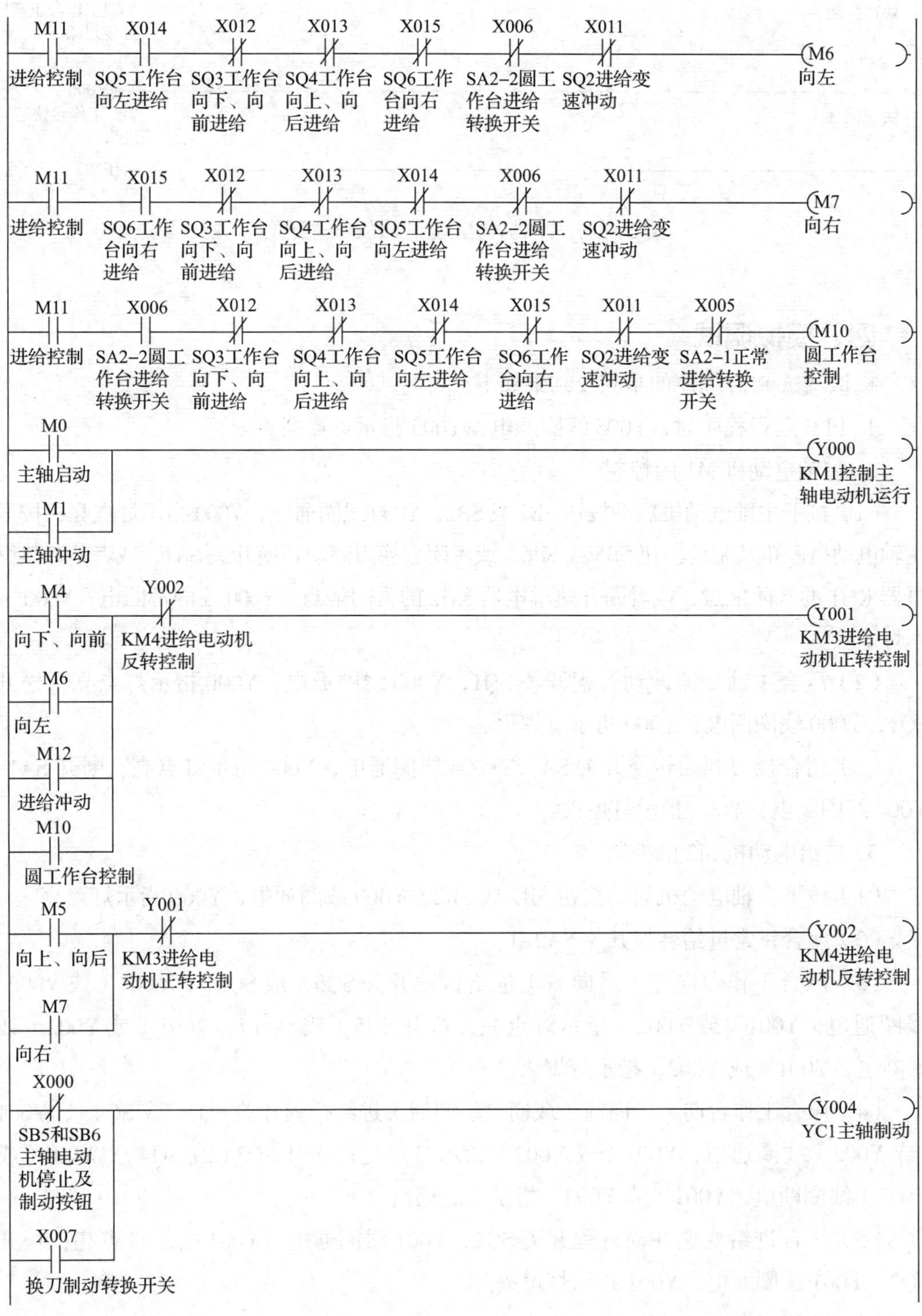

M11
X014
X012
X013
X015
X006
X011
M6
进给控制
SQ5工作台向左进给
SQ3工作台向下、向前进给
SQ4工作台向上、向后进给
SQ6工作台向右进给
SA2-2圆工作台进给转换开关
SQ2进给变速冲动
向左
M11
X015
X012
X013
X014
X006
X011
M7
进给控制
SQ6工作台向右进给
SQ3工作台向下、向前进给
SQ4工作台向上、向后进给
SQ5工作台向左进给
SA2-2圆工作台进给转换开关
SQ2进给变速冲动
向右
M11
X006
X012
X013
X014
X015
X011
X005
M10
进给控制
SA2-2圆工作台进给转换开关
SQ3工作台向下、向前进给
SQ4工作台向上、向后进给
SQ5工作台向左进给
SQ6工作台向右进给
SQ2进给变速冲动
SA2-1正常进给转换开关
圆工作台控制
M0
主轴启动
M1
主轴冲动
Y000
KM1控制主轴电动机运行
M4
向下、向前
Y002
KM4进给电动机反转控制
Y001
KM3进给电动机正转控制
M6
向左
M12
进给冲动
M10
圆工作台控制
M5
向上、向后
Y001
KM3进给电动机正转控制
M7
向右
Y002
KM4进给电动机反转控制
X000
SB5和SB6主轴电动机停止及制动按钮
X007
换刀制动转换开关
Y004
YC1主轴制动

图 5-1-5　X62W 型万能铣床的梯形图程序

四、模拟调试

模拟调试 PLC 程序的步骤及结果如下。

1. PLC 运行程序时，Y005 线圈通电，Y005 指示灯点亮。

2. 主轴电动机 M1 的控制

（1）按下主轴电动机启动按钮 SB1 或 SB2，Y000 线圈通电，Y000 指示灯点亮；按下主轴电动机停止及制动按钮 SB5 或 SB6，或者闭合换刀制动转换开关 SA1，或者断开热继电器 KH1 的常闭触点，或者断开热继电器 KH2 的常闭触点，Y000 线圈都断电，Y000 指示灯熄灭。

（2）压合主轴变速冲动行程开关 SQ1，Y000 线圈通电，Y000 指示灯点亮；松开 SQ1，Y000 线圈断电，Y000 指示灯熄灭。

（3）闭合换刀制动转换开关 SA1，Y004 线圈通电，Y004 指示灯点亮；断开 SA1，Y004 线圈断电，Y004 指示灯熄灭。

3. 进给电动机 M2 的控制

（1）按下主轴电动机启动按钮 SB1 或 SB2，Y000 线圈通电，Y000 指示灯点亮。

（2）闭合正常进给转换开关 SA2-1。

（3）压合工作台向左（或向右）进给行程开关 SQ5（或 SQ6），Y001（或 Y002）线圈通电，Y001（或 Y002）指示灯点亮；松开 SQ5（或 SQ6），Y001（或 Y002）线圈断电，Y001（或 Y002）指示灯熄灭。

（4）压合工作台向下、向前（或向上、向后）进给行程开关 SQ3（或 SQ4），Y001（或 Y002）线圈通电，Y001（或 Y002）指示灯点亮；松开 SQ3（或 SQ4），Y001（或 Y002）线圈断电，Y001（或 Y002）指示灯熄灭。

（5）压合进给变速冲动行程开关 SQ2，Y001 线圈通电，Y001 指示灯点亮；松开 SQ2，Y001 线圈断电，Y001 指示灯熄灭。

（6）断开正常进给转换开关 SA2-1。

4. 工作台快速移动的控制

无论主轴电动机是否启动，按下工作台快速进给按钮SB3或SB4，Y006线圈通电，Y006指示灯点亮，同时Y005线圈断电，Y005指示灯熄灭；松开SB3或SB4，Y005线圈通电，Y005指示灯点亮，同时Y006线圈断电，Y006指示灯熄灭。

5. 圆工作台进给的控制

（1）按下主轴电动机启动按钮SB1或SB2，Y000线圈通电，Y000指示灯点亮。

（2）闭合圆工作台进给转换开关SA2-2，Y001线圈通电，Y001指示灯点亮；断开圆工作台进给转换开关SA2-2，Y001线圈断电，Y001指示灯熄灭。

（3）按下主轴电动机停止及制动按钮SB5或SB6，Y000线圈断电，Y000指示灯熄灭；同时，Y004线圈通电，Y004指示灯点亮。

五、线路安装与调试

模拟调试程序成功后，接上实际负载，按照表5-1-3的步骤进行联机调试，同时注意观察和记录。联机调试过程中如出现故障，应立即切断电源，分析原因，检查电路，排除故障后方可重新进行调试，直到调试成功为止。

表5-1-3　联机调试记录表

操作步骤	操作内容	观察内容	观察结果
1	将模式开关拨到“STOP”位置，合上电源开关QS1、QS2	STOP、RUN及I/O指示灯状态	
2	将模式开关拨到“RUN”位置		
3	按下主轴电动机启动按钮SB1或SB2	I/O指示灯状态，接触器KM1、KM3、KM4及电磁离合器YC1～YC3运行情况	
4	按下主轴电动机停止及制动按钮SB5或SB6		
5	再次按下主轴电动机启动按钮SB1或SB2		
6	将换刀制动转换开关扳向“换刀”位置（闭合SA1）		
7	将换刀制动转换开关扳回原位（断开SA1）		
8	再次按下主轴电动机启动按钮SB1或SB2		
9	断开热继电器KH1或者KH2的常闭触点		
10	下压主轴变速手柄并向外拉出，转动变速盘选定转速后再推回手柄（压合行程开关SQ1，再松开SQ1）		

续表

操作步骤	操作内容	观察内容	观察结果
11	将换刀制动转换开关扳向“换刀”位置（闭合 SA1）	I/O 指示灯状态，接触器 KM1、KM3、KM4 及电磁离合器 YC1～YC3 运行情况	
12	将换刀制动转换开关扳回原位（断开 SA1）		
13	按下主轴电动机启动按钮 SB1 或 SB2，将 SA2 扳到“断开”位置，使 SA2-1、SA2-3 接通，SA2-2 断开		
14	将左右进给手柄置于“向左”位置（压合 SQ5）		
15	将左右进给手柄置于“中间”位置（松开 SQ5）		
16	将左右进给手柄置于“向右”位置（压合 SQ6）		
17	将左右进给手柄置于“中间”位置（松开 SQ6）		
18	将上下与前后进给手柄置于“向下”“向前”位置（压合 SQ3）		
19	将上下与前后进给手柄置于“中间”位置（松开 SQ3）		
20	将上下与前后进给手柄置于“向上”“向后”位置（压合 SQ4）		
21	将上下与前后进给手柄置于“中间”位置（松开 SQ4）		
22	向外拉出进给变速盘，转动变速盘选定转速后再推回（压合进给变速冲动行程开关 SQ2，再松开 SQ2）		
23	将工作台进给手柄分别置于六个不同的方向，并分别按下快速进给按钮 SB3 或 SB4		
24	将 SA2 置于“接通”位置，即 SA2-2 闭合，SA2-1、SA2-3 断开		
25	将 SA2 置于“断开”位置		
26	将照明灯开关 SA4 置于“接通”位置	照明灯 EL 点亮情况	
27	将照明灯开关 SA4 置于“断开”位置		
28	将模式开关拨到“STOP”位置，断开电源开关 QS1、QS2		

任务测评

对任务实施的完成情况进行检查，并将结果填入任务测评表，参见表 2–1–7。

提示

（1）选择机型的基本原则是满足控制系统的功能要求，要注意留有余量，为日后的系统修改及工艺变更提供方便。

（2）在改造中要注意，外围设备应与所选 PLC 输出类型相匹配。

（3）梯形图程序的联锁保护要与接触器、继电器触点的联锁保护相结合，以确保获得更有效、更稳妥的保护。例如，在 PLC 程序中，已经对电动机正反转控制进行联锁保护，但在实际中，交流接触器触点熔焊不能断开时，电动机换向势必造成电源短路。如果增加正、反转接触器的联锁，则可避免电源短路。

（4）为保证安全，重要的安全保护部分不接入 PLC，而直接做硬件操作处理。例如，急停按钮、急停限位开关等，不接入 PLC 输入端，直接接入 PLC 输出端，对负载电路进行保护。

（5）应最大限度地保证控制系统工作的安全可靠。

任务 2　应用 PLC 设计双面钻孔组合机床电气控制系统

学习目标

1. 了解 PLC 控制系统设计的基本原则和主要内容。
2. 掌握 PLC 控制系统的设计和调试步骤。
3. 能理解较复杂的工业自动化控制设备的动作顺序和控制要求。
4. 能应用顺序控制设计法设计较复杂的工业自动化设备的 PLC 控制系统。

任务引入

组合机床是针对特定工件进行特定加工而设计的一种高效率自动化专用加工设备，这类设备大多能多刀同时工作，并且具有自动循环的功能。双面钻孔组合机床主要用于在工件的两相对表面上钻孔，该机床的结构简图如图 5-2-1 所示。

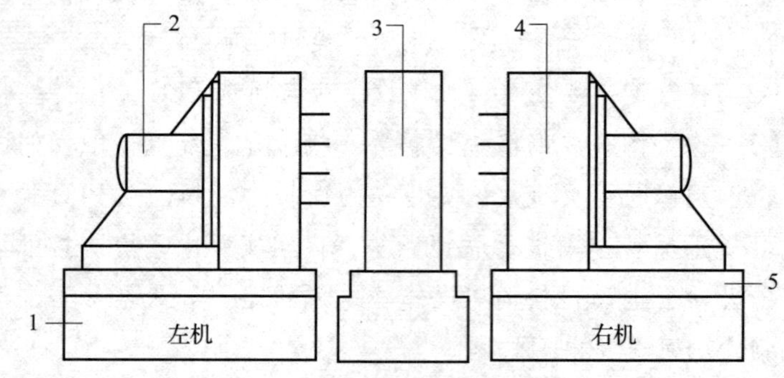

图 5-2-1　双面钻孔组合机床的结构简图

1—侧底座　2—刀具电动机　3—工件定位夹紧装置　4—主轴箱及钻头　5—动力滑台

机床动力滑台（简称滑台）由液压系统提供进给动力；刀具电动机拖动主轴箱主轴，提供切削主运动的动力；工件定位夹紧装置由液压系统驱动。

双面钻孔组合机床的工作循环图如图 5-2-2 所示。机床工作时，工件装入定位

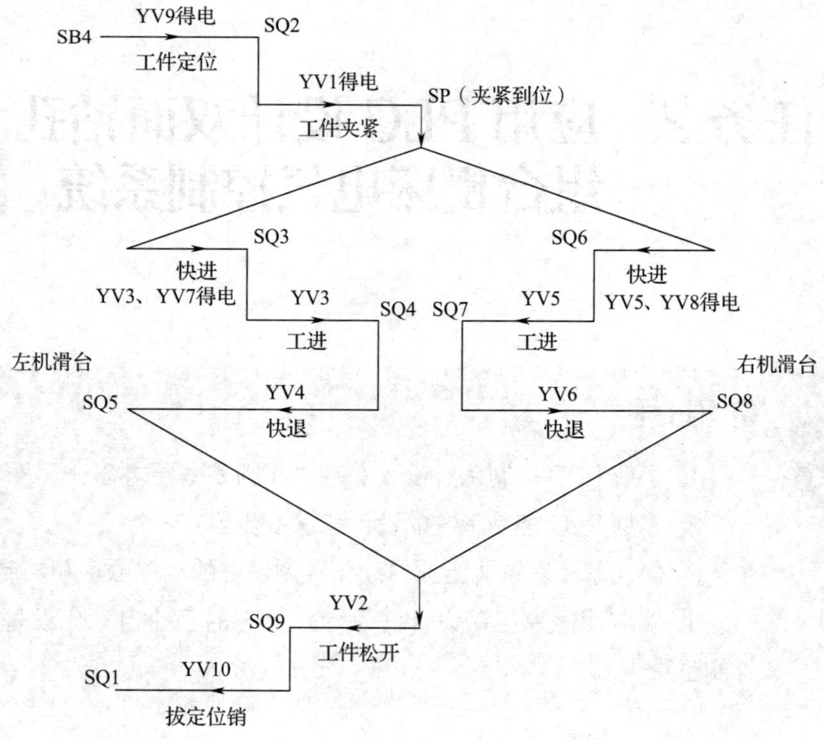

图 5-2-2　双面钻孔组合机床的工作循环图

夹紧装置，按下启动按钮 SB4，工件开始定位和夹紧，然后左、右两面的滑台同时进行快进、工进和快退的加工循环。与此同时，刀具电动机也启动工作，切削液泵在工进过程中提供切削液。加工结束后，滑台退回原位，夹紧装置松开，拔出定位销，一次加工的工作循环结束。

本任务要求应用 PLC 设计双面钻孔组合机床控制系统，并完成安装和调试。具体控制要求如下。

（1）双面钻孔组合机床共有 4 台电动机。

1）M1 为液压泵电动机。液压泵电动机 M1 应先启动，使系统正常供油后，其他电动机的控制电路及液压系统的控制电路才能通电工作。

2）M2、M3 分别为左、右机的刀具电动机。刀具电动机应在滑台进给循环开始时启动运转，滑台退回原位后停止运转。

3）M4 为切削液泵电动机。切削液泵电动机可以手动控制启动和停止，也可以在滑台工进时自动启动，在工进结束后自动停止。

（2）双面钻孔组合机床滑台和工件定位、夹紧装置由液压系统驱动。电磁阀线圈 YV9 和 YV10 控制定位销液压缸活塞运动方向；YV1 和 YV2 控制夹紧液压缸活塞运动方向；YV3、YV4 和 YV7 为左机滑台油路中电磁阀换向线圈；YV5、YV6 和 YV8 为右机滑台油路中电磁阀换向线圈。电磁阀线圈动作状态见表 5–2–1。

（3）要求组合机床能分别在自动和手动两种工作方式下运行。

（4）具有短路、过载保护等必要的保护措施。

表 5–2–1 电磁阀线圈动作状态

动作	电磁阀线圈										转换指令
	定位		夹紧		左机滑台			右机滑台			
	YV9	YV10	YV1	YV2	YV3	YV4	YV7	YV5	YV6	YV8	
工件定位	+										SB4
工件夹紧			+								SQ2
滑台快进			+		+		+	+		+	SP
滑台工进			+		+			+			SQ3、SQ6
滑台块退			+			+			+		SQ4、SQ7
松开工件				+							SQ5、SQ8
拔定位销		+									SQ9
停止											SQ1

注：“+”表示电磁阀线圈通电。

实施本任务所需要的实训设备及工具材料见表 5–2–2。

表 5-2-2　实训设备及工具材料

<table>
<tr><th>序号</th><th>分类</th><th>名称</th><th>型号 / 规格</th><th>数量</th><th>单位</th></tr>
<tr><td>1</td><td>工具</td><td>电工常用工具</td><td></td><td>1</td><td>套</td></tr>
<tr><td>2</td><td rowspan="2">仪表</td><td>万用表</td><td>型号自定</td><td>1</td><td>块</td></tr>
<tr><td>3</td><td>绝缘电阻表</td><td>ZC25-3，500 V</td><td>1</td><td>块</td></tr>
<tr><td>4</td><td rowspan="20">设备器材</td><td>计算机</td><td>装有 GX Works2 编程软件</td><td>1</td><td>台</td></tr>
<tr><td>5</td><td>可编程序控制器</td><td>FX_{3U}-48MR/ES（配备 C45 导轨、通信电缆等）</td><td>1</td><td>台</td></tr>
<tr><td>6</td><td>模拟配线板</td><td>600 mm × 900 mm</td><td>1</td><td>块</td></tr>
<tr><td>7</td><td>电源开关</td><td>HZ10-60/3</td><td>1</td><td>个</td></tr>
<tr><td>8</td><td>低压断路器</td><td>Multi9 C65N D20，二极</td><td>1</td><td>个</td></tr>
<tr><td rowspan="2">9</td><td rowspan="2">熔断器</td><td>RT28-32/10</td><td>12</td><td>个</td></tr>
<tr><td>RT28-32/4</td><td>5</td><td>个</td></tr>
<tr><td>10</td><td>按钮</td><td>LA4-3H</td><td>4</td><td>个</td></tr>
<tr><td>11</td><td>接触器</td><td>CJX1-22/22，AC 220 V</td><td>4</td><td>个</td></tr>
<tr><td>12</td><td>电磁阀</td><td>AC 220 V</td><td>10</td><td>个</td></tr>
<tr><td>13</td><td>电源变压器</td><td>380 V/220 V、24 V</td><td>1</td><td>台</td></tr>
<tr><td>14</td><td>行程开关</td><td>LX19-111</td><td>9</td><td>个</td></tr>
<tr><td>15</td><td>照明开关</td><td>LAY3-01Y/2</td><td>1</td><td>个</td></tr>
<tr><td>16</td><td>选择开关</td><td>型号自定</td><td>1</td><td>个</td></tr>
<tr><td>17</td><td>压力继电器</td><td>型号自定</td><td>1</td><td>个</td></tr>
<tr><td>18</td><td>热继电器</td><td>JR36-32</td><td>4</td><td>个</td></tr>
<tr><td>19</td><td>指示灯</td><td>AC 220 V</td><td>1</td><td>个</td></tr>
<tr><td>20</td><td>照明灯</td><td>AC 24 V</td><td>1</td><td>个</td></tr>
<tr><td>21</td><td>接线端子排</td><td>TB-1520，20 位</td><td>3</td><td>条</td></tr>
<tr><td>22</td><td>三相交流异步电动机</td><td>型号自定</td><td>4</td><td>台</td></tr>
<tr><td>23</td><td>消耗材料</td><td colspan="4">同课题一任务 2</td></tr>
</table>

相关知识

一、PLC 控制系统设计的基本原则和主要内容

1．PLC 控制系统设计的基本原则

（1）最大限度地满足被控对象的控制要求。

（2）在满足控制要求的前提下，力求使控制系统简单、经济，使用及维修方便。

（3）保证控制系统的安全、可靠。

（4）考虑到生产的发展和工艺的改进，在选择 PLC 容量时，应适当留有余量。

2. PLC 控制系统设计的主要内容

（1）拟定控制系统设计的技术条件。技术条件一般以设计任务书的形式来确定，它是整个设计的依据。

（2）选择电气传动形式和电动机、电磁阀等执行机构。

（3）选定 PLC 的型号。

（4）编制 PLC 的输入 / 输出地址分配表，绘制输入 / 输出端子接线图。

（5）根据控制系统设计要求编写软件规格说明书，然后用相应的编程语言（常用梯形图）进行程序设计。

（6）进行软件测试。

（7）设计操作台、电气控制柜及非标准电气元器件等。

（8）现场系统调试。

（9）编写设计说明书和使用说明书。

二、PLC 控制系统的设计与调试步骤

PLC 控制系统的设计与调试流程图如图 5-2-3 所示。

1. 深入分析被控制系统

深入分析被控制系统是系统设计的基础。设计前应熟悉图样资料，深入调查研究，与工艺、机械方面的技术人员和现场操作人员密切配合，共同讨论，解决设计中出现的问题。应详细了解被控对象的全部功能，如机械部件的动作顺序、动作条件、必要的保护与联锁，系统要求的工作方式（如手动、半自动、自动等），设备内部机械、液压传动、气动、仪表、电气几大系统之间的关系，电源突然停电等紧急情况的处理，安全电路的设计等。有时需要设置可编程序控制器之外的手动或机电联锁装置来防止危险的操作。

这一阶段应确定哪些信号需要输入可编程序控制器，哪些负载由可编程序控制器驱动，分类统计出各输入量和输出量的性质，是数字量还是模拟量，是直流量还是交流量，以及电压的等级。

2. 与硬件有关的设计

（1）确定系统输入器件（如按钮、限位开关、接近开关、传感器等）和输出器件（如继电器、接触器、电磁阀、指示灯等）的型号。

（2）根据设备的操作任务和操作方式，确定操作面板所需的元器件，如指示灯、数字显示装置、开关和按钮等。

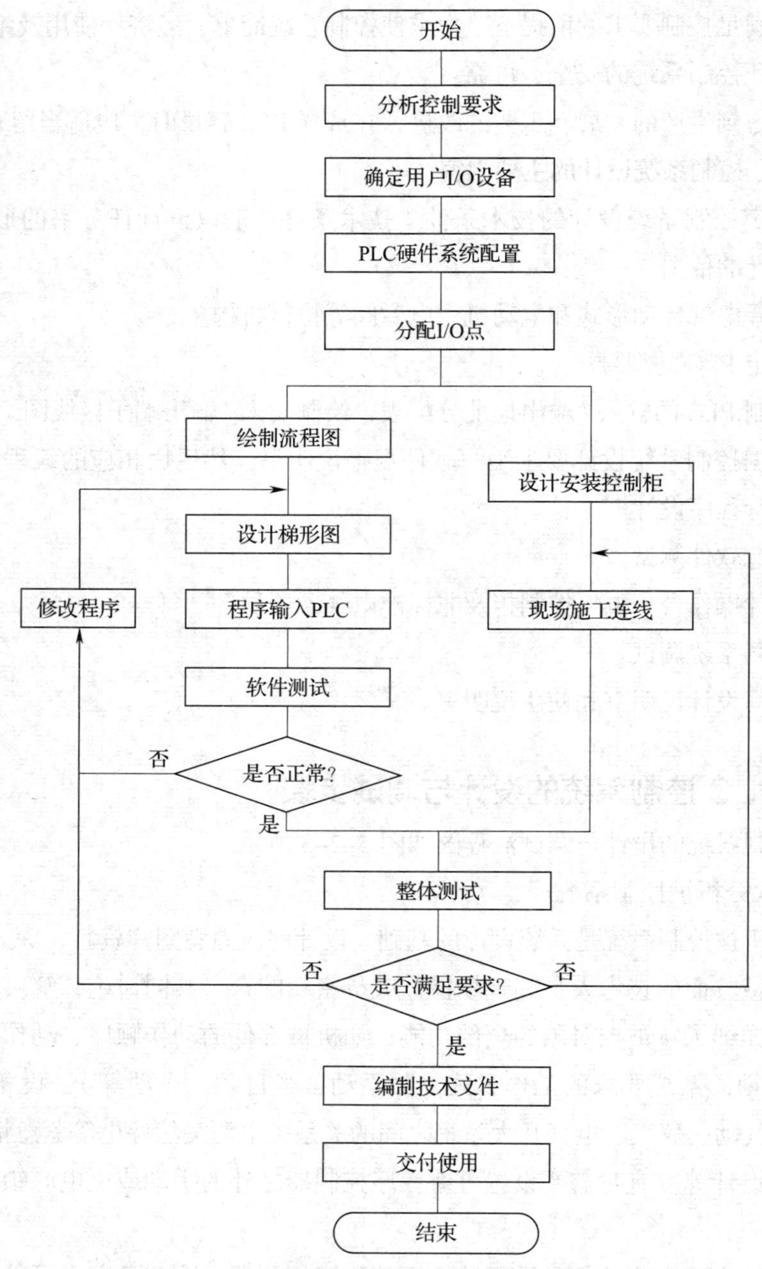

图 5-2-3　PLC 控制系统的设计与调试流程图

（3）列表统计可编程序控制器的输入信号和输出信号，在表中标明各信号的意义和类型，如信号是数字量还是模拟量以及模拟信号的范围等。

（4）确定可编程序控制器的型号和硬件配置，如确定 CPU 模块的型号、扩展模块的型号和块数等。

（5）给各输入、输出变量分配地址，梯形图中的物理地址与可编程序控制器的外部接线端子号须保持一致。这一步是为绘制硬件接线图做准备，也是为梯形图的设计做准备。

（6）给输入 / 输出变量分配好地址后，画出可编程序控制器的外部硬件接线图，以及其他电气控制原理图和接线图。

（7）画出操作台和控制柜面板的机械布置图和内部的机械安装图。

（8）建立符号表。符号表用来给存储器内的绝对地址命名，可对物理输入 / 输出信号和程序中用到的其他存储单元命名。建立符号表后可以在程序中显示各绝对地址的符号名，有利于程序的设计和阅读。

3. 梯形图程序的设计

根据总体要求和控制系统的具体情况，确定用户程序的基本结构，画出程序流程图或数字量控制系统的顺序功能图。它们是编程的主要依据，应尽量准确和详细。

较简单系统的梯形图可以用经验法设计，复杂的系统一般采用顺序控制设计法。

4. 梯形图程序的模拟调试

一般先对用户程序做模拟调试，根据顺序功能图，用小开关和按钮模拟可编程序控制器实际的输入信号，例如，用它们发出操作指令，或在适当的时候用它们来模拟实际的反馈信号，如限位开关触点的接通和断开。可通过模块上各输出位对应的发光二极管，观察各输出信号的变化是否满足设计的要求。

调试顺序控制程序的主要任务是检查程序的运行是否符合顺序功能图的规定，即在某一转换实现时，步的活动状态是否发生正确的变化，该转换所有的前级步是否变为不活动步，所有的后续步是否变为活动步，以及各步被驱动的负载是否发生相应的变化。

在调试时应充分考虑各种可能的情况，对系统不同的工作方式、顺序功能图中的每一条支路、各种可能的进展路线，都应逐一检查，不能遗漏。发现问题后及时修改程序，直至在各种可能的情况下输入信号与输出信号之间的关系完全符合要求。如果程序中某些定时器或计数器的设定值过大，为了缩短调试时间，可以在调试时将它们减小，模拟调试结束后再写入它们的实际设定值。

在设计和模拟调试程序的同时，可以设计、制作控制台或控制柜，可编程序控制器之外的其他硬件的安装、接线工作也可以同时进行。

5. 现场调试

完成上述工作后，将可编程序控制器安装在控制现场，并接入实际的输入信号和输出负载。在联机调试过程中将暴露出系统中可能存在的传感器、执行器和接线等硬件方面的问题，以及可编程序控制器的外部接线图和梯形图设计中的问题，发现问题后要尽可能在现场加以解决，直到完全符合要求。

6. 编写技术文件

系统交付使用后，应根据调试的最终结果整理出完整的技术文件，并提供给用户，以便于系统的维修和改进。技术文件应包括：

（1）可编程序控制器的外部接线图和其他电气图样。

（2）可编程序控制器的编程元件表，包括程序中使用的输入/输出位、存储器位、计数器、状态继电器等的地址、名称、功能，以及定时器、计数器的设定值等。

（3）顺序功能图、带注释的梯形图和必要的总体文字说明。

任务实施

一、系统硬件配置

通过分析任务的控制要求可知，控制系统可选用继电器输出型 PLC。由 PLC 组成的双面钻孔组合机床控制系统共有输入信号 23 个，都是开关量，其中选择开关 1 个，按钮 12 个，检测元件 10 个；共有输出信号 15 个，其中电磁阀 10 个，控制 4 台电动机的接触器 4 个，指示灯 1 个。因控制系统需求并考虑留有余量以满足将来增加系统功能的需要，PLC 的输入和输出点数选用 48 点，故控制系统的 PLC 选用 FX_{3U}–48MR/ES。

二、分配输入点和输出点，写出 I/O 地址分配表

I/O 地址分配表见表 5–2–3。

表 5–2–3　I/O 地址分配表

输入			输出		
元器件代号	说明	输入地址	元器件代号	说明	输出地址
SA2	手动/自动选择开关	X000	HL	工件夹紧指示灯	Y000
SB1	总停止按钮	X001	YV1	工件夹紧电磁阀	Y001
SB2	液压泵电动机启动按钮	X002	YV2	工件松开电磁阀	Y002
SB3	液压系统停止按钮	X003	YV3	左机工进电磁阀	Y003
SB4	液压系统启动按钮	X004	YV4	左机快退电磁阀	Y004
SB5	左机刀具电动机点动按钮	X005	YV5	右机工进电磁阀	Y005
SB6	右机刀具电动机点动按钮	X006	YV6	右机快退电磁阀	Y006
SB7	夹紧松开按钮	X007	YV7	左机快进电磁阀	Y007
SB8	左机快进点动按钮	X010	YV8	右机快进电磁阀	Y010

续表

输入			输出		
元器件代号	说明	输入地址	元器件代号	说明	输出地址
SB9	左机快退点动按钮	X011	YV9	工件定位电磁阀	Y011
SB10	右机快进点动按钮	X012	YV10	松开工件定位电磁阀	Y012
SB11	右机快退点动按钮	X013	KM1	液压泵电动机启动接触器	Y013
SQ1	松开工件定位行程开关	X014	KM2	左机刀具电动机启动接触器	Y014
SQ2	工件定位行程开关	X015	KM3	右机刀具电动机启动接触器	Y015
SQ3	左机滑台快进结束行程开关	X016	KM4	切削液泵电动机启动接触器	Y016
SQ4	左机滑台工进结束行程开关	X017			
SQ5	左机滑台快退结束行程开关	X020			
SQ6	右机滑台快进结束行程开关	X021			
SQ7	右机滑台工进结束行程开关	X022			
SQ8	右机滑台快退结束行程开关	X023			
SQ9	工件夹紧原位行程开关	X024			
SP	工件夹紧压力继电器	X025			
SB0	工件手动夹紧按钮	X026			

三、绘制 PLC 控制系统电路图

绘制如图 5-2-4 所示的 PLC 控制系统电路图。安装时，PLC 输出端负载暂时先不接到 PLC 输出端，待模拟调试程序通过后再连接。

四、程序设计

分析表 5-2-1 中各电磁阀线圈动作状态可知，电磁阀 YV9 线圈通电时，机床工件定位装置将工件定位；当电磁阀 YV1 通电时，机床工件夹紧装置将工件夹紧；当电磁阀 YV1、YV3、YV7 通电时，左机滑台快速进给；当电磁阀 YV1、YV5、YV8 通电时，

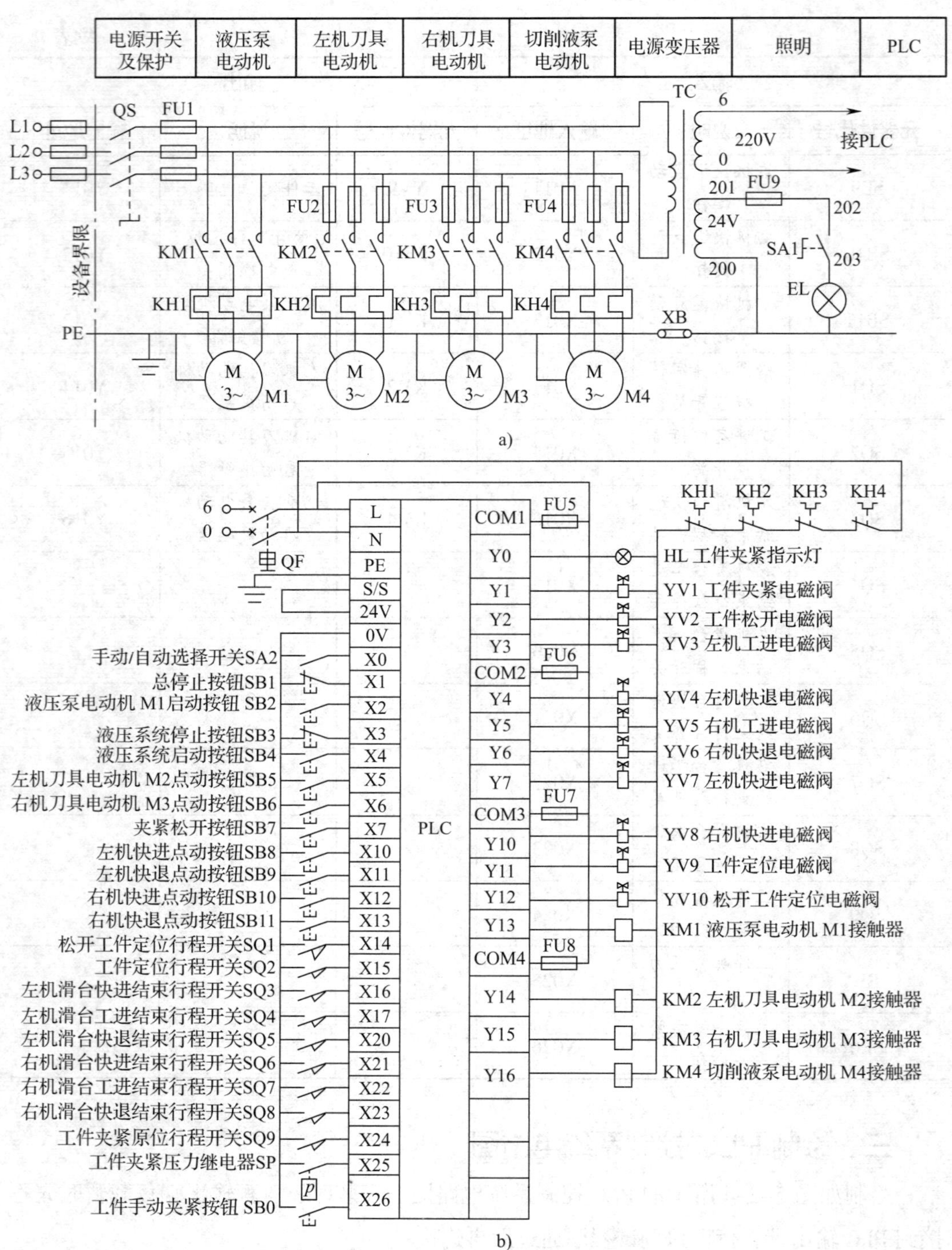

图 5-2-4　双面钻孔组合机床 PLC 控制系统电路图

a）主电路及照明电路　b）控制电路

右机滑台快速进给；当电磁阀 YV1、YV3 或 YV1、YV5 通电时，左机滑台或右机滑台工进；当电磁阀 YV1、YV4 或 YV1、YV6 通电时，左机滑台或右机滑台快速后退；当电磁阀 YV2 通电时，松开工件；当电磁阀 YV10 通电时，机床拔开定位销；定位销松开后，撞击行程开关SQ1，机床停止运行。

双面钻孔组合机床控制要求中提出液压泵电动机M1应先启动，在系统正常供油后，其他电动机和液压系统的控制电路才能通电工作，控制程序应满足这一要求。

双面钻孔组合机床有手动工作方式和自动工作方式，设计时可以通过开关SA2选择不同的工作方式。假设SA2断开时为自动工作方式，SA2闭合时为手动工作方式。

综合上述分析可得，双面钻孔组合机床的控制程序结构如图5-2-5所示。

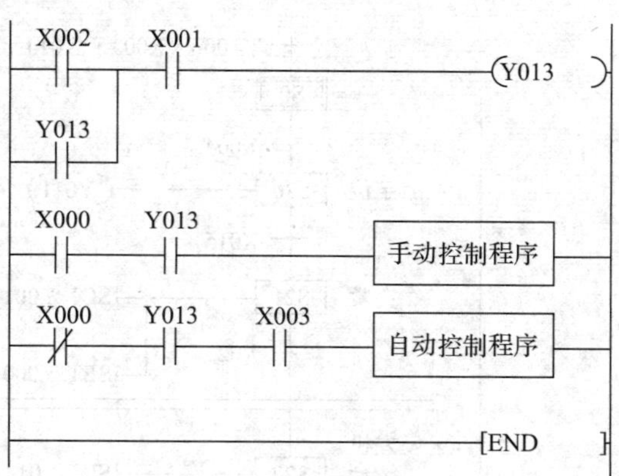

图5-2-5 双面钻孔组合机床的控制程序结构

1. 手动控制程序

利用主控指令编写手动控制程序，如图5-2-6所示。

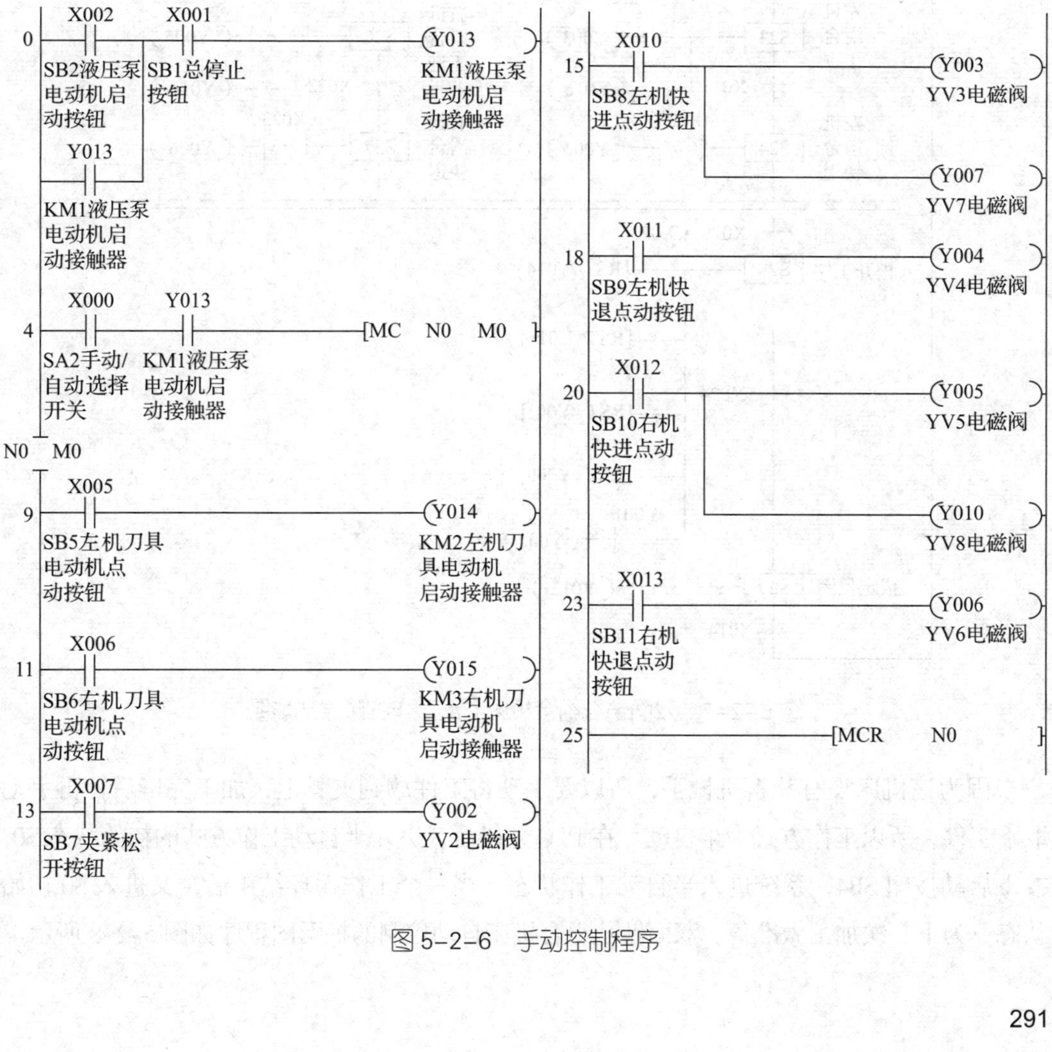

图5-2-6 手动控制程序

2. 自动控制程序

根据图 5-2-2 所示双面钻孔组合机床的工作循环图，可以画出其自动工作的顺序功能图，如图 5-2-7 所示。

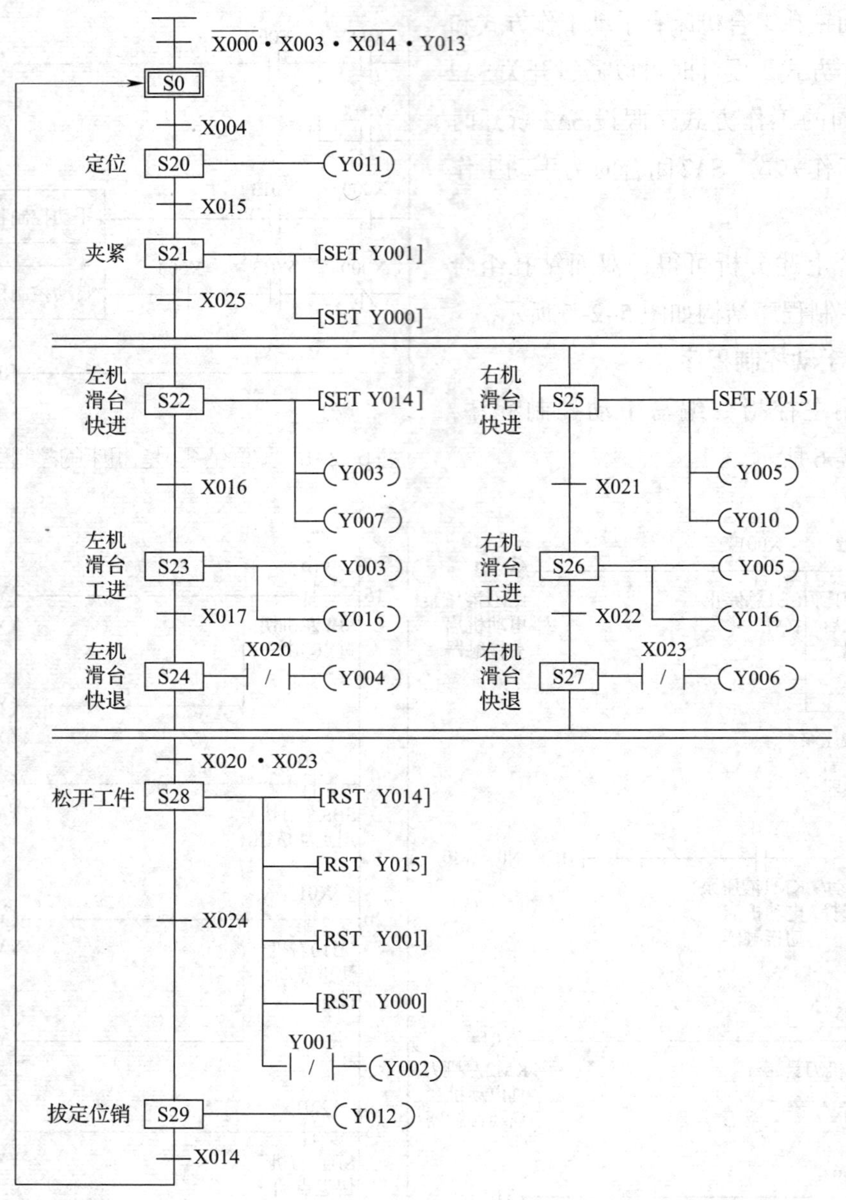

图 5-2-7 双面钻孔组合机床自动工作的顺序功能图

因为该机床没有装料机械手，所以要手动将工件放到夹具上，加工完毕后，再手动取下工件，所以工作方式为半自动。在 PLC 开机后，进入半自动工作方式的初始状态 S0，按下启动按钮 SB4，系统进入半自动工作状态。当一个工作循环结束后，又进入 S0 初始状态，为下一次加工做准备。双面钻孔组合机床自动控制的梯形图程序如图 5-2-8 所示。

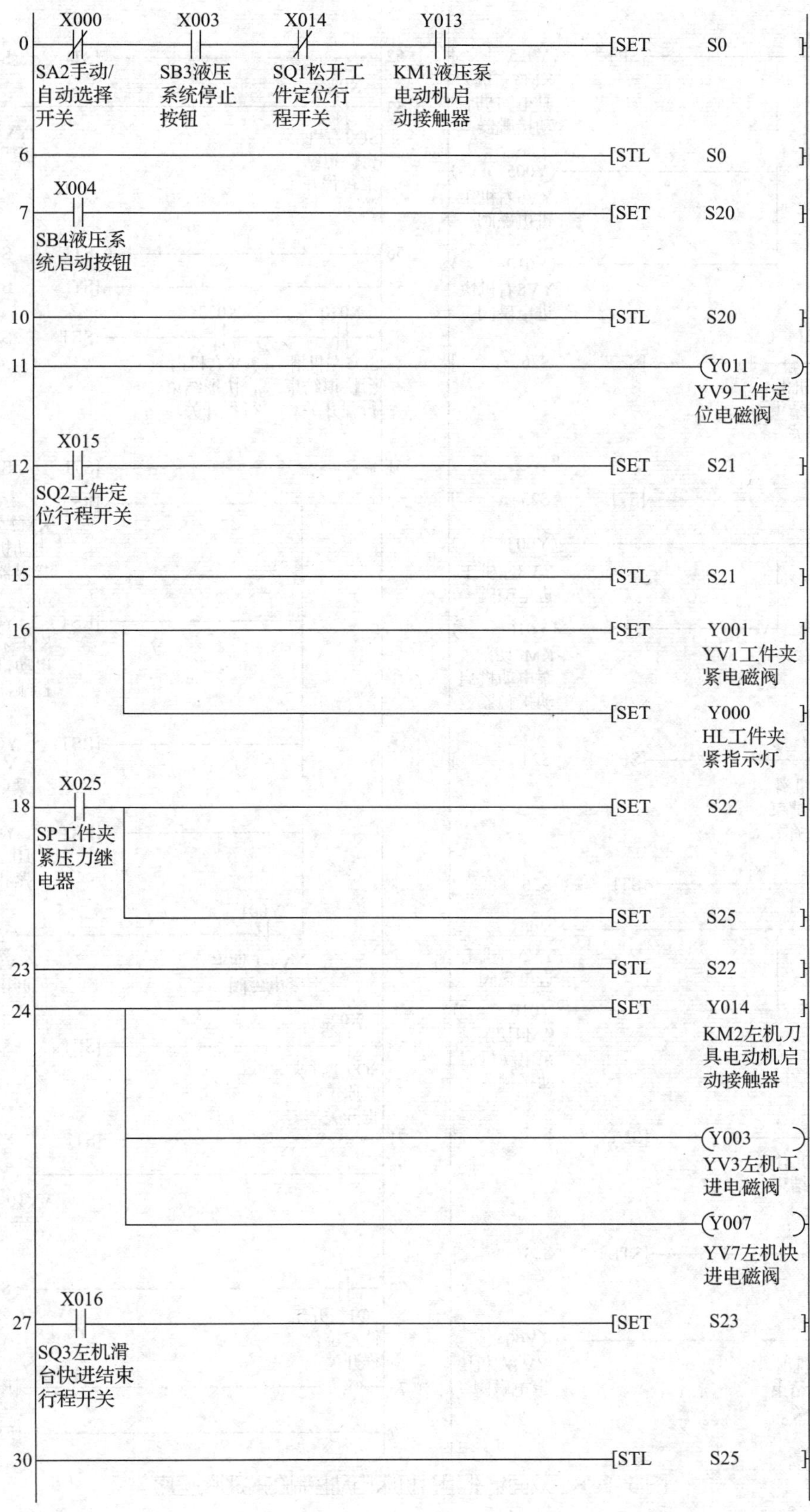

0
X000
X003
X014
Y013
SET S0
SA2手动/自动选择开关
SB3液压系统停止按钮
SQ1松开工件定位行程开关
KM1液压泵电动机启动接触器
6
STL S0
7
X004
SET S20
SB4液压系统启动按钮
10
STL S20
11
Y011
YV9工件定位电磁阀
12
X015
SET S21
SQ2工件定位行程开关
15
STL S21
16
SET Y001
YV1工件夹紧电磁阀
SET Y000
HL工件夹紧指示灯
18
X025
SET S22
SP工件夹紧压力继电器
SET S25
23
STL S22
24
SET Y014
KM2左机刀具电动机启动接触器
Y003
YV3左机工进电磁阀
Y007
YV7左机快进电磁阀
27
X016
SET S23
SQ3左机滑台快进结束行程开关
30
STL S25

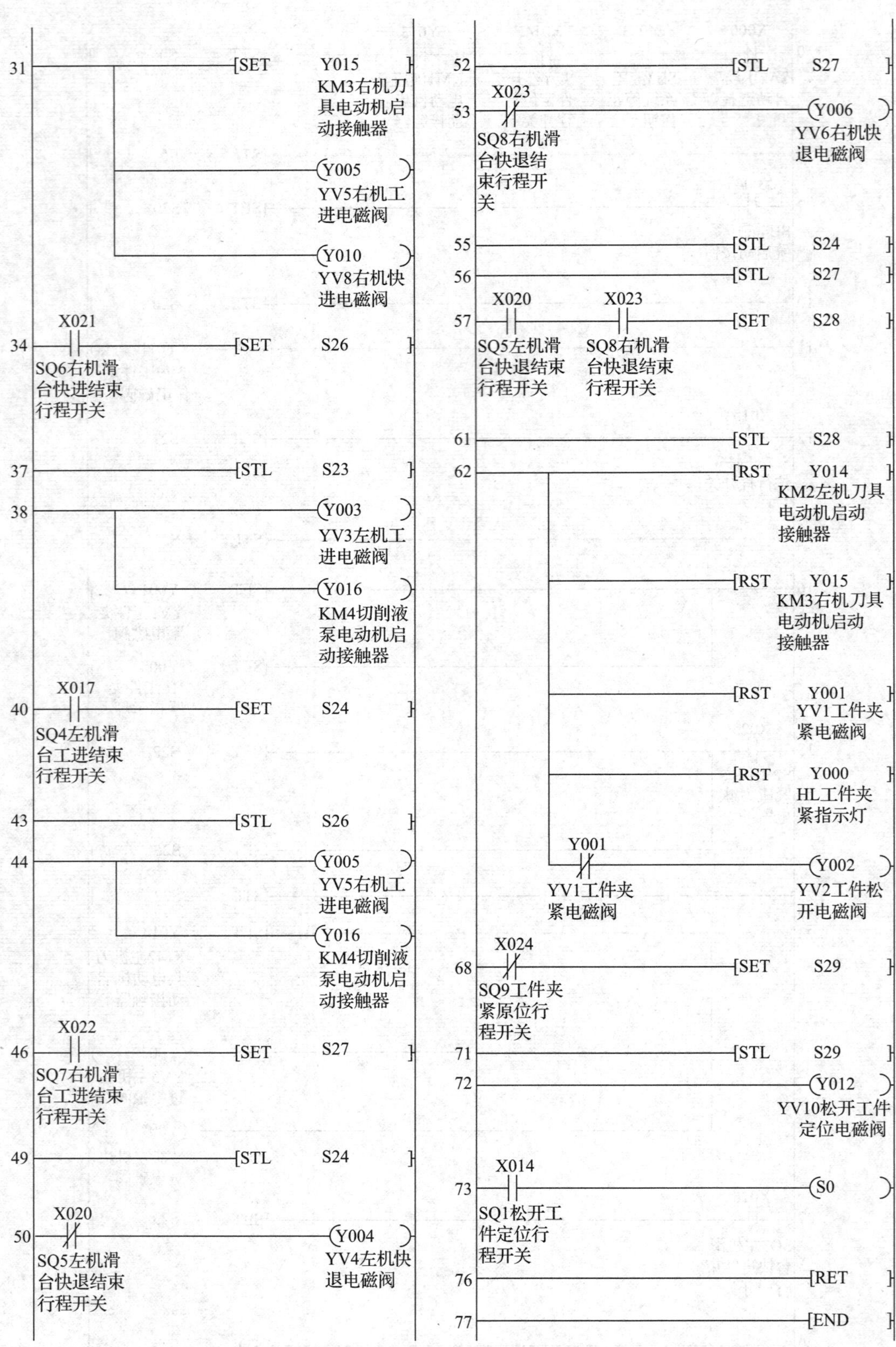

图 5-2-8　双面钻孔组合机床自动控制的梯形图程序

五、模拟调试

程序编制完成后，利用软件进行模拟调试。

六、线路安装与调试

模拟调试程序成功后，接上实际的负载，按照表 5-2-4 中的步骤进行联机调试，同时注意观察和记录。联机调试过程中如出现故障，应立即切断电源，分析原因，检查电路，排除故障后方可重新进行调试，直到调试成功为止。

表 5-2-4　联机调试记录表

操作步骤	操作内容	观察内容	观察结果
1	将模式开关拨至“STOP”位置，合上电源开关 QS、QF	STOP、RUN、I/O 指示灯状态	
2	将模式开关拨在“RUN”位置		
3	闭合手动 / 自动选择开关 SA2（手动控制方式）	I/O、HL 指示灯状态；电磁阀 YV1 ~ YV10，接触器 KM1 ~ KM4 及电动机 M1 ~ M4 运行情况	
4	按下液压泵电动机启动按钮 SB2		
5	按下夹紧松开按钮 SB7		
6	放开夹紧松开按钮 SB7		
7	按下左（右）机刀具电动机点动按钮 SB5（SB6）		
8	放开左（右）机刀具电动机点动按钮 SB5（SB6）		
9	按下左（右）机快进点动按钮 SB8（SB10）		
10	放开左（右）机快进点动按钮 SB8（SB10）		
11	按下左（右）机快退点动按钮 SB9（SB11）		
12	放开左（右）机快退点动按钮 SB9（SB11）		
13	按下夹紧松开按钮 SB7		
14	放开夹紧松开按钮 SB7		
15	断开手动 / 自动选择开关 SA2（自动控制方式）		
16	按下液压系统启动按钮 SB4		
17	压下工件定位行程开关 SQ2		
18	接通工件夹紧压力继电器 SP 常开触点		
19	压下左（右）机滑台快进结束行程开关 SQ3（SQ6）		
20	压下左（右）机滑台工进结束行程开关 SQ4（SQ7）		

续表

操作步骤	操作内容	观察内容	观察结果
21	同时压下左、右机滑台快退结束行程开关 SQ5、SQ8	I/O、HL 指示灯状态；电磁阀 YV1~YV10，接触器 KM1 ~ KM4 及电动机 M1 ~ M4 运行情况	
22	压下工件夹紧原位行程开关 SQ9		
23	压下松开工件定位行程开关 SQ1		
24	按下总停止按钮 SB1		
25	通过编程软件使 CPU 模块停止运行，将模式开关拨在“STOP”位置	I/O、STOP、RUN 指示灯状态	
26	闭合 / 断开照明开关 SA1	照明灯 EL 点亮情况	

任务测评

对任务实施的完成情况进行检查，并将结果填入任务测评表，参见表 2-1-7。

任务 3　电动机多段速运行控制系统设计与装调

学习目标

1. 熟悉用 PLC 和变频器实现组合控制的方法。
2. 掌握实现多段速运行的方法。
3. 理解多段速运行各相关参数的意义。
4. 掌握触点比较指令的功能和使用方法。
5. 能正确设置用 PLC 与变频器实现电动机多段速运行所需要的参数。
6. 能根据控制要求，正确编写电动机多段速运行控制系统的程序，并完成安装与调试。

任务引入

变频器的多段速运行控制有着广泛的应用，如车床主轴变速、龙门刨床的主运动、高炉加料料斗的升降等。本任务的主要内容是用 PLC 和变频器联合实现对电动机多段速度运行的控制，具体情况如下。

某生产机械由一台电动机进行拖动，在生产过程中根据生产工艺需要，要求电动机能实现 7 挡速度运行，1 ~ 7 挡速度分别对应 15 Hz、20 Hz、25 Hz、30 Hz、35 Hz、40 Hz、45 Hz 的频率。其系统控制要求如下。

（1）多段速运行控制操作与状态显示。电动机由 5 个按钮控制，其中 SB1 为停止按钮，SB2 为正转按钮，SB3 为反转按钮，SB4 为升速按钮，SB5 为降速按钮。运行状态由指示灯 HL1 ~ HL9 显示，其中 HL1 ~ HL7 为速度显示，分别对应变频器的 15 Hz、20 Hz、25 Hz、30 Hz、35 Hz、40 Hz、45 Hz 七个频率，即变频器运行在 15 Hz 时指示灯 HL1 亮，变频器运行在 20 Hz 时指示灯 HL2 亮……指示灯 HL8 为电动机正转指示灯，指示灯 HL9 为电动机反转指示灯。

（2）正转多段速运行控制。按下 SB2，指示灯 HL8 以 1 Hz 频率闪烁，表示变频器正转启动，但由于未给定频率，变频器无输出。此时，按下 SB4 升速按钮，变频器输出 15 Hz，指示灯 HL8 变为常亮，指示灯 HL1 亮，然后每按 1 次 SB4 升速按钮，变频器输出根据当前运行频率按 15 Hz、20 Hz、25 Hz、30 Hz、35 Hz、40 Hz、45 Hz 七个升速频率的顺序进行切换。当频率到达 45 Hz 时，按下 SB4 升速按钮无效。降速时，每按 1 次 SB5 降速按钮，变频器输出根据当前运行频率按 45 Hz、40 Hz、35 Hz、30 Hz、25 Hz、20 Hz、15 Hz 七个降速频率的顺序进行切换。当频率到达 15 Hz 时，按 SB5 降速按钮无效。运行时，指示灯 HL1 ~ HL7 进行相应速度指示。

（3）反转多段速运行控制。按下 SB3，指示灯 HL9 以 1 Hz 频率闪烁，表示变频器反转启动，但由于未给定频率，变频器无输出。此时，按下 SB4 升速按钮，变频器输出 15 Hz，指示灯 HL9 变为常亮，指示灯 HL1 亮。反转时升速、降速的控制要求与正转时升速、降速的控制要求相同。

（4）停止操作。按下 SB1，电动机停止运行，HL1 ~ HL9 指示灯灭。

实施本任务所需要的实训设备及工具材料见表 5-3-1。

表 5-3-1 实训设备及工具材料

序号	分类	名称	型号 / 规格	数量	单位
1	工具	电工常用工具		1	套
2	仪表	万用表	型号自定	1	块
3		绝缘电阻表	ZC25-3，500 V	1	块

续表

序号	分类	名称	型号 / 规格	数量	单位
4		计算机	装有 GX Works2 编程软件	1	台
5		可编程序控制器	FX_{3U}-48MR/ES（配备 C45 导轨、通信电缆等）	1	台
6		模拟配线板	600 mm × 900 mm	1	块
7		低压断路器	Multi9 C65N D20，三极	1	个
8	设备器材	熔断器	RT28-32	4	个
9		按钮	LA19-11	5	个
10		指示灯	DC 24 V	9	只
11		变频器	FR-E840	1	台
12		接线端子排	TB-1520，20 位	1	条
13		三相交流异步电动机	型号自定	1	台
14	消耗材料	同课题一任务 2			

相关知识

一、三菱 FR-E840 变频器简介

变频器从外部结构来看，有开启式和封闭式两种。开启式变频器的散热性能好，但接线端子外露，适用于电气柜内部的安装；封闭式变频器的接线端子全部在内部，防护盖板未开启时不可见。现以三菱 FR-E840 封闭式变频器为例介绍变频器的组成。

1. 三菱 FR-E840 变频器的外形和结构

三菱 FR-E840 变频器的外形如图 5-3-1 所示。其结构如图 5-3-2 所示，各组成部分的名称及说明见表 5-3-2。

图 5-3-1　三菱 FR-E840 变频器的外形

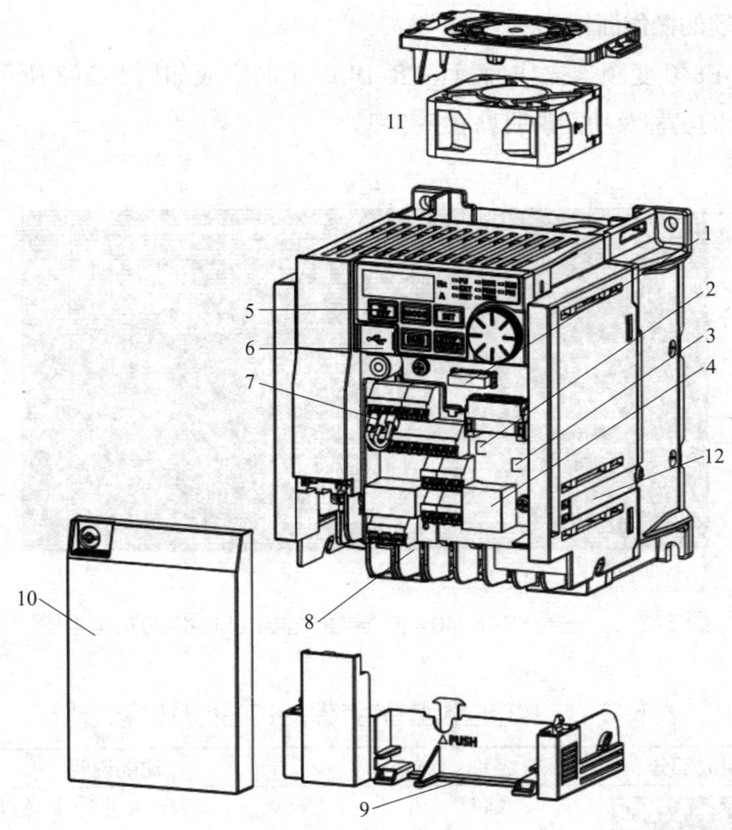

图 5-3-2 三菱 FR-E840 变频器的结构

1—内置选件连接用接口 2—控制逻辑切换开关 3—电压 / 电流输入切换开关
4—PU 接口 5—操作面板 6—USB 接口 7—控制电路端子排 8—主电路端子排
9—梳形接线盖板 10—前盖板 11—冷却风扇 12—接地板

表 5-3-2 三菱 FR-E840 变频器各组成部分的名称及说明

序号	名称	说明
1	内置选件连接用接口	连接内置选件和通信选件
2	控制逻辑切换开关	可以选择漏型逻辑（SINK）或源型逻辑（SOURCE）
3	电压 / 电流输入切换开关	可以选择是将电压还是电流输入至端子 2 及端子 4
4	PU 接口	RS-485 通信时使用
5	操作面板	用于对变频器的操作及监视。操作面板不能从变频器上拆卸下来
6	USB 接口	可以与计算机连接后，通过 FR Configurator2 进行通信
7	控制电路端子排	用于控制电路接线
8	主电路端子排	用于主电路接线
9	梳形接线盖板	拆装盖板无须拔出接线
10	前盖板	接线时要拆除
11	冷却风扇	用于冷却变频器
12	接地板	连接选件与变频器后再接地

2. 变频器的操作面板

三菱 FR-E840 变频器操作面板（FR-DU07）的组成如图 5-3-3 所示。操作面板上各组成部分的名称及功能说明见表 5-3-3。

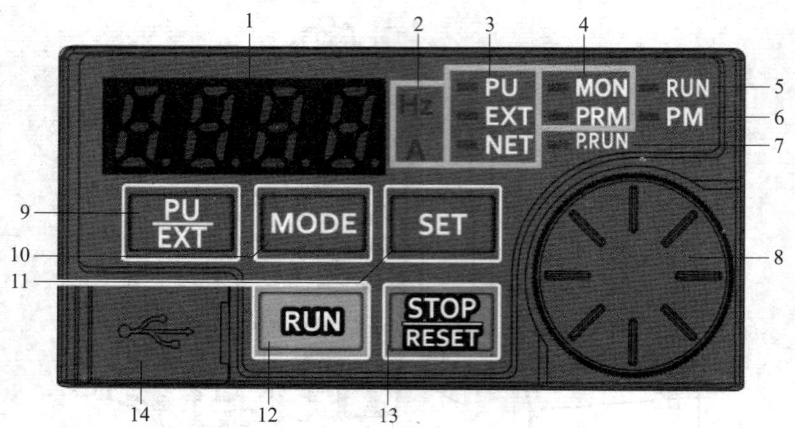

图 5-3-3　三菱 FR-E840 变频器操作面板（FR-DU07）的组成

表 5-3-3　操作面板上各组成部分的名称及功能说明

序号	组成部分	名称	功能说明
1	8.8.8.8.	监视 （4 位 LED）	显示频率、参数编号等（通过设定 Pr.52、Pr.774～Pr.776，可以变更监视项目）
2	Hz A	单位显示	Hz：显示频率时亮灯（设定频率监视显示时闪烁） A：显示电流时亮灯 显示上述以外的信息时，“Hz”“A”均熄灯
3	PU EXT NET	运行模式显示	PU：PU 运行模式时亮灯 EXT：外部运行模式时亮灯（初始设定时，电源接通后即亮灯） NET：网络运行模式时亮灯 PU、EXT：外部 / PU 组合运行模式 1、2 时亮灯
4	MON PRM	操作面板状态显示	MON：仅第 1～3 监视显示时亮灯 / 闪烁 PRM：参数设定模式时亮灯。选择简单设定模式时闪烁
5	RUN	运行状态显示	在变频器动作中亮灯 / 闪烁 亮灯：正转运行中 缓慢闪烁（1.4 s 周期）：反转运行中 快速闪烁（0.2 s 周期）：虽然输入启动指令但无法运行的状态
6	PM	控制电动机显示	设定 PM 无传感器矢量控制时亮灯 选择试运行状态时闪烁 感应电动机设定时熄灯

续表

序号	组成部分	名称	功能说明
7	P.RUN	顺序功能有效显示	顺序功能动作时亮灯（发生顺控错误时会闪烁）
8		M旋钮	旋转M旋钮，可变更频率设定、参数的设定值 按下M旋钮后显示器可显示如下内容： （1）监视模式时的设定频率显示（可通过Pr.992进行变更） （2）校正时的当前设定值显示
9	PU EXT	[PU/EXT]键	切换PU运行模式、PU JOG运行模式、外部运行模式 与[MODE]键同时按下后，可切换至运行模式的简单设定模式 解除PU停止
10	MODE	[MODE]键	切换各模式 与[PU/EXT]键同时按下后，可切换至运行模式的简单设定模式 长按（2 s）后可进行操作锁定。Pr.161=0（初始值）时按键锁定模式无效
11	SET	[SET]键	确定各项设定 初始设定时 输出频率 → 输出电流 → 输出电压 如果在运行中按下，则监视内容将发生变化（通过设定Pr.52、Pr.774～Pr.776，可以变更监视项目）
12	RUN	[RUN]键	启动指令 可以通过Pr.40的设定选择旋转方向
13	STOP RESET	[STOP/RESET]键	停止运行指令 保护功能启动时，进行变频器的复位
14		USB接口	可以通过USB连接使用FR Configurator2进行通信

3. 变频器的标准接线与端子功能

不同系列的变频器都有其标准的接线端子，接线时应参考使用说明书，并根据实际需要与外部器件进行连接。变频器的接线主要有两部分：一部分是主电路，用于电源及电动机的连接；另一部分是控制电路，用于输入信号、输出信号、安全联锁及通信接口的连接。现以本任务所使用的三菱FR-E840变频器为例，介绍该变频器主电路与控制电路各端子的标准接线和功能。

（1）三菱FR-E840变频器标准接线图

三菱FR-E840变频器标准接线图（漏型逻辑）如图5-3-4所示。

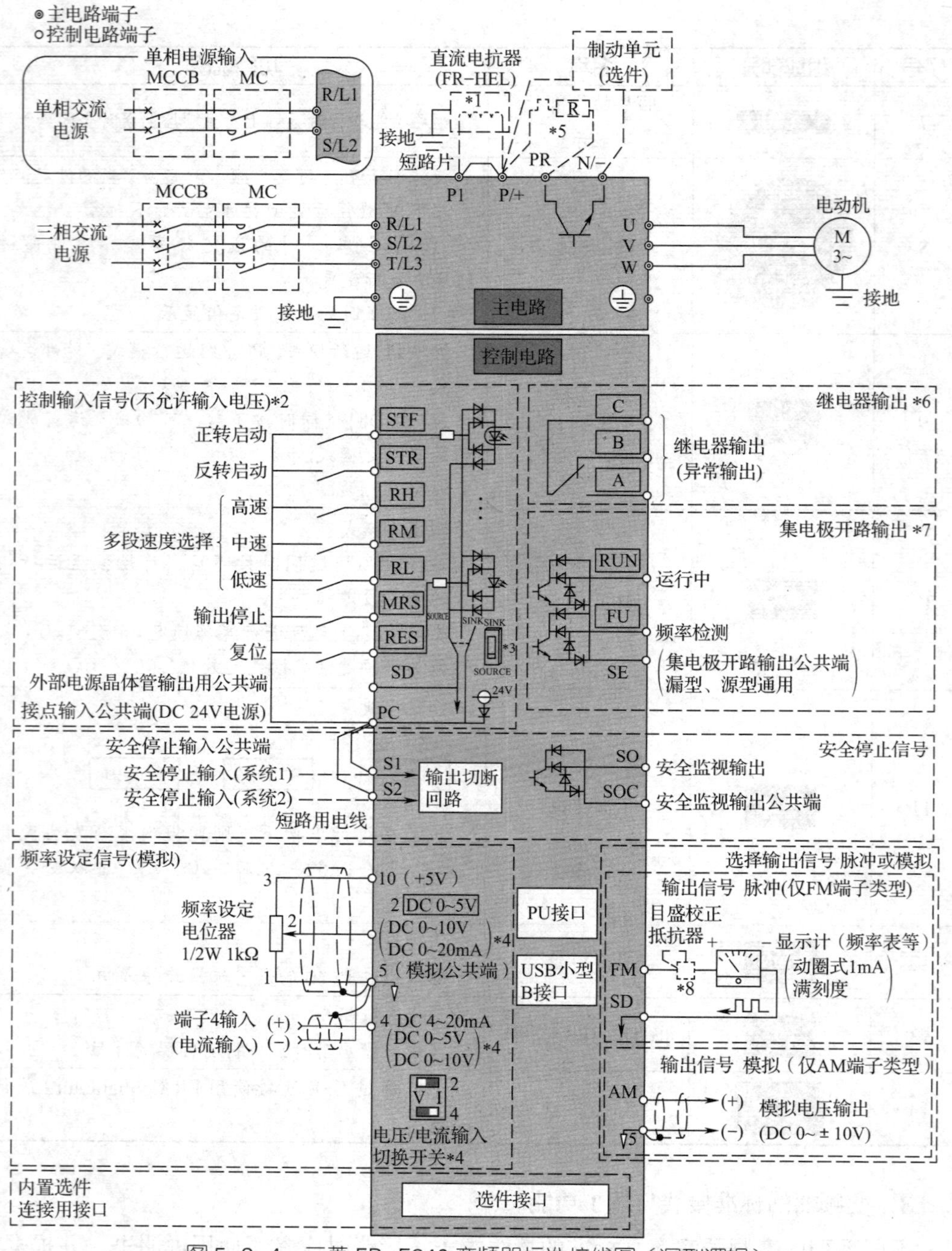

图 5-3-4 三菱 FR-E840 变频器标准接线图（漏型逻辑）

MCCB—塑壳断路器 MC—电磁接触器

注：*1 连接直流电抗器时，应拆下端子 P1 和 P/+ 间的短路片。

*2 可通过输入端子分配（Pr.178 ~ Pr.184）变更端子功能。

*3 初始设定因规格不同而异。

*4 可通过模拟输入规格切换（Pr.73、Pr.267）进行变更。要切换为电压输入时，应将电压 / 电流输入切换开关设为“V”，要切换为电流输入时应设为“I”。初始设定因规格不同而异。

*5 制动电阻器（FR-ABR、MRS 型、MYS 型）。为防止制动电阻器过热、烧坏，应设置热敏继电器。

*6 可通过 Pr.192 ABC 端子功能选择变更端子的功能。

*7 可通过输出端子分配（Pr.190、Pr.191）变更端子的功能。

*8 通过操作面板进行刻度校正时不需要配置。

（2）主电路端子

三菱FR-E840变频器主电路端子的排列及与电源、电动机的接线如图5-3-5所示，其功能说明见表5-3-4。

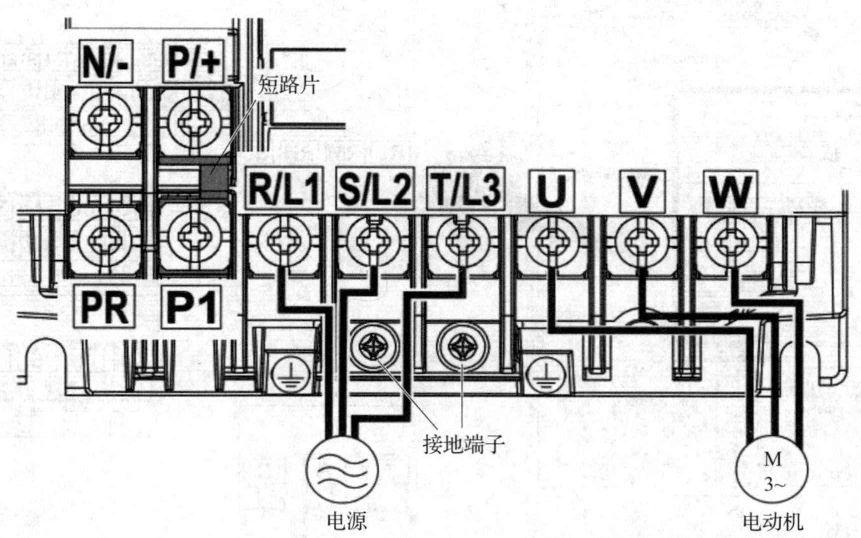

图5-3-5 三菱FR-E840变频器主电路端子的排列及与电源、电动机的接线

表5-3-4 主电路端子功能说明

端子标记	端子名称	端子功能说明
R/L1，S/L2，T/L3	交流电源输入	连接工频电源
U、V、W	变频器输出	接三相笼型电动机或PM（永磁）电动机
P/+，PR	制动电阻器连接	将制动电阻器（FR-ABR、MRS型、MYS型）选件连接至端子P/+和PR间
P/+，N/-	制动模块连接	连接制动模块（FR-BU2、FR-BU、BU）、共直流母线整流器（FR-CV）及多功能再生整流器［FR-XC（再生专用模式时）］
P/+，P1	直流电抗器连接	拆下端子P/+和P1之间的短路片后，连接直流电抗器 未连接直流电抗器时，勿拆下端子P/+和P1之间的短路片
⏚	接地	变频器外壳接地用，必须接大地

（3）控制电路端子

三菱FR-E840变频器控制电路端子的排列如图5-3-6所示。

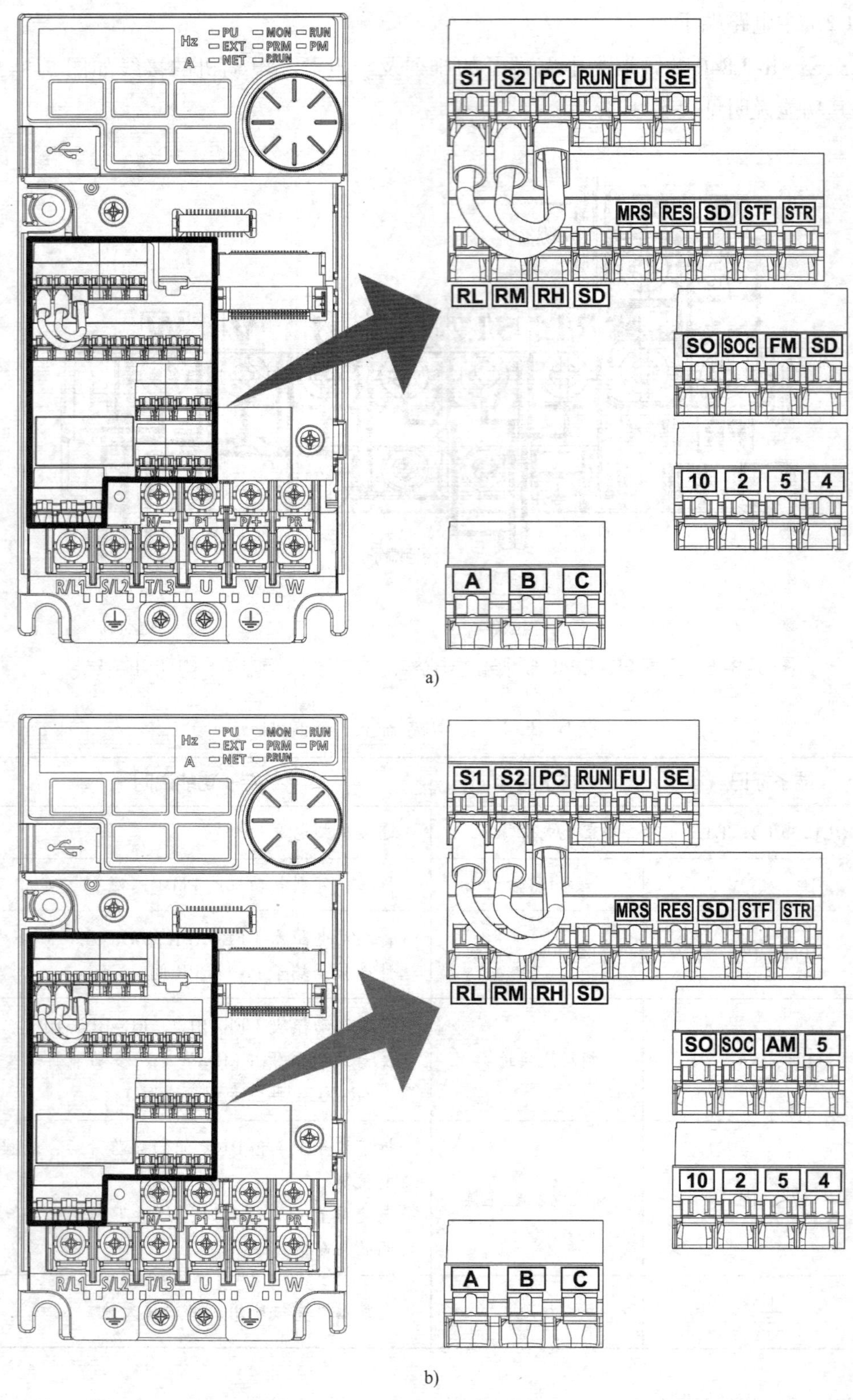

图 5-3-6　三菱 FR-E840 变频器控制电路端子的排列

a）FM 类型端子排列　b）AM 类型端子排列

1）输入信号端子。三菱 FR-E840 变频器控制电路输入信号端子的功能说明见表 5-3-5。

表 5-3-5　三菱 FR-E840 变频器控制电路输入信号端子的功能说明

<table>
<tr><th>种类</th><th>端子标记</th><th>公共端</th><th>端子名称</th><th colspan="2">端子功能说明</th></tr>
<tr><td rowspan="6">触点输入</td><td>STF</td><td rowspan="6">SD（漏型，负极公共端）
PC（源型，正极公共端）</td><td>正转启动</td><td>STF 信号 ON 为正转指令，OFF 为停止指令</td><td rowspan="2">STF、STR 信号同时 ON 时为停止指令</td></tr>
<tr><td>STR</td><td>反转启动</td><td>STR 信号 ON 为反转指令，OFF 为停止指令</td></tr>
<tr><td>RH、RM、RL</td><td>多段速度选择</td><td colspan="2">用 RH、RM 和 RL 信号的组合可以选择多段速度</td></tr>
<tr><td>MRS</td><td>输出停止</td><td colspan="2">当 MRS 信号为 ON（2 ms 以上）时，变频器输出停止。用于在通过电磁制动停止电动机时切断变频器的输出</td></tr>
<tr><td rowspan="2">RES</td><td rowspan="2">复位</td><td colspan="2" rowspan="2">对保护功能启动时的报警输出进行复位时使用，应在 RES 信号维持 ON 状态 0.1 s 后，设为 OFF。初始设定时可随时复位。根据 Pr.75 的设定，仅在变频器报警发生时可以复位。复位解除大约 1 s 后会恢复</td></tr>
<tr></tr>
<tr><td rowspan="3">频率设定</td><td>10</td><td>5</td><td>频率设定用电源</td><td colspan="2">使用频率设定（速度设定）用电位器作为外部连接时的电源</td></tr>
<tr><td>2</td><td>5</td><td>频率设定（电压）</td><td colspan="2">输入 DC 0～5 V（或 DC 0～10 V）时，最大输出频率对应 5 V（或 10 V），输入输出成正比
通过 Pr.73 进行 DC 0～5 V（初始设定）和 DC 0～10 V、DC 0～20 mA 的输入切换
电流输入（DC 0～20 mA）时，应将电压 / 电流输入切换开关设为“I”</td></tr>
<tr><td>4</td><td>5</td><td>频率设定（电流）</td><td colspan="2">输入 DC 4～20 mA（或 DC 0～5 V/0～10 V）的情况下，20 mA 时输出频率最大，输入输出成正比。只有 AU 信号为 ON 时该输入信号才会有效（端子 2 输入无效）
使用端子 4（初始设定：电流输入）时，应将 Pr.178～Pr.184（输入端子功能选择）的其中任意一个设定为“4”并分配功能，然后将 AU 信号设为 ON
通过 Pr.267 进行 DC 4～20 mA（初始设定）和 DC 0～5 V、DC 0～10 V 的输入切换
电压输入（DC 0～5 V/0～10 V）时，应将电压 / 电流输入切换开关设为“V”</td></tr>
</table>

2）输出信号端子。三菱 FR-E840 变频器控制电路输出信号端子的功能说明见表 5-3-6。

表 5-3-6　三菱 FR-E840 变频器控制电路输出信号端子的功能说明

<table>
<tr><th>种类</th><th>端子标记</th><th>公共端</th><th>端子名称</th><th colspan="2">端子功能说明</th></tr>
<tr><td>继电器</td><td>A、B、C</td><td>—</td><td>继电器输出（异常输出）</td><td colspan="2">表示变频器因保护功能启动而停止输出的 1C 触点输出
异常时，B-C 间不导通（A-C 间导通）；正常时，B-C 间导通（A-C 间不导通）</td></tr>
<tr><td rowspan="2">集电极开路</td><td>RUN</td><td>SE</td><td>变频器运行中</td><td colspan="2">变频器输出频率为启动频率（初始值为 0.5 Hz）以上时为低电平，停止中和正在直流制动时为高电平①</td></tr>
<tr><td>FU</td><td>SE</td><td>频率检测</td><td colspan="2">输出频率为任意设定的检测频率以上时为低电平，未达到时为高电平②</td></tr>
<tr><td>脉冲</td><td>FM②</td><td>SD</td><td>显示仪表用</td><td>可以从输出频率等多种监视项目中选择一项进行输出（变频器复位过程中不输出）</td><td rowspan="2">输出项目：输出频率（初始设定）</td></tr>
<tr><td>模拟</td><td>AM②</td><td>5</td><td>模拟电压输出</td><td>输出信号与各监视项目的大小成正比</td></tr>
</table>

①低电平表示集电极开路输出用的晶体管为 ON（导通状态），高电平表示为 OFF（不导通状态）。
②端子 FM 类型变频器配备端子 FM，端子 AM 类型变频器配备端子 AM。

3）安全停止信号端子。三菱 FR-E840 变频器控制电路中安全停止信号端子的功能说明见表 5-3-7。

表 5-3-7　三菱 FR-E840 变频器控制电路中安全停止信号端子的功能说明

<table>
<tr><th>端子标记</th><th>公共端</th><th>端子名称</th><th>端子功能说明</th></tr>
<tr><td>S1</td><td>PC</td><td>安全停止输入（系统 1）</td><td rowspan="2">端子 S1 及 S2 是安全继电器模块的安全停止输入信号用端子。端子 S1 及 S2 同时使用（双频道）。通过 S1-PC 间、S2-PC 间的短路或开路，切断变频器的输出
初始状态下，端子 S1 及 S2 通过短路用电线与端子 PC 进行短接。使用安全停止功能时，应拆下该短路用电线后连接安全继电器模块</td></tr>
<tr><td>S2</td><td>PC</td><td>安全停止输入（系统 2）</td></tr>
<tr><td>SO</td><td>SOC</td><td>安全监视输出（集电极开路输出）</td><td>表示安全停止输入信号的状态
内部安全电路正常状态时为低电平，内部安全电路异常状态时为高电平①。端子 S1、S2 两者都开路且为高电平时，应确认原因及对策</td></tr>
</table>

①低电平表示集电极开路输出用的晶体管为 ON（导通状态），高电平表示为 OFF（不导通状态）。

4）公共端子。三菱 FR-E840 变频器控制电路公共端子的功能说明见表 5-3-8。

表 5-3-8 三菱 FR-E840 变频器控制电路公共端子的功能说明

端子标记	公共端	端子名称	端子功能说明
SD	—	触点输入公共端（漏型，负极公共端）	触点输入端子（漏型逻辑）及端子 FM 的公共端子
SD	—	外部晶体管公共端（源型，正极公共端）	在源型逻辑的情况下连接可编程序控制器等的晶体管输出（集电极开路输出）时，将晶体管输出用的外部电源公共端连接到该端子上，可防止寄生电流导致的误动作
		DC 24 V 电源公共端	DC 24 V、0.1 A 电源（端子 PC）的公共端子 端子 5 及端子 SE 为绝缘状态
PC	—	外部晶体管公共端（漏型，负极公共端）	在漏型逻辑的情况下连接可编程序控制器等的晶体管输出（集电极开路输出）时，将晶体管输出用的外部电源公共端连接到该端子上，可防止寄生电流导致的误动作
		安全停止输入公共端	安全停止输入端子的公共端子
		触点输入公共端（源型，正极公共端）	触点输入端子（源型逻辑）的公共端子
	SD	DC 24 V 电源	可作为 DC 24 V、0.1 A 的电源使用
5	—	频率设定公共端	频率设定信号（端子 2 或 4）的公共端子，勿接地
SE	—	集电极开路输出公共端	端子 RUN、FU 的公共端子
SOC	—	安全监视输出公共端	端子 SO 的公共端子

5）通信端子。三菱 FR-E840 变频器控制电路通信端子的功能说明见表 5-3-9。

表 5-3-9 三菱 FR-E840 变频器控制电路通信端子的功能说明

种类	端子标记	端子名称	端子功能说明
RS-485	—	PU 接口	通过 PU 接口，可以进行 RS-485 通信 对应规格：EIA-485（RS-485） 通信方式：多站点通信方式 通信速度：300 ~ 115 200 bit/s 接线长度：500 m

续表

种类	端子标记	端子名称	端子功能说明
USB	—	USB 接口①	小型 B 接口（插口） 使用 USB 连接计算机后，可以通过 FR Configurator2 进行变频器的设定及监视、试运行等操作。 接口：支持 USB1.1（支持 USB2.0 全速） 传送速度：12 Mbit/s 电源：5 V、100 mA（最大 500 mA）

①可以连接 USB 总线供电。最大供电电流应为 500 mA。连接 USB 总线供电时，不可使用 PU 接口。

二、PLC 与变频器的连接

PLC 与变频器的连接有三种方式：一是利用 PLC 开关量输出模块控制变频器；二是利用 PLC 模拟量输出模块控制变频器；三是利用 PLC 通信端口控制变频器。本任务主要介绍利用 PLC 开关量输出模块控制变频器的方法。具体如下：

变频器的输入信号包括对运行 / 停止、正转 / 反转、点动等运行状态进行操作的开关型指令信号。对于此类信号，PLC 通常利用继电器接点或具有继电器接点开关特性的元件（如晶体管）与变频器输入点相连，从而控制变频器运行状态，如图 5–3–7 所示。

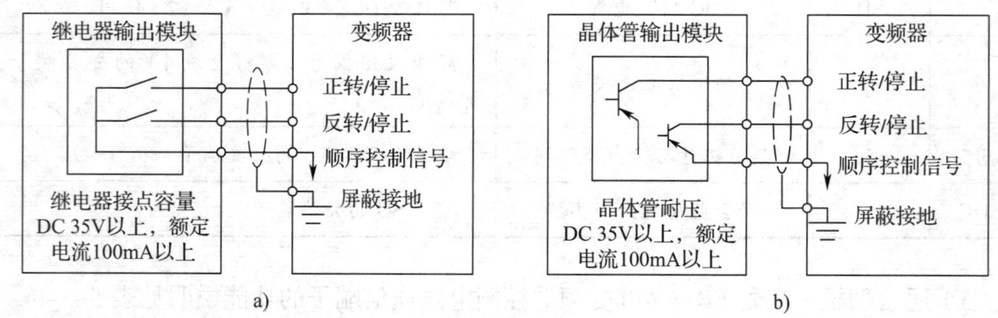

图 5–3–7　PLC 的开关量输出模块与变频器的连接

PLC 的开关量输出端一般可以与变频器的开关量输入端直接连接。这种控制方式的接线很简单，抗干扰能力强，用 PLC 的开关量输出模块可以控制变频器的正反转、转速和加减速时间，能实现较复杂的控制要求。

三、利用变频器实现多段速运行控制

1. 多段速运行控制相关知识

通过开启、关闭变频器外部触点信号（RH、RM、RL），可选择多种速度，从而实现电动机的多段速运行控制。如果不使用 REX（15 速选择）信号，仅通过 RH、RM、RL 的开关信号组合，最多可设置 7 段速度。若需要设置的速度超过 7 段，则需使用 REX 信号。借助于点动频率（Pr.15）、上限频率（Pr.1）和下限频率（Pr.2），最多可以设定 18 种速度。

多段速设定在外部运行模式（Pr.79 = 2）或 PU/ 外部组合运行模式（Pr.79 = 3 或 4）中有效。

（1）多段速运行控制相关参数

变频器的多段速运行控制是预先用参数设定多种运行速度，然后通过输入端子进行切换。即通过开启、关闭外部触点信号（RH、RM、RL、REX 信号），选择各种速度。多段速运行控制相关参数见表 5–3–10。

表 5–3–10　多段速运行控制相关参数

参数号	名称	初始值	设定范围	备注
Pr.1	上限频率	120 Hz	0 ~ 120 Hz	
Pr.2	下限频率	0 Hz	0 ~ 120 Hz	
Pr.15	点动频率	5 Hz	0 ~ 590 Hz	
Pr.4	3 段速设定（高速）	50 Hz	0 ~ 590 Hz	设定仅 RH 为 ON 时的频率
Pr.5	3 段速设定（中速）	30 Hz	0 ~ 590 Hz	设定仅 RM 为 ON 时的频率
Pr.6	3 段速设定（低速）	10 Hz	0 ~ 590 Hz	设定仅 RL 为 ON 时的频率
Pr.24 ~ Pr.27	多段速设定（4 速 ~ 7 速）	9999	0 ~ 590 Hz，9999	9999：未选择
Pr.232 ~ Pr.239	多段速设定（8 速 ~ 15 速）	9999	0 ~ 590 Hz，9999	9999：未选择

（2）两段速运行控制

实际应用中常需使用两段速度，如电梯在正常运行和检修模式下要切换不同速度。两段速可通过基准速度（Pr.1 = 50 Hz）配合 RH、RM 或 RL 中任意触点的信号组合实现。

（3）多段速运行控制说明

1）当多段速信号接通时，其优先级别高于主速度指令（如端子 2 的模拟量输入）。

2）只有 3 段速设定的场合，2 段速设定以上同时被选择时，低速信号的设定频率优先，即以低速设定的信号频率运行。

3）Pr.24 ~ Pr.27 和 Pr.232 ~ Pr.239 之间的设定没有优先级别。

4）运行期间参数值可以被改变。

5）当通过 Pr.178 ~ Pr.184（输入端子功能选择）变更端子分配时，可能导致端子名称和信号内容不同而产生误接线，从而影响其他功能。因此，设定前要检查相应端子的功能。关于 Pr.178 ~ Pr.184 的设置可参考表 5–3–11 和表 5–3–12。

表 5–3–11　Pr.178 ~ Pr.184 的端子分配、初始设置和设定范围

参数号	端子	初始值	出厂设定端子功能	设定范围
Pr.178	STF	60	正转指令	0 ~ 5、7、8、10、12 ~ 16、18、22 ~ 27、30、37、42、43、46、47、50 ~ 52、60、62、65 ~ 67、72、74、76、84、87 ~ 89、92、9999
Pr.179	STR	61	反转指令	0 ~ 5、7、8、10、12 ~ 16、18、22 ~ 27、30、37、42、43、46、47、50 ~ 52、61、62、65 ~ 67、72、74、76、84、87 ~ 89、92、9999
Pr.180	RL	0	低速运行指令	0 ~ 5、7、8、10、12 ~ 16、18、22 ~ 27、30、37、42、43、46、47、50 ~ 52、62、65 ~ 67、72、74、76、84、87 ~ 89、92、9999
Pr.181	RM	1	中速运行指令	
Pr.182	RH	2	高速运行指令	
Pr.183	MRS	24	输出停止	
Pr.184	RES	62	变频器复位	

表 5–3–12　部分信号一览表

设定值	信号名称	功能		相关参数
0	RL	Pr.59=0	低速运行指令	Pr.4 ~ Pr.6、Pr.24 ~ Pr.27、Pr.232 ~ Pr.239
		Pr.59 ≠ 0	遥控设定（设定清零）	Pr.59
		Pr.270 = 1、11	挡块定位选择 0	Pr.270、Pr.275、Pr.276

续表

设定值	信号名称	功能		相关参数
1	RM	Pr.59=0	中速运行指令	Pr.4 ~ Pr.6、Pr.24 ~ Pr.27、Pr.232 ~ Pr.239
		Pr.59 ≠ 0	遥控设定（减速）	Pr.59
2	RH	Pr.59=0	高速运行指令	Pr.4 ~ Pr.6、Pr.24 ~ Pr.27、Pr.232 ~ Pr.239
		Pr.59 ≠ 0	遥控设定（加速）	Pr.59
3	RT	第 2 功能选择		Pr.44 ~ Pr.48、Pr.51、Pr.450 ~ Pr.463、Pr.569、Pr.832、Pr.836 等
		Pr.270=1、11	挡块定位选择 1	Pr.270、Pr.275、Pr.276
4	AU	端子 4 输入选择		Pr.267
5	JOG	点动运行选择		Pr.15、Pr.16
7	OH	外部过热保护输入		Pr.9
8	REX	15 速选择（同 RH、RM、RL 的 3 速组合）		Pr.4 ~ Pr.6、Pr.24 ~ Pr.27、Pr.232 ~ Pr.239
24	MRS	输出停止		Pr.17
60	STF	正转指令［仅可对 STF 端子（Pr.178）分配］		Pr.250
61	STR	反转指令［仅可对 STR 端子（Pr.179）分配］		Pr.250
62	RES	变频器复位		Pr.75

提示

从上述两个表中可看出，可以通过设置参数 Pr.178 ~ Pr.184 变更输入端子的功能。通过 RH、RM、RL 信号可以实现 3 段速控制，并在 Pr.4 ~ Pr.6 中设定频率。通过 RH、RM、RL 和 REX 信号的组合可以设定 4 速 ~ 15 速，应在 Pr.24 ~ Pr.27、Pr.232 ~ Pr.239 中设定频率（初始值的状态为不可以使用 4 速 ~ 15 速的设定）。

2. 多段速设定

（1）3 段速设定（Pr.4 ~ Pr.6）

仅 RH 信号为 ON 时按 Pr.4 中设定的频率运行，仅 RM 信号为 ON 时按 Pr.5 中设定的频率运行，仅 RL 信号为 ON 时按 Pr.6 中设定的频率运行，如图 5–3–8b 所示。3 段速运行接线图如图 5–3–8a 所示。

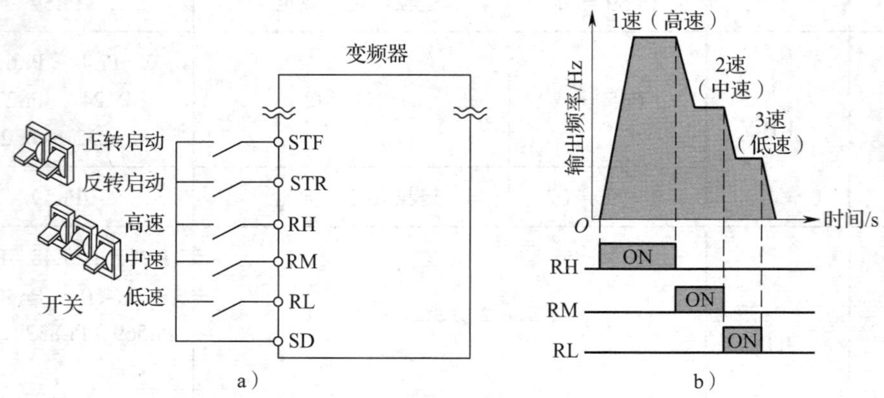

图 5–3–8　3 段速运行接线图和运行曲线

a）3 段速运行接线图　b）3 段速运行曲线

提示

（1）在初始设定下，当同时选择两段及以上速度时，系统将按照低速信号对应的设定频率运行。例如，RL、RM 信号均为 ON 时，按 Pr.6 中设定的频率运行。

（2）在初始设定下，RH、RM、RL 信号被分配在端子 RH、RM、RL 上，通过将 Pr.178 ~ Pr.184 中的任意 3 个参数设定为“0（RL）”“1（RM）”“2（RH）”，也可将 RH、RM、RL 信号分配到其他端子上。

（2）4 段以上的多段速设定（Pr.24 ~ Pr.27，Pr.232 ~ Pr.239）

通过 RH、RM、RL 和 REX 信号的组合可以进行 4 速 ~ 15 速的设定，且在 Pr.24 ~ Pr.27、Pr.232 ~ Pr.239 中设定运行频率。REX 信号输入所使用的端子需通过将 Pr.178 ~ Pr.184 中的某一参数设定为“8”实现功能分配。图 5–3–9b 所示为多段速运行曲线。设定 Pr.232=9999 时，若将 RH、RM、RL 设为 OFF 且 REX 设为 ON（图 5–3–9b 中的 *1），系统将按照 Pr.6 中设定的频率运行。

多段速正转运行的接线图如图 5–3–9a 所示。

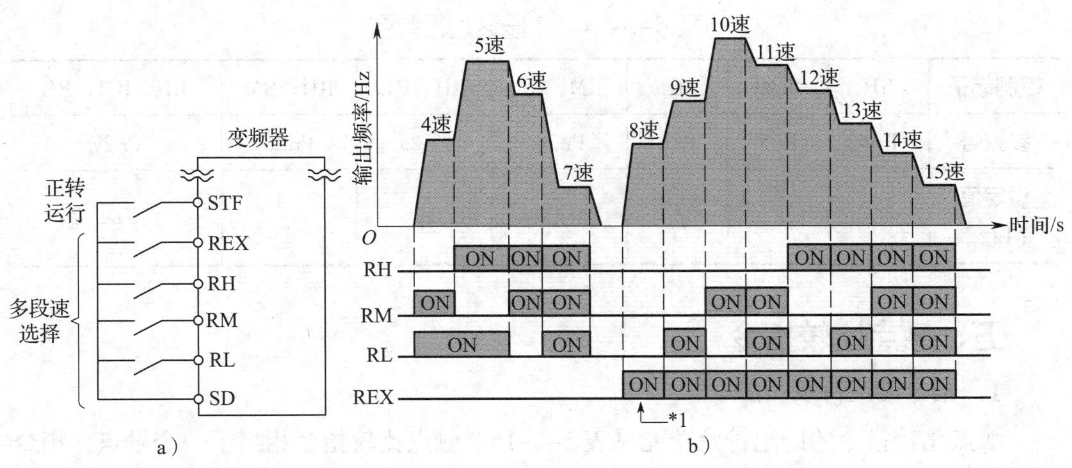

图 5-3-9 多段速运行接线图和运行曲线

a）多段速运行接线图（正转） b）多段速运行曲线

想一想

多段速反转运行的接线图与正转运行的接线图有何区别？

四、7 段速运行控制参数设定

1．基本运行参数设定

需要设定的基本运行参数见表 5-3-13。

表 5-3-13 基本运行参数

参数名称	参数号	设定范围
转矩提升	Pr.0	0 ~ 30%
上限频率	Pr.1	0 ~ 120 Hz
下限频率	Pr.2	0 ~ 120 Hz
基准频率	Pr.3	0 ~ 590 Hz
加速时间	Pr.7	0 ~ 3 600 s
减速时间	Pr.8	0 ~ 3 600 s
电子过热保护	Pr.9	0 ~ 500 A
加减速基准频率	Pr.20	1 ~ 590 Hz
运行模式选择	Pr.79	0 ~ 4、6、7

2．7 段速运行参数设定

根据图 5-3-8b 和图 5-3-9b 所示的运行曲线，可确定 7 段速运行的参数，见表 5-3-14。

表 5-3-14　7 段速运行参数

控制端子	RH	RM	RL	RM、RL	RH、RL	RH、RM	RH、RM、RL
参数号	Pr.4	Pr.5	Pr.6	Pr.24	Pr.25	Pr.26	Pr.27
设定值（Hz）	f_1	f_2	f_3	f_4	f_5	f_6	f_7

五、触点比较指令

1. 指令助记符及功能

触点比较指令的助记符及功能见表 5-3-15。触点比较指令相当于一个触点，指令执行时比较两个操作数［S1］和［S2］中数据内容的大小，满足比较条件则触点闭合。

表 5-3-15　触点比较指令的助记符及功能

分类	指令助记符	指令功能
LD 类	LD=	［S1］=［S2］时，运算开始的触点接通
	LD >	［S1］ > ［S2］时，运算开始的触点接通
	LD <	［S1］ < ［S2］时，运算开始的触点接通
	LD < >	［S1］≠［S2］时，运算开始的触点接通
	LD < =	［S1］≤［S2］时，运算开始的触点接通
	LD > =	［S1］≥［S2］时，运算开始的触点接通
AND 类	AND=	［S1］=［S2］时，串联触点接通
	AND >	［S1］ > ［S2］时，串联触点接通
	AND <	［S1］ < ［S2］时，串联触点接通
	AND < >	［S1］≠［S2］时，串联触点接通
	AND < =	［S1］≤［S2］时，串联触点接通
	AND > =	［S1］≥［S2］时，串联触点接通
OR 类	OR=	［S1］=［S2］时，并联触点接通
	OR >	［S1］ > ［S2］时，并联触点接通
	OR <	［S1］ < ［S2］时，并联触点接通
	OR < >	［S1］≠［S2］时，并联触点接通
	OR < =	［S1］≤［S2］时，并联触点接通
	OR > =	［S1］≥［S2］时，并联触点接通

2. 指令的使用格式

三类触点比较指令的使用格式分别如图 5-3-10、图 5-3-11 和图 5-3-12 所示。

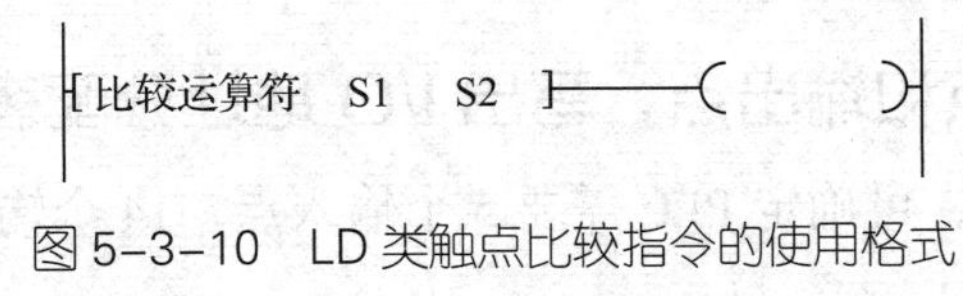

图 5-3-10 LD 类触点比较指令的使用格式

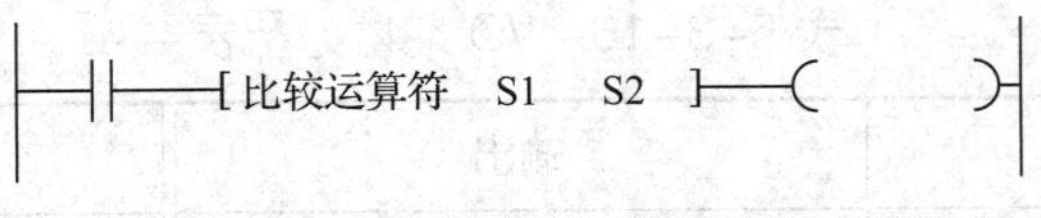

图 5-3-11 AND 类触点比较指令的使用格式

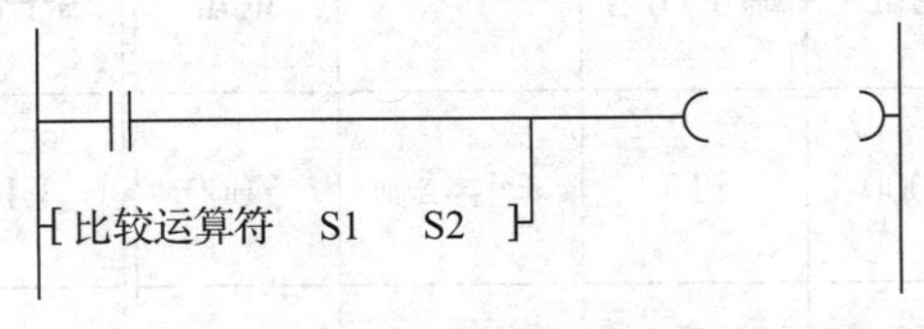

图 5-3-12 OR 类触点比较指令的使用格式

3. 编程实例

图 5-3-13 所示为触点比较指令的编程实例。当 C10 = K20 时，Y000 被驱动；当 X010 = ON 并且 D100 > K58 时，Y010 被复位；当 X001= ON 或者 K10 > C0 时，Y001 被驱动。

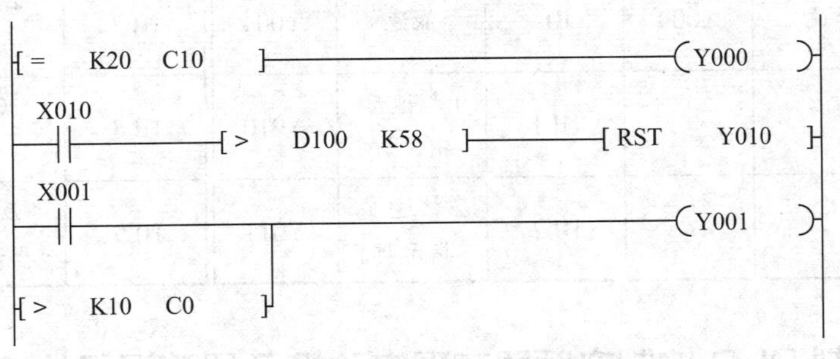

图 5-3-13 触点比较指令的编程实例

4. 指令使用说明

（1）比较运算符包括 =、>、<、<>、<=、>= 六种形式。

（2）两个操作数［S1］、［S2］可以是常数 K、H，也可以是 K*n*X、K*n*Y、K*n*M、K*n*S、T、C、D、R、V、Z、U□\G□等字元件，以及 X、Y、M、S 等位元件。

（3）在指令助记符前加“D”表示其操作数为 32 位的二进制，在指令助记符后加“P”表示指令为脉冲执行型。

任务实施

一、分配输入点和输出点，写出 I/O 地址分配表

根据任务控制要求，可确定 PLC 需要 5 个输入点、14 个输出点，其 I/O 地址分配表见表 5-3-16。

表 5-3-16　I/O 地址分配表

输入			输出			输出		
元器件代号	说明	输入地址	元器件/端子代号	说明	输出地址	元器件/端子代号	说明	输出地址
SB1	停止	X000	STF	正转控制	Y000	HL3	3 挡速度指示灯	Y012
SB2	正转	X001	STR	反转控制	Y001	HL4	4 挡速度指示灯	Y013
SB3	反转	X002	RH	高速	Y002	HL5	5 挡速度指示灯	Y014
SB4	升速	X003	RM	中速	Y003	HL6	6 挡速度指示灯	Y015
SB5	降速	X004	RL	低速	Y004	HL7	7 挡速度指示灯	Y016
			HL1	1 挡速度指示灯	Y010	HL8	正转指示灯	Y017
			HL2	2 挡速度指示灯	Y011	HL9	反转指示灯	Y020

二、绘制 PLC 控制变频器实现电动机 7 段速运行的接线图

PLC 控制变频器实现电动机 7 段速运行的接线图如图 5-3-14 所示。

三、程序设计

根据控制要求可知，本任务是 7 段速正反转控制，其控制程序的设计主要包括以下几个方面。

1．正反转控制程序的设计

根据控制要求，设计出本任务的电动机正反转控制梯形图，如图 5-3-15 所示。

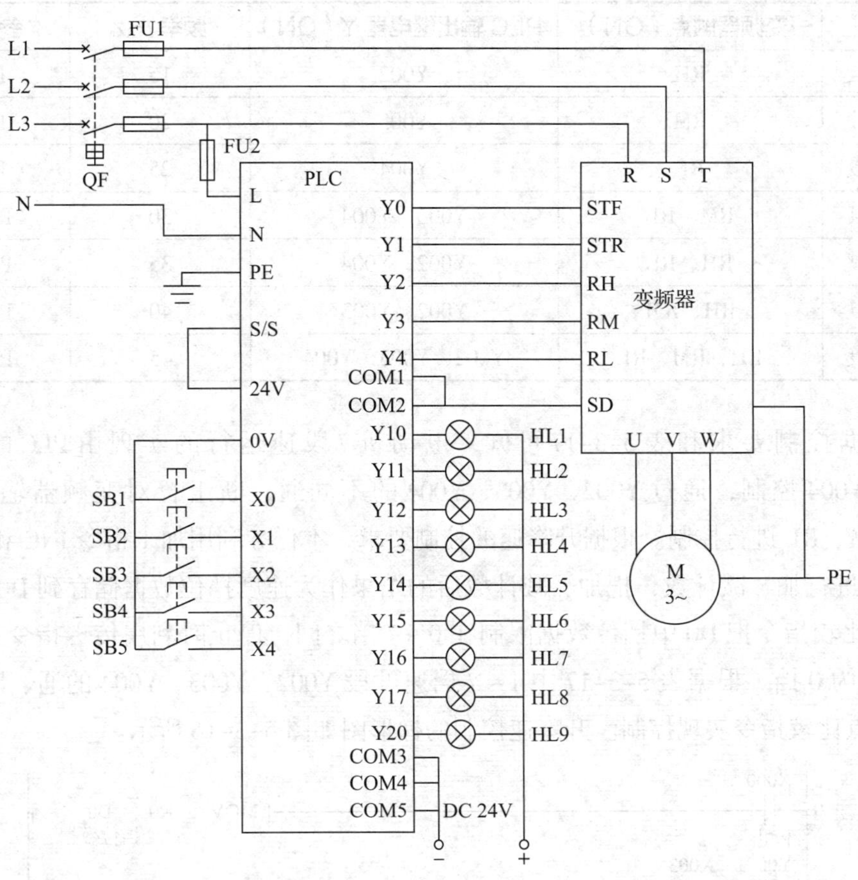

图 5-3-14　PLC 控制变频器实现电动机 7 段速运行的接线图

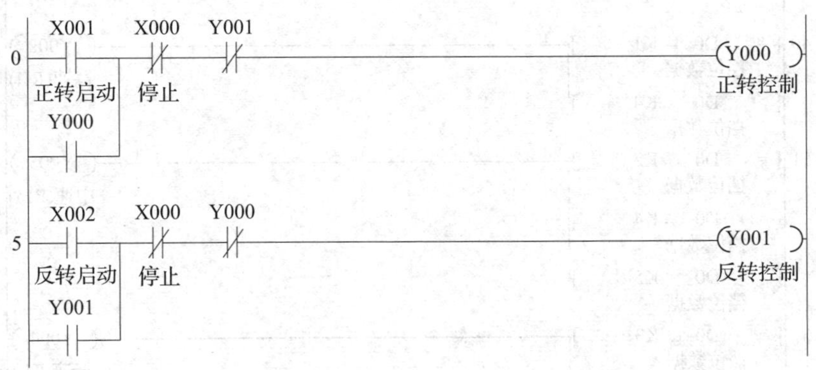

图 5-3-15　电动机正反转控制梯形图

2. 升降速控制程序的设计

在进行升降速控制程序的设计前，必须先列出 7 段速运行速度段与触点 / 信号的逻辑关系表（见表 5-3-17），再根据控制要求进行程序设计。

表 5-3-17　7 段速运行速度段与触点 / 信号的逻辑关系表

速度段	变频器触点（ON）	PLC 输出继电器 Y（ON）	频率 /Hz	参数号
1 挡速度	RH	Y002	15	Pr.4
2 挡速度	RM	Y003	20	Pr.5
3 挡速度	RL	Y004	25	Pr.6
4 挡速度	RM、RL	Y003、Y004	30	Pr.24
5 挡速度	RH、RL	Y002、Y004	35	Pr.25
6 挡速度	RH、RM	Y002、Y003	40	Pr.26
7 挡速度	RH、RM、RL	Y002、Y003、Y004	45	Pr.27

根据控制要求和表 5-3-17 可知，电动机 7 段速运行的实现由 PLC 的 Y002、Y003、Y004 控制，通过 Y002、Y003、Y004 的不同通、断组合对变频器输入端子 RH、RM、RL 进行控制。根据升降速的控制要求，本任务利用加 1 指令 INC 和减 1 指令 DEC 进行加、减计数，把加、减计数后的结果作为速度挡位数据储存到 D0 中，通过触点比较指令把 D0 中挡位数据限制在 0 ~ 7 挡之间，停止时利用传送指令 MOV 把 D0 设置为 0 挡。根据表 5-3-17 中 1 ~ 7 挡速度段 Y002、Y003、Y004 的通、断情况，利用触点比较指令实现控制。升降速控制的梯形图如图 5-3-16 所示。

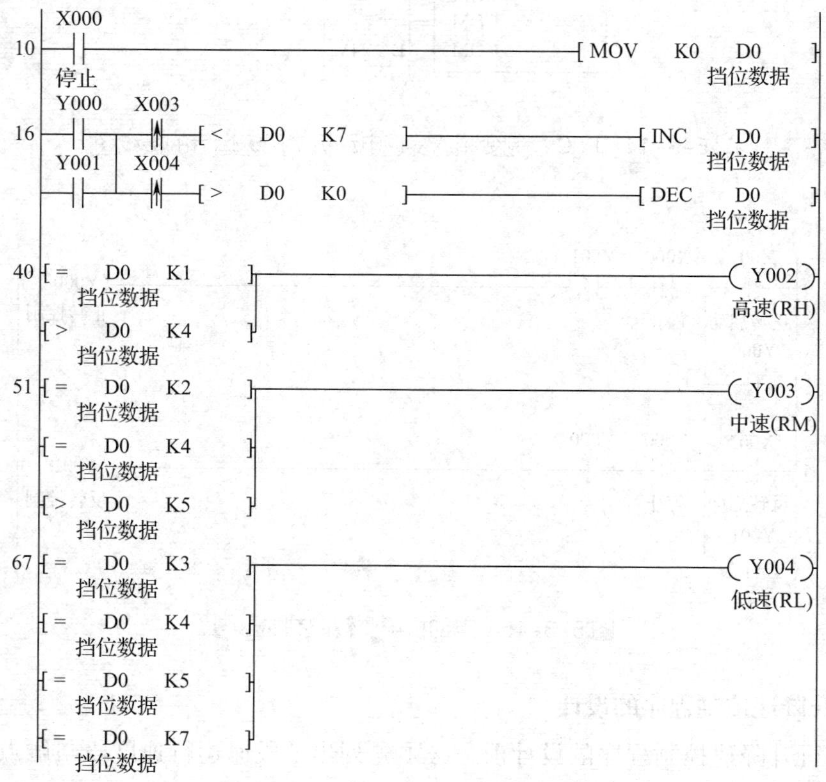

图 5-3-16　升降速控制的梯形图

3. 指示灯程序的设计

正转或反转启动后，速度为0挡时由秒时钟脉冲 M8013 来控制正转（Y017）、反转（Y020）指示灯闪烁。当速度为1～7挡时利用触点比较指令短接 M8013 实现指示灯 HL1～HL7（Y010～Y016）常亮。指示灯 HL1～HL7 的动作由挡位数据寄存器 D0 通过触点比较指令来取得。例如，当变频器运行在2挡速度时，挡位数据寄存器 D0 的内容为“2”，只有触点比较指令[= D0 K2 挡位数据]闭合，Y011 才闭合，2挡速度指示灯 HL2 亮。指示灯控制的梯形图如图 5-3-17 所示。

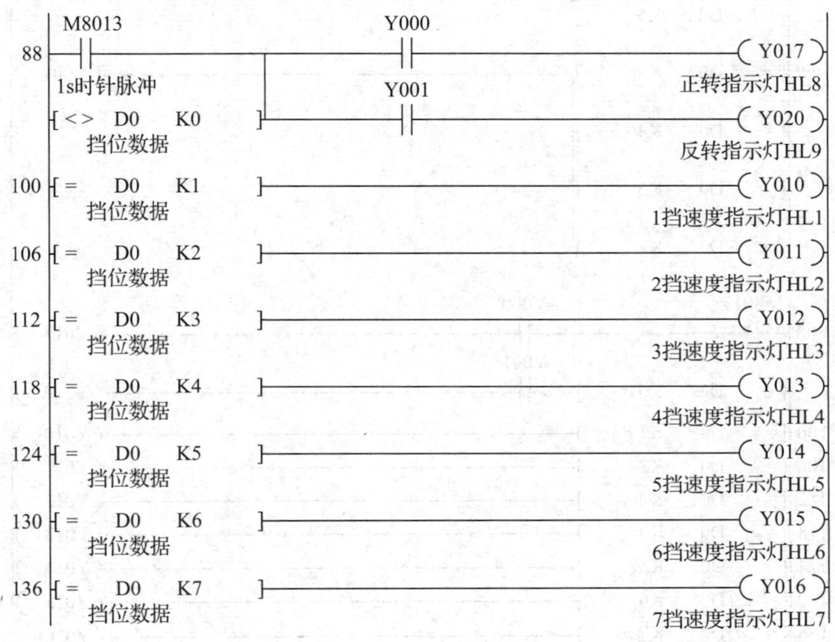

图 5-3-17 指示灯控制的梯形图

4. 本任务完整的梯形图

综合上述设计，可得到本任务完整的梯形图，如图 5-3-18 所示。

X001 X000 Y001
0 (Y000)
Y000
X002 X000 Y000
5 (Y001)
Y001
X000
10 [MOV K0 D0]

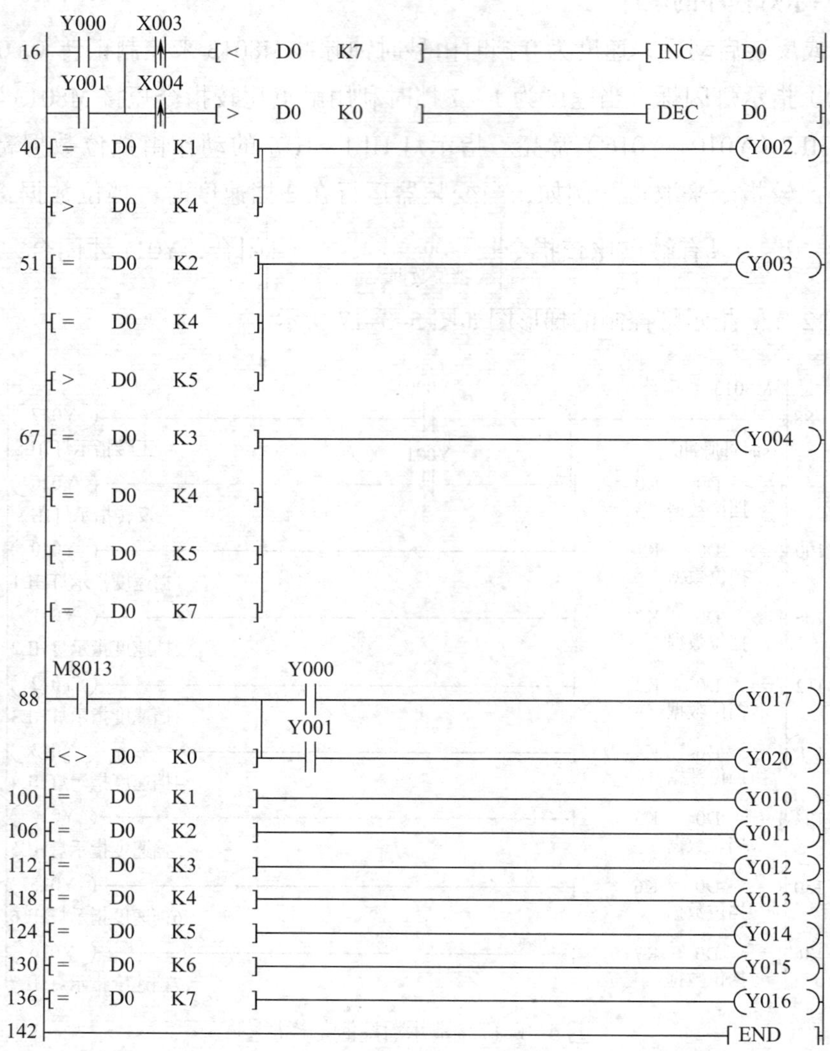

图 5–3–18　PLC 控制变频器实现电动机 7 段速运行的梯形图

四、程序输入及仿真调试

程序编制完成后，通过梯形图编程界面输入程序并进行仿真调试。

五、线路安装与调试

1. 线路安装

根据图 5–3–14 所示接线图，按照安装电路的一般步骤和工艺要求在模拟配线板上进行元器件及线路安装。

2. 变频器的参数设置

合上低压断路器 QF，按照表 5–3–18 的内容进行变频器的参数设置。

表 5-3-18 变频器参数设置表

参数号	参数名称	参数值
Pr.0	转矩提升	6%
Pr.1	上限频率	50 Hz
Pr.2	下限频率	0 Hz
Pr.3	基准频率	根据电动机额定频率设定
Pr.4	3 段速设定（高速）	15 Hz
Pr.5	3 段速设定（中速）	20 Hz
Pr.6	3 段速设定（低速）	25 Hz
Pr.7	加速时间	5 s
Pr.8	减速时间	5 s
Pr.9	电子过热保护	根据电动机额定电流设定
Pr.20	加减速基准频率	50 Hz
Pr.24	多段速设定（4 速）	30 Hz
Pr.25	多段速设定（5 速）	35 Hz
Pr.26	多段速设定（6 速）	40 Hz
Pr.27	多段速设定（7 速）	45 Hz
Pr.79	运行模式选择	2

3. 通电调试

使用专用通信电缆将 PLC 的编程接口与计算机的 COM1 串口或 USB 端口相连接，然后利用编程软件将梯形图程序写入 PLC。对照图 5-3-14 所示 PLC 控制变频器实现电动机 7 段速运行的接线图检查安装线路，确认无误后，在指导教师的监督下，接通电源，将 PLC 的 RUN/STOP 开关拨到“RUN”位置，利用 GX Works2 软件中的在线监视功能监视程序的运行情况，并按照表 5-3-19 进行调试，观察系统运行情况并做好记录。

表 5-3-19 程序调试步骤及运行情况记录表

操作步骤	操作内容	观察内容	观察结果	思考内容
1	按下 SB2	电动机运行状态、变频器显示屏信息及指示灯 HL1 ~ HL9 的指示情况		理解 PLC 和变频器的工作过程
2	按下 SB4			
3	第 2 次按下 SB4			

续表

操作步骤	操作内容	观察内容	观察结果	思考内容
4	第 3 次按下 SB4	电动机运行状态、变频器显示屏信息及指示灯 HL1 ~ HL9 的指示情况		理解 PLC 和变频器的工作过程
5	第 4 次按下 SB4			
6	第 5 次按下 SB4			
7	第 6 次按下 SB4			
8	第 7 次按下 SB4			
9	第 8 次按下 SB4			
10	按下 SB5			
11	第 2 次按下 SB5			
12	第 3 次按下 SB5			
13	第 4 次按下 SB5			
14	第 5 次按下 SB5			
15	第 6 次按下 SB5			
16	第 7 次按下 SB5			
17	第 8 次按下 SB5			
18	按下 SB1			
19	先按下 SB3，然后依次按下 SB4 八次，再依次按下 SB5 八次，最后按下 SB1			

任务测评

对任务实施的完成情况进行检查，并将结果填入表 5-3-20。

表 5-3-20 任务测评表

序号	主要内容	考核要求	评分标准	配分	扣分	得分
1	电路设计	根据任务要求，列出 PLC 控制 I/O 地址分配表；根据控制要求，设计梯形图及 PLC 控制电路接线图	（1）I/O 地址遗漏或错误，每处扣 5 分 （2）梯形图表达不正确或画法不规范，每处扣 1 分 （3）接线图表达不正确或画法不规范，每处扣 2 分	30		

续表

序号	主要内容	考核要求	评分标准	配分	扣分	得分
2	安装与接线	按PLC控制电路接线图在模拟配线板上正确安装元器件，元器件布置合理，安装准确牢固，配线紧固、美观，导线要进行线槽且有端子编号	（1）损坏元器件，每个扣5分 （2）布线未进行线槽，不美观，每根扣1分 （3）接点松动、露铜过长、反圈、压绝缘层，线号标记不清楚、遗漏或误标，引出端未接在端子排上，每处扣1分 （4）损伤导线绝缘或线芯，每根扣1分 （5）不按PLC控制电路接线图接线，每处扣5分	20		
3	程序输入、变频器参数设置及运行调试	将所编程序输入PLC；按照被控设备的动作要求，进行变频器的参数设置，并运行调试，达到设计要求	（1）不会熟练输入程序，扣5分 （2）参数设置错误，每处扣10分；不会设置参数，扣30分 （3）通电试车不成功，扣40分	40		
4	安全文明生产	劳动保护用品穿戴整齐；电工工具齐全；遵守操作规程；讲文明礼貌；操作结束后需清理现场	操作中，违反安全文明生产考核要求的任何一项扣5分，扣完为止	10		
开始时间：			结束时间：	成绩		

知识拓展

变频器与PLC连接的注意事项

变频器与PLC连接使用时，应注意以下事项：

（1）当变频器输入信号电路连接不当时，可能会导致变频器的误动作。

（2）需注意PLC输入端的阻抗匹配，确保电路中的电压和电流不超过电路的允许值，从而提高系统的可靠性并减少误差。

（3）PLC 的接地端必须接地良好。应避免和变频器使用共同的接地线，并在接地时尽可能使两者分开。

（4）当电源质量不稳定时，应在 PLC 的电源模块以及输入 / 输出模块的电源线上接入噪声滤波器和降低噪声用的变压器等。如有必要，也可在变频器一侧采取相应措施。

（5）当把 PLC 和变频器安装在同一个电气柜中时，应尽可能地使与 PLC 和变频器有关的导线分开，并通过屏蔽双绞线来提升抗干扰能力。

任务4　基于触摸屏、PLC 和变频器的电动机调速控制系统设计与装调

学习目标

1. 熟悉用触摸屏、PLC 和变频器实现综合控制的方法。
2. 掌握 PLC 模拟量输出模块 FX_{2N}-2DA 的应用。
3. 掌握模拟量模块写入指令的功能及使用方法。
4. 能正确设置触摸屏、PLC 和变频器的参数，实现电动机的调速控制。
5. 能根据控制要求，正确编程并进行安装及调试。

任务引入

某台生产机械由一台额定频率为 50 Hz，额定转速为 2 800 r/min 的三相交流异步电动机进行拖动，在生产过程中根据生产工艺需要，要求电动机能在 0 ~ 50 Hz 的频率下运行。本任务的主要内容是用触摸屏、PLC 和变频器实现对电动机速度的控制，其具体控制要求如下。

（1）由变频器控制电动机在 0 ~ 50 Hz 的频率范围内单方向运行。

（2）控制系统设置四个外部按钮，分别是启动按钮 SB1、停止按钮 SB2、升速按钮 SB3、降速按钮 SB4。按下启动按钮 SB1，变频器启动。需要升速时，点按升速按钮 SB3 一次，电动机升速一级；持续按下升速按钮 SB3 超过 2 s 后，电动机迅速升速；当升速到所需运行频率时，松开升速按钮 SB3，电动机停止升速并保持当前频率稳定运行；需要降速时，点按降速按钮 SB4 一次，电动机降速一级；持续按下降速按钮 SB4 超过 2 s 后，电动机迅速降速；当降速到所需运行频率时，松开降速按钮 SB4，电动机停止降速并保持当前频率稳定运行。需要停止时，按下停止按钮 SB2 即可。

（3）该控制系统用触摸屏进行监控，并在触摸屏上设置与外部控制功能（启动、停止、升速、降速）相同的四个按钮，要求显示电动机实时速度和对应的变频器频率等信息，如图 5–4–1 所示。触摸屏需要实现的功能如下。

1）在图 5–4–1a 所示的首页画面中显示当天的日期和时间；单击首页画面的翻页按钮，画面会自动切换到图 5–4–1b 所示的操作页画面。

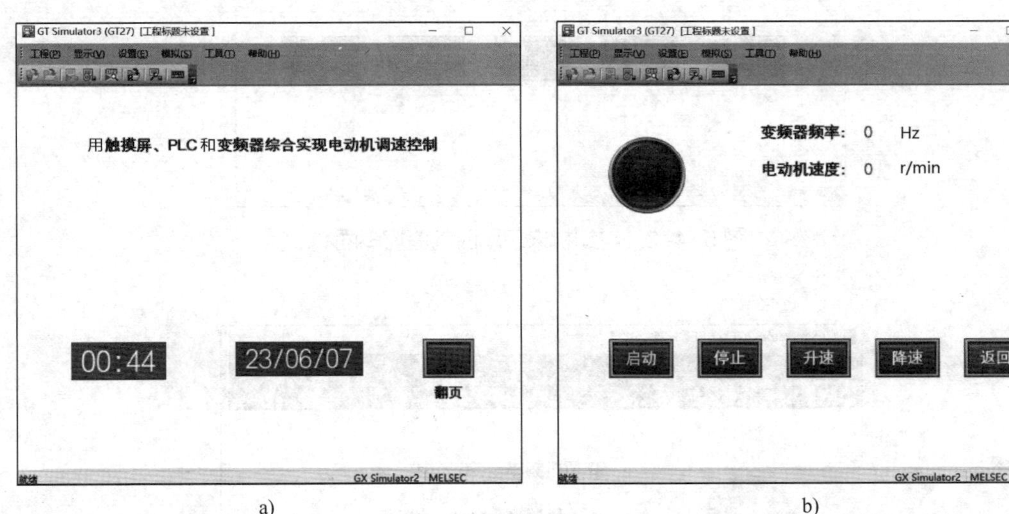

图 5–4–1 基于触摸屏、PLC 和变频器的电动机调速控制系统的触摸屏监控画面

a）首页画面 b）操作页画面

2）单击操作页画面中的启动按钮（相当于用手触摸触摸屏操作页画面中的启动按钮）时，变频器启动，此时操作页画面左上角的红色电源指示灯点亮，画面中的“变频器频率”显示栏显示“0 Hz”，电动机未启动运行，变频器显示屏上的数字显示为 0.00，所以操作页画面中的“电动机速度”显示栏显示“0 r/min”，如图 5–4–2 所示。

3）单击升速按钮时，可观察到画面中的“变频器频率”显示栏的频率和“电动机速度”显示栏的速度升高一级。按下升速按钮（连续按下的时间超过 2 s）时，可观察到画面中的“变频器频率”显示栏的频率和“电动机速度”显示栏的速度在不断地升高，如图 5-4-3 所示为变频器频率升到 26 Hz 时的监控画面，同时变频器显示屏上的数字与触摸屏同步变化，电动机启动并随变频器频率的升高而逐渐升速。松开升速按钮时，监控画面中的“变频器频率”显示栏的频率和“电动机速度”显示栏的速度会定格在松开升速按钮时的数值，电动机以画面中频率对应的速度稳定运行，同时变频器显示屏上的频率也定格为与触摸屏监控画面相同的数值。

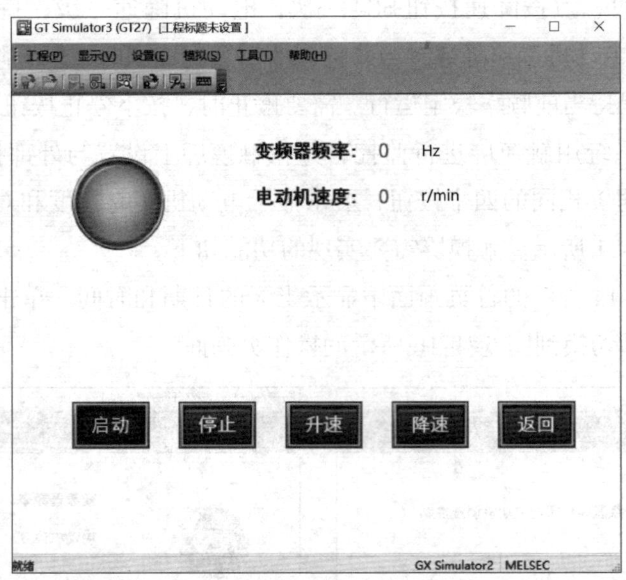

图 5-4-2　电动机未启动时的监控画面

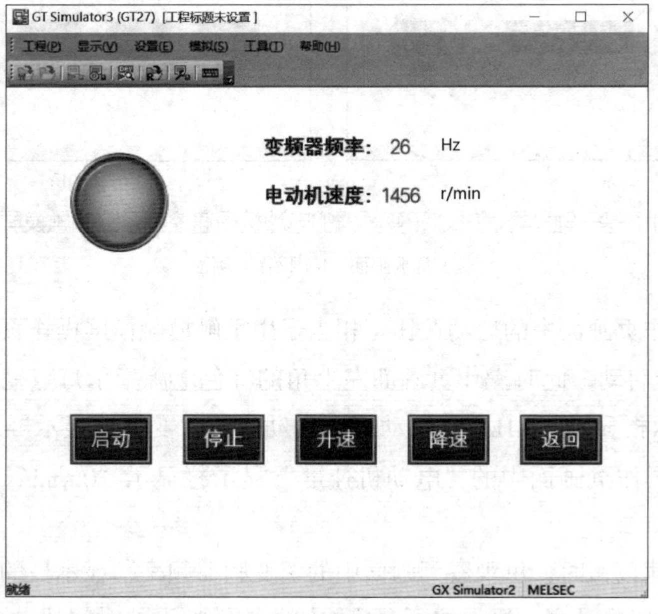

图 5-4-3　变频器频率升到 26 Hz 时的监控画面

4）单击降速按钮时，可观察到画面中的“变频器频率”显示栏的频率和“电动机速度”显示栏的速度降低一级。按下降速按钮（连续按下的时间超过 2 s）时，可观察到画面中的“变频器频率”显示栏的频率和“电动机速度”显示栏的速度在不断地降低，如图 5–4–4 所示为变频器频率降到 18 Hz 时的监控画面，同时变频器显示屏上的数字与触摸屏同步变化，电动机随变频器频率的降低而逐渐减速。松开降速按钮时，监控画面中的“变频器频率”显示栏的频率和“电动机速度”显示栏的速度会定格在松开降速按钮时的数值，电动机以画面中频率对应的速度稳定运行，同时变频器显示屏上的频率也定格为与触摸屏监控画面相同的频率。

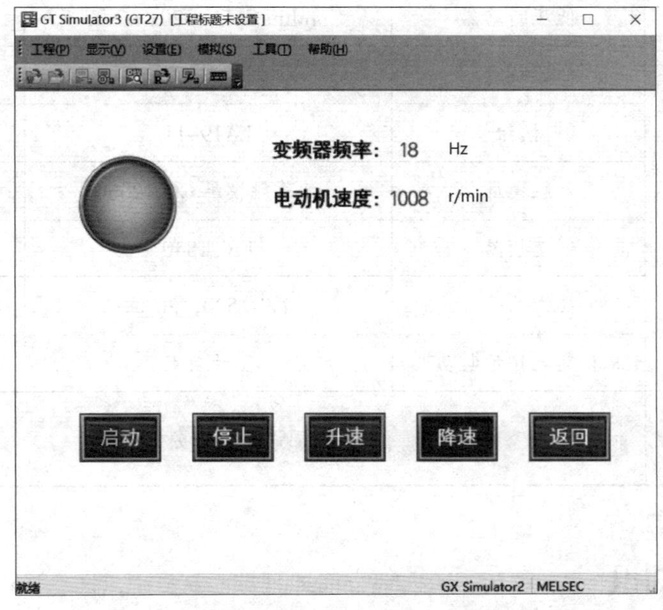

图 5–4–4 变频器频率降到 18 Hz 时的监控画面

5）单击操作页画面中的停止按钮，电动机停止运行，触摸屏的监控画面返回初始状态。

6）单击操作页画面中的返回按钮，可返回首页画面。

实施本任务所需要的实训设备及工具材料见表 5–4–1。

表 5–4–1 实训设备及工具材料

序号	分类	名称	型号 / 规格	数量	单位
1	工具	电工常用工具		1	套
2	仪表	万用表	型号自定	1	块
3		绝缘电阻表	ZC25–3，500 V	1	块

续表

序号	分类	名称	型号 / 规格	数量	单位
4	设备器材	计算机	装有 GX Works2 和 GT Designer3 软件	1	台
5		可编程序控制器	FX_{3U}–48MR/ES（配备 C45 导轨、通信电缆等）	1	台
6		模拟量输出模块	FX_{2N}–2DA（配备通信电缆）	1	台
7		模拟配线板	600 mm × 900 mm	1	块
8		低压断路器	Multi9 C65N D20，三极	1	个
9		熔断器	RT28–32	4	个
10		按钮	LA19–11	4	个
11		触摸屏	三菱触摸屏 GOT 2000	1	台
12		变频器	FR–E840	1	台
13		接线端子排	TB–1520，20 位	1	条
14		三相交流异步电动机	型号自定	1	台
15	消耗材料	同课题一任务 2			

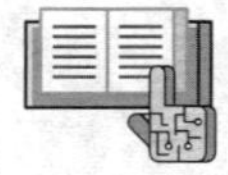

相关知识

一、人机界面

人机界面（human-machine interface，HMI）又称用户接口。从广义上说，人机界面泛指操作人员与机器交换信息的设备。在控制领域，人机界面一般特指用于操作人员与控制系统之间进行对话和相互作用的专用设备。

人机界面一般分为文本显示器、操作面板、触摸屏三大类。其中，文本显示器是一种价格相对较低的操作员面板，通常只能显示几行数字、字母、符号和文字。操作面板由于直观性相对较差且面积较大，在市场上的应用范围相对较窄。触摸屏是人机界面的发展方向，它一般通过串行接口与计算机、PLC 以及其他外部设备进行连接，以实现数据信息的通信与传输；用专用软件完成画面制作和传输，实现其作为图形操作和显示终端的功能。在控制系统中，触摸屏常作为 PLC 输入和输出设备，通过使用相关软件设计适合用户要求的控制画面，实现对控制对象的操作和显示。

二、触摸屏的工作原理与种类

1. 触摸屏的工作原理

触摸屏系统一般包括两个部分：触摸检测装置和触摸屏控制器。触摸检测装置安装在显示器的显示表面，用于检测用户的触摸位置，再将该位置的信息传送给触摸屏控制器。触摸屏控制器的主要作用是接收来自触摸检测装置的触摸信息，并将其转换成触点坐标，判断出触摸的含义后送给 PLC。同时，它还能接收 PLC 发来的命令并执行，例如动态显示开关量和模拟量。

用户用手指或其他物体触摸触摸屏的屏幕时，触摸屏获取被触摸位置的坐标，并通过通信接口（如 RS–232C 或 RS–485 串行口）将触摸信号传送至 PLC，PLC 处理后即可获取输入信息。

2. 触摸屏的分类

按照工作原理和传输信息介质的不同，触摸屏可分为电阻式触摸屏、表面声波式触摸屏、红外线式触摸屏和电容感应式触摸屏四种。

（1）电阻式触摸屏

电阻式触摸屏的主要部分是一块与显示器表面紧密贴合的四层透明复合薄膜。最下面是玻璃或有机玻璃构成的基层；最上面是外表面经过硬化处理、光滑且防刮的塑料层；中间是两层透明的金属氧化物（氧化铟锡 ITO）导电膜，它们之间有许多细小的透明绝缘隔离点。当用手指触摸屏幕时，两层金属氧化物导电膜便会在触摸点形成导通工作面，而每个工作面的两端均设有银质导电条（电极），通过在两个工作面的垂直方向和水平方向上施加直流电压，便会在工作面形成梯度电压。触摸屏控制器通过测量触摸点电压比例实现坐标定位。

电阻式触摸屏是一种与外界环境隔离的工作界面，具有防尘、防水的特点。它可以用任何物体来触摸，也可以用于书写和绘图，适用于工业控制领域。

（2）表面声波式触摸屏

表面声波是超声波的一种，是在介质（如玻璃）表面进行浅层传播的机械能量波。表面声波性能稳定，易于分析，并且在横波传递过程中具有非常尖锐的频率特性。

表面声波式触摸屏的主体结构为强化玻璃基板，可制成平面、球面或柱面形态，通常安装在阴极射线管（CRT）、液晶显示屏（LCD）或等离子显示器（PDP）等屏幕的前面。该玻璃基板不含任何功能性贴膜，其四周边沿精密蚀刻有渐变密度的 45° 斜角声波反射阵列，如图 5–4–5 所示。强化玻璃基板的左上角和右下角分别固定了水平和垂直方向的超声波发射器，右上角则固定了两个相应的超声波接收器。用户未触摸屏幕时，超声波接收器捕获的声波信号与基准波形吻合。当用手指触摸屏幕时，触摸点的声波能量被部分吸收，导致超声波接收器检测到信号的时间延迟，控制器通过测

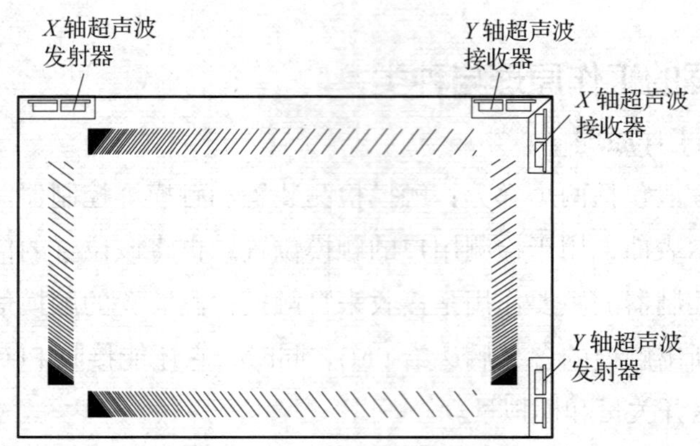

图 5-4-5　表面声波式触摸屏

量水平和垂直方向声波的到达时间差，计算出触摸点坐标。

（3）红外线式触摸屏

红外线式触摸屏在显示器的前方安装有一个外框，藏在外框中的电路板在屏幕四边排布了红外线发射管和红外线接收管，它们一一对应，形成横竖交叉的红外线矩阵。用户在触摸屏幕时，手指会挡住经过该位置的横竖两条红外线，由此可判断出触摸点在屏幕中的位置，如图 5-4-6 所示。

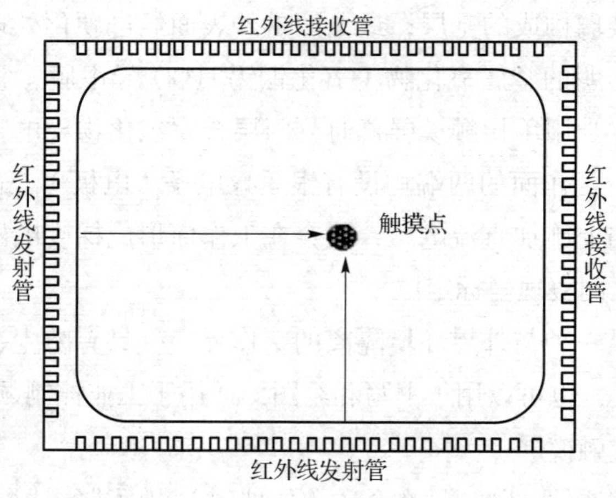

图 5-4-6　红外线式触摸屏

红外线式触摸屏的特点是不受电流、电压和静电的影响，适合在恶劣的环境条件下工作，但是分辨率较低，且易受外界光线变化的影响。

（4）电容感应式触摸屏

电容感应式触摸屏采用四层复合玻璃结构，通过真空金属镀膜技术在玻璃基板内表面和夹层分别沉积一层 ITO 透明导电膜，玻璃基板边缘四个边角区域镀有银质电极，最外层为厚度仅 0.001 5 mm 的玻璃保护层。其中，夹层的 ITO 涂层构成工作面，通过四个边角引出的电极形成检测电路，而玻璃基板内表面的 ITO 涂层则作为电磁屏蔽层，有效隔离外界干扰以确保系统稳定工作。

电容感应式触摸屏的透光率和清晰度优于部分电阻式触摸屏，但是比表面声波式触摸屏差。电容感应式触摸屏这种四层复合结构，对各波长光的透光率不均匀，存在色彩失真问题；并且，由于 ITO 涂层的折射率与玻璃基板存在差异，会导致图像和字符出现模糊现象。

三、触摸屏软件的使用

GT Designer3 软件是一款用于图形终端显示屏幕制作的 Windows 系统平台软件，支持三菱全系列图形终端设备。该软件功能完善，图形和对象工具丰富，窗口界面直观且形象，操作简单易上手，可以方便地切换所接 PLC 的类型，实时读写显示器数据，还可以设置保护密码以保障系统安全。

图 5-4-7 所示为 GT Designer3 软件操作界面，它主要由标题栏、菜单栏、工具栏区、工程管理列表、对象属性窗口、画面编辑器等部分组成。

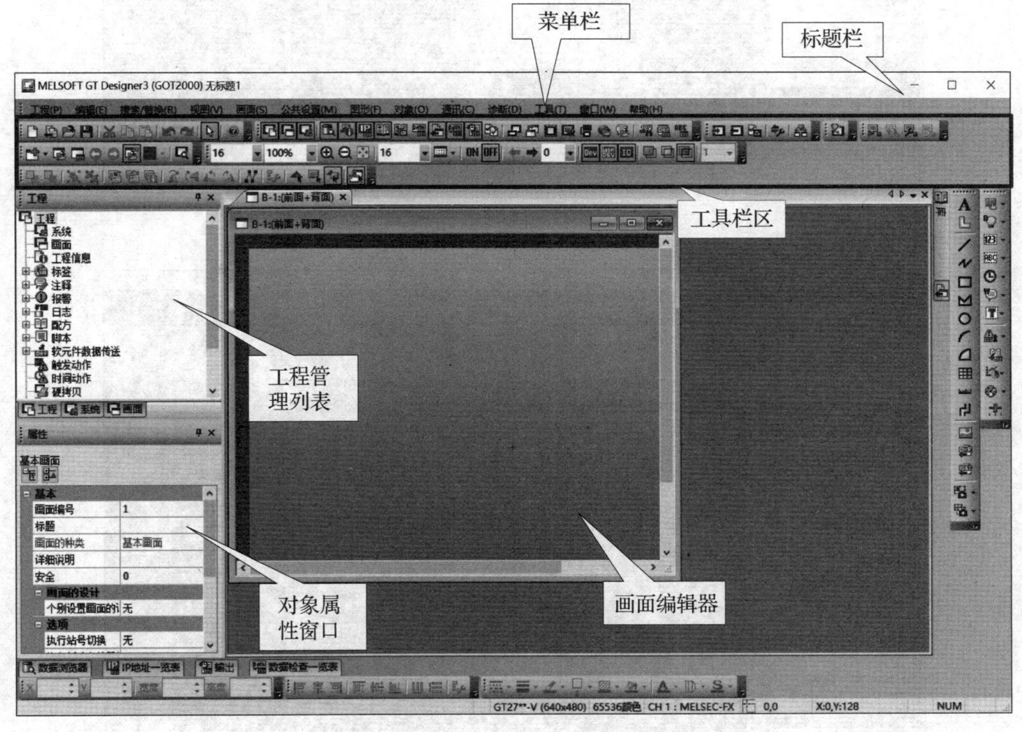

图 5-4-7　GT Designer3 软件操作界面

1. 标题栏

标题栏显示当前项目名称。将光标移动到标题栏上按下鼠标左键并拖动，可以将软件窗口移至目标位置。

2. 菜单栏

菜单栏位于 GT Designer3 软件界面顶部，显示可用功能名称。单击菜单项可展开下拉菜单，如果下拉菜单选项的右边显示“▶”（图 5–4–8a），将光标悬停在上面就会显示该功能的次级菜单；如果下拉菜单选项的右边显示“…”（图 5–4–8b），将光标移到该选项并单击，将弹出相应的对话框。

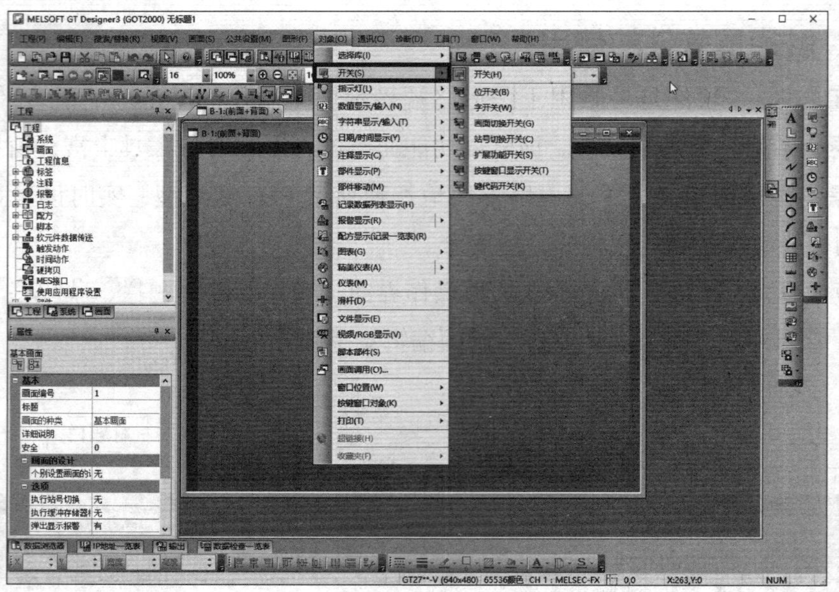

a)

b)

图 5–4–8　下拉菜单

3. 工具栏区

工具栏区包含标准、画面、显示、对象、图形等工具栏。可通过“视图”菜单中的“工具栏”选项勾选启用，或右键单击工具栏区，在弹出的快捷菜单中快速切换。工具栏中部分常用按钮的功能如图 5-4-9 所示。

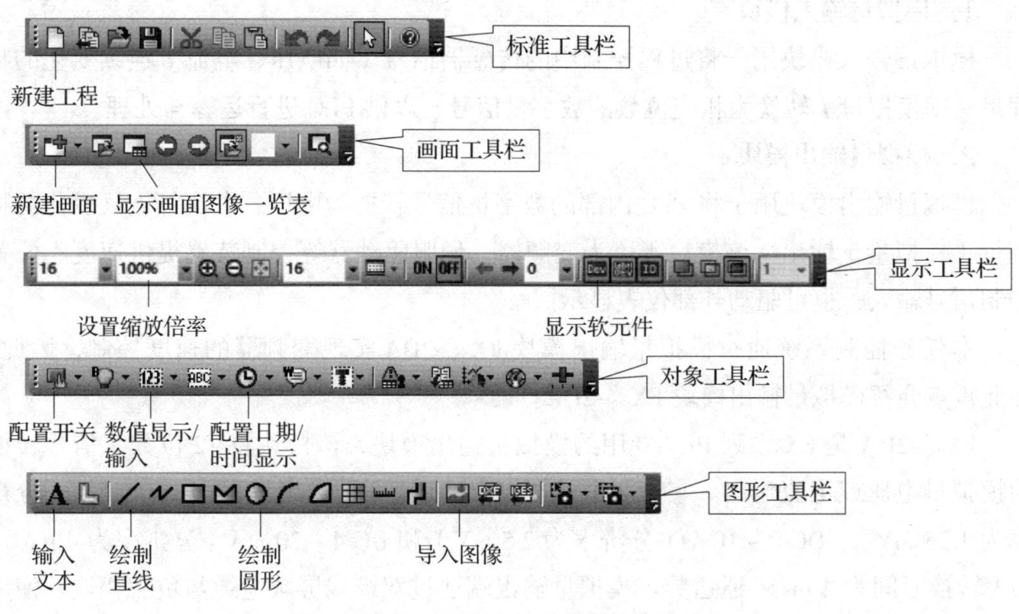

图 5-4-9 工具栏中部分常用按钮的功能

4. 工程管理列表

工程管理列表以树状结构集中管理工程内的所有画面及组件层级，支持通过目录导航快速切换编辑界面。

5. 对象属性窗口

对象属性窗口实时显示当前选定对象的详细参数配置，支持直接在窗口内修改对象属性，无须反复打开独立设置对话框，可显著提升参数调整效率。

6. 画面编辑器

画面编辑器用于配置图形、对象，创建要在触摸屏中显示的画面。

四、FX 系列 PLC 特殊功能模块简介

PLC 生产厂家开发了许多特殊功能模块，如模拟量输入模块、模拟量输出模块、高速计数模块、定位控制模块、通信模块等。这些模块与 PLC 主机连接构成控制系统，使 PLC 的功能不断增强，应用范围更加广泛。当前，PLC 的特殊功能模块大致可以分为 A/D、D/A 转换，温度测量与控制，脉冲计数与位置控制，网络通信四大类。特殊功能模块的品种与规格根据 PLC 型号与模块用途的不同而有所区别。本任务仅介

绍 FX 系列 PLC 的 A/D、D/A 转换类特殊功能模块。

A/D、D/A 转换类特殊功能模块包括模拟量输入模块（A/D 转换功能模块）和模拟量输出模块（D/A 转换功能模块）两类。根据输入 / 输出点数（通道数量）、转换精度（转换位数、分辨率）等因素的不同，有多种规格可供选择。

1．模拟量输入模块

模拟量输入模块用于将过程控制中的传感器信号（如电压、电流等连续变化的物理量，即模拟量）转换为相应位数的数字量信号，以供 PLC 进行运算与处理。

2．模拟量输出模块

模拟量输出模块用于将 PLC 内部的数字量信号转换为电压、电流等连续变化的物理量（模拟量）输出。该模块既可为变频器、伺服驱动器等控制装置提供速度、位置控制信号输入，也可驱动外部仪表显示。

本任务控制系统通过模拟量输出模块 FX_{2N}–2DA 实现变频器的速度控制，因此，在此重点介绍模拟量输出模块 FX_{2N}–2DA。

FX_{2N}–2DA 是 FX 系列 PLC 专用的模拟量输出模块，该模块将 12 位数字信号转换为模拟量电压或电流输出。它有 2 个模拟输出通道，3 种输出量程：DC 0 ~ 5 V（分辨率为 1.25 mV）、DC 0 ~ 10 V（分辨率为 2.5 mV）和 DC 4 ~ 20 mA（分辨率为 4 μA），D/A 转换时间为 4 ms × 通道数。模拟量输出端通过双绞线屏蔽电缆与负载相连。使用电压输出时，负载一端接在“VOUT”端，另一端接在短接后的“IOUT”和“COM”端。电流型负载接在“IOUT”和“COM”端。

FX_{2N}–2DA 出厂时默认将数字输入值范围调整为 0 ~ 4 000，对应输出电压 0 ~ 10 V。若用于电流输出，则需要使用 FX_{2N}–2DA 上的调节电位器重新调整偏置值和增益值。调整电位器时，顺时针方向旋转可使数字值相应增加。

增益可设置为任意值，但为了充分利用 12 位分辨率，建议将数字输入范围设置为 0 ~ 4 000。例如，4 ~ 20 mA 电流输出时，调节 20 mA 模拟输出量对应的数字值为 4 000。电压输出时，其偏置值为 0；电流输出时，4 mA 模拟输出量对应的数字值为 0。

FX_{2N}–2DA 模块共有 32 个缓冲存储器（BFM），但是只使用了下面两个。

（1）BFM#16：低 8 位（b7 ~ b0）用于写入输出数据的当前值，高 8 位保留。

（2）BFM#17：b0 位从“1”变为“0”时，通道 2 的 D/A 转换开始；b1 位从“1”变为“0”时，通道 1 的 D/A 转换开始；b2 位从“1”变为“0”时，D/A 转换的低 8 位数据被锁存，其余各位没有意义。

FX_{2N}–2DA 模拟量输出模块的接线图如图 5–4–10 所示。

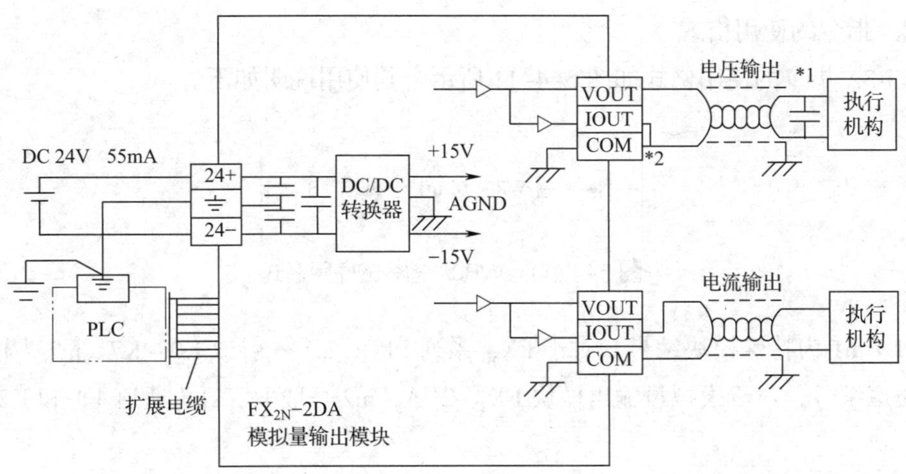

注：*1. 当电压输出存在波动或有大量噪声时，在此处外接 0.1 ~ 0.47 μF/25 V 的电容器。

*2. 对于电压输出，须将 IOUT 和 COM 进行短接。

图 5-4-10 FX$_{2N}$−2DA 模拟量输出模块的接线图

五、变频器模拟量控制

可通过在三菱 FR−E840 变频器的外部模拟量端子 2 和 5 之间输入 DC 0 ~ 5 V、DC 0 ~ 10 V 或 DC 0 ~ 20 mA 的模拟量信号来实现变频器的模拟量控制。

变频器模拟量控制参数表见表 5−4−2。

表 5-4-2 变频器模拟量控制参数表

参数号	参数名称	出厂设定	设定范围	备注
Pr.1	上限频率	120 Hz	0 ~ 120 Hz	
Pr.2	下限频率	0 Hz	0 ~ 120 Hz	
Pr.73	模拟量输入选择	1	0、1、6、10、11、16	
Pr.125	端子 2 频率设定增益频率	50 Hz	0 ~ 590 Hz	
Pr.79	运行模式选择	0	0 ~ 4、6、7	

六、模拟量模块写入指令

1. 指令的助记符及功能

模拟量模块写入指令的助记符及功能见表 5−4−3。

表 5-4-3 模拟量模块写入指令的助记符及功能

助记符	功能	操作数		
		m1	m2	[S]
WR3A（FNC 177）	向 FX$_{0N}$−3A 以及 FX$_{2N}$−2DA 模拟量模块写入数字值	K、H、KnX、KnY、KnM、KnS、T、C、D、R、V、Z		KnY、KnM、KnS、T、C、D、R、V、Z

2. 指令的使用格式

WR3A 指令的使用格式如图 5-4-11 所示。其使用说明如下。

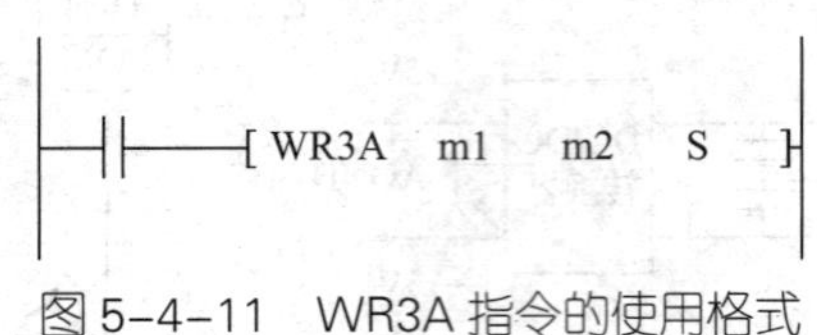

图 5-4-11 WR3A 指令的使用格式

（1）m1 为特殊模块编号，对于 FX_{3U} 系列 PLC，m1 一般取 K0 ~ K7。m2 为模拟量输出通道编号，对于模拟量输出模块 FX_{2N}-2DA，m2 一般取 K21（通道 1）和 K22（通道 2）。

（2）源操作数［S］用于指定输出到模拟量模块的数值。对于模拟量输出模块 FX_{2N}-2DA，其取值范围为 0 ~ 4 095（12 位）。

任务实施

一、分配输入点和输出点，写出资源分配表

根据本任务控制要求，可分配 PLC 的 I/O 地址，写出资源分配表，见表 5-4-4。

表 5-4-4 资源分配表

项目	元器件 / 端子代号	PLC 输入 / 输出地址	说明	项目	软元件	说明
输入	SB1	X001	外部启动按钮	内部资源	D10	触摸屏字串指示：变频器频率显示
	SB2	X002	外部停止按钮		D20	触摸屏字串指示：电动机速度显示
	SB3	X003	外部升速按钮		M1	触摸屏上的启动按钮
	SB4	X004	外部降速按钮		M2	触摸屏上的停止按钮
输出	STF	Y000	变频器正转控制		M3	触摸屏上的升速按钮
	2	VOUT1	变频器模拟量输入		M4	触摸屏上的降速按钮

二、绘制 PLC、触摸屏控制变频器接线图

PLC、触摸屏控制变频器接线图如图 5-4-12 所示。

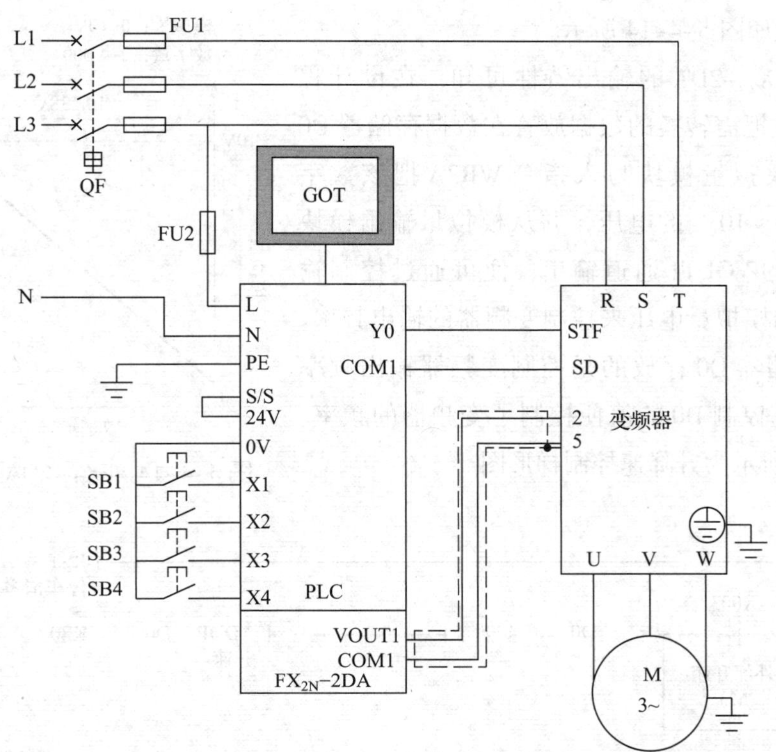

图 5-4-12　PLC、触摸屏控制变频器接线图

三、PLC 程序设计

根据控制要求可知，本任务是用 PLC、触摸屏和外部按钮实现变频器模拟量调速控制，其控制程序的设计主要包括以下几个方面。

1. 正转控制程序的设计

根据控制要求，可设计出用 PLC、触摸屏和外部按钮实现电动机正转控制的梯形图，如图 5-4-13 所示。

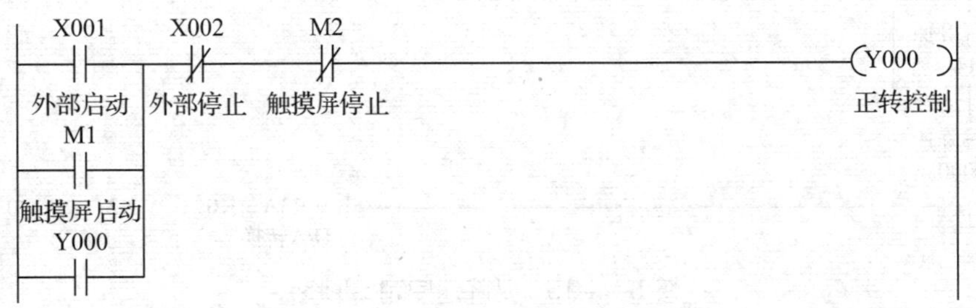

图 5-4-13　电动机正转控制的梯形图

2. 升降速控制程序的设计

模拟量输出模块 FX_{2N}-2DA 可以把 0～4 000 的数字量转换为 0～10 V 的电压输出，

其输出特性如图 5-4-14 所示。

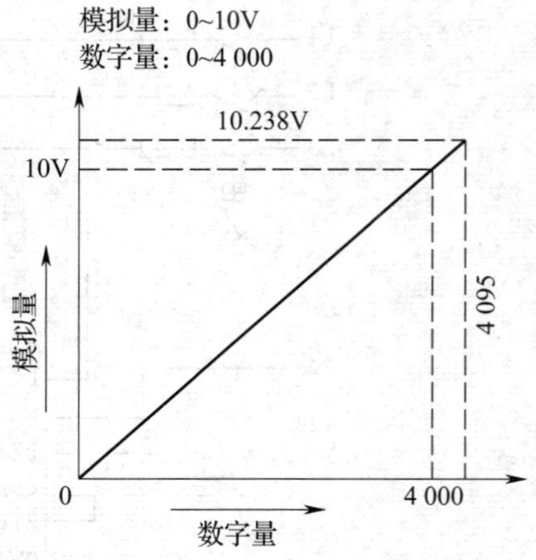

图 5-4-14　FX_{2N}-2DA 的输出特性

根据 FX_{2N}-2DA 的输出特性可知，在设计程序时，只要把需转换的数据放置在数据存储器 D0 中，利用模拟量模块写入指令 WR3A 把该数字量转换为 0 ~ 10 V 的电压，并从模拟量输出模块 FX_{2N}-2DA 的 VOUT1 通道输出，便可通过控制输入变频器的模拟量电压来控制变频器的输出频率。即数据存储器 D0 存放的是控制变频器输出频率的数字量，控制 D0 的值便控制了变频器的频率。图 5-4-15 所示为升降速控制梯形图。

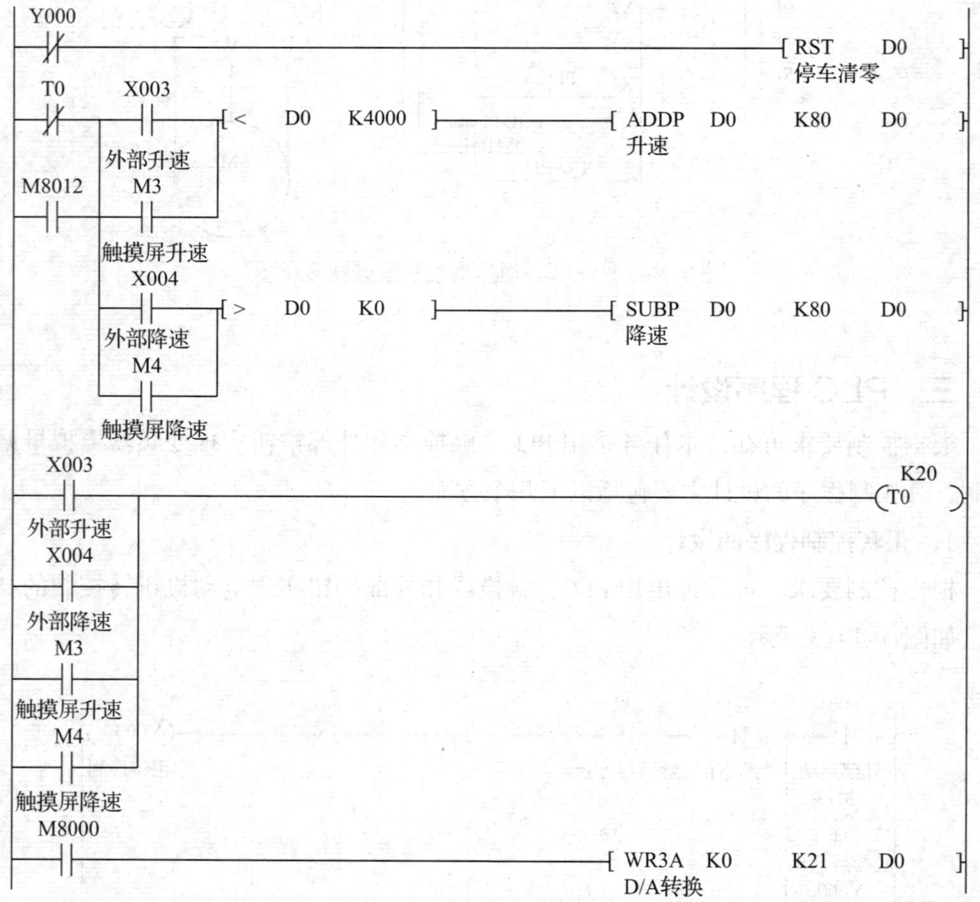

图 5-4-15　升降速控制梯形图

程序说明：

（1）在图 5-4-15 中，停车时用复位指令 RST 将 D0 清零，通过 D/A 转换后 VOUT1 通道输出 0 V 电压，保证每次启动时模拟量电压由 0 V 开始启动，变频器输出由最低频率开始升速。

（2）由于变频器模拟量输入端由 0 至 10 V 变化时，变频器输出频率由 0 至 50 Hz 变化，即模拟量输入端电压变化 0.2 V 时，变频器输出频率变化 1 Hz，根据 FX_{2N}–2DA 的输出特性，当数字量由 0 至 4 000 变化时，转换输出的电压为 0 ~ 10 V，因此电压每变化 0.2 V，对应的数字量变化 80。所以，在升速控制时，通过脉冲型加法运算指令 ADDP 将 D0 加 80，每按一次升速按钮，D0 累加 80 一次，一直加到 4 000，模拟量输出模块 FX_{2N}–2DA 的输出电压也相应地每次增加 0.2 V，变频器输出频率上升 1 Hz，一直升到 50 Hz。同理，在降速控制时，通过脉冲型减法运算指令 SUBP 将 D0 减 80，每按一次降速按钮，D0 减 80 一次，一直减到 0，模拟量输出模块 FX_{2N}–2DA 的输出电压也相应地每次减去 0.2 V，变频器输出频率下降 1 Hz，一直降到 0 Hz。

（3）为了使需要升速时速度能迅速上升，本程序设计了快速升速程序，当连续按升速按钮 2 s 时，定时器 T0 常闭触点断开，利用 100 ms 时钟脉冲 M8012 作为脉冲型加法运算指令的执行条件，使 D0 的数字由 0 上升到 4 000 时只需 5 s，即 5 s 内使变频器频率由 0 Hz 上升到 50 Hz。同理，为了使需要降速时速度能迅速下降，本程序还设计了快速降速程序，当连续按降速按钮 2 s 时，定时器 T0 常闭触点断开，利用 100 ms 时钟脉冲 M8012 作为脉冲型减法运算指令的执行条件，使 D0 的数字由 4 000 下降到 0 时只需 5 s，即 5 s 内使变频器频率由 50 Hz 下降到 0 Hz。

3. 变频器频率显示程序的设计

用触摸屏监控变频器的输出频率一般通过通信模式实现；在条件不具备的情况下，可使用计算的方法来显示频率的近似值。本任务用除法运算指令 DIV 将 D0 的数据除以 80，商储存在 D10 中，D10 中的数值便是变频器频率的近似值。变频器频率显示梯形图如图 5–4–16 所示。

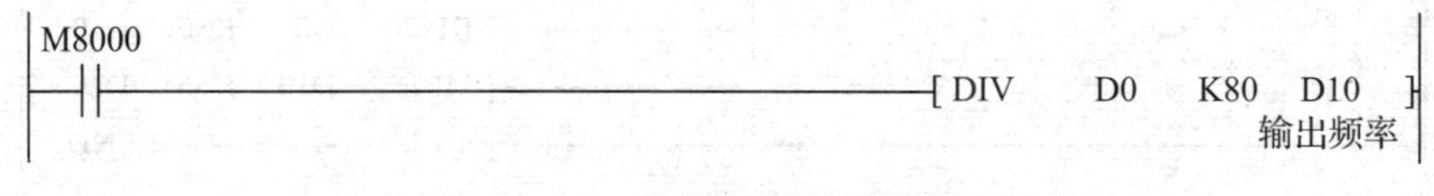

图 5–4–16 变频器频率显示梯形图

4. 电动机速度显示程序的设计

要真实且精确显示电动机的速度，一般使用 PLC 对与电动机同轴安装的编码器进行高速计数来实现速度测量；在条件不具备的情况下，可使用计算的方法来显示电动机速度近似值。本任务所使用的电动机的额定频率为 50 Hz，额定转速为 2 800 r/min。根据近似计算，利用额定转速 2 800 r/min 除以额定频率 50 Hz，得到频率变化 1 Hz 时电动机转速变化 56 r/min。利用乘法运算指令 MUL 把 D10 的频率数据乘以 56，结果储存在 D20 中，D20 中的数值便是电动机的速度近似值。电动机速度显示梯形图如图 5–4–17 所示。

M8000
[MUL D10 K56 D20]
电动机速度

图 5-4-17 电动机速度显示梯形图

5. 本任务完整的梯形图

综上所述，可设计出本任务要求的变频器模拟量调速控制程序，如图 5-4-18 所示。

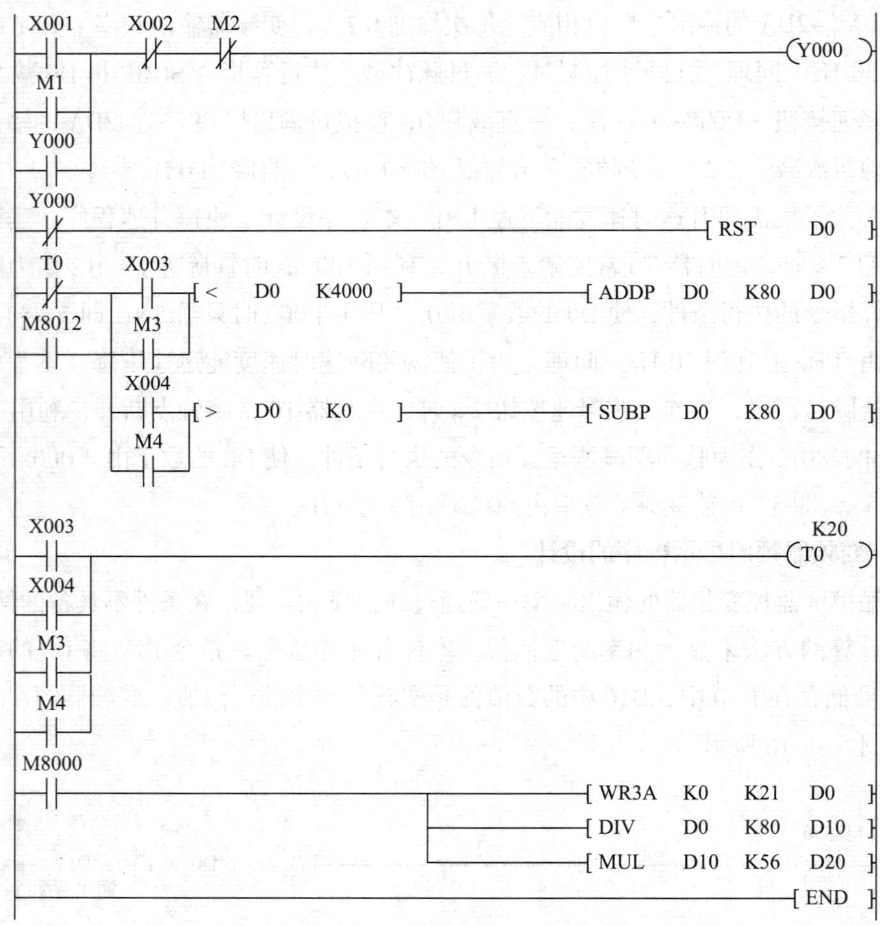

图 5-4-18 变频器模拟量调速控制程序

四、程序输入

运用前面课题所学的方法输入图 5-4-18 所示梯形图。

五、触摸屏监控画面的制作

1. 触摸屏工程的创建

（1）启动 GT Designer3 软件，系统会弹出图 5-4-19 所示“工程选择”对话框。

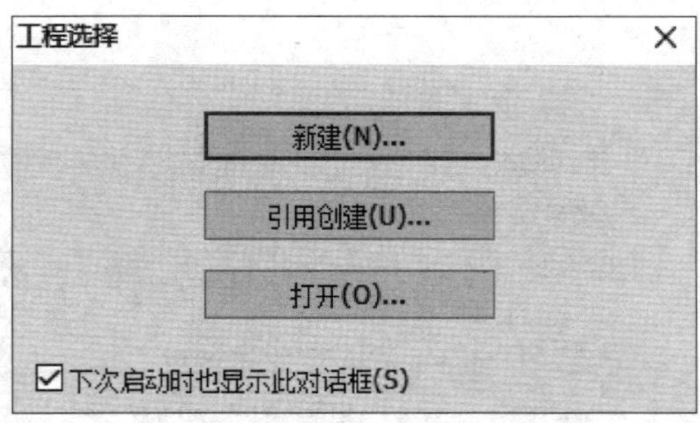

图 5-4-19 “工程选择”对话框

（2）单击“工程选择”对话框中的“新建（N）...”按钮，会出现图 5-4-20 所示的“新建工程向导”对话框。单击对话框中的“下一步（N）>”按钮，就会出现图 5-4-21 所示的“GOT 系统设置”向导，在此可进行触摸屏的系统设置，包括 GOT 系列和机种的设置。

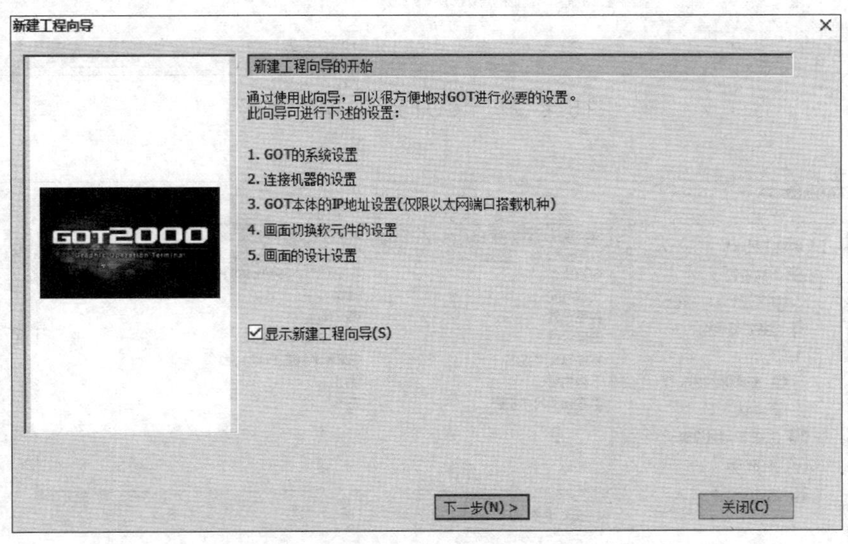

图 5-4-20 “新建工程向导”对话框

提示

GOT 类型（机种）选择的是“GT27**-V（640×480）”。

（3）完成触摸屏的系统设置后，单击“下一步（N）>”按钮，会出现图 5-4-22 所示的“GOT 系统设置的确认”向导，可对设置参数进行确认。

（4）完成触摸屏系统设置的确认后，单击“下一步（N）>”按钮，将出现图 5-4-23 所示的“连接机器设置（第 1 台）”向导，在此可选择与触摸屏连接的机器。单击“下一步（N）>”按钮，可根据向导进一步选择连接机器的 GOT 接口、使用的通信驱动程序等。

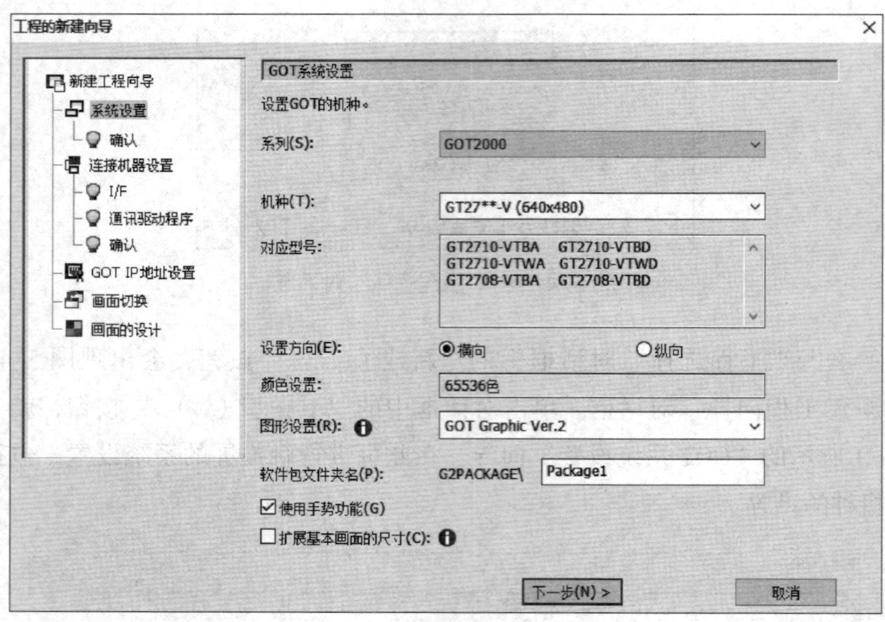

图 5-4-21 “GOT 系统设置”向导

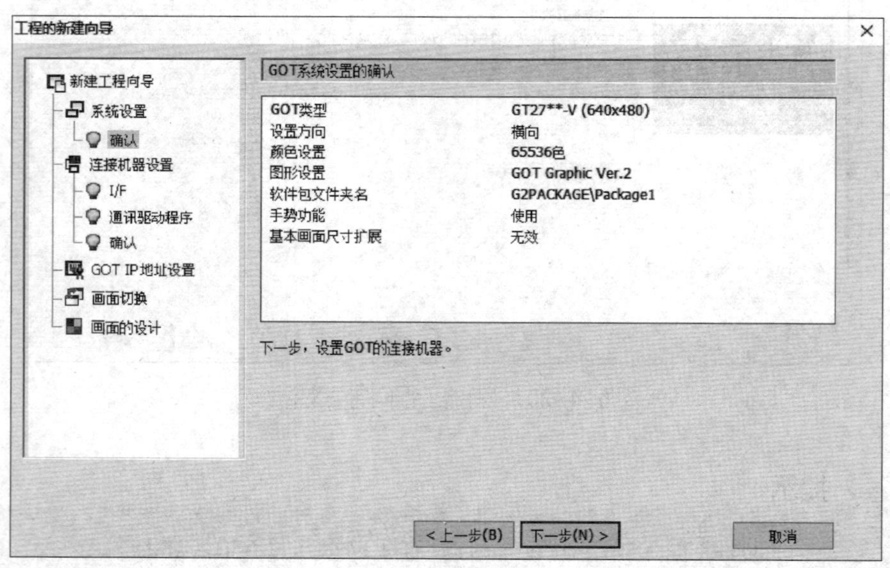

图 5-4-22 “GOT 系统设置的确认”向导

（5）连接机器的设置完成后，单击“下一步（N）>”按钮，会出现图 5-4-24 所示的“画面切换软元件的设置”向导（GOT 的接口未选择以太网时），在此可以设置基本画面和必要画面的切换软元件。

（6）依次单击“下一步（N）>”按钮，会出现“系统环境设置的确认”向导，如图 5-4-25 所示。

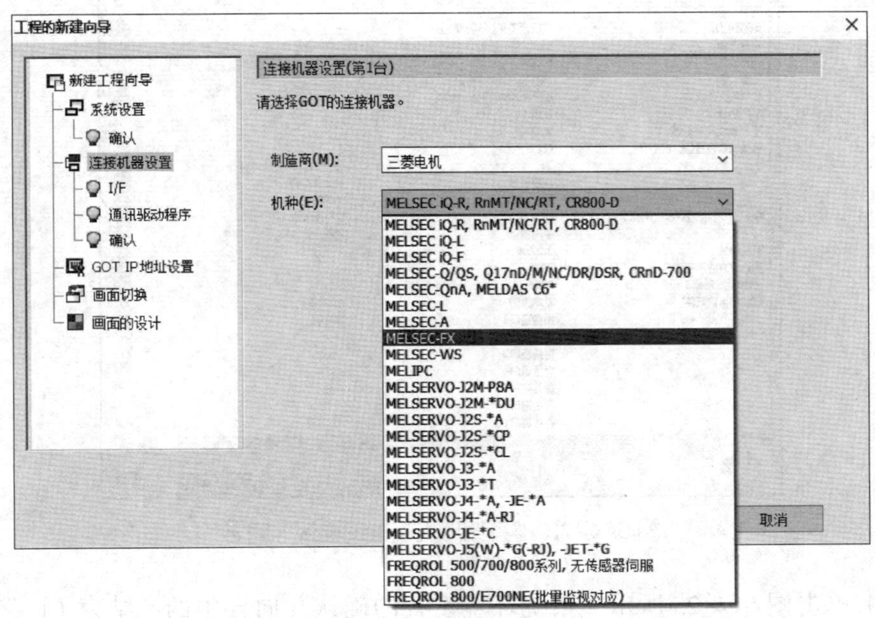

图 5-4-23 “连接机器设置（第 1 台）”向导

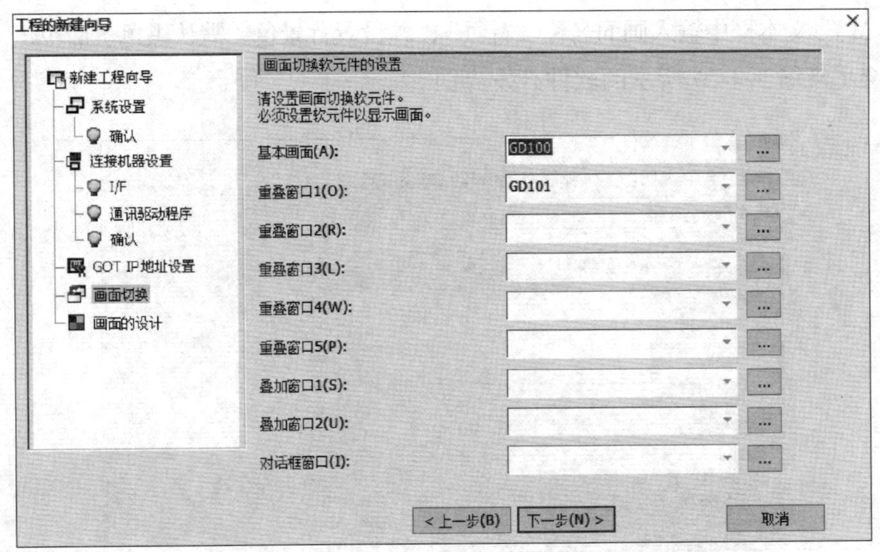

图 5-4-24 “画面切换软元件的设置”向导

提示

在选择连接机器的 PLC 类型时一定要准确，否则在画面制作时，软元件将无法识别，本任务应选择“MELSEC-FX”。

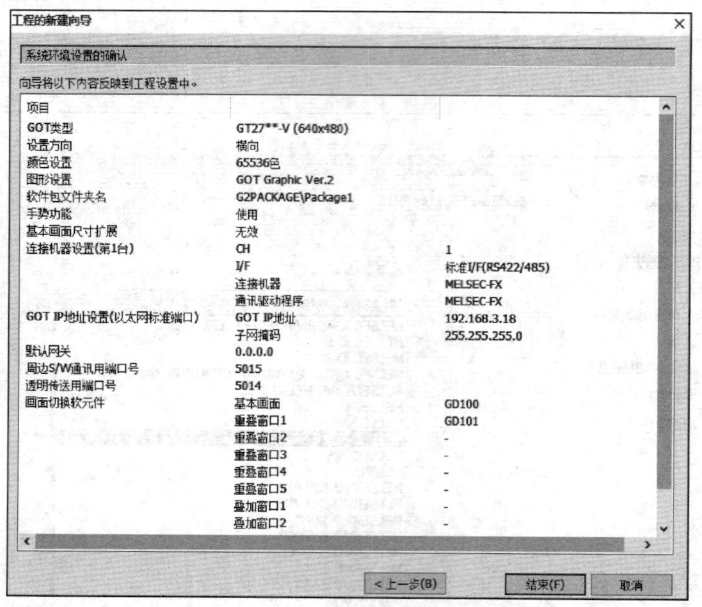

图 5-4-25 “系统环境设置的确认”向导

（7）单击图 5-4-25 所示“系统环境设置的确认”向导中的“结束（F）”按钮，即完成设置，并进入软件操作界面。在画面编辑器中单击右键，在弹出的快捷菜单中选择“画面的属性”，会弹出图 5-4-26 所示的“画面的属性”对话框，在该对话框的“标题（M）”文本框中输入画面名称“首页”，并设置背景色（默认黑色）后单击“确定”按钮，会出现图 5-4-27 所示的软件开发界面。

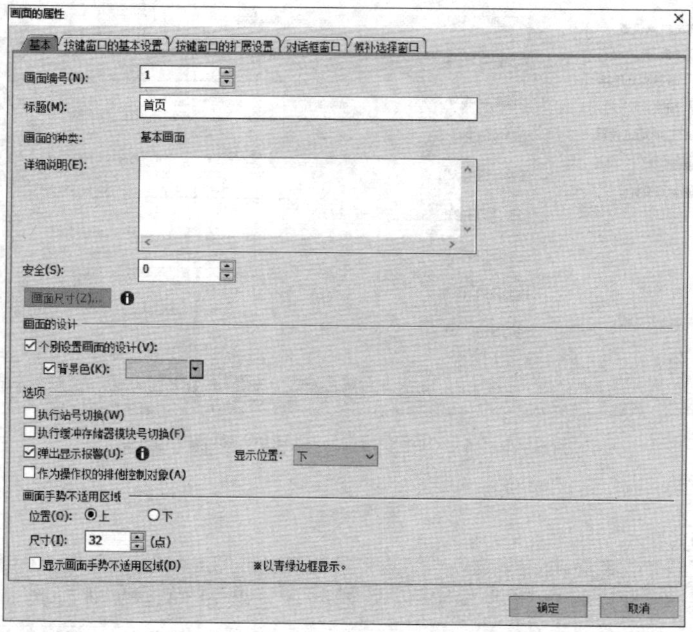

图 5-4-26 “画面的属性”对话框

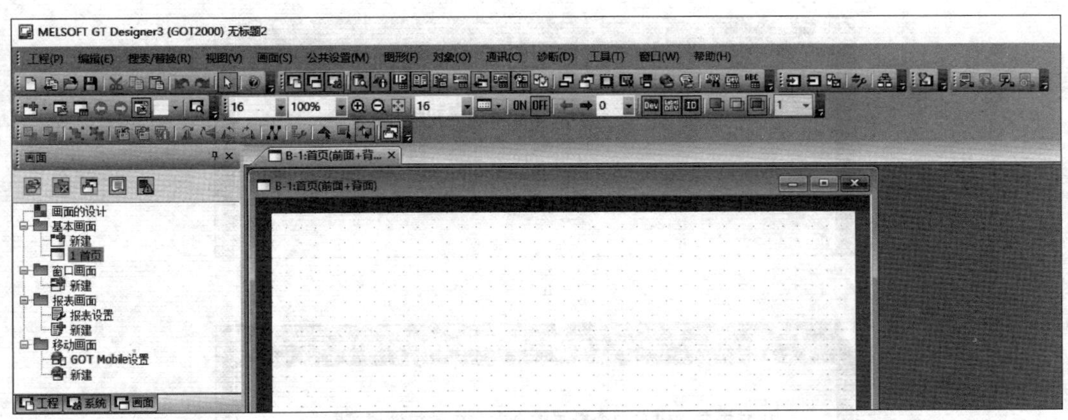

图 5-4-27　软件开发界面

2. 首页画面的制作

（1）首页文本内容的输入

在软件操作界面中，单击图形工具栏中的“A”按钮，在首页画面中单击，弹出图 5-4-28 所示的“文本”对话框，在“字符串（X）”文本框内输入文字“用触摸屏、PLC 和变频器综合实现电动机调速控制”，并对文本字体、文本尺寸及文本颜色进行设置。设置完成后单击“确定”按钮，即可在首页画面中出现输入的文字，如图 5-4-29a 所示。

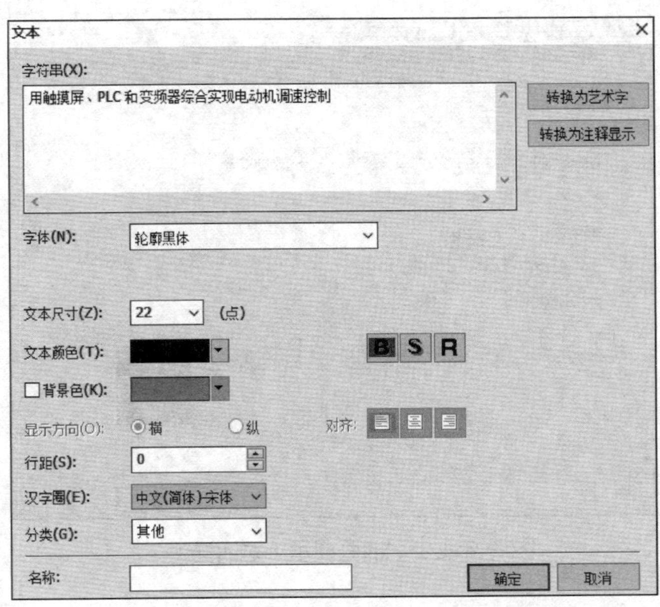

图 5-4-28　“文本”对话框（一）

（2）时间显示画面的制作

1）单击对象工具栏中的日期 / 时间显示按钮“ ”后的倒三角，在弹出的下拉菜单中选择“ 时间显示(T) ”，然后在画面中的空白处单击，即可出现图 5-4-29b 所示的画面。

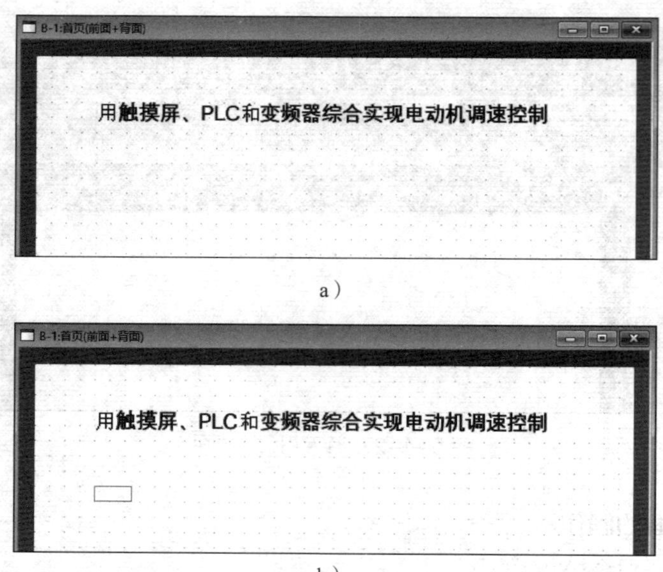

a）

b）

图 5–4–29　时间显示设置操作界面

a）设置时间显示前　b）开始设置时间显示

2）将光标移至时间显示区域，双击左键，会弹出图 5–4–30 所示“时间显示”对话框。

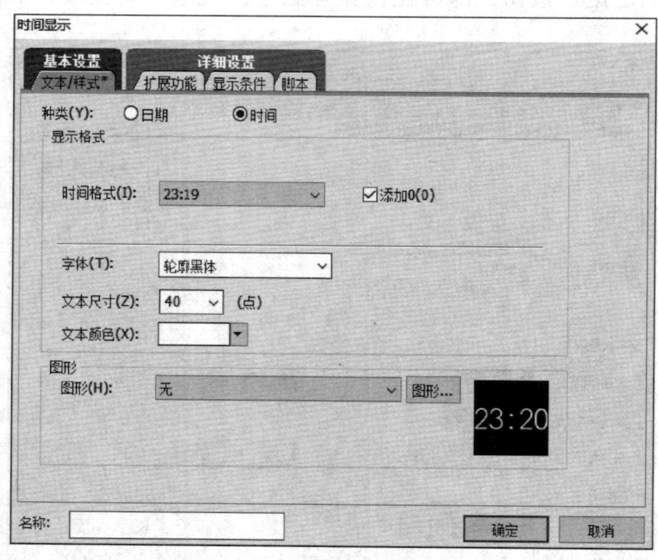

图 5–4–30　“时间显示”对话框（一）

3）根据需要在对话框中选择字体、文本尺寸、文本颜色，然后单击“图形...”按钮，会弹出可选择图形的“图像一览表”对话框，如图 5–4–31 所示。

4）在“图像一览表”对话框中选择所需的图形后，单击“确定”按钮，就会出现图 5–4–32 所示的“时间显示”对话框，设置图形的“图形颜色”为红色，单击“确定”按钮即可得到图 5–4–33 所示的时间显示画面。

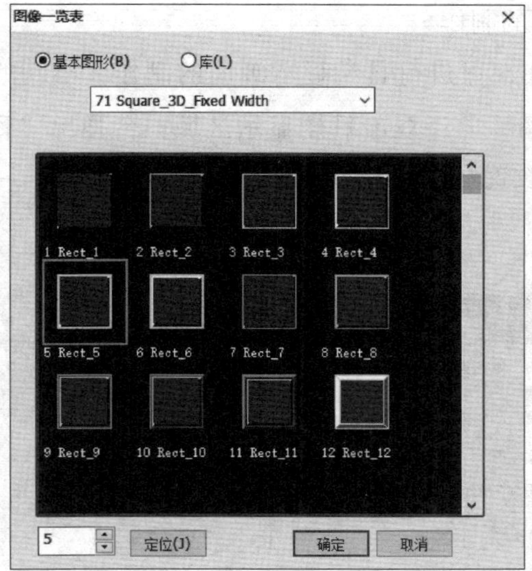

图 5–4–31 “图像一览表”对话框（一）

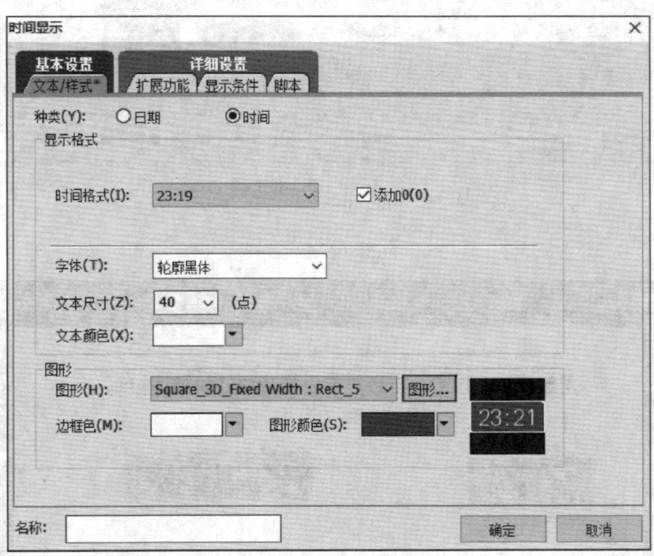

图 5–4–32 “时间显示”对话框（二）

图 5–4–33 时间显示画面

（3）日期显示画面的制作

按照上述方法操作，可进行日期显示画面的制作。不同的是应在弹出的下拉菜单中选择“31 日期显示(Y)”；双击日期显示区域，会弹出“日期显示”对话框，如图 5–4–34 所示。参数设置好后单击“确定”按钮即可得到图 5–4–35 所示画面。

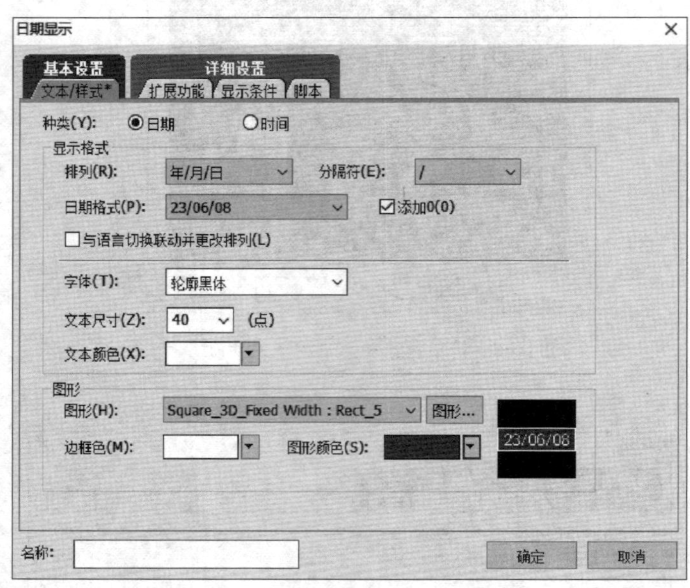

图 5–4–34 “日期显示”对话框

图 5–4–35 有时间显示和日期显示的首页画面

（4）翻页按钮的制作

1）单击对象工具栏中开关按钮“ ”后的倒三角，会出现图 5–4–36 所示开关选择下拉菜单，选择“画面切换开关(G)”，然后在首页画面中的空白处单击，并调整开关大小，会出现图 5–4–37 所示的画面。

2）将光标移至画面切换开关（翻页按钮）处，双击左键，弹出“画面切换开关”对话框。在对话框的“切换目标设置”选项卡中，设置画面编号为“2”，如图 5–4–38 所示。

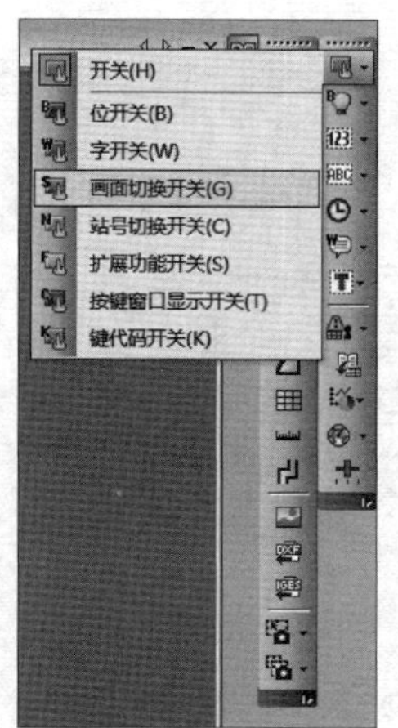

图 5-4-36 开关选择下拉菜单

图 5-4-37 增加画面切换开关的画面

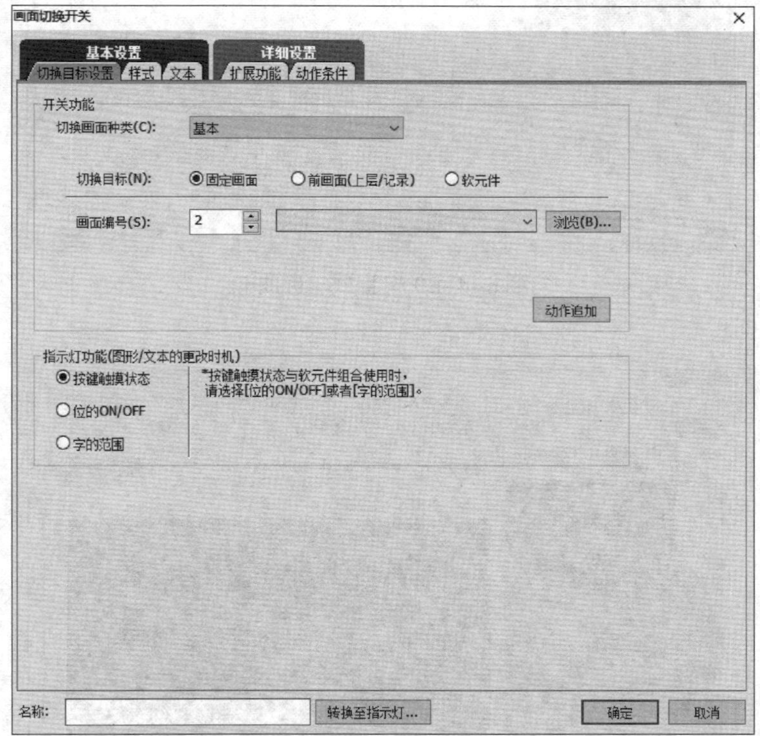

图 5-4-38 “画面切换开关”对话框

3）切换到“样式”选项卡，如图 5-4-39 所示。单击“图形...”按钮，弹出可选择图形的“图像一览表”对话框，如图 5-4-40 所示，选择所需的图形。切换到“文本”选项卡，分别设置文本尺寸、文本颜色、文本显示位置及字符串等，如图 5-4-41 所示。

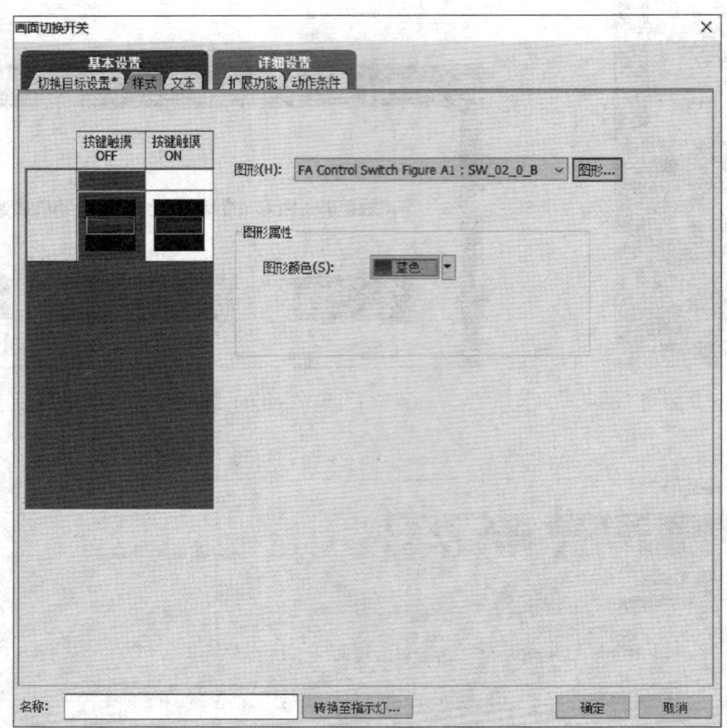

图 5-4-39 “样式”选项卡

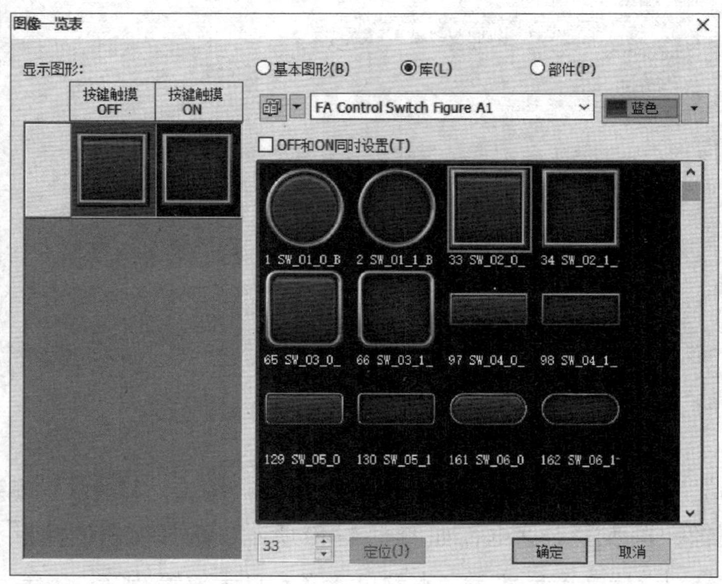

图 5-4-40 “图像一览表”对话框（二）

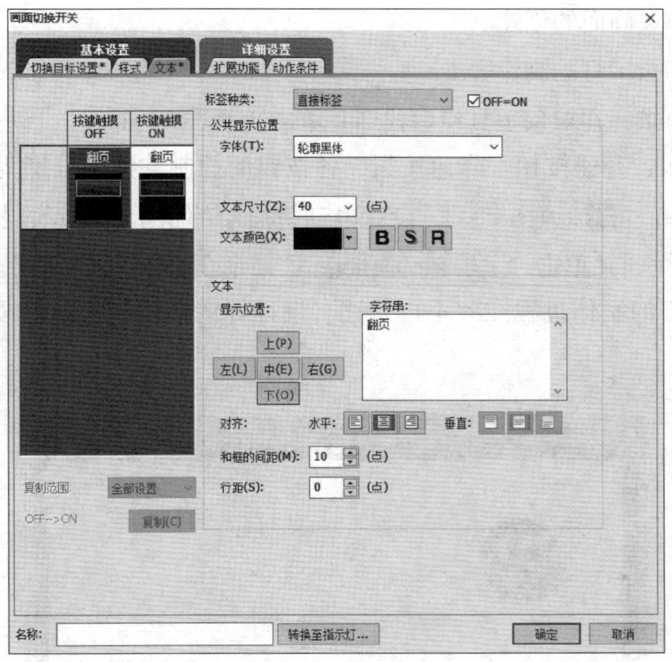

图 5-4-41　“文本”选项卡

4）设置完成后，单击“确定”按钮可得到图 5-4-42 所示触摸屏首页画面。

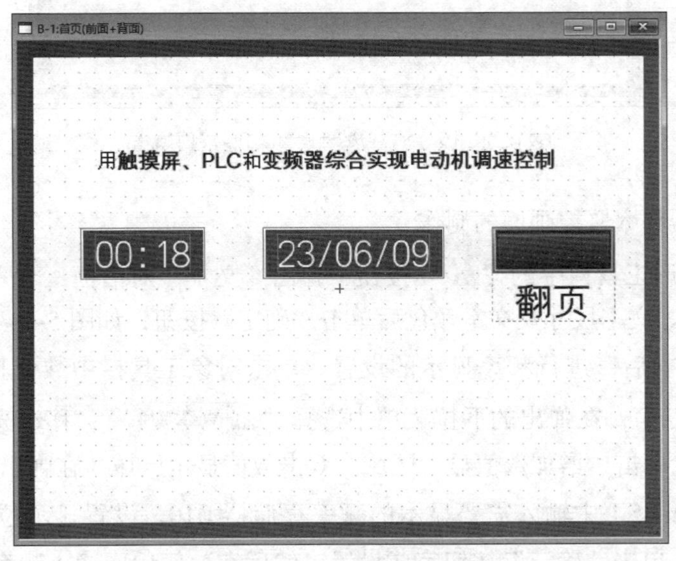

图 5-4-42　触摸屏首页画面

3. 操作页画面的制作

（1）操作页画面的创建

单击菜单栏中的“画面（S）”→“新建（N）”→“基本画面（B）...”选项，弹出“画面的属性”对话框，设置画面编号为“2”，标题为“操作页”，单击“确定”

按钮，完成操作页画面的创建。

（2）按钮和指示灯的制作

根据控制要求，在对象工具栏中找到并单击“位开关(B)”，设计触摸屏的启动按钮、停止按钮、升速按钮、降速按钮，各按钮的控制软元件分别为 M1、M2、M3、M4；找到并单击“位指示灯(B)”，设计电动机启动的指示灯显示，指示灯的控制软元件为 Y000；找到并单击“画面切换开关(G)”，设计返回按钮，用于返回首页。设计按钮和指示灯的制作过程在此不再赘述。设计好的按钮和指示灯画面如图 5-4-43 所示。

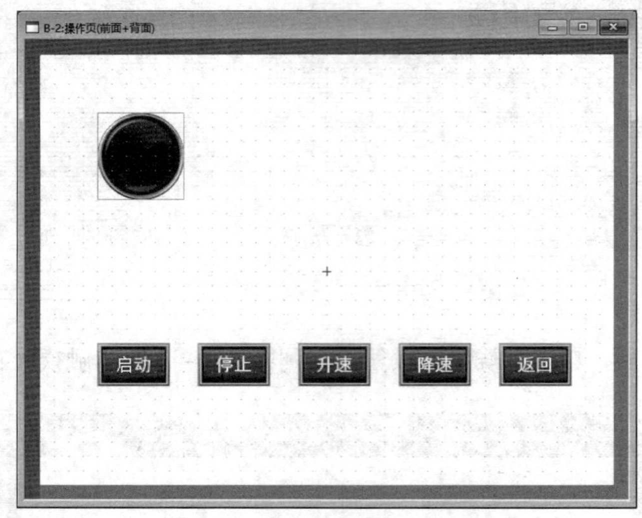

图 5-4-43　设计好的按钮和指示灯画面

（3）变频器频率监控画面的制作

1）单击图形工具栏中的“A”按钮，弹出“文本”对话框，输入文字“变频器频率:”，设置好文本尺寸及文本颜色后单击“确定”按钮，如图 5-4-44 所示。

2）输入文本后，进行频率显示的设置。单击对象工具栏中数值显示 / 输入按钮“123▾”后的倒三角，在弹出的下拉菜单中选择“数值显示(N)”，移动光标到操作页画面中的合适位置单击，增加数值显示区域。双击数值显示区域，在弹出的“数值显示”对话框（图 5-4-45）中输入需要显示的频率存储器 D10，设置显示位数为“2”，调整颜色及尺寸，单击“确定”按钮完成设置。然后在数值后面输入频率的单位“Hz”。制作好的变频器频率显示画面如图 5-4-46 所示。

（4）电动机速度监控画面的制作

用同样的操作方法制作电动机速度的显示画面，不同的是在“数值显示”对话框中输入的是需要显示的速度存储器 D20，并设置显示位数为 4 位。制作完毕的操作页画面如图 5-4-47 所示。

图 5-4-44 “文本”对话框(二)

图 5-4-45 “数值显示”对话框

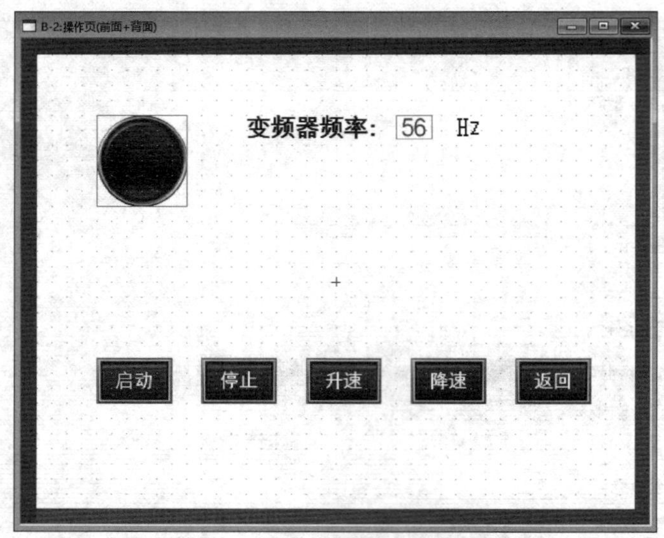

图 5-4-46　制作好的变频器频率显示画面

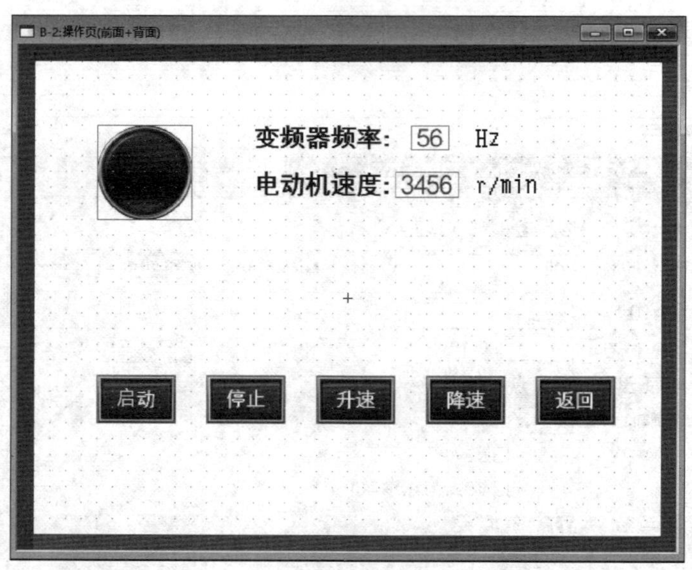

图 5-4-47　制作完毕的操作页画面

六、线路安装与调试

1. 线路安装

根据图 5-4-12 所示的接线图，按照安装电路的一般步骤和工艺要求在模拟配线板上进行元器件及线路安装。

2. 变频器的参数设置

合上电源开关 QF，按照表 5-4-5 的内容进行变频器的参数设置。具体操作方法及步骤可参考前面任务中介绍的有关参数设置方法，在此不再赘述。

表 5-4-5 变频器的参数设置

参数号	参数名称	参数值
Pr.1	上限频率	50 Hz
Pr.2	下限频率	0 Hz
Pr. 73	模拟量输入选择	0
Pr. 125	端子 2 频率设定增益频率	50 Hz
Pr.79	运行模式选择	2

3．程序与画面的下载

（1）将梯形图程序写入 PLC。

（2）将制作完成的触摸屏画面下载到触摸屏 GOT 2000 中。

4．通电调试

（1）经自检无误后，在指导教师的监督下，进行通电调试。

（2）接通电源，将 PLC 的 RUN/STOP 开关拨到“RUN”位置，然后通过 GX Works2 软件中的在线监视功能监视程序的运行情况，并按照表 5-4-6 进行调试，观察系统运行情况并做好记录。如出现故障，应立即切断电源，分析原因并检查电路或梯形图，待排除故障后重新调试，直至系统功能调试成功。

表 5-4-6 程序调试步骤及运行情况记录表

操作步骤	操作内容	观察内容	观察结果	思考内容
1	合上电源开关 QF	“POWER”灯		理解 PLC、触摸屏和变频器的工作过程
2	将 RUN/STOP 开关拨到“STOP”位置	“STOP”灯		
3	将 RUN/STOP 开关拨到“RUN”位置	“RUN”灯		
4	接通触摸屏电源	电动机运行状态、变频器显示屏信息及触摸屏屏幕的情况		
5	用手指单击触摸屏首页画面中的翻页按钮			
6	按下 SB1			
7	多次点动按下 SB3			

续表

操作步骤	操作内容	观察内容	观察结果	思考内容
8	连续按下 SB3 超过 2 s	电动机运行状态、变频器显示屏信息及触摸屏屏幕的情况		理解 PLC、触摸屏和变频器的工作过程
9	多次点动按下 SB4			
10	连续按下 SB4 超过 2 s			
11	按下 SB2			
12	用手指单击触摸屏操作页画面中的启动按钮			
13	多次点动按下触摸屏操作页画面中的升速按钮			
14	连续按下触摸屏操作页画面中的升速按钮超过 2 s			
15	松开触摸屏操作页画面中的升速按钮			
16	多次点动按下触摸屏操作页画面中的降速按钮			
17	连续按下触摸屏操作页画面中的降速按钮超过 2 s			
18	松开触摸屏操作页画面中的降速按钮			
19	用手指单击触摸屏操作页画面中的停止按钮			
20	用手指单击触摸屏操作页画面中的返回按钮			
21	切断触摸屏电源，将 RUN/STOP 开关拨到“STOP”位置，断开 QF			

任务测评

对任务实施的完成情况进行检查，并将结果填入表 5-4-7。

表 5-4-7 任务测评表

序号	主要内容	考核要求	评分标准	配分	扣分	得分
1	电路设计	根据任务要求，列出资源分配表；根据控制要求，设计梯形图及 PLC、触摸屏控制变频器的接线图	（1）I/O 地址遗漏或错误，每处扣 5 分 （2）梯形图表达不正确或画法不规范，每处扣 1 分 （3）接线图表达不正确或画法不规范，每处扣 2 分	30		
2	安装与接线	按 PLC、触摸屏控制变频器的接线图，在模拟配线板上正确安装元器件，元器件在模拟配线板上布置合理，安装准确牢固，配线紧固、美观，导线要进行线槽且有端子编号	（1）损坏元器件，每个扣 5 分 （2）布线未进行线槽，不美观，每根扣 1 分 （3）接点松动、露铜过长、反圈、压绝缘层，线号标记不清楚、遗漏或误标，引出端未接在端子排上，每处扣 1 分 （4）损伤导线绝缘或线芯，每根扣 1 分 （5）不按 PLC、触摸屏控制变频器的接线图接线，每处扣 5 分	20		
3	程序输入、触摸屏画面制作与下载、变频器参数设置及运行调试	将所编程序输入 PLC；制作触摸屏画面并下载到触摸屏；按照被控设备的动作要求，进行变频器的参数设置，并运行调试，达到设计要求	（1）不会熟练输入程序，扣 5 分 （2）不会用软件制作触摸屏画面并下载到触摸屏，扣 10 分 （3）参数设置错误，每处扣 5 分；不会设置参数，扣 20 分 （4）通电试车不成功，扣 40 分	40		

续表

序号	主要内容	考核要求	评分标准	配分	扣分	得分
4	安全文明生产	劳动保护用品穿戴整齐；电工工具齐全；遵守操作规程；讲文明礼貌；操作结束后需清理现场	操作中，违反安全文明生产考核要求的任何一项扣5分，扣完为止	10		
开始时间：			结束时间：	成绩		

附录

编程元件和指令索引

续表

编程元件和指令		课题 / 任务	页码
编程指令	传送指令	课题四 / 任务 1	234
	循环及移位指令	课题四 / 任务 1	236
	比较指令	课题四 / 任务 2	249
	区间比较指令	课题四 / 任务 2	251
	区间复位指令	课题四 / 任务 2	253
	四则运算指令	课题四 / 任务 2	254
	二进制加 1 和减 1 指令	课题四 / 任务 2	257
	触点比较指令	课题五 / 任务 3	314
	模拟量模块写入指令	课题五 / 任务 4	335